JN203757

日本鉱物文化語彙攷

吉野政治 著

和泉書院

目次

前篇　日本の鉱物観

第二章　日本の玉観……九三

後篇　日本の鉱物名

第二章　学術名

第三章　語誌数題……三六五

凡　例

一、本書は、砂石や岩石、玉石と多様なかかわりを持ち、重層する鉱物観を持つに至った日本文化について考察した書である。

前篇では、在来の砂石岩石玉石観に関する論考と木内石亭の『雲根志』から窺える江戸時代における庶民の石文化についての論考を収め、また、西洋鉱物学についての江戸時代の蘭学者による紹介と明治時代の日本鉱物学から窺える鉱物観についての考察を収める。

後篇では、我が国の石に対する認識の仕方を表わす和名と、種の観念を日本にもたらした中国本草学における漢名についての論考を収め、また、西洋鉱物学の科学的分析による学術名の明治時代から現在に至る変遷に関する論考を収める。あわせて、注目されるいくつかの宝石名についての詳しい語誌を付す。

二、使用したテキストは、およそ日本の古典については『日本古典文学大系』『新日本古典文学大系』（岩波書店）、『新訂増補　国史大系』（吉川弘文館）、『増補　史料大成』（臨川書店）、『大日本古記録』（岩波書店）、中国の古典については『景印　文淵閣　四庫全書』（台湾商務印書館）、『新釈漢文大系』（明治書院）などを用い、近世・近代以降の鉱物書類は原本を参照したが、明確な典拠表示が必要な個所においては論考中に示した。

前篇　日本の鉱物観

序章　日本の鉱物観の重層

西洋の近代鉱物学を学ぶことによって、我々は岩石を無機物とし、科学的な分析研究を行なう一方で、日常の生活では自然石を信仰の対象として崇め、神意を窺う占いの道具として親しんでもいる。それを矛盾するものとも、互いが他を排除するものとも考えてはいない。我々の心の奥底には科学的思考とは縁遠かった頃の岩石観が今もなお生きており、それを呼び起こすことによって、自然と人とを一体化させる日本文化の特質をはじめて理解できるものとさえ考えている。

日本における玉観

十六世紀末に日本を訪れたローマ・イエズス会の巡察使ヴァリニャーノは、日本の「新奇な風習」の一つに宝石を何の役にも立たないものとすることを挙げている（松田毅一他訳『日本巡察記』平凡社東洋文庫、昭和四十八年〔1973〕刊による）。

物質そのものに何の価値もないそれらの品（引用者注—刀などの武器）に、なぜかかる大金を払うのかと私が尋ねると、彼等は、我等が大金を出してダイヤモンドやルビーを買うのと同じ理由からだと答える。彼等は宝石の価格について少なからず驚嘆し、（我等は）日本人が価値のないものを宝石同様の価格で購入するのは愚かであると非難するが、ヨーロッパ人が宝石に多額の金銭を支出するのは愚かであると非難するのは、それに劣らぬ愚かなことである。日本人が購入して珍重するのは何かの役に立つものであって、まったく何の役にも立たない小石を買おうとするヨーロッパ人の考えよりは、日本人が器類や武器などに多額の金を支出しようと考えることの方が非難すべき理由は少ない、と言う。

（第二章「日本人の他の新奇な風習」）

当時の武士たちの価値判断がそうであったとしても、もとより日本人が宝石に魅力を感じなかったということではない。縄文時代の遺跡から発掘された翡翠の勾玉や大珠は、どの国よりも早く日本には翡翠文化が存在していたことを示しており、弥生時代には中国に「青大勾珠」が贈られたと見える（『魏志』倭人伝　正始九年〔248〕条）。縄文時代以前の旧石器時代の遺跡からも種々の鉱物から作られた玉が発掘されており、弥生時代に続く古墳時代の遺跡からも翡翠・碧玉・瑪瑙・琥珀・水晶・蛋白石（オパール）などの製品が出土する。先史時代には宝石は大事にされていたようである。

古墳時代の遺跡からは玉の装飾を着けた巫女らしき女の人物埴輪も出土しているが、玉に呪術的な力を信じたのは、洋の東西を問わず古代社会においては普通のことのようである。日本でも奈良時代に編まれた『古事記』『日本書紀』には「八坂瓊（やさかに）の曲玉（まがたま）」「五百箇（いほつ）のみすまるの玉」が物実（ものざね）となって神々が誕生したり、「塩盈珠（しほみつるたま）」「塩乾珠（しほふるたま）」が海水の干満を引き起こしたりする神話が載せられており、平安時代に書かれた『古語拾遺』には「御祈玉〈古語に美保伎玉（みほきたま）といふ。言ふこころは祈禱（ほき）のことを云ふなり〉」とある。大和言葉のタマは霊魂（たま）でもある。折口信夫は「抽象的なたま（霊魂）のしむぼるが、具体的なたま（玉）に他ならなかった」と説き（「剣と玉と」『上代文化』第七輯）、『時代別国語大辞典　上代編』（三省堂、昭和四十二年〔1967〕刊）は「抽象的な霊力を意味するタマに対して、具体的に象徴するものが「玉」であり、両者は語源を等しくすると考えられる」とする。

信濃なる千曲の河のさざれ石も君し踏みてば多麻（たま）と拾はむ

（『萬葉集』14・三四〇〇・東歌）

母自刀も多麻にもがもや頂きて角髪の中にあへ捲かましを　（同・20・四三七七・防人歌）

というタマもまた、美しい石であるとともに、「霊魂」でもあったのであろう。

仏教の伝来によって日本における玉信仰は失われたとされるが、仏教も玉の魅力をまったく否定したわけではないようである（第一章第1節参照）。『日本書紀』推古天皇元年条に法興寺（飛鳥寺）の塔心礎から「仏舎利」が発掘されたことが記されているが、その「仏舎利」は勾玉、管玉、丸玉などに他ならないことが今日では明らかにされている。また、東大寺三月堂の不空羂索観音の宝冠には翡翠や瑪瑙などの珠玉が飾られているが（梅原末吉「東大寺三月堂本尊宝冠垂下の勾玉に就いて」『史跡と美術』第二十輯の一、昭和二十五年〔1950〕二月発行）、木内石亭の『曲玉問答』（天明三年〔1783〕成）にも「或人云、南都小院ノ仏天蓋ノ餝連玉ノ端ニ曲玉アリ、住僧云、是上古ノ玉簾ト云物ナリト。（中略）答云、按ニ持伝タル曲玉ヲ以テ仏天蓋ノ飾リニ用タルベシ」と見え、天蓋の荘厳としても長く飾られていたようである。神宝としても伝えられていたことは、同じく『曲玉問答』に「越後頸城郡宮内村矢代大明神ノ宝物ニ曲玉一百余顆アリト、越後高田光国寺物語也。社司倉科左近ト号信州松代領ノ内池田ノ宮ノ神宝ニ曲玉五百八十余顆アリ。毎年正月六日地頭ヨリ役人来、村役人立会数ヲ改ルト云フ。対州住吉神社ノ御神宝ニ曲玉管玉ヲ紅ノ糸ニ連タル物アリ」とあることから窺える。平安時代の朝賀また即位の大儀に礼服を着用する際に被る礼冠にも玉が飾られているが、これもまた中国の典礼に倣っただけのものではないのであろう（第二章第3節参照）。

平安時代以降には鉱物の宝石を服飾に用いることはなくなったと言われているが、少なくとも江戸時代には、一部の庶民の間で用いられていたことは、佐藤信淵（1769–1850）の『経済要略』（文政五年〔1822〕刊）に「宝玉・宝石・珊瑚・琉璃・琥珀・瑪瑙等皆擬造スルノ法アリ。此も亦貧賤ナル士女ノ服玩ニ飾リ、其心意ヲ娯楽セシメ人世ヲ鼓舞シ蒼生ヲ撫御スル所以ノ具ナリ」とあり、「宝石及石英瑪瑙等本質ノ玉ニ非ズト雖ドモ其宝色美麗却テ本質ノ玉ヨリ効果ナル者アリ。且其悪魔ヲ禳ヒ邪魅ヲ除クノ功徳モ亦本質ノ玉ニ異ナルコト無シ。宝玉・宝石・美石ニハ恒ニ守護ノ鬼神アリ」とも見えることから知られる。民間では玉への呪術的信仰は連綿として生きているようである。明治時代以降に服装が洋式化すると、宝石は富の象徴となったが（後篇第三章第3節参照）、現在では再びさまざまな効果を持つ「パワーストーン」を身に付けることが流行（はや）っている。

日本の岩石観

ところで、宝石を「何の役にも立たない小石」としてしか見なかった中世の武士たちは、庭園に石組みを構え、書院の床には盆石（ぼんせき）や水石（みずいし）を置き鑑賞していた。ヴァリニャーノには、自然石を愛玩することもまた理解できないことであったろう。これには後述するように禅思想も関わるようであるが、庭園の石組みは権力の象徴でもあり、石を献ずることは主従関係を示すことでもあった。今も残る金閣寺の鏡湖池の中の葦原島に組まれた石々は各大名から献じられたものであり、銀閣寺にも細川石、畠山石、大内石などが据えられている。京都伏見の醍醐三宝院の「藤戸石」（備前国西川浦藤戸産）は信長・秀吉が愛したという言い伝えを持つが、床飾りの盆石や水石もまた武士の美意識や思想を表わすものでもあった。盆石は盆に砂を敷いて数個の石をあしらい景情を観賞するものであり、水石は手を加えない一個の自然石の紋様や色彩や形を観賞したり、山水の景色をその一箇の石に見たりするものである。『雲根志』には次のように説明されている。

古代は盆石を甚だ秘蔵せし事也。中古廃棄（すたり）て用ひざりしに、近頃好事の士やゝ古説を唱ふるものあり。真の書院床餝（とこかざ）りには必盆石を用ゆと云。予が茶道の師京都野本道玄先生の説に四方に庭をはなれたる中座敷に床（とこ）あらば盆石をかざるべしと。砂（いさご）の打やうなどに古実ありと。石にも寸法定り、峰に雪の景色ありて谷瀧洞麓（たにたきほらふもと）崖道（きしみち）等自然とそろひたるを上品とす。江州坂本来迎寺には九山八海石と云石あり。是等は尋常の盆山より大也。（中略）其外処々田舎にて古き家にはきはめてあり。或は貴人又は名人の銘などあり。古田織部重能の記を見るに盆石餝の事しる事まれ也。東山殿御歌に、盆石の前には一ツ浜ひさし後に遠き海ぞえならぬ、此歌の心にて盆石かざりの趣よく聞えたり。盆石出る地定る所なし。只渓川にてまれに拾ひ得る物也。しかし、攝州有馬鼓か瀧近辺の川原江州越智川原駿河沖津の宿近所上野久野橋五料伊勢大洲美濃国赤坂山等より多く出づ。（中略）唐土にも盆山石あるよし諸書に見えたり。（下略）（前編巻五愛玩類「盆石」）

右の文章を書いた石亭は弄石家の祖と呼ばれた人物である。江戸時代にはこの趣味は好事家のものとなったが、今日もなお愛好家は少なくないようである。

室生犀星に「石一つ」という詩がある（『高麗の花』所収、大正十三年〔1924〕刊）。

石を眺め悲しいといふものあらんや。／姿をかしく／されど皺深く蒼みて／雨にぬれるとき悲しといふものあらんや。

わが性はつねに／ひらたく美しからぬ庭石をながめ／そをわが家にはこび／日ねもすは眺めあかぬなり。／竹の葉すこしく植ゑ／そのかたへに語ることなき生きものの／石一つ坐りゐるよ。

われはうつけもの／年若く世を厭ふといはば人人の嗤はん。／されどいつはりにはあらず。／まことは俗流のひとなるがゆゑに／佇みて石をばながむ。

こころあらば／誰かわが家に来りて／水など打ちそそぎたまへ。／語ることなき石あを（蒼）みて／しだいにおのが好む心をば得ん。

自然石は「語ることなき生きもの」であり、働きかけると「おのが好む心」で応えるものである。鈴木大拙は日本人が自然石を愛することについて次のように説明している（「石」『日本美術工芸』昭和二十三年〔1948〕六月発行。『新編　東洋的な見方』岩波文庫所収 pp.235-7）。

ほかの国民の間では、日本人のように、自然石が愛せられるかは、余り知らない。が、吾らの間では自然のままの石を愛する。石に人間の魂を与えて見る。即ち山から出る石は、その掘り出されるときから、既に石でなくなって居る。それが庭に据えられると、それは自分らの友達となって来る。ものを言うと、我に向かって返事する。年を経て苔が生えると、それはもう儼然たる存在で、その庭には一種の寂（さび）が生まれる。（中略）日本では石が削られないでそのまま立てられ、寝かされ、ころがされ、散らかされた。ここには日本的な心持ちが出ている。吾らは石を生きものとして見る、即ち石から生きものを作り出す。彫刻家は石の中に眠って居るものを彫り出すというが、吾ら一般人は石をそのままにして、その上にそれぞれの吾らの心を作り出す、生かして行く。それはこの石が何かに似て居るからというのでない。石をそのままに、そのままの形で見て、生かして行く。必ずしもまた象徴的ということでもない。吾らの石観には特殊のものがある。

盆石趣味が中国に発するように、自然石に対するこうした接し方もまた禅の思想とも関わるようである（鈴木大拙『禅と日本文化』岩波新書、昭和十五年〔1940〕刊）。しかしその根底には、我が国古来の岩石観が存在しているものと思われる。それは柳田国男著『石神問答』（聚精堂、明治四十三年〔1910〕刊、『定本柳田国男集　第十二巻』筑摩書房、昭和四十四年〔1969〕刊所収）、大護八郎著『石神信仰』（木耳社、昭和五十二年〔1977〕刊）、特に野本寛一著『石の民俗』（雄山閣出版、昭和五十年〔1975〕刊）、石上堅著『石の伝説』（雪華社、昭和三十八年〔1963〕刊）などが明らかにしている岩石観である。我々の祖先は、石は我々と同じように生まれて成長し、同じような感情を持つ存在と思っていた（第一章第1節参照）。仏教では木石は無情の存在であるが、日本の僧侶は「木石心なしとは申せども、草木国土悉皆浄土と聞く時は、本より仏体具足せり。況んや衣鉢を授くるならば、成仏疑あるべからず」（謡曲『殺生石（せつしやうせき）』）と石に花を手向ける（第一章第3節参照）。栂尾高山寺の明恵上人（1173-1232）が光明真言加持土砂という呪法に、土ではなく砂を用い、しかも清らかな場所で採れるのにこだわったのも、在来の砂石信仰が加わっているようである（第一章第4節参照）。

ところで、明恵上人は紀州の鷹島の海で拾った石を常に文机の傍らにおき、

　われ去りてのちにしのばむ人なくは飛びて帰りね鷹島の石

と語りかけている。この石は、天竺の仏陀の遺跡を流れる河の水も紀州の海につながっているという、たわいもない発想で拾われたものであった（『梅尾明恵上人伝記』巻上）。「奇石」を愛した木内石亭もまた、漆黒で光沢があり菊花の白点のある石を机案の上に置いて愛翫していたようだが（『雲根志』三編巻四光彩類「花班石」）、河辺や海岸で拾った石を宝物とすることは、子どもだけでなく大人にもあることである。尾崎一雄（1899-1983）が上高地の梓川の中州から拾った石は文鎮の代わりになっていたが、尾崎は「石に向かっていると、何よりも気楽だ」（「石」）と言い、「まさか石や風や雲に感情を附与するほど古代人めいても居ないが、枝を切られた木が悲しむなどということは絶対に無い――こう断言するのにどこかためらいを覚えたりするのは、いかがなものであろう」（「蜂蜜が降る」）と苦笑している。我々の中にもいまだ古代の岩石観は生きているようである。

『詩経』邶風「柏舟」の「我心匪レ石　不レ可レ転也」（我が心は石に匪ねば、転す可からざるなり）を出典とする「わが心は石にあらず」という諺は、我が国では本来の意味で用いられることは少ない。管見では、菅原道真の『菅家文草』所収の「勧レ吟レ詩寄二紀秀才一」という漢詩の中の「問事人嫌心転石」（事を問ひては人は心に石を転すごとけむかと嫌はる）を初出とし、高橋和巳の小説『我が心は石にあらず』に至るまで、わずか六例だけである。日本の文学には、毅然として己の節を貫くという句を生かすことのできる内容のものが乏しいという原因もあるのであろうが、石と己とは異なるとする内容そのものにも関係しているのではないかと思われる（第一章第3節参照）。

日常用いられる石

以上見てきたような精神的な石とのかかわり方とは異なる仕方でも、我々の生活は石と深くかかわっている。

人類の最初の道具は一握りの河原石から作られた石斧とされる。我が国でも昭和二十三年（1948）に相沢忠洋氏が関東ローム層の中から黒曜石で作られた槍先形の石器を発見して以来、旧石器文化が存在したことが明らかになった。やがて銅が用いられ、鉄が用いられるようになっても、石はその性質の違いにより、さまざまな用途に用いられてきた。

石は薬としても用いられた。あらゆるものから薬となるものを探し求めた中国の本草学は奈良時代には日本にも伝わっている。『本草和名』（深根輔仁撰、延喜十八年（918）頃成）は蘇敬等撰『新修本草』（唐・顕慶四年（659）成立）に載せる品目に和名を当てたものであるが、石薬八四品目が紹介されている。正倉院文書『種々薬帳』には、その中の「禹余粮（うよりょう）」「太一（たいち）余粮」「理石」「青石脂」「赤石脂」「紫鉱」が見え、さらに「寒水石」「龍骨」「龍歯」の名も見られる。また、平安時代の『延喜式』第三十七「典薬寮」の「諸国進年料雑薬」には諸国から献じられる石薬が定められているが（伊豆「白石脂・赤石脂」、肥後「礬石」、伊豆・飛騨「黄礬石」、美濃「青礬石」、飛騨・長門「白礬石」、信濃・相模・下野「石硫黄」、但馬・周防「滑石」、備中・太宰府「石膏」、備中「石鍾乳」、備中・備後・讃岐・若狭「朴消」、伊勢「水銀」、紀伊「温石」、太宰府「代赭（石）」、讃岐「消石」、備前「石胆」、備中・近江「白石英」、伯耆「紫石英」、近江「磁石」、陸奥「雲母」）、このうち、「滑石」以外は『本草和名』に見えるものである（ただし、「温石」は『本草和名』に見られるが、「本草薬外」の品目に挙げられており、典薬寮で用いられるものではあっても、石薬として使用されたのではないようである）。

建築にも石は用いられる。古墳時代の石室・石棺に始まり、橋・堤防・道路・暗渠・城壁さらに石垣・門柱・石柱・庭石・敷石・灯籠に至るまで、その用途は多様である。

平安時代の辞書類にはツメ石（礎・矴・磉・磌）・カナシキノ石（砧・碪）・ヒウチイシ（玉火石）・玉トグ石（砥石）・ト（砥石）が見られる。松江重頼（1602-80）編『毛吹草』巻四には当時の名物や物産が五畿内七道の国別に挙げられているが、その中から石砂土を材料とするものを抜き出してみると次のようなものがある。

【道具】硯石（近江高島・陸奥ヲガチ・美作高田・豊前・文司ノ関）
砥石（山城高雄・瓶原・近江朽木・上野戸沢・越前常慶寺・丹波佐伯・但馬諸礒・紀伊神子浜・対馬）
琢砂（摂津薬師山）
燧石（鞍馬・阿波火打埼・豊後久多見・肥後火川）
温石（但馬・美濃・出羽）
浮石（紀伊・薩摩）
刃土（山城）
金付石（紀伊）

【宝石】水精（南部・陸奥・豊前・豊後）・藍玉（美濃）・琥珀（陸奥）など

【碁石】碁石（那智・摂津備後町・若狭スカ浜・石見高津）・双六石賽（摂津）など

【盆山】盆山石（上野・伊予）・盆山蒔砂（摂津・備中帝釈天・伊予）・盆石敷石（相模）・答志涌砂（志摩）

【石材】切石（山城）・渋土（山城）・木戸石（近江越前）

【造庭】庭石（嵯峨）・鳴滝飛石（山城）・御影飛石（摂津）・禰布川飛石（相模）・大崎ノ庭石（紀伊）

【壁土】遊行渋土（山城）

【棺砂】栂尾土砂（山城）

【顔料】山黄土（稲荷）・紺青緑青（摂津多田）

【化粧】白粉合土（松尾）

『雲根志』には「附石」について「黒色にして堅剛也。かたち丸くたいらかなるをよしとす。此石に金銀をすりて金銀の位を見る事なり。両替屋にもっぱら用ゆ。豊後国黒ケ浜、奥州松島等にありといへども紀州熊野那智黒に勝る事なし。則格古要論の試金石なるべし」と説明されているが、現在ではこのような説明も不要とは言えなくなっているかもしれない。「浮石」についての「漢名浮石、和名かるいしといふ。其かたち沫のごとく細孔あり。色白く水に入て浮ぶ。俗これを以て足のうらをみがく」、「温石」についての「諸国より出す。色かたちも一ならず。火を以て焼、病あるところをおしあたゝむ石なり」、「磨砂」についての「色白くやはらかにして土のごとく麪粉のごとし。滑石によく似たり。俗これを取て金具をみがき刀をみがく」なども同様であろう。しかし、こうした石とともにあった生活はそれほど遠い昔のことではない（第三章参照）。

西洋鉱物観の受容

ところで、明治の初めころには「金石」が「鉱物」と同義で用いられていたが、両者はその概念を異にする。「金石」は中国で作られた語であるが、「鉱物」は西洋の近代博物学における世界を構成する三物質の一つとして、有機物の「動物」Animaleと「植物」Vegetabileに対する無機物Lapideumの訳語として出来たものである。

西洋の鉱物学は早く江戸時代に紹介されているが、それは岩石を生成過程や成分によって区別したものであった（第四章参照）。明治時代に本格的に始まった鉱物学によって我々は鉱物の新しい捉え方を知った。石川啄木の「いのちなき砂のかなしさよ」という句は無機物としての砂石観を学んだ者の言葉である。我々はまた西洋の鉱物学から岩石の新しい魅力をも学んだ。鉱物の結晶の形や結晶の集合した形、色や透明度や光沢や条痕や屈折率などの光学的性質、硬度や劈開や触感や比重や電気性や磁性などの物理的性質などの違いが分かると、より一層造化の不思議や魅力を感じるものである。中島敦（1909–42）の『狼疾記』（三）に、

うす碧い蛍石、橄欖石、白い半透明の重晶石や方解石、端正な等軸結晶を見せた石榴石、結晶面をギラギラ光

らせている黄銅鉱（中略）。余り明るくない部屋で、天上の明り窓から射してくる外光が、端正な結晶体共の上に落ち、久しく使わなかつた標本のうす埃をさへ浮かび上がらせてゐる。其等無言の石共の間に座つて、その美しい結晶や正しい劈開のあとを見てゐると、何か冷たい・透徹した・声のない・自然の意志、自然の智慧に触れる思ひがするのである。

とあるが、学校の理科室で同様の思いで鉱石標本に見入った子どもたちは少なくないであろう。その体験はやがて文学に昇華する。中原中也（1907–37）の、

秋の夜は、はるかの彼方（かなた）に、
小石ばかりの、河原があつて、
それに陽は、さらさらと
さらさらと射してゐるのでありました。
陽といつても、まるで硅石（けいせき）か何かのやうで、
非常な個体（ママ）の粉末のやうで、
さればこそ、さらさらと
かすかな音を立ててもゐるのでした。
（「一つのメルヘン」）

という秋の夜の陽を硅石に譬えているのは印象的である。宮沢賢治（1896–1933）の童話や詩にも「雪はまるで寒水石という風にギラギラ光っていたし」（「とこなめ山の熊」）、「薔薇輝石や雪のエッセンスを集めて、／ひかりけだかくかがやきながら／その清麗なサファイア風の惑星を／溶かそうとするあけがたのそら」（「暁穹への嫉妬」）などの表現があることはよく知られているが、「蒼鉛いろの暗い雲」から沈んでくるみぞれや「雪と水の二相系をたもちすきとほるつめたい雫」が「兜率（とそつ）の天の食（じき）」という仏教の世界の表現につながっているのは注目される（「永訣の

朝」)。また、岩石地質学から得られた知識は「楢ノ木大学士の野宿」の幻想となった。

さらに現代の鉱物学では路傍の石ころと人間存在とは根源的に同じであることを明らかにしている。かつてとは異なる次元で岩石と人とを一体化させる新しい鉱物観が展開しているのである。奥泉光の『石の来歴』(文芸春秋、平成六年〔1994〕刊)はレイテ島の洞窟の中で、死に際にある上等兵の男が堅い岩床に横たわりながら、傍らの石を摘んで一等兵の主人公に語りかける。

君は普段路傍の石に気をとめることなどないだろう。庭石や石材ならばまた話は別だろうが、およそ石や岩などは詰まらない、ただ意味もなく山河野原に散らばっているもので、邪魔にこそなれわざわざ手にとって眺めてみる価値などないと考えているのだろう。だがそれは違う。変哲のない石ころひとつにも地球という天体の歴史が克明に記されているのである。たとえば君は岩石がどうして出来るかを知っているか?(中略)つまり君が散歩の徒然に何気なく手にとる一箇の石は、およそ五十億年前、後に太陽系と呼ばれるようになった場所で、虚空に浮遊するガスが凝固してこの惑星が生まれたときからはじまったドラマの一断面であり、物質の運動を刹那(せつな)の形態に閉じ込めた、いわば宇宙の歴史の凝縮物なのだ。(中略)だから、君が河原で拾う石ころは、どんなによそよそしく疎遠にみえようとも、君とは無縁ではありえない。君自身を一部に含む地球の総体を君は眺めるのであり、いはば君の未来の姿をそこに発見するのである。

第一章　日本の岩石観

1「さざれ石のいはほとなりて」

はじめに

石もまた我々と同じように成長するという考え方は、かつては洋の東西を問わず存在したようだが[1]、我が国では『古今集』（延喜五年〔905〕撰進）の、

　君が代は千代に八千代にさざれ石のいはほとなりて苔のむすまで

という読み人知らずの和歌によって、今日まで長く親しまれている考えである[2]。少なくとも江戸時代までは、それは真実として信じられていたことであった。例えば、西川如見（1648-1724）の『水土解弁』に、

　石も年経て生長するとはいへども、中〱百年二百年などを経て、小石の大石となれるものにあらず。

とあり、寺島良安の『和漢三才図会』（正徳二年〔1712〕自序）に、

　按ふに、石〈和名、以之〉は凝りたる土なり。大なる石を磐〈和名、以波〉と曰ふ。（中略）凡そ石はその皮を取り去るときは便ち枯槁て、復た再び潤沢を生ぜず、莓苔を生ぜず。凡そ土中水中に在る石は皆能く長ず。水中の細石〈和名、佐々礼以之〉磐庵して岩〈伊波保〉と為る。俗に岩を磐の訓みとす。（第五十九「金石部」）

とあり、佐藤信景著『土性弁』（享保九年〔1724〕序）[3]にも次のように見える。

蓋し最初大地の剖判する、産霊の神機に頼りて、土質は潮水と泌別して凝結び、陸海各半なる大地球となれりける。其後天赫々たる炎光を以て、此れを映照し、此を煦温するの霊気を受て、地中の脂膏と、塗泥と凝結で、軟沙・細沙となる。既に細沙となれるに及ては、上天賦与の生魂を含みて、以て漸々生長肥大して、粒沙となり、磧礫となり、或は中には子を産む等も出来て、次第に多年を経るに従て、長大し、巻石となり、岩石となりて碧苔の滋蔓するに至る。古歌に「君が世は千代に八千代に磧礫の巌嵒となりて苔の蒸発まで」と詠じたるは即ち斯の義なり。

（巻五「沙石」）

1　「生石」

柳田国男は、民間に伝わる石が成長したという伝承を「生石伝説」と名づけ、多くの例を紹介している[4]。例えば播磨明石郡大久保村大字西脇の黒石明神の以前のご神体は、昔旅人が東国から携えて帰った石が大きくなったものであり（『播磨鑑』）、下総千葉郡二宮大字上飯山満の巾着石という旧家林氏の氏神も先代の主人が伊勢参りの帰りに大和を廻って拾ったものが生長して大石になったものである（『奇談雑史』巻三）。

ところで、そうした伝承の一つに土佐の高岡郡黒岩村大字黒岩字御石北に、「大石神」あるいは「宝御伊勢神」と称する石を祀った社の話がある。昔ある人が伊勢から巾着に入れて持ち帰った石が年月を経て生長したと伝えられる石が祀られている社の話であるが、柳田は「御伊勢神」は「大石神」と「もとは一つ語で生石の義であらう」とする。

ただ、「大石」と「生石」という語が同じであるとするのには疑問がある。古代語においては「大石」と「生石」

とは同じ語ではなかった。

『古事記』（和銅五年〔712〕撰進）に、

神風の　伊勢の海の　意斐志に　這ひ廻ろふ　細螺の　い這ひ廻り　撃ちてし止まむ　（記13）

という歌謡があり、同じものが『日本書紀』（養老四年〔720〕撰進）には、

神風の　伊勢の海の　於費異之に　や　い這ひ廻る　細螺の　吾子よ　細螺の　吾子よ　細螺の　い這ひ廻り
撃ちてし止まむ　撃ちてし止まむ　（紀8）

とある。『古事記』に「意斐志」とあるものが、『日本書紀』では「於費異之」とあるが、これをオヒシ（生石）とするかオホイシ（大石）とするかで説が分かれている。[5]

オヒシ（生石）説の根拠は次のとおりである。上代の日本語には、ヒの音に二種（甲類・乙類）あるが、「斐」は乙類のヒを表わす文字であり、「費」もまた同じく乙類のヒを表わすとする説が有力である。「生ふ」は上二段活用の動詞であり、上二段活用動詞の連用形のイ段音は乙類である。また、動詞連用形はオイマツ〔老松〕・タリヲ〔垂尾〕・モリベ〔守部〕・シキナミ〔敷波〕など複合語の前項に用いられ、連体修飾語の働きをすることがある。したがって、「意斐志」「於費異之」は「生ヒ石」「生ヒ石」であり、「生ふる石」すなわち「生長する石」である。

オホイシ（大石）説の根拠は次のとおりである。歌詞には「オヒシのまわりを這い廻っている細螺」（小形の巻き貝）とあり、『日本書紀』には「謡の意は、大きなる石を以ちて、その国見丘に喩ふ」という注があり、「意斐志」「於費異之」は「大石」と理解するのが妥当である。さらに、有坂秀世（『上代音韻攷』三省堂、昭和三十年〔1955〕刊 p.408）が指摘した「紀大磐」という人名が「紀生磐」とも書かれている例があり、また土橋寛（『古代歌謡全注釈　古事記編』角川書店、昭和四十七年〔1972〕刊 p.81）が指摘した「大石村主真人」（『続日本紀』天平勝宝二年〔750〕正月）が「生石村主真人」（『萬葉集』三五五題詞）と書かれている例があるが、これらのヒ（乙）はホの音で

あったものが後続のイの音によって同化したものと考えられる。したがって、古事記歌謡の「意斐志」は大石の意味と考えるべきであろう。

以上のように、『古事記』の「意斐志」、『日本書紀』の「於費異之」は、オヒシ（生石）ともオホイシ（大石）とも決しがたい。しかし、「謡の意は云々」という『日本書紀』の注は後人の注記の攙入であろうという説（飯田武郷『日本書紀通釈』）があり、後述するように、水中で石が生まれるという考えが存在した可能性があり、それによれば歌詞もまた海中に生まれた石の廻りを細螺が這い回っているという意味に解することもできよう。とすれば、オホイシ（大石）説の根拠は弱くなる。地名に見られる「生石」[6]という用字は、その地に石が生まれ成長したといった伝承などがあり、それに由来するものとも思われる[7]。

2　砂の生長段階

日本では石は生長するとともに名を変えていく。『土性弁』（信景の孫信淵の増補版による）には「沙石」（「俗にスナチ、あるいはイサゴまたギャリと称するも、皆沙石なり」という説明がある）の成長を七つの段階に分け、それぞれの次のように説明している。

「軟沙」俗にアマゴミ、一名カハゴミ。「沙石類中、最も細く且つ其質柔軟にして、塗泥の如くなれども、既に沙に化したる者（下略）」

「細沙」俗にマスナ。あるいはコマスナ。「軟沙の成長したる者にて、其質頗る粗く、水持の宜しからざる場処ありて、水田となすべからずして、畑となすべきもの多し」

「海沙」俗にサラスナ。「此物も亦軟沙の成長したる者にして、即ち細沙に異なること少なし。然れども此物は大海の荒浪を以て、海岸の土地を崩壊し、土質を洗濯し去りて、跡に遺したる沙石なるを以て、其沙に油脂の気なく、或は鹹苦の味あり」

「磧礫」俗にコイシハラ。あるいはサザレイシ。「即是軟沙細沙の成長したる者にて、小石、栗石、礫石等を統たるの名也」

「巻石」俗にヒトツイシ。あるいはドダイイシ、カフノモノイシ等。「此も亦軟沙細沙の成長したる也」

「大石」俗にオホイシ。「此物も亦細沙磧礫の成長して巻石となり、数多の年所を経歴し、漸々肥大して、大石となれるなり」

「巌石」俗にイハホ。「此物は（中略）脂膏と塗泥の凝結したる者にて、脂膏殊に多きを以て、唯に塗泥のみならず、既に成りたる沙石と雖ども、土と混合して皆一塊に凝結して固定せる者也」

このように成長の段階に応じた石の名があることは、おそらく日本語の特徴であろう。本節では右の分類と説明を参考にしつつ、古代の文献（平安時代以前のものを言う）に見える砂や石の名から、古代の人々が石の成長をどのように考えていたかを窺ってみたい。

3　砂の名の二系列

生まれたばかりの小さい石の名は、スを基とするスナゴ系とイシを基とするイサゴ系の二つの系統に分けて考えられるようである。

ス

沙土煑尊〈沙土、此云二須毘尼（すひぢ）一〉　（『日本書紀』神代上・第二段正文）

この神名から新井白石は「(沙は) 太古の語にはスとのみ云ひしと見えたり」、「洲をスといふも、又これによれる也」(『東雅』) と言う。洲は「川や海の浅瀬の砂が現れたところ」(『時代別国語大辞典　上代編』) であるが、『土性弁』に沙石が俗にイサゴまたヂャリともスナチとも呼ばれ、磧礫がサザレイシともコイシハラとも呼ばれることが記されていたように、スはそのものとそれが存在する場所をも意味するようである。正倉院文書に同一人が「己知在羽」「己智蟻石」「己智在石」「己智蟻礒」とも記され、「礒」(礒) がイハ (石) と訓まれていたらしいことが指摘されているが (『時代別国語大辞典　上代編』)、これも同じことを示すものであろう。

スナゴ

〓〈石微細而随レ風飛、沙也。伊佐古、一云須奈古〉　(『新撰字鏡』享和本)

砂　声類云砂水中細礫也。所加反〈和名　以左古　須奈古〉　(『和名類聚抄』岩石類)

スナゴは狩谷棭斎の『箋注和名類聚抄』が言うように「洲之子」あるいは「砂な子」の意味であろう。したがって、ス (砂) よりも微細なものを言うと考えられる。『新撰字鏡』に「石微細而随レ風飛」とあり、『出雲国風土記』秋鹿郡恵曇浜条に「浦より在家に至る間は、四方並に石木なし。白沙の積れるがごとし。大風の吹く時は、其の沙、或は風の随に雪と降り、或は居流れて礒と散り、桑麻を掩覆ふ」と見えるが、そのようなものを指すのであろう。ちなみに、スナ (砂・沙) という語は『名語記』(建治元年〔1275〕成) に「いさごをすなとなづく」、虎明本狂言 (寛永十九年〔1642〕写) の『通円』に「是なるすなの上にうちわをうちしき」と見えるのが古い用例である (スナについてはなお後述する)。

マナゴ

御陵在二畝火山之傍真名子谷上一也。　(『古事記』懿徳)

繊砂　日本紀私記曰繊〈万奈古〉繊細也。　(『和名類聚抄』十巻本・岩石類)

棭斎は「ま・すなご」の略で、真にその繊細なものとし、貝原益軒の『日本釈名』もまた「白砂のみにて土のまじらざる正真のすなごなり」とする。スの音が落ちる理由が不明であり、むしろ次に挙げるイサゴを想定し、「ま・いさご」の略とするのが音韻学的には考えやすい。しかし、後に述べるように上代のイサゴは現在の砂より大きいものを指していたようであり、「ま・いさご」とするのでは「繊細也」という説明と合わないことになる。『古事記』の「真名子谷」は『日本書紀』孝昭前紀には「繊沙谿」とある。また、『萬葉集』にはマナゴのみが現われ、イサゴは現われず、次に示すように『萬葉集』のマナゴの用例のすべてが浜辺や水面にあるものとして歌われていることも、マナゴは細かい砂であることを示しているようである。

玉津島礒の浦回の真名子にもにほひて行かな妹が触れけむ　（9・一七九九）
相模路の余綾の浜の麻奈胡なす児らは愛しく思はるるかも　（14・三三七二）
むらさきの名高の浦の愛子地に袖のみ触りて寐ずかなりなむ　（7・一三九二）
豊国の企救の浜辺の愛子地の真直にしあらば何か嘆かむ　（7・一三九三）
衣手の真若の浦の愛子地の間なく時なし吾が恋ふらくは　（12・三一六八）
解衣の恋ひ乱れつつ浮沙浮きても吾はありわたるかも　（11・二五〇四）
潮満てば水沫に浮かぶ細砂にも吾は生りしか恋ひは死なずて　（11・二七三四）
白細砂三津の黄土の色に出でて言はなくのみぞ我が恋ふらくは　（11・二七二五）
八百日行く浜の沙も吾が恋にあに益らじか奥つ島守　（4・五九六）
（前略）夕浪に　玉藻は来寄る　白沙　清き浜辺は（下略）　（6・一〇六五）

イサゴ

磣〈石微細而随レ風飛、沙也。伊佐古、一云須奈古〉　（『新撰字鏡』享和本）

砂　声類云砂水中細礫也。所加反〈和名　以左古　須奈古〉（『和名類聚抄』岩石類）

『東雅』に「イサゴといふは石によりていひしなるべし」とあり、谷川士清の『和訓栞』には「石小子の義なり」とあるが、有坂秀世の「国語にあらわれたる一種の母音交替について」（『国語音韻史の研究』明世堂書店、昭和十九年〔1944〕刊所収）にも「イサゴ（砂）がもし石子の義ならば、ここにはイ列とア列との交替が見られるわけである」と言い、『時代別国語大辞典　上代編』にもイサを「イシ（石）と同源か」とあるように「石子」と考えるべきであろう。したがって、同じ砂であっても、イサゴはス・スナゴ・マナゴとは系統を異にするものと考えられる。指すものもそれらより大きいものを指していたようである。

たまきはる　内の朝臣が　腹内は　異佐誤あれや　（『日本書紀』歌謡29）

此草木沙石自含ㇾ火之縁也　（『日本書紀』神代上・一書第八）

この二例について、土橋寛氏は、前者はこの歌が歌われた文脈から考えれば、矢をはね返すようなものでなければならず、また後者の沙石が火を含むというのは、石を打ちあわせて火を取ることに基づく観念であるから、小さい石ではないであろうとする（『古代歌謡全注釈　日本書紀編』角川書店、昭和五十一年〔1976〕刊）。従うべき説であろう。やがてイサゴは小さい石を指すようになるが、それによりスナゴが「スナ＋コ（子）」と異分析され、スナゴより大きいものを指す語としてスナが成立したのではあるまいか。すなわちイサゴ＝スナ＞スナゴといった大小関係で捉えられたものと思われる（現在は「砂の中の細かい石」をスナゴと言うようである〔加藤碵一著『石の俗称辞典第二版』愛智出版、2014刊〕）。

越谷吾山（1717–83）の『物類称呼』に、

いし　○畿内にて○ごろたと云は　石の小なる物を云　東国にて○石ころといふ　山陰道にては○くりと云〈細小なるものか〉　越中にて○いしなといふ　江戸にて○じやりと云。

と見える越中方言「いしな」も同様に「イシ（石）＋ナ＋コ（子）」が「イシナ（石）＋コ（子）」と異分析されたものであろう。『拾遺集』（18・一一六三）に「石な取り」とある「石な」は、その遊び方から「石投（な）取り」と理解されているが、同様に「イシナ（石）取り」と理解すべきものと思われる。

マサゴ

山下水のたえず、はまのまさごの、かずおほくつもりぬれば、（『古今集』仮名序）

宰中将の妹大将の堀川殿に渡りたる処、庭にまさごの白かねかと見えたるに、（『狭衣物語』四）

棭斎は「ま・すなご」の略とし、『大言海』は「ま・いさご」の約とする。すなわち棭斎はスナゴ系の語とし、『大言海』はイサゴ系の語とする。スよりイの音の方が脱落しやすいという理由から「ま・いさご」の約と考えたい。

ミサゴ

水を浅みみさごも見ゆる山川は秋の調べもひかずやあるらん（『宇津保物語』流布本・初秋）

右の「みさご」は「まさご」とある本文もあり、それに従うものが多い。しかし、今川了俊の『言塵集』（応永十三年〔1406〕初稿本成）に「沙　みさご　水沙也」、『色葉字類抄』に「沙〈イサコ　水散也。俗作レ砂〉」と見え、皆川淇園の『実字解』にも「沙」を解して「水旁ノ細石也、トアリ、字音ヲ以テ考フルニ、沙ハ、水ノ土ヲユリ去リテ、小石バカリ水ニユラレタル勢ヲ持テ、残リタルヲ沙ト云フト見ユ」とあるような「沙」の字義にそって理解すれば、ミサゴは「ミ（水）＋イサゴ（砂）」の約であろう。

4　イシ・サザレイシ（ササライシ）

イサゴより大きいものがイシである（「石（中略）砂之大者」『類聚名義抄』図書寮本）。イシの子どもがイサゴ（石(イサ)＋子(コ)）であり、イサゴが生長するとイシになると考えられたのであろう。逆に言えば、イサゴは小石であり、石の子である。石が生長するのは佐藤信景・信淵によれば「上天賦与の生魂」によるとされるが、折口信夫もまた、石が生長するという信仰は、石の中に「たま」（霊魂）があると信じられていたからであると言う(8)。

イシの大きさには大小があり、手で持って運べるものから、その上に乗ることのできるものまである。

大坂に継ぎ登れる伊辞群(いしむれ)を手越しに越さば越しかてむかも　（崇神紀十年）

下野の安蘇の河原よ伊之(いし)踏まず空ゆと来ぬよ汝(な)が心告(の)れ　（『萬葉集』14・三四二五）

足日女(たらしひめ)神の命(みことな)の魚釣らすとみ立たしせりし伊志(いし)を誰(たれ)見き　（『萬葉集』5・八六九）

御足跡(みあと)造る伊志(いし)の響きは天に到り地(つち)さへ揺すれ父母がために　（仏足石歌・1）

江戸時代の『土性弁』に見える砂の名には、漢語の磧礫に対応するコイシハラ、サザレイシがあり、巻石に対応するヒトツイシ、ドダイイシ、カフノモノイシ等があるが、このうち古代語に確認できるのはサザレイシのみである。サザレイシは複数が同時に存在するものという含意がある。

サザレイシ、また約されてサザレシとなったものが上代にはそれぞれ一例ずつ見られる(9)。

佐射礼伊思(さざれいし)に駒を馳(は)させて心痛み我思ふ妹が家のあたりかも　（『萬葉集』14・三五四二・東歌）

信濃(しなぬ)なる千曲(ちぐま)の川の左射礼思(さざれし)も君し踏みてば玉と拾はむ　（『萬葉集』14・三四〇〇・東歌）

平安時代には第二音節が清音のササレイシ（約してササレシ）の形も見られる。源順の『和名類聚抄』（承平年間

〔931-38〕成）に、

　細石　説文云礫也水中細石也。音歴。〈和名　佐佐礼以之（さされいし）〉　（岩石類）

とあり、『日本書紀』の推古天皇二十八年十月条の「以二砂礫一葺二檜隈陵上一」の「砂礫」に対して、岩崎本の平安中期末点にサ、レシ、院政期点にサ、レイシとある。ササは細かい、小さいの意の形状言ササと関係するものであろうが、ササライシという語形も見える。僧昌住の『新撰字鏡』（昌泰年間〔898-901〕成）に、

　硝　（中略）硭硝也。岩傷人畜之足也。瀬也。佐々良石。　（天治本、五26オ）

　硝　（中略）硭硝也。瀬也。佐々良石。又小石。　（享和本、五36ウ）

とある。細かい紋様をササラガタ（「佐瑳羅（ささら）形錦の紐」允恭紀八年、「娑佐羅（ささら）の御帯」継体紀七年）、小さい荻をササラ荻（「佐左良乎疑（ささらをぎ）」『萬葉集』14・三四四六）、小さい波をササラ波（「佐々良奈弥（ささらなみ）」『新撰字鏡』天治本）と言うが、ササラ波に対するサザレ波（『萬葉集』17・三九九三「佐射礼奈美（さざれなみ）」）もあり、ササライシとサザレイシとの関係も同じであろう。

　ところで、『新撰字鏡』のササラ石の標出字「硝」には疑問がある。諸橋轍次の『大漢和辞典』では、「硝」は「薬石の名。硭硝・硝石とも。無色でガラス状の結晶体。熱帯地方に産し、火をつければ紫色の焔を出して燃える。『集韻』硝、硭硝、薬石」とだけ説明されており、「硭」もまた「硭硝は薬の名。硝石。『集韻』硝、硭硝、薬石。山石中采レ之。布二於芒上一、沃以レ水、以レ盎、経レ宿飛二著盎一、故曰二硭硝一」とあるだけである。したがって、『新撰字鏡』の「瀬也」以下の説明は別の文字に対する説明が紛れたものと推測されるが、それはおそらく「磧」字の説明であったと思われる。『新撰字鏡』（天治本）には「碃　且歴反。瀬也。水浅石見也」とあるが、標出字「碃」の右傍に「磧歟（か）」と記されている。「磧」は『説文』には「磧、水陼有レ石者」とあり、「かはら。水ぎわの石の多いところ。いしはら」の意味である。『新撰字鏡』の「磯」にも「磧也。水中磧也。水激也」と見える。『類聚名義

抄』（図書寮本）にも「磯激」に「水中磧石也」、「砂磧」に「水浅石見也」などと見える（ただし観智院本には「磧」とある）。

右のように考えられるとすると、ササライシは河原にある小石ということになるが、サザレイシもまた、『和名類聚抄』に「説文云礫也水中細石也」とあり、『萬葉集』に見える二例もまた、一例は「信濃なる千曲の川の左射礼思」であり、もう一例の「佐射礼伊思に駒を馳させて心痛み」も「河原の小石の上を駒を馳されて、行き悩む馬に心を痛めるやうに、心を痛めて私が思ふ妹の家のあたりよ（ここは）」（澤瀉久孝『萬葉集注釈』中央公論社刊）と理解できるものである。前掲のサザレイシ・ササライシの例もまた水辺にある石を言ったもののようである。(10)

『萬葉集』に見えるイシ（全九例）もまた、河原、川辺、海辺にあるものが多く歌われている。(11)

下つ毛野安蘇の河原よ伊之踏まず空ゆ来ぬよ汝が心告れ　（14・三四二五）

秋されば霧立ち渡る天の川伊之並置かば継ぎて見むかも　（20・四三一〇）

足姫神の命の魚釣らすとみ立たしせりし伊志を誰見し　（5・八六九）

（前略）真珠なす　二つの伊斯を　世の人に　示し給ひて　万代に　言ひ継ぐがねと　海の底　奥つ深江の　海上の　子負の原に　御手づから　置かし給ひて（下略）　（5・八一三）

馬買はば妹徒歩ならむよしゑやし石は踏むとも吾は二人行かむ　（13・三三一七）

こもりくの泊瀬小国に妻しあれば石は履めどもなほぞ来にける　（13・三三一一）

川の瀬の石踏み渡りぬば玉の黒馬の来る夜は常にあらぬかも　（13・三三一三）

かしまねの　机の島の　小螺を　い拾ひ持ち来て　石もち　突き破り　早川に　洗ひ濯ぎ　（16・三八八〇）

藤波の影なす海の底清みしづく石をも珠とぞ吾が見る　（19・四一九九）

また、

吾が恋ふる丹のほの面わ今宵もか天の河原に石枕巻く　（10・二〇〇三）

の「石枕」はイソマクラとも訓まれているが、イシとイソとの関係も注目される。

伊蘇の間ゆたぎつ山川絶えずあらば　（『萬葉集』15・三六一九）

浜つ千鳥浜よは行かず伊蘇伝ふ　（『古事記』神代）

右までに見たように、極めて細かい砂から、ある程度大きくなった石まで、古代の用例のすべてが水との関わりが深い。これは砂は川辺や海辺で生長して石になると考えられていたからではなかろうか。『和漢三才図会』に「凡そ土中水中に在る石は皆能く長ず」とあり、「水中の細石〈和名、佐々礼以之〉磐庵して岩〈伊波保〉と為る」とあり、また「凡そ石はその皮を取り去るときは便ち枯槁」とあった。石もまた草木と同じように生長するのに水分が必要と考えられていたのであろう。

5　子持石・子産石

石が子を生むことがある。『土性弁』にも「或は中には子を産む等も出来て」とあったが、各地にそのような伝説を持つ石は多く、寺島良安の『和漢三才図会』に、

羽州中島村に子持ち石と称する者あり。文禄年中、或人其の小石を拾ひ取りて、秘蔵せり。八十有余年に至りて徐囲一拱許の大石と為り、小石を産すること数千、恰も子孫曾孫の如し。　（「本朝之名石大略」）

とあり、菅茶山の『筆のすさび』に、

予州三津浜何某が家に盆石あり。それを浦座敷の違棚の上に置きしに、文政庚辰の大三十日に、一小石を産む。翌日見るに、傍にありて、其形、母石に少しもかはらず。白き筋などありくと見えて、小なるのみ。正月中

> 見る人市をなし、と。同国松山人、岸恵造が辛巳二月廿五日に語る。
> （「分娩石」）

とあり、天野信景の『塩尻』に、

> 出羽延沢銀山の隣郷、中島村熊野の社は、文録年中に、村民某、熊野七度参詣せし那智の浜にて、一ツの小石を拾ひ帰国せし、年月を経て、石大きになり行程、八十年来、母石は一拱（かかへ）あまりに成り、形老嫗の如しとて、姥石といふ、此石より、児石分れする事、弐千余、曾孫石ひろごり、大小有り、小石は皆神の形に似たり、是を崇めて、今熊野といふ由、かゝることもあるにや。

と見える。中国ではウマズメ（不生女）を「石女」と言うが、日本の石は子を生むのである。

このような石は不妊に悩む者の祈りの対象ともなった。『雲根志』前編巻一霊異類に、

> 富士山の梺（ふもと）に子持石村あり。里中に一つの大石あり。かたはらに一穴ありで其石穴をほそき竹にてくぢればむくろじのごとき色青黒の小石ころび出る。幾度にても同じ。ひさしく挑めば数粒出る。むかしよりかくのごとくなれども今に尽る事なし。土俗に子なき婦人一七日身を清くし朔日ごとに此石を清浄なる水にひたし、其水を服する時はたちまち子を孕むと云伝へり。
> （「子持石（こもちいし）」）

と見える。泉鏡花の『草迷宮』（明治四十一年〔1908〕刊）には逗子の子産石伝説が用いられているのは知られている。また、柳田国男監修・日本放送協会編『日本伝説名彙』（日本放送協会、昭和二十五年〔1950〕刊）で紹介されている各地の「誕生石」「子得岩（こうるいわ）」「産石（うみいし）」「産石（うまれいし）」「孕石（はらみいし）」などと呼ばれる石の中には難産を避ける祈りの対象となったものもある。

> 石上に小さい孔があつて、そこから小石を生むといひ、婦人が産の時、この小石を頭にのせて祈れば、必ず産の難を免れるといふ。
> （『信濃民譚集』）

6 イハ・イハホ・カチハ・トキハ

伊波の上に小猿米焼く米だにも食げて通らせ羚羊の翁　（『日本書紀』皇極紀二年）

イシが大きくなったものがイハであり（「磐　以波　大石也」『和名類聚抄』）、その大きいさまをイハホと言うが（「礧（中略）大石貌也。伊波保」『新撰字鏡』天治本）、『和漢三才図会』に「大なる石を磐〈和名、以波〉と曰ふ」とあって、「岩〈伊波保〉」を「俗に岩を磐の訓みとなす」とあるように、やがてイハホはイハと同じ意味で用いられるようになった。『土性弁』の紹介する俗語にもイハの語は無く、巌石を俗にイハホと言うとあった。

イハ（岩）もイハホ（巌）も堅く不動で永遠の象徴であることは東西を問わないが、日本では『古事記』の、天孫と木花佐久夜毘売・石長比売の姉妹との聖婚神話における、二人の娘の父大山津見神の「石長比売を使はさば、天つ神の命は、雪降り風吹くとも、恒に石のごとく常に堅に動かず坐さむ」という誓約の言葉に早くも現われている。トキハ（トコ＋イハ）・カチハ（カタ＋イハ）という語が永遠・堅固を意味するのも、岩の堅固さと永遠性による。

等伎波なすかくしもがもと思へども世のことなりば留みかねつも　（『萬葉集』5・八〇五）

皇御孫の命の御世を手長の御世と、堅磐に常磐に幸へ奉るが故に　（『祝詞』九条本・祈年祭）

文部省音楽取調掛編纂『小学唱歌集　初編』（明治十四年〔1881〕刊）に載せる「君が代」の歌詞もまた「君が代は。ちよにやちよに。さゞれいしの。巌となりて。こけのむすまで。うごきなく。常磐かきはに。かぎりもあらじ」（一番）、「きみがよは千尋の底に。さゞれいしの。鵜のゐる磯と。あらはるゝまで。かぎりなき。みよの栄を。ほぎたてまつる」（二番）である。

おわりに

ところで、「君が代は」の歌と結びつけられて「さざれ石」の名で祀られている岩の多くは石灰質角礫岩のようである。石灰質角礫岩とは鉱物学者の説明によると、「水に流され運ばれ、水底に沈積した小石は、次々にその上にあとから堆積する地層の重みと、小石の間の隙間を流れる地下水から沈殿する鉱物質のために固められて、小石の集りからなる岩石、すなわち礫岩に変る。このようにして出来た水成岩が、地殻の変動の結果地表に露われ」たものである(12)。既に江戸時代の佐藤信景の『土性弁』でも「巌石」を「脂膏と塗泥の凝結したる者にて、脂膏殊に多きを以て、唯に塗泥のみならず、既に成りたる沙石と雖も、土と混合して皆一塊に凝結して固定せる者也」と説明されている。この石灰質角礫岩が「さざれ石のいはほとなりて」と歌われた「さざれ石」であるとされ、祀られているのである。しかし、それらは「さざれ石」が凝結したものであって、「さざれ石」が成長したものではない。古代の人々は石灰質角礫岩を「さざれ石」とは呼ばず、「子持石」などと呼んでいた。

「君が代は」の歌は一粒の「さざれ石」は成長して岩となり、さらに苔むすまでの長い年月を歌っているものである。岩座や影向石（神が影向する石）などもまた、そうした長い年月を生きてきた石であるからこそ祭祀の対象になっているものと思われる。『雲根志』に、

> 神体石といふもの筑後国久留米三熊郡大石村の産土神の神体は石也。むかし此石わずかに一握許なりしが年々に増長せり。仍て毎年御社を建替る事也。今の御社は三間四方神体石は数十人して持べし。此所の鎮護神として所の人安産の祈願をなすに奇瑞少なからずと。　（後編巻二生動類「神体石」）

と見える「神体石」が紹介されているが、「君が代は」でイメージされているものはこのような石であろう(13)。

石の長者と呼ばれた木内石亭は「君が代は」の歌の「さざれ石」を「礫石」と書いている（石亭八十三歳の書、滋賀県草津市西遊寺蔵）[14]。「礫石」は『説文』に「礫、石次レ玉」とあり、「玉に次ぐ美石」である。『本草綱目』にも「時珍曰、出二鴈門一、石次二於玉一、白色如レ水、亦有二赤者一」（「水精」附録「礫石」）とある。石亭の『雲根志』前編巻一霊異類にも安芸国加部庄（広島県安住北区可部町綾ケ谷）の金亀福王寺の寺宝「礫石（さざれいし）」のことが見える。この石が寺の什宝となるまでには経緯があったようで、もとは紀伊国千里の浜に「夜々光明を放」っていた石であり、土地の人が右大臣藤原良相に贈ったものであった。後にその息常行が山科の禅師の親王の宮に宿泊された時、「島（庭園）を好みたまふ」親王にその石を奉ったが、その時に右馬頭の次の歌が「あをき苔をきざみて、蒔絵のかたに」付けられたという。

あかねども岩にぞかふる色見えぬ心を見せむよしのなければ

（不十分ですがこの岩に私の心を代えて奉ります。私の心をお見せする方法がありませんから）

この記事は『伊勢物語』七十八段によるものであるが、右馬頭の歌にも「君が代は」の歌が踏まえられているようである。

また、式子内親王の歌にも、

君が代はちくまの河のさゝれ石の苔むす岩となりつくすまで（『新続古今集』巻七・賀）

とある。『萬葉集』の東歌の「信濃（しなぬ）なる千曲（ちぐま）の川の左射礼思（さざれし）も君し踏みてば玉と拾はむ」の「さざれ石」もまた石灰質角礫岩などではあるまい。

注

（1）『酉陽雑俎』（唐・段成式撰）にも次のような話が見える（今西与志雄訳注、平凡社東洋文庫、昭和五十五年

〔1980〕刊による）。

荊州永豊県の東郷里に、臥石がひとつある。長さは、九尺六寸である。その形は、人間に似ていて、全体に、青黄がもりあがって雕刻したようであった。同地方が、日でりのときは、手をそろえて、この石をもちあげた。少し持ちあげられたときは、すこし雨が降り、たくさん持ちあげられたときは、大雨が降った。口伝によると、この石は、突然ここにあらわれた、本来、長さは九尺であったが、いまは六寸ふえたという。（巻十四・五四一話）

于季友が、和州刺史をしていたときのことである。江に臨んで寺があって、寺の前は、漁師や釣り人があつまった。ある漁師が、網を下ろし、それをひきあげたところ、重くて網がいたんだ。よく視ると、拳ぐらいの石が一つあった。そこで、寺の僧にたのんで仏殿においてもらった。石は、そのまま、しきりに生長した。一年たって、重さ四十斤になった。（続集・巻二・九〇一話）

後者は『五雑組』（明・謝肇淛著）にも次のように引かれている。

一般に石は土の中や水の中にあると、みな大きくなるものであるが、しかしこのように速いものはないのである。わたしは福建の山の中で一つの石を見たが、数尺の穴があいていて、中は空になってた。宋の時の人が詩を題していたが、上の半分は読むことができたものの、下の半分は外側からさえぎられてしまっていた。その石は一片の石が生長したもので、はめこんで出来たものではない。であるから、石が生長することがわかるのであって、疑う余地はない。

また、十七世紀頃のヨーロッパにおける自然哲学的な考え方では、石は生きており、地下で成長したり病気になったり老衰して死んだりするものという。

（2）「君が代」の歴史については山田孝雄著『君が代の歴史』（宝文館出版、昭和三十一年〔1956〕刊）などに詳しい。

（3）牧野書房明治七年〔1874〕刊（『明治前期産業発達史資料　別冊』明治文献資料刊行会、昭和四十六年〔1971〕刊所収）。なお森銑三著『佐藤信淵　疑問の人物』（著作集九巻、中央公論社、昭和四十六年〔1971〕刊所収）によると、その多くは信淵の手になるものであろうと言う。

（4）柳田国男「生石伝説」（『太陽』十七巻一号、明治四十四年〔1911〕一月発行。『定本柳田国男集　第五巻』筑摩書房、昭和四十三年〔1968〕刊所収）。

（5）オホイシ（大石）説には、本居宣長『古事記伝』、大野晋『上代仮名遣の研究』（岩波書店、昭和二十八年〔1953〕刊）、大野透『万葉仮名の研究』（明治書院、昭和三十七年〔1962〕刊）などがあり、オヒシ（生石）説には、三宅武郎「意斐志考」（『国学院雑誌』昭和七年〔1932〕四月号）、亀井孝「「さざれ」「いさご」「おひ（い）し」」（『香椎潟』八号、昭和三十七年〔1962〕十二月発行。『亀井孝論文集四　日本語のすがたとこゝろ―㈡訓詁と語彙―』吉川弘文館、昭和六十年〔1985〕刊所収）、『時代別国語大辞典　上代編』（三省堂、昭和四十二年〔1967〕刊）などがある。

（6）土橋寛氏は和歌山県に「生石高原」、淡路島由良港の南に「生石鼻」の地名があることを指摘している。大分湾岸などにも「生石（おおじ）」の地名がある。

（7）『出雲国風土記』（天平五年〔733〕成）楯縫郡の神名樋山の条に、神が石神を生んだとする伝承が見える。

嵬（いただき）の西に石神（いしがみ）あり。高さ一丈、周り一丈なり。往（みち）の側（ほとり）に小き石神百余ばかりあり。古老の伝へていへらく、阿（あ）遅須枳高日子命（ぢすきたかひこのみこと）の后、天御梶日女命（あめのみかぢこめのみこと）、多久の村に来まして、多伎都比古命（たぎつひこのみこと）を産み給ひき。その時、教し詔（さと）りたまひしく、「汝が命の御祖の向壮（むくさか）に生まむと欲（おも）ほすに、此処（ここ）ぞ宜（え）き」とのりたまひき。所謂（いはゆる）石神は、即ち是、多伎都比古命の御託（みよさし）なり。

（8）折口信夫「石に出で入るもの」（『郷土』第二巻、昭和七年〔1932〕刊、『折口信夫全集　第十五巻』中央公論社、昭和四十二年〔1967〕刊所収）。

『日本霊異記』（平安時代初期成立）下巻第三十一縁には、未婚の女が懐妊し石を生んだという話が見える。

（9）さらに略されたサザレの形が、「程もなく浮きて沈みしみわ河のさざれ隠れに朽つる埋もれ木」（為家集、鎌倉時代成）や天草本『平家物語』（文禄元年〔1592〕刊）に「iuamajirini sazarede areba」（岩まじりにさざれであれば）と見える。これがザレとなり、ジャリとなったものと思われる。

（10）中国においても「細石」は「河水清有レ魚。可レ見二細石一」など透き通った河水と一緒に用いられることが多いようである。

（11）「御足跡（みあと）造る伊志（いし）の響きは天に到り地（つち）さへ揺すれ父母がために」（仏足石歌・1）のように水辺の石ではない例が見

えるが、それらは石材となった石である。

(12) 益富壽之助著『石　昭和雲根志』(白川書院、平成十四年〔2002〕刊) に寄せた「序」に引用されている木下亀城氏の説明。

(13) 京都鳴滝の福王子神社境内にある「さざれ石」は「巻石」である。「巻石」はこぶし (拳) ほどの石を言うが、『土性弁』には漬け物石、礎石、庭石の大きさのものをも言うとある。

(14) 斎藤忠著『木内石亭』(吉川弘文館人物叢書、昭和三十七年〔1962〕刊) 口絵写真による。

2　ものを言う石

はじめに

外国では民に代わって喜びや怒りの声を発したという石の話がある。

『新約聖書』の「ルカによる福音書」に、石が弟子たちに代わって神の御業（みわざ）を讃美する声をあげるであろうとイエスは言われたとある。

いよいよオリブ山の下り道あたりに近づかれると、大ぜいの弟子たちはみな喜んで、彼らが見たすべての力あるみわざについて、声高らかに神をさんびして言いはじめた、

「主の名によりてきたる王に、
祝福あれ。

天には平和、
いと高きところには栄光あれ」。

ところが、群衆の中にいたあるパリサイ人たちがイエスに言った。「先生、あなたの弟子たちをおしかり下さい」。答えて言われた、「あなたがたに言うが、もしこの人たちが黙れば、石が叫ぶであろう」。

（第十九章三十七節から四十節）

『旧約聖書』の「ハバクク書」には、不義を行う者を糾弾して石垣の石が叫ぶであろうという神の神託がある。(1)

わざわいなるかな、
災の手を免れるために高い所に巣を構えようと、
おのが家のために不義の利を取る者よ。
あなたは事をはかって自分の家に恥を招き、
多くの民を滅ぼして、自分の生命を失った。
石は石がきから叫び、
梁は建物からこれに答えるからである。
（第二章八節から十一節）

中国では『春秋左氏伝』昭公八年春に、悪政が行われていた晋の魏楡で石がものを言った。(2)

八年春、石が晋の魏楡でものをいった。晋の平公が師曠に向かって、「石はなぜものをいったか」と尋ねると、師曠は、「石はものをいうことはできません。あるいは神が石についたのかも知れません。そうでないとしたら民の聞きまちがいでしょう。ただわたくしは次のことを聞いております。『事を行う場合に時節にかなっていないために、恨みそしりが人民の間に起こると、ものをいうべきでないものが物をいうことがある』ということです。ただ今お造りの宮室は高大ぜいたくで、民力は尽き果て、恨みそしりが相継いで起こり、人民は生きながらえることもできないほどです。石がものをいうのも、なんとももっともなことではありませんか」と答えた。(3)

石がものを言うというのはありえない。しかし、そのようなうわさが流れていることは疑いのない事実である。師曠はそれを巧みに利用して諫言したのである。

このように民に代わって声を上げたという石の話は日本には見あたらない。しかし、日本でもそのような話が成立する可能性はあったのではあるまいか。

1　「磐根・樹立・草の垣葉をも語止めて」

あらゆる自然物に精霊が宿るというアニミズム信仰はどの国にも存在していたが、(4) 日本の神でも岩や草木にも精霊が宿り、ものを言った。『日本書紀』神代紀下・第九段正文に、

天照大神の子正勝吾勝勝速日天忍穂耳尊、高皇産霊尊の女栲幡千千姫を娶り、天津彦彦火瓊瓊杵尊を生みたまふ。故、皇祖高皇産霊尊、特に憐愛を鍾めて崇養したまふ。遂に皇孫天津彦彦火瓊瓊杵尊を立てて、葦原中国の主にせむと欲す。然れども彼の地、多に蛍火なす光る神と蠅声なす邪神有り。復、草木咸能く言語有り。故、皇祖高皇産霊尊、八十諸神を召集へて、問ひて曰く、「吾、葦原中国の邪鬼を撥ひ平けしめむと欲ふ。誰を遣さば宜けむ。惟、爾諸神知れらむをな隠しそ」とのたまふ。

とある。右の文章では草木がものを言い、岩は含まれないが、同右一書第六には、

「葦原中国は、磐根・木株・草葉も猶し能く言語ふ。夜は熛火の若に喧響ひ、昼は五月蠅如す沸騰る」とのたまふ。云々。時に高皇産霊神勅して曰はく、「昔天稚彦を葦原中国に遣し、今に至るも久しく来ざる所以は、蓋し是国神強禦之者有りとてか」とのたまふ。

とあり、『延喜式』の祝詞にも「磐根・樹立・草の垣葉をも語止めて」(大祓)、「磐根・木立・草のかきはをも言止めて」(大殿祭)、「語問ひし磐根・樹立の片葉をも語止て」(遷却祟神祭)と見え、出雲国造神賀詞にも「石根・木立・青水沫も事問ひて荒ぶる国なり」とある。おそらく岩を含む章句が本来の形であろう。

記紀神話が今日見られるような形にまとめられた奈良時代にも、アニミズム信仰は生きていたであろう。しかし、

記紀神話をまとめた人々、すなわち律令による近代国家を整えようとした者たちには、それは否定すべきものであったにちがいない。彼等には「磐根・木株・草葉も猶し能く言語ふ」のは未開社会の思考であり、そうした考え方を克服することが近代国家となる条件であると考えていたものと思われる。あるいは、当時アニミズム信仰がいまだ生きていたとしても、石や草木などがものを言うといったことは既に信じられていなかったかもしれない。しかし、そうした伝承の記憶は残っていたのであろう。「磐根・木株・草葉も猶し能く言語ふ」という文辞は、そうした記憶を利用して、未開の社会の状態であることを表現したものと思われる。すなわち、山田孝雄（『出雲国造神賀詞義解』出雲大社教教務本庁、昭和三十五年〔1960〕刊）が言うように、この文章は「有象無象が勝手放題に振舞ひ、又無責任の言論をして騒がしく乱れたるさま」を神話的に語ったものと思われる。具体的に言えば、高天原系勢力（大和朝廷）が統治した葦原中国の当時の状態は無政府状態であったと言うのである。『常陸国風土記』信田郡の条に見える、

古老のいへらく、天地の権輿、草木言語ひし時、天より降り来し神、み名は普都大神と称す、葦原の中つ国に巡り行でまして、山河の荒梗の類を和平したまひき。

とあるのも、同様に高天原系勢力がその地を統治したことを神話的に表現したものである。祝詞や出雲国造神賀詞に見られる例もまた、すべて『日本書紀』と同じく高天原系勢力から捉えた未開社会の状態を説明する文脈で書かれている。

祝詞や出雲国造神賀詞に見られる例は、既に高天原系の勢力によって統治された後に「磐根・木株・草葉」はものを言わなくなったというものである。例えば大殿祭祝詞の例は次のとおりである。

高天原に神留り坐す、皇睦神魯企・神魯美の命以て、皇御孫の命を天つ高御座に坐せて、天つ璽の剣・鏡を捧げ持ち賜ひて、言寿き宣ひしく、「皇我がうづの御子・皇御孫の命、此の天つ高御座に坐して、天つ日嗣を万

千秋の長秋に、大八洲豊葦原瑞穂の国を、安国と平けく知ろし食せ」と言寄さし奉り賜ひて、天の御量以て、事問ひし岩ね・木立・草のかき葉をも言止めて、天降り賜ひし食す国・天下と、天つ日嗣知ろし食す皇御孫の命の御殿を（下略）

ところで、高天原系の勢力が葦原中国を統治するに至るまでの経緯は容易ではなかった。『日本書紀』によれば次のような経過があった。

先ず「葦原中国の邪鬼を撥ひ平けしめむ」と、高天原から葦原中国に遣わされたのは天穂日命であった。しかし、この神は国つ神に親しみ、復命しなかった。そこで、天穂日命の子が遣わされたが、同様の結果であった。さらに遣わされた天稚彦もまた同様であり、最後に経津主神と武甕槌神とが遣わされて、

是に二神、諸の順はぬ鬼神等を誅ひ〈一に云はく、二神、邪神と草・木・石の類を誅ひ、皆已に平け了へぬ。（中略）〉、果に以ちて復命しき。

ということになり、ようやく平定することができた。「国つ神に親しみ、復命しなかった」者を続出させた葦原中国が邪鬼の跋扈する無政府状態の国であったとは思われないが、最後に使わされた経津主神と武甕槌神の二神が誅ったのは「諸の順はぬ鬼神」であり、あるいは「邪神と草・木・石の類」である。「諸の順はぬ鬼神」というのは、高天原勢力に反抗する国つ神に他ならず、それを信仰する族長のことであろう。また、「草・木・石の類」というのは、アニミズム信仰における精霊たちであり、そしてそれはそれらを信仰していた人々のことに他ならないであろう。すなわち、「事問ひし岩ね・木立・草のかき葉をも言止め」たというのは、支配下に降った者が統治を乱すような発言をしなくなったということである。

伝承内容はそれを伝える者の立場によって変化する。石に関わる伝承を例にすれば、「殺生石伝説」はそれをよく示す一例である。『節用集』（文明本）の「犬追者」の項に詳しいが、今、石上堅「妖気噴く石」（『石の伝説』雪華社、昭和三十八年〔1963〕刊）によって紹介すれば次のようになる。

『史記評林』（明・凌稚隆著）巻三に、

白面金毛九尾の古狐、寿羊姫の精血を吸いつくして姫となり、殷の紂王に輿入れをして、妲妃（だつき）と云い、国を乱し良民を殺す。太公望は、照魔鏡で妲妃の正体をとらえ、斬り、瓶におさめ地下二十個目ほどに埋め、石をもってその上を蔽った。

と見える古狐は、その後南天竺に現われて、太子の婦人となり、悪行を尽くした。その数百年後には、日本に帰る遣唐使の船に美女の姿で忽然と現われ、玄宗皇帝の臣、司馬元脩の娘「若藻」と名乗ったが、博多港に着くと俄かに姿を消した。聖武天皇の天平五年〔733〕のことである。その後、古狐は五百年間諸国をわたって人々を惑わし、やがて、近衛天皇の寵愛をうけ、「玉藻前（たまものまえ）」と呼ばれた女官となったが、元永三年〔1120〕の秋、阿倍泰親（陰陽師晴明六代の孫）の祈禱によって正体を現わした。泰親が投げつけた幣の一つが飛び去って下野国那須原に落ち、それによって古狐はその場に封じ込められた。その十四年後、妖狐の危害が再び起こった。この時は神授の鎗でしとめられ、妖狐の屍は石と化したが、依然として毒気を漂わし、触れれば人畜を害する殺生石となった。名僧知識が幾度となくその毒気を圧伏しようとしたが効めなく、二百三十余年後に源翁（元翁）禅師が鉄棒で六度叩くと、石は震え動き、生気は解散した（謡曲『殺生石』）。

2　為政者にもの言う石の伝説の可能性

さて、この殺生石となった女の名が「若藻」であり「玉藻前」であることについて石上氏は次のように述べている。

> この殺生石は「下学集」（文安三年）・謡曲「殺生石」・「三国妖婦伝記」などの文献にまで載せるようになった式神使いの陰陽道者の作為と、それらの人々の功績を伝えようとする物語となり、たまたま曹洞宗の名僧譚が加わり、支那の「名山記」・「捜神記」などの狐化して婦女となる民譚などが、山渡りの職人の手によって、広げられたことになろう。そして、この国の「しみのすみか物語」に「あたりなる池にひたって、藻をとり、頭にうちかぶり」して、狐は人間に化けると記されているように、玉藻の前の名も、これによって生じた。

そして、采女・巫女が伝承した「玉藻かずき」の歌物語が、奇怪なる霊魂を宿す石の伝説になったことを次のように述べる。

> 下世話に、「狐は藻をかずくより化ける」――神・聖女は藻かずきの呪法によって生まれる――という阿度目磯良（藻をかずいて海中から出現した海部―安曇氏の遠祖）以来の信仰印象が、水の石の不思議にまで転じたのは、采女・巫女が伝承した「玉藻かずき」の歌物語が、「万葉集」以来多く保たれているように、水の威力を支配する呪術をもって、神あるいは尊貴に仕えて、その尊き霊魂の切りかえ・復活に奉仕した女性の物語が、その仕える神・尊貴の側からみると、異信仰を保持している女性の本貫地から、その本貫地の神の威力を示す物――タマ・石などを守って、仮にこの土地に来り望んでいる者である、という古い生活の信仰的印象を、その語りの中に、とどめていることになるのだ。それが陰陽道化された、仏説化をうけて、かくも奇怪なる霊魂を宿す石となったのである。

今に伝わる「殺生石伝説」が以上のような経緯で成立したものであるとすれば、「ものを言う石」の話もそれを伝える者の立場によっては『日本書紀』などに見えるものとは異なるものとなっていたはずである。

大和朝廷の信仰する天照大神の霊威からいえば、「草・木・石の類」に宿る精霊たちは「蛍火のかがやく」程度の儚(はかな)いものでしかなく、この世の一切を光被する太陽神の威徳は、そのような精霊たちと結びついていた国つ神を包摂し、その上に君臨するべきであるという、高天原系の支配者の論理で纏められたものが記紀に載せられている神話にすぎないと言える。精霊たちの声の記憶は、中国やヨーロッパでは、権力者に対する民の声を代弁するものとして利用され、日本においては為政者側が自己の正当性を主張するために利用したという違いがあるのにすぎないであろう。『日本書紀』などに見える「ものを言う石」は大和朝廷側から捉えられた石である。とすれば、民衆の立場に立った「ものを言う石」の話が成立する可能性はあったものと思われる。

次のような伝承はそうした石の伝承と何らかの繋がりがあるのかもしれない。『続日本紀』巻三十、宝亀元年〔770〕二月二十三日条に次のような記事を載せる。西大寺東塔の心礎を破却しようとして、数千人の力で引いても日に数歩しか動かせず、人夫を増やして漸く削刻し終えたが、巫覡の徒は石の祟りがあろうと言うので、柴を積んで焼き、酒を注いで、片々に砕いて道路に棄てたところ、一月余り後に天皇が病になった。占うと石の祟りだというので、拾い集めて浄地に置き、人馬に踏ませないようにした。ただし、この話は仏教に関わる話である。また、『播磨国風土記』揖保郡神島条には、顔に五色の玉を持つ石神の話がある。新羅の客がその顔面を切り割り、一つの瞳を掘りとった。「石神」は怒って暴風を起こし、玉を掘りだした者の船を難波させたという。この石神も「形、仏の像に似たり」とある。無住の『雑談集』に国王に仏道の修業を邪魔された在家婆羅門が、天から大なる石を降らして国王と人民たちを殺したという話が見えるが（巻五「上人事」）、『続日本紀』『播磨国風土記』の話も仏教説話からの翻案かもしれない。しかしなお、これらの話も、為政者に対する人々のもの言いが、仏法僧を犯す者に対する怒りの話に変形して伝わったと言えるのかもしれない。

3　我が国におけるもの言う石の性格

木内石亭（1724-1808）の『雲根志』（前編、安永二年〔1773〕刊）に、仏教説話との関係は考えられない次のような言い伝えが記されている。

　近江国大津駅西山城界逢坂山の奥に鶏石あり。俗伝云、世乱れんとする時、此石中に鶏のこゑきこゆと。道もなき山奥也。巨大なる一石なり。むかし鶏鳴(なき)し事古老の云伝ふるのみ。（前編巻四奇怪類「鶏声石」）

この石は晋の魏榆でものを言った石に比すことができるかもしれない。しかし、この石は為政者に対してではなく、人々に警告を与えるもののようである。柳田国男監修・日本放送協会編『日本伝説名彙』（昭和二十五年〔1950〕刊）に見える次の話も、村人に対して忠告を与えた石の話である。

　宝永年間洪水の際に柳沢部落西北山内の方に、「水出るぞ急ぎ山に逃げよ」と叫ぶ声があつた。村人は水が引いてから山内へ行つて探すと、一つの大石の上に杖と沓の跡に似たものがあつた。村人は赤野観音が現れ救ひ給ふたものとして、一層尊信し、この石を呼ばり石といふやうになつた。（「呼ばり石」駿東郡誌）

しかし、それよりも注目したいのは、『雲根志』に見える、もの言う石の多くは、自らのことを感謝し、あるいは悲しむものであり、人と同じように喜怒哀楽を示す奇怪な石にすぎないことである。

　山城山崎離宮八幡の社へ夜々何方(いつかた)ともしらず美童一人来りて神拝す。社司不思議の事におもひ、或夜神前に通夜せしに夜半はたして来りぬ。社司問(とひ)かく、深更におよびたゞ一人何方の人にていかなる所願ありて社参し給ふと。童子云、我は人間にあらず、石の精也。此神境に数千年住し恩謝のために神前に参れり。此事かならず人に語り給ふことなかれとて行(ゆき)隠れぬ。（前編巻一霊異類「石言語(いしものがたり)」）

近江国金勝山は草津駅の三里東也。当山半腹に泣石（なきいし）あり。俗民伝へいふ、むかし当寺建立の時、石匠一の大石を求て鑿（のみ）す。鑿孔（のみのあな）より血を出す事瀧のごとくにして石大に泣（なく）。其声直に数千の牛の一時に吼るがごとし。数十里にひびきて血の出る事やまず。石匠等大に驚異して皆逃去りと。今に其鑿跡存して五六処あり。肥前国唐津安楽寺の山上に大さ四人ばかりして持べき石あり。此石雨ふりて後其声犬の吠るがごとし。大雨なれば大に泣、小雨にはこれに応ずと。安楽寺当住の物語なり。

（前篇巻四奇怪類「泣石」）

根岸鎮衛（1737–1815）の『耳嚢』巻九「古石の手水鉢怪の事」に紹介されているものも、地中深く根を張っていた石の手水鉢を、ある人が人夫を雇って掘り出し自宅に持ち帰ったところ、夜中に石が「帰るべきよし」を言いて止まず、恐れて元に返したという話である。明治以降に採録された『日本伝説名彙』に見られるものも、『雲根志』に紹介されているものと同様に、お上に対してもの申す石は見あたず、多くは個人的に何かをそっと教えてくれる石でしかない。

大所に物岩といふ岩がある。ものをいつたといふ岩である。山岸七兵衛なる者、よく訴訟をしたが、管狐を使つて殺さうとして誘ひだされた。この男は何も知らずこの岩の傍らを通ると、「今度行きや殺されるぞ」といつた。それでこの男は危い命が助かつた。それでこの岩を物岩といふやうになつたといふ。

（「物岩」『北安曇郡郷土誌稿』七・小谷口碑集）

大道新田の畑間にありて、石頭は突出して三角形をした大石である。昔、中国辺の人が敵を尋ねて爰に来て日が暮れ、この石に宿した。石に声ありて敵のありかを告げ、その後も種々音信があつた。北越の人が太刀を以てこの石を截つてから無語となつたといふ。石頭には石祠があり、囀石神といふ。

（「囀石」吾妻郡志）

そしてまた、自らのことを嘆く石の話でしかない。

二つ並んだ六尺ばかりの生石の上に、巾が一間半、長さ五間もある大石が横に乗ぜられ、その下を鳥居のやうに人が通り抜けて行くことが出来る。弁慶が作つたものだといふ。弁慶がこの仕事をするために、一旦この笠石をもつて来て、今の泣石といふ別の大石の上にのせた。するとその石は、おれは位の高い石であるのに、一生他の石の下になるのは残念だといつて、一夜泣き明かした。弁慶はそれなら他の石を台石にしようと再びその石に足をかけて持ち運んで今の台石の上に置いた。それ故に傾石の笠石には弁慶の足の窪みがある。泣石の名はそのときからついた。今でも涙のように雫を垂らしてゐるといふ。

（岩手県上閉伊郡綾織村山口「泣石」・遠野物語）

善左衛門家の裏に夜々泣いたり、うなつたり、笑つたりする巨石があつた。家の者が行つて見ると、もう少し前に出してくれといふので、その通りにすると、泣かなくなつた。

（『西頸城郡郷土誌稿』二）

さらに石上堅の『石の伝説』（昭和三十八年〔1963〕刊）に「泣き出す石」「物ねだりの石」「物を言う石」として集められているものも同様である。

ついに日本では為政者に対して声を上げる石の伝説は見られない。それはなぜであろうか。

4　常識によって沈黙させられる石

石がもの言ったという話を虚妄であるとする批判は、日本でも早くからある。『三宝絵詞』（源為憲著、永観二年〔984〕成）には、もの言わぬものにものを言わせ、情けなきものに情けを持たせる物語などは女の慰めにすぎないと言う。

又物語ト云テ女ノ御心ヲヤル物、オホアラキノモリノ草ヨリモシゲク、アリソウミハマノマサゴヨリモ多カレド、木草山川鳥獣魚虫ナド名付タルハ、物イハヌ物ニ物ヲイハセ、ナサケナキ物ニナサケヲ付タレバ（下略）

『世話重宝記』（元禄八年〔1695〕刊）には「もろこし宋の樗南山の寺に石仏の首より光をはなつといひふれて都鄙国中の男女ぐんじゅ（群衆）することおびただし。程明道これをきゝてその仏の首をきりてもち来るべしと住僧にいわれければこの一言よりふたゝび光をはなつ事なしとなり」という話を紹介し、「正道よく邪気を伏する事かくのごとし。怪異の事はみな邪気のなす所にて事を好む邪曲の人のする事としるべし。信ずべからず」と言う。前引のような各地に伝わる石の伝説を多く紹介した木内石亭もまた「すべてかやうのあやしき事をなすは妖僧の愚夫愚婦を欺く訛言なり、其愚夫愚婦のあざむかるゝのみにあらず、士君子といへども是に迷ふこと多し」（『雲根志』後編巻二「項衝地蔵」）、「此の類の事あげて算ふるにいとまなし。みな妖僧等が糊口の種にして物産家弄石家の尋ね需むべき事にあらず」（『雲根志』三編巻三「夜泣石」）と言う。

このような批判の正しさは言うまでもないが、残念に思われるのは、左伝の師曠のように、それを信ずべからずと言いつつも、それを為政者への諫言へと展開するような人物が見られないことである。『旧約聖書』「ハバクク書」の石垣の石が叫ぶであろうという神の神託は、

主よ、わたしが呼んでいるのに、いつまであなたは聞きいれて下さらないのか。わたしはあなたに「暴虐がある」と訴えたが、あなたは助けて下さらないのか。あなたは何ゆえ、わたしによこしまを見せ、何ゆえ、わたしに災を見せられるのか。略奪と暴虐がわたしの前にあり、また論争があり、闘争も起こっている。それゆえ、律法はゆるみ、公義は行われず、悪人は義人を囲み、公義は曲げて行われている。（下略）

という預言者の訴えに対しての神の答えの中に現われるものであるが、師曠の諫言は、この神の答えと同等の機能を果たしているのである。日本ではそういった文章が見あたらない。せいぜい「古石の手水鉢怪の事」の話を紹介した根岸鎮衛が「訳ありて事を怪に托しけるか」と人の心を穿つ程度にとどまっているのである。

左伝の話は日本でも古くから知られていた。『世話重宝記』の「石の言　世のならひ」の項に「もろこしには晋

の魏といふ所に石が言し事、左伝昭公八年に見えたり。天下の民、上君にうらみをふくめば、うらみつもりてのちはあらゆる非情の物までも言事ありと也」とあり、『東海道名所図会』（寛永九年〔1797〕刊）に木内小繁（石亭）の「石亭」のことを紹介した中に「山田石亭翁は古今の名石家にして奇石怪石数品を蔵て都て二千余種あり。（中略）左伝に師曠が石能言とは此石亭の家宝なるべし」とあり、木内石亭『百石図』の不勝庵江橋の序に「石の花咲き、言ふと、もろこしの文に見ゆれども、真偽をわかず」とあり、さらには中島敦『山月記』（昭和十七年〔1942〕発表）（六）に「晋の魏楡の地で石がものを言ったという。民の怨嗟の声が石を仮りて発したのであろうと、或る賢者が解した」とあるなど、時折引用される。にも関わらず、単に怪異の話として紹介されているだけであり、中には『東海道名所図会』のように師曠の真意を誤解しているのではないかと思われるものもある。かつての天皇をも震撼させた荒ぶる石の力は骨抜きされ、「石が物言ふ」という諺は、日本では、秘密が思いもよらないところから漏れたり、噂になって世間に流れたりすることをいう意味でしかない。

壁に耳、いしのものいふ浮世の習ひ、たがひの身の上にて、おそろしや。（仮名草子『薄雪物語』上）

壁に耳石の物言ふ世の中に出る儘の過言禍を招くか。（浄瑠璃『鬼一法眼三略巻』巻一）

壁に耳、岩の物言ふ世の中に（謡曲『子鍛治』）

岩も物言ふの諺あり。ここはあまりに端近し（読本『椿説弓張月』六十一）

おわりに

師曠のような言説ですら日本には現われなかったことに関連して、筆者が思いあわされるのは一角獣伝説のことである。一角獣伝説は天正十九年〔1591〕に刊行されたキリシタン版『サントスの御作業の内抜書』（加津佐学林刊）の「バルラアンとサン・ジョサハツ」の中に見られるが、一般に知られるようになったのは南懐仁の『坤輿図説』（清・康熙十一年〔1672〕以降刊）によるものと思われ、西川如見『増補華夷通商考』（宝永五年〔1708〕刊）、『紅毛訳問答』（寛延三年〔1750〕成）、青木昆陽『昆陽漫録』（宝暦十三年〔1763〕成）、後藤梨春『紅毛談』（明和二年〔1765〕刊）、平沢元愷『瓊浦偶筆』（安永三年〔1774〕成）など蘭学関係の書にしばしば紹介されている。『紅毛談』には次のようにある。

　番人の物がたりに、沙漠の近所に川あり、其水甚毒あり、あしたごとにうんかうる来て、角を水に入、しばらくかきたて、のち、水をのむといふ、これを見て、それより諸獣も随て水をのむ。

この一角獣伝説を近松門左衛門（1653–1724）は早く『平家女獲島』の中で、

　彼唐土の独角獣といふ獣は。水上の悪毒をおのれが角にてそゝぎ消し。国民の命をたすくれ供猟師は恩をわきまへず。独角獣を殺して角を取。是頼朝めに相同じ。

と利用している。歌舞伎や浄瑠璃では他にも例があるかもしれないが、管見では近松以外にこの伝説を利用したものを見いだせない。それはおそらく、大槻玄沢の『六物新志』（天明六年〔1786〕序）や木村蒹葭堂の『一角纂考』（天明七年序）によって、妙薬として舶来されていた「一角」の正体は陸上に棲むという一角獣の角ではなく、水に棲む実在の一角魚の歯牙であることが明らかにされたことによって、[5]陸獣一角の伝説までも捨て去られてしまったからであろう。

西洋においても既に十七世紀には陸獣一角の存在は否定されていたが、しかし、一角獣は今もなお「ヨーロッパ精神史上最も魅惑的で多価値的な象徴の一つ」（グスタフ・ルネ・ホッケ）であり続けているようである。例えばリルケ（Rainer Maria Rilke 1875–1926）の「オルフォイスへのソネット」には次のように歌われた（富士川英郎氏の訳〔『リルケ全集　第十三巻』弥生書房、昭和四十年〔1965〕刊〕による）。

おお　これは現実には存在しない獣だ

（中略）

なるほどこれは存在していなかった　だが　ひとびとがこれを愛したということから生まれてきたのだ
一匹の純粋な獣が。ひとびとはいつも余地を残していた
するとその澄明な　取って置かれた空間の中へ
その獣は軽やかに頭をもたげ　もうほとんど
存在する必要もなかった　ひとびとはそれを穀物ではなく
いつもただ存在の可能性で養っていた
そしてそれがこの獣に力を与え
その額から角が生えたのだ　一本の角が
そして彼はひとりの少女（おとめ）に白い姿で近より――
その銀の鏡の中と　彼女の中に存在していた

（第二部第Ⅳ節）

一角獣が「存在の可能性で養」われ続けたことは、西洋における権威や社会に対する個人の信仰や想像力の自由さを示すものであろう。無常を説く仏教や忠孝を説く儒教の影響の強い我が国においては為政者に対しものを言うような石の話は育ちにくかったものと思われる。

注

（1）キリスト教でも石は本来もの言わぬ存在である。神の意志によってもの言うのである。例えば「ハバクク書」第二章十九節に次のようにある。

わざわいなるかな、
木に向かって、さめよと言い、
物言わぬ石に向かって、起きよと言う者よ。
これは黙示を与え得ようか。
見よ、これは金銀をきせたもので、
その中には命の息は少しもない。

（2）房玄齢等撰『晋書』の「載記」第三の劉曜の伝にも、陝でも石がものをいったという話が記されている。曜始禁無官者不レ聴二乗馬一、禄八百石已上婦女乃得二衣錦繍一、自二季秋農功畢一、乃聴二飲酒一、非二宗廟社稷之祭一不レ得レ殺レ牛、犯者皆死。（中略）武功男子蘇撫、陝男子伍長平並化為二女子一。石言二於陝一、若言勿東者。曜将レ葬二其父及妻一、親如二粟邑一以二規度一之。負レ土為レ墳、其下周迴二里。作者継以二脂燭一、怨呼之声盈二于道路一。

（3）鎌田正著『春秋左氏伝』（新釈漢文大系・明治書院、昭和五十二年〔1977〕刊）の現代語訳による。原文は次のとおりである。

八年春、石言二于晋魏楡一。晋侯問二於師曠一曰「石何故言」。対曰「石不レ能レ言、言或憑焉、不レ然、民聴濫也。抑臣又聞之。曰『作レ事不レ時、怨讟動二于民一則有二非レ言之物而言一』今、宮室崇侈、民力彫尽、怨讟並作、莫レ保二其性一。石言不二亦宜一乎。

（4）ドイツ・ロマン派の詩人ノヴァーリス（1772-1801）の『青い花』に「以前に太古の話を聞いたことがあるが、なんでも動物樹木も岩石も、人間と話せたという。ところが今の今にも、その物言わぬものたちがぼくに語りかけようとしているし、ぼくの方でも以心伝心でそれが読みとれるような気がする」（青山隆夫訳、岩波文庫 p.15）とある。

（5）拙稿「日本における一角獣の行方」（『同志社女子大学学術年報』64巻、2013十二月刊）。

3「木石心なしとは申せども」

はじめに

生老病死の苦から隔離された王宮の中で何の不自由もなく暮らしていた太子シッダールタ（薩婆悉達）が初めて死人を見たのは城西門外のことであった。『過去現在因果経』はその時の驚きを次のように描いている（引用は『昭和新纂国訳大蔵経』による）。

太子、又問はく、「何を謂つてか死と為す。」優陀夷言はく、「夫れ死と謂ふは、刀風形を解いて、神識去り、四体諸根、復知る所無きなり。此人の世に在るや、五欲に貪著し、銭財を愛惜し、辛苦経営、唯積聚を知るのみ、無情を識らざるに今や一旦之を捨てて死す。又父母、親戚、眷属の為に愛念せらるるも、命終の後は猶し草木の如く、恩情の好悪、復相関せず。是の如く死は誠に哀れむべきなり。」（中略）太子、素性、恬静難動なり。既に此語を聞き、自ら休んずること能はず、即ち微声を以て優陀夷に語るらく、「世間、乃ち復此死苦有るを、云何が中に於て放逸を行じつつ、心木石の如くにして怖畏を知らざるや。」と。

「死ぬということはどういうことか」と太子は優陀夷に問うた。優陀夷は「刀風（断末魔の苦痛）が筋骨を解体し、神識（意識）は去り、四体諸根（眼・耳・鼻・舌・身の働き）も失われる。五欲を貪り、苦労して貯め込んできたすべてのものは死によって無となり、死後は草木のように父母、親戚、眷属に愛されたことも、怨悪の念もすべて無関係の存在となる。死ぬということは誠に哀れなものである」と答えた。

仏教では死は木石のような状態になることであると説明される。『雑阿含経』にも「人身を捨てたる時、彼（そ）の身屍地に臥し丘塚に棄てらるる間は、無心なること木石のごとし」（巻二十一）と見え、『仏所行讃』にも「心は枯木石に非ざるに、曾て無情を慮らず」（厭患品）、「他の老病死を見て、自ら観察することを知らず、是は即ち泥木の人、当に何の心にか慮有るべきや」（離欲品）、「猶憂慼を知らざるは、真に木石たり」（離欲品）と同様の言葉が繰り返されている。すべての者は老いてゆき、死を免れることはできないものであることを知った太子の心は安らかではいられなくなった。「人々が放恣な生活をしているのは、死ぬということを知らず、その怖ろしさを「木石の如く」理解できないからであろうか」、太子には死に思いを致さず放逸に暮らす人々は死んでいることと同じく思われたのである。

しかし、それが無明に覆われ、貪りと怒りに焼かれる世界であるとしても、そこに生きなければならないかぎりは、木石ではない恩情を知る存在としてありたいと人々は願うものである。文学には「我が身は木石にあらず」「人の心は木石にあらず」と敢えて言挙げする人間が描かれる。『文選』（梁・昭明太子撰）には、

家貧貨賂不レ足二以自贖一、交遊莫レ救、左右近親不二為一言一。身非二木石一、独与二法吏一為レ伍、深幽二囹圄之中一。

家は貧にして貨賂以て自ら贖ふに足らず。交遊救ふ莫く、左右近親も為に一言せず。身は木石に非ざるに、独り法吏と伍を為し、深く囹圄の中に幽せらる。

（巻四十一・司馬遷「報任少卿書」）

と見え、『遊仙窟』（唐・張文成著）にも、

鳥獣無レ情。由知レ怨レ別。心非二木石一豈忘二深恩一。

鳥獣の情無くも、由別れを怨むことを知れり。心木石に非らず、豈に深恩を忘れんや。

と見え、『白氏文集』（唐・白楽天著）にも、

生亦惑、死亦迷。尤物惑レ人忘不レ得　人非二木石一皆有レ情。不レ如不レ遇二傾城色一。

生にも亦(ま)た惑ふ、死にも亦た迷ふ。尤物、人を惑はして忘れ得ず。人、木石に非らず、皆情有り。傾城の色に遇はずに如かず。

（巻四・新楽府「李婦人」）

と見える。(1)

以上のように、仏教では死の状態を木石のごとしと言い、漢文学では人は木石にあらずという。いずれにせよ、木石は非情の存在である。

1　仏典・漢籍の岩石観の受容

a「木石、心を持たず」

日本の文学において「木石には心がない」と述べられるのは、『萬葉集』巻五に見える山上憶良の「令レ反二或情一歌」（神亀五年〔728〕頃の作）に、

父母を　見れば尊し　妻子見れば　めぐしうつくし　世の中は　かくぞことはり（中略）穿沓(うけぐつ)を　脱ぎ棄(つ)るごとく　踏み脱ぎて　行くちふ人は　石木(いはき)より成りてし人か　汝が名のらさね（下略）

（八〇〇）

とあるのが最初のようである。憶良の作品には漢籍仏典が多く引かれているが、小島憲之博士によると、右の歌もまた『抱朴子』（晋・葛洪著）「対俗」篇の「若下委二棄妻子一独二処山沢一、邈然断二絶人理一、塊然与二木石一為上レ隣、不レ足レ多也」（妻子を委棄(ゐき)し、山沢に独処し、邈然(ばくぜん)として人理を断絶し、塊然(くわいぜん)として木石と隣を為すが若(ごと)きは多とするに足らざるなり）を踏まえたものであるという（「山上憶良の述作」『上代日本文学と中国文学（中）』塙書房刊所収）。同じく憶

良の「日本挽歌」（神亀五年〔728〕作）にも、

大君の　遠の朝廷と　しらぬひ　筑紫の国に　泣く児なす　慕ひ来まして　息だにも　いまだ休めず　年月も
いまだあらねば　心ゆも　思はぬ間に　うち靡き　臥しぬれ　言はむすべ　せむすべ知らに　石木をも　問
ひ放けしらず　家ならば　形はあらむを　恨めしき　妹の命の（下略）　（『萬葉集』5・七九四）

と見える。思いがけない妻の死にどうしてよいか分からない気持ちを「石木をも　問ひ放けしらず」（心を持たない岩や木などに問いかけてもどうにもならず）と言ったもののようである。

憶良の用いた「石木」は漢語の「木石」に対する和語である。造語成分が前後逆であるのは、「日月」に対する「つきひ」、「前後」に対する「うしろまえ」、「左右」に対する「みぎひだり」などと同様であるが、漢語「木石」と和語の「石木」とは意味あいが異なっている。和語の「石木」は『出雲国風土記』（天平五年〔733〕勘造）に、

神須佐能袁命、詔りたまひしく、「此の国は小さき国なれども、国処なり。故、吾が御名は石木には著けじ
〔非レ著ニ石木一〕」と詔りたまひて、　（飯石郡・須佐の郷）

といった例のように価値のないものであるが、漢語「木石」は無情のものである。おそらく憶良の「石木」は「木石」の意味で用いたことでも斬新なものだったものと思われる(2)。同じ『萬葉集』には大伴家持の歌にも「何の物思いもしない石や木になった方がましだ」と歌った例がある。

かくばかり恋つつあらずは石木にもならましものを物思はずして　（4・七二二）

この用例は天平年間〔729–49〕の作であって、憶良の「石木より　成りてし人か」を踏まえたものであろうとされる（澤瀉久孝『萬葉集注釈』中央公論社刊）。

上代の日本文学には無情の譬喩としての「石木」の例は以上の例しか見られないが、平安時代以降では多くの用例を見出すことができる。以下、管見で見出しえた例を列記する。文意の理解しにくいものには現代語訳などを添

える。

○真金だにとくといふなる五月雨に何の岩木のなれる君ぞも　（『能因法師集』三）

○逢ふことのかく難ければつれもなき人の心や岩木なるらむ　（『千載集』12・七五七）

○ふみそむる恋路のすゑにあるものは人の心のいは木なりけり　（『新勅撰集』11・六八五）

○ここらの月ごろ、ねんじつることをいふに、いかなる物とたえていらへもなく、寝たるさましたり。き、くて寝たるがうちおどろくさまにて、「いづら、はや寝給へる」と言ひ笑ひて、人悪げなるまでもあれど、岩木のごとして明しつれば、つとめて、物も言はで、帰りぬ。　（『かげろふ日記』中・天禄二年一月）

＊岩木のように身を固くして相手の情に応えることなく夜を明かして、

○「いと、うたて。いかなれば、いとかうおぼすらん。いみじう思ふ人もかばかりになりぬればおのづからゆるぶ気色もあるを、岩木よりけに靡きがたきは、契り遠うて、「にくし」など思ふやうあなるを。さやおぼすらん」　（『源氏物語』夕霧）

○「われ、かばかり雪をわけてたづね入りたらんを、対の君・少将など、いかばかりの岩木をつくりてか、なさけをかけざらん」　（『夜の寝覚』巻二）

＊どれほどの木石のような態度を装って、私に情けをかけないだろうか。

○「思ひしらぬには侍らぬに、むかしながらの身ならましかば、かばかりも、思ひかけぬに御覧ぜられましや、と思ひはべる涙ばかり、のどめがたきに、せかれはべる程なさも心憂く、いかばかりの岩木ならば、かう思ひ知りきこえさせぬやうは」　（『夜の寝覚』巻三）

＊どれほどの木石のような女ならば、このようなありがたい帝のお心を思い知り申さぬということがあろうか。

○露ばかりをかしう疎ましき気色そへず、世に知らぬめでたき御さまにて、心深ういみじうもてない給ふを、いかばかりの石木かは見知らざらん。（『浜松中納言物語』巻四）

＊どれほどの石や木であっても、心深いもてなしを見てわからないことがあろうか。

以上は和語「いはき」が用いられている例であり、以降は漢語「木石（ぼくせき）」が用られている例である。

○男モ「イデヤ何（イカ）ガセマシ。（中略）介ノ殿、何カニ迷（マドヒ）給（イ）ハムトスラム」ト空（ソラ）怖クテ、木石ノ心ヲ発（オコ）シテ土ヲ掘ニ、児、「此ハ署預（ヤマノイモ）ヲ偏（ヒトヘ）ニ堀（ホル）ゾ」ト思ヒテ、（『今昔物語集』二十六の五）

○大場重ねて申す、先祖は誠に主君、但し昔は昔、今は今、恩こそ主よ、（中略）景親は平家の御恩を蒙ること海山の如く、高く深し、恩を知らざるは木石（ボクセキ）なり。（『源平盛衰記』二十・石橋合戦事）

○此恩徳不レ思者如二鬼畜木石一也。（『法華経直談鈔一本』）

○有レ心（ン）人、知恩・報恩ノ行不レ可二懈怠（カラケダイス）一。内有二仏性（ニバ）一、外（ホカニ）有二勝縁一。タレカ是ヲ思ザラムヤ。此心ナカラン人、木石畜類ニモ猶（ナヲ）ヲトレリ。（『雑談集』巻二・人ノ母念レ子事）

○夫難レ受者人身（それうけがたきものはにんしん）。今既受（いますでにうけ）たれ共（ども）、眼（まなこ）にさへぎる生死（しやうじ）無常を見ても、驚（おどろく）心無ければ、殆（ほとんど）木石（ぼくせき）の如し。（『妻鏡』）

○能々（よくよく）物を案ずるに、物の哀（あはれ）をしらざるは、唯木石にことならず。（謡曲『唐舟』）

○いはんや二仏の中間の衆生として、恩愛の、あはれを知らざらんは、木石（ぼくせき）に異ならず。（同右『木賊』）

江戸時代には貝原益軒編『和漢古諺』（宝永三年〔1706〕刊）に「恩を見て恩を知らぬは鬼畜木石のごとし」という諺が見える。この諺は現在でも時折用いられているようである。

b「人、木石にあらず」

「我が身は木石にあらず」「我が心は木石にあらず」という漢籍の句を基にしたと考えられる表現は上代には見られず、平安時代から現われる。

○むかし、をとこ有りけり。女をとかくいふこと月日経にけり。いは木にしあらねば、心苦しとや思ひけん、ややうあはれと思ひけり。（『伊勢物語』九十六段）

○（前略）さはあぶくまの　あひもみで　かからぬ人に　かかれかし　なにのいはきの　身ならねば　おもふ心も　いさめぬに（『かげろふ日記』上・天徳二年七月）

○人の御気しきはしるきものなれば、見もて行ままにあはれなる御心ざまを、いは木ならねば、おもほししる。（『源氏物語』東屋）

○泣く泣くのたまひけるは「いでや、見たてまつらざりしその前ならば、いかがせん、今は絶えてあるべしともおもえず」とのたまへば、姫君聞きたまひて、さかずに岩木ならねば、あはれと聞きたまへり。（『住吉物語』上巻）

○その観（くわん）（引用者注―不浄観）を成就するまでこそなくとも、かやうにしりそめなば、さすが岩木（いはき）ならねば、五欲の思、やう〳〵うすくなりて、むかしにあらぬ心にな侍りなんずるぞかし。（『閑居友』十九）

○誰もみな、さやうのこと（引用者注―顔の下には髑髏があること）はみるぞかし。さすがに岩木（いはき）ならねば、みるときはかきくらさるゝ事もあり。（同右・十九）

○諸の神明仏陀も、彼詠吟を以て、百千万端の思ひを述給ふ。入道も岩木（いはき）ならねば、さすがに哀げにぞ宣ひける。（『平家物語』巻二「卒塔婆流」）

○猛き武士共（もののふども）もさすがに岩木（き）ならねば、皆涙を流しけり。（同右・巻十一「副将被斬」）

○武士共もさすが岩木ならねば、各涙を流しつゝ、「なにかはくるしう候べき」とて、ゆるしたてまつる。

○Iuaqi　イワキ（岩木）　岩と木と。例、Qiyomoriua qide naqereba sasuga auareni vomouaretato.（清盛岩木でなければさすが哀れに思はれたと）Feiq.（平家）巻一。（『日葡辞書』）(3)

「岩木を結ばず」（人間は非情な岩や木で造ったものではないといった意）という句もある。

○車の前後に候ひける武士どもも、さすがに岩木を結ばねば、おのおの袖を濡らしける。（『源平盛衰記』七・成親卿流罪）（同右・巻十一「重衡被斬」）

○長者岩木を結ばねば哀れなりと思はざるにあらず。（『私聚百因縁集』二）

以上は和語「いはき」が用いられている例である。以下は漢語「木石」が用いられている例である。

○身非二木石一思二寄暇而摂治一。（『菅家文草』九「上太政天皇、請令諸納言等共参外記状」）

○さまざまに、思ひ乱れて、「人木石にあらざれば、みな情あり」と、うち誦して臥したまへり。（『源氏物語』蜻蛉）

○今人間に生れぬ。内に本有の仏性あり、外に諸仏の悲願あり。人木石にあらず、発心せばなどか成仏得脱なからん。（『曽我物語』十二・少将法門の事）

○人木石にあらねば、時にとりて、物に感ずる事なきにあらず。（『徒然草』四十一）

○永観律師ノ式ニ、「人非二木石一。好自発心ス」ト。此ノ言目出シ。我等本来之心、自性清浄也。実ニハ与レ仏全ク同。（『雑談集』巻一・三学事）

○こゝをもつて、南都東大寺禅寺永観法師は「人木石にあらず、このめばをのづから発心」と申したるなり。

＊永観法師の『往生講式』に「人非二木石一好自発心」とある。（『宝物集』巻四）

○人木石にあらず。亀雀恩を知れりと申も理にぞ侍るめり。（同右・巻六）

○我心イヤシウグチナリトモ、木石ノヤウニ頑愚ニハアルマイゾ。（『玉塵』三十五）

○及ばずながら我とても木石ならず。（『浮世草子』傾城禁短気・三の四）

以降、現在に至るまで多くの用例を拾うことが出来る。

ちなみに右に掲げた江戸時代までの用例から気づかれることがある。『源氏物語』蜻蛉巻の例は『白氏文集』の「人非二木石一皆有レ情」を誦したもののようであるが、『菅家文草』に「身非二木石一」とあり、『かげろふ日記』に「なにのいはきの身ならねば」とあるのは『文選』の「身非二木石一」によったものであろう。また、『玉塵』に「我心（中略）木石ノヤウニ頑愚ニハアルマイゾ」とあるのは『遊仙窟』の「心非二木石一」によったものと考えられる。したがって、『白氏文集』『文選』『遊仙窟』それぞれの形が当初日本では用いられていたようであるが、『遊仙窟』（醍醐寺蔵古鈔本）（正安二年〔1300〕の書写本を康永三年〔1344〕に模写したもの）では「心非二木石一」の「心」にヒトの振り仮名があり（江戸時代の初期無刊記本も同様である）、文和二年〔1353〕書写の真福寺本（貴重古典籍刊行会複製）では本文が「人」になっている（嘉慶三年〔1389〕書写の陽明文庫本では本文「心」で、訓は無い）。したがって、中世以降では『白氏文集』の「人、木石にあらず」の形が広く知られるようになり、この形が一般化したようである。

2　日本の木石観

2―1　「草木国土悉皆成仏」

ところで、仏典漢籍で石を無情と言う時は、木とともに「木石」という熟語で現われることが多い（真言僧の慈雲〔1718–1804〕の『短編法語』に、融通が利かないものを「木頭頑石（ぼくとうがんせき）」と表現しているが、これも仏教用語であろうか。これも木と石とが対で用いられている）。日本の古典においてもまた、「石」単独で非情のものと言うことはほとんどない。例外的に『沙石集』（巻二の七）に、

仏菩薩ノ利益ハ、行者ノ実アル時、感応アラハレ、鐘ノ打ニ随ヒテ、音ヲイダシ、谷ノ声ニ随ヒテ、響ヲ興（ヲコス）ガ如シ。金石ノ心ナキ、人ノタ、クニ依テ、猶声ヲ出（いだ）ス。

と見えるのが、『周礼』春宮の「大師云、皆播ㇾ之以二八音一、金石革糸木匏竹」（注云「金鐘鎛也、石磬也」）などが踏まえられたものであるとすると、浄瑠璃の「待賢門夜軍」（四）に、

思はぬ方とそひぶしは、苔のしとねに岩枕、石を抱いて寝る心地

と見えるぐらいである。とすれば、日本において石を無情のものと言うのは、仏典漢籍の「木石、心を持たず」「人、木石にあらず」といった句から学んだ可能性が高いと思われる。

しかも、それらの句は仏典漢籍の場合と微妙に異なって用いられている。仏典における「木石、心を持たず」というのは、生に対する絶望的な死の状態を譬喩するものであったが、憶良の「石木（いはき）より成りてし人か」は情の無い者を謗る言葉として用いられており、「石木（いはき）をも問ひ放（さ）けしらず」は石木にも情のあることを期待する意味あいも含まれているようである。大伴家持の、

かくばかり恋つつあらずは石木（いはき）にもならましものを物思はずして

という歌もまた、

かくばかり恋つつあらずは高山の磐根しまきて死なましものを　（『萬葉集』2・八六）

吾妹子に恋ひつつあらずは秋萩の散りぬる花にあらましものを　（『萬葉集』2・一二〇）

かくばかり恋つつあらずは朝に日に妹が踏むらむ土にあらましを　（『萬葉集』11・二六九三）

などの恋の辛さを表現する定型に当てはめたものにすぎない。平安時代以降の例も「つれもなき人の心や岩木なるらむ」（『千載集』）や「恩を知らざるは木石なり」（『源平盛衰記』）のように、受けた誠意や恩義に対して何も感じない人を責めるような場合に用いられており、漢籍での用例のように、死ぬまでは情を解する人間として生きていきたいという願いを籠めたものではない。(4)「木石ノ心ヲ発シテ」子どもを土に埋めた『今昔物語集』の男も、「心ノ迷ケルママニ」慌ててその場を逃げさり、事が露見すると「人ヨリ勝レテ泣」き騒いだのであった。

このような変化は日本在来の木石観に因るのではないかと思われる。

仏教の教義については筆者は不勉強であるが、『北本涅槃経』（巻二十一「高貴徳王菩薩品」、巻二十七「師子吼菩薩品」など）に「一切衆生悉有㆓仏性㆒」とあるように、すべての「衆生」（生ある人や動物）は「仏性」（仏陀の本性＝真如）を持つ存在であり、衆生のみが成仏するというのが仏教本来の考え方であるが、唐代の天台・華厳・禅宗などでは衆生の範囲を超えて草木でも成仏できるとする説が生まれ、特に天台宗の湛然（711-82）が草木成仏説の立場から論陣を張り、大きな影響を与えたようである。(5) 日本でも最澄（767-822）『決権実論』に、

問。有性与㆓無性㆒為㆔皆成㆓仏道㆒。為レ当レ有㆓成不成㆒耶。

答。有性者得レ成㆓仏道㆒。無性者不レ得レ成㆓仏道㆒也。

難曰。違㆓大円覚修多羅了義経、有性無性皆成仏道㆒。

という問答が見える。最澄自身は草木成仏説を否定しているようだが、空海（774-837）の『吽字義』には、

遍空の諸仏、驚覚開示したまへば、乃ち化城より起ち、宝所に廻趣す。草木また成ず。何ぞ況んや有情をや。

とあり、空海は肯定している。空海の考え方で注目されるのは、無情のものに「瓦石」も加えていることである。

法身の三密は繊芥に入れども迮からず。大虚に亘れども寛からず。瓦石草木を簡ばず。人天鬼畜を択はず。何処々にか遍ぜざる。何物をか摂せざる。故に等持と名づく。是を平等の実義と名づく。

この空海の考え方は、安然（841–?）、良源（912–85）、源信（942–1017）などによって、「草木国土悉皆成仏」「草木国土悉皆浄土」という「国土」という語を含んだ定型句で知られる天台本覚思想として発展していったことは知られている。伝源信著『真如観』に「一切ノ非情、草木・山河・大海・虚空、皆真如ノ外ノ物ニアラズ」「自他身一切ノ有情皆ナ真如ナレバ則仏也。サレバ草木・瓦礫・山河・大地・大海・虚空、皆是真如ナレバ、仏ニアラザル物ナシ」とあり、親鸞の『唯信鈔文意』にも「仏性すなはち如来なり。この如来微塵世界にみちみちてまします。すなはち、一切群生海のこころにみちみちたまへるなり。草木国土ことごとくみな成仏すとときけり」とあることも有名である。

中国で草木成仏説が成立し、また日本で比較的抵抗なく受け容れられた根底には、自然信仰（アニミズム）の存在があるものと思われる。空海の『性霊集』に、

更に天下に与して新たならしめよ。然れば則ち、木石も恩を知り、人鬼も感激せむ。（四・請為赦僧中璟罪表）

と見えるが、草木だけではなく、石もまた恩を知るという考え方は、菅原文時（菅三品、895–978）の詩の序（『本朝文粋』所載）にも、

聖王膺レ籙之六載。承平開レ元之五年。朝野清平風雲律呂。仁沢潤二於木石一。文教被二乎華夷一。

聖王（朱雀天皇）籙に膺るの六載、承平元を開くの五年、朝野清平にして風雲律呂なり。仁沢は木石にも潤ひ、文教は華夷に被れり。（七言。「北堂文選竟宴、各詠レ句、得三遠念二賢士風一」）

などと見えるが、中国の『臣軌』（唐・則天武后〔在位690–705〕撰）「良将軍」にも、

是以古之将者、貴レ得二衆心一〈言、以レ得二衆心一為レ貴也〉以レ情親レ之、則木石知レ感、況以レ愛率レ下得二其死力一乎〈言、将若能以レ情親二其士卒一、則雖レ曰二木石一、猶感応矣、況以二仁愛一卒レ下、而不レ得二其死力一乎、言二其必得レ之矣〉

ここを以て古への将は衆心を得るを貴ぶ。情を以てこれに親しむときは、則ち木石も感を知る。況んや、
　愛を以て下を率ゐてその死力を得ざらんや。

と見え、さらにはヨーロッパの文学作品にも見られるものである。(6) これらもまた自然信仰(アニミズム)に基づく考え方であろう。

2―2 「木石心なしとは申せども」

こうした草木だけではなく、石もまた恩を知るという考え方は、平安時代以降の文学作品には現われている。

いみじき岩木鬼の心なりとも聞ては涙おとさざらんや。
（『宇津保物語』楼の上）

なほざりのあさはかなる一言をのたまふに、なさけ〳〵しく、あはれにこ深き景色をそへ給ふ人がらに、まして心のかぎりつくし給ふは、いみじからん。なにの岩木もなびきたちぬべきに（どんな堅固な岩木でも心動かされそうなので）
（『夜の寝覚』巻二）

岩木にも物の心はありといへばさぞなわかれの秋はかなしき
（『夫木集』巻十五・光俊）

注目されるのは「木石に情なし」という仏教本来の考え方を正面から否定するものが現われてくることである。江戸時代の謡曲『殺生石(せつしやうせき)』に「木石心なしとは申せども」という句がある。

「殺生石」とは前節「ものを言う石」で紹介したように容顔美麗の女の執心が石となり、人間ばかりか鳥類畜類までも触ると絶命する怖ろしい石であるが、謡曲では僧、玄能が、

木石心なしとは申せども、草木国土悉皆浄土と聞く時は、本より仏体具足せり。況んや衣鉢を授くるならば、
　成仏疑あるべからず、

と石に花を手向け、焼香し、仏事をなし、

汝元来殺生石。問ふ石霊。何れの処より来り、今生かくの如くなる。急々に去れ去れ。自今以後汝を成仏せし

め。仏体真如の善心となさん。摂取せよ。

と呼びかけると、「石に精あり、水に音あり、風は大虚に渡」り、石が二つに割れて石魂（野狐）が現われ、「今逢ひがたき、御法を受けて此後悪事をいたす事、あるべからずと御僧に、約束堅き、石となつて、約束堅き、石となつて、鬼神の姿は失せにけり」ということになる。文中に見える「石に精あり、水に音あり」というのは、万物はみな精を宿しているという意味であるが、『河水』（謡曲）にも見え、当時はこうした諺もあったようである。(7) 斎藤彦麻呂の『傍廂』（嘉永六年〔1853〕自序）には、工匠の手で器となったものは死物であるが、生のままの草木砂石はすべて有情のものであるとする考え方が展開されている。

人は更なり。鳥獣虫魚を有情といひ、草木砂石を非情といへるは、いみじきひがごとなり。利鈍巧拙の差別はあれど、有情ならざるはなし。鳥獣虫魚はさとくして、生をむさぼり、死をのがれんとす。草木砂石はにぶくして、さる事なければ、広き処にては、枝朶をのばへ、狭き庭にては、杪を狭めてかゞまりながらおひたち、蔓草の類はすがるべきたよりをたづねて、のびゆくこと非情のわざならんやは。砂石は今ときは鈍く拙きものなれど、年を経て、強大になり行く事、非情のわざにあらず。ただ、金、石、木、竹の類、工匠の手にて器となりたるは、死物なれば、これらこそ、非情の物にはあれ。生のまゝなるは、皆有情なり。

（「有情非情」）

2―3　望夫石伝説

帰らぬ人を待って石になったという話が中国朝鮮日本にはある。日本では松浦佐用姫の話がよく知られている。初出は『曽我物語』の「松浦佐用姫がひれふりし姿は石になりにける」（巻六）かと思われる。『建礼門院右京大夫集』（鎌倉時代初期成）に「往時恋」と題する歌に、

あはれしりてたれかたづねむつれもなき人を恋ひわび岩となるとも

とあるのも、松浦佐用姫伝説を踏まえたものであろうか。ただし、『萬葉集』巻五また『仙覚抄』に引く『肥前国風土記』に見える松浦佐用姫は袖を振るだけで石には化していない。あるいは、中国の武昌北山の上にある望夫石の話が取り入れられて石に化したという伝説に発展したのであろうか。武昌北山の上にある望夫石のことは、永万二年〔1166〕「中宮亮重家卿家歌合」における俊成判詞に、

この石となることは、若し望夫石と申事にやあらん。そのかみおろ〱見侍りしかば、武昌北山上有㆓望夫石㆒其状如㆑人云々。昔貞婦ありけり。その男遠き国へゆきけり。別を惜しみてかの山の上に立てりて、夫を見送りけるが化して立てる石になりにけり云々。

とあり[8]、『十訓抄』（建長四年〔1252〕成）にも、

昔、夫婦相思ひて住みけり。夫、軍にしたがひて遠く行くに、その妻小さき子を具して、武昌の北の山まで送る。夫の行くを見て悲しびたてり。夫かへらずなりぬ。妻その子を負ひて立ちながら死ぬるに、化して石となれり。その姿人の子を負ひて立てるがごとし。これによりて、この山を望夫山と名づけ、その石を望夫石といへり。くはしくは『幽明録』に見えたり。「しらら」といふ物がたりに「しららの姫君、夫の少将の迎にこんと契りて、おそかりしを待つとて、よめる」とあるはこの心なり。

たのめつつきがたき人を待つほどに石にわが身ぞなりはてぬべき。（第六）

と見え、広く知られていたようである。朝鮮の『春香伝』（李朝末期成）に見えるものも同様に武昌北山の上にある望夫石を踏まえたものであろうと言う[9]。

望夫石伝説は主人公を変えつつ各地に伝承されていったようである[10]。木内石亭の『雲根志』（前編安永二年〔1773〕刊、後編安永八年刊、三編享和元年〔1801〕刊）によると、三河国赤坂の上宮路山上にも望夫石（三編巻三奇怪類「望夫石」）があり、さらに、

相州大磯の駅或寺の什ものにあり。伝言、むかし此所に虎といふ遊女ありて曽我十郎祐成に通ず。世の人の耳にとゞまる貞女なり。祐成死て後、虎別れをかなしみ一の大石と成れり。よつてとらが石と号し当寺におさむ。

（前編巻三変化類「虎児石」）

という「虎児石」もある。

日本にはそうした望夫石系統のものだけでなく、人が石に化したという言い伝えが多く見られる。『雲根志』には、

大磯の虎が石は虎が霊石と化し、信州姥捨山には姥が霊石と化し、遠州掛川の嫁が霊石、姑が霊石、伊賀国名張郡中知山の夜泣石、同国阿波郡夙村の夜泣石、此類の事あげて算ふるにいとまなし。

（三編巻三奇怪類「夜泣石」）

とあり、石上堅著『石の伝説』（雪華社、昭和三十八年〔1963〕刊）にも多くの例が紹介されている。例えば大分県直入郡都野村の「女郎岩」には、

平家滅亡の時、一人の女﨟（じょろう）が、この村に逃れていたが、一人の武士に捕えられ、責め殺されてしまう。その怨みで石になった。この石に触ると、大雨が降ると云い、またこの石を他に移すと、もとの場所に戻ってしまう。

（「失恋した石」）

という言い伝えが残る。

3　「石とならまほしき」

ところで、石上氏は「およそは恨み悲しみの揚句、石になる」ものであり、「心あたたまるもの」は少ないと言

う。「心あたたまるもの」とは、例えば長野県南佐久郡田口邑にある「爺婆石」の、

昔、旅に疲れた六部夫婦が、山崎に登って、日向ぼっこをして、佐久を眺めているうちに、うつらうつらと、石になってしまった。今は爺石だけになり、笠をあみだに被っているような格好をしている。婆石は、先年割られたと。

といったものである。少ないものの、このような「心あたたまる」伝説が日本にあることに注目したい。日本では石になることはすべての人間性を喪失してしまう恐ろしいことでは必ずしもなかったのではないかと思われる。同義に用いられている「非情」と「無情」とを、感情そのものを持たない存在を「無情」と言い、喜怒哀楽の感情が無に近い存在を「非情」と言い分けるならば、日本における石は「無情」ではなく、「非情」の存在と捉えられているのではないかと思われるのである。

現代人の我々もまた「非情」の石になりたいと思うときがある。薄田泣菫は「沙弥がうたへる歌」（『ゆく春』明治三十四年〔1901〕所収）に、

今鐘楼に上り来て／遠く浮世を望めば／百里途もつくる方／春はかなく落ちんとす。
ああ若きは酒くみて／甘き夢に興がるを／独り冷えし堂に入り／破れしみ経や読むべき。
悪の神蠱わざにわれを石とせよ（中略）／さば永劫朽ちもせで／春恋石と名をや得め。

と「春恋石」と呼ばれる存在になりたいと歌い、中島敦（1909-42）の『かめれおん日記』（昭和十一年〔1936〕成）にも、

外に向つて展かれた器関を凡て閉ぢ、まるで掘上げられた冬の球根類のやうにならうとした。それに触れると、どのような外からの愛情も、途端に冷たい氷滴となつて凍りつくやうな・石にならうと、私は思つた。
我はもや石とならむず　石となりて　冷たき海を沈み行かばや

氷雨降り狐火燃えむ　冬の夜に　われ石となる黒き小石に
眼瞑(めと)づれば　氷の上を風が吹く　我は石となりて転(まろ)びて行くを
腐れたる魚のまなこは　光なし　石となる日を待ちて我がゐる

とあり、遺稿の「石とならまほしき夜の歌　八首」には、

石となれ石は怖れも苦しみも憤りもなけむはや石となれ

という歌も見える。

キリスト教では石は精神(スピリッツ)も魂(アニマ)も持たない存在であり(11)、現代科学でも鉱物は生長することもなく生まれることも死ぬこともない無機物である。そうした考え方を理解しながらも、石になって永遠の命を得、怖れも苦しみもない心の平安を得たいと願う日本人の心情は西洋人には理解できないことであろう。

注

（1）『宋書』呉喜伝にも「応に死に入るべき人、已に縁りて活を得、唯活を得たるのみに非ず、又復意の如し。人は木石に非ざれば、何ぞ能く、感ぜざらん」とあり、南朝宋の鮑照の詩「擬二行路難一」にも「人生また命あり。安(いずく)んぞ能く行きて嘆じ、また座して愁ふ。酒を酌みて以て自ら寛(ゆる)くす。杯を挙げて断絶せむ。路は難しと歌ふを。心木石に非ず、豈感無からんや。声を呑みて躑躅し敢えて言はず」と見える。

（2）後世には漢語「木石」が価値のないものの比喩として用いられた例がある。和習の例として捉えておきたい。
○仏ハ無相ノ法身トテ、悟リフカキ行者ガ、観念シテ深キ利益アリ。重々ノ機ニ分々ノ利益ヲホドコシ給フ。ヲロカナル者ノ敬フ心ナクテ木石ノ如ク思ヘルニハ、只木石ノ如シ。（『雑談集』巻五・上人事）
○是等は皆肉眼を以て歩むものにして信仰に依て生くるものにあらざるなり、玩弄物を玩ぶ小児なり、木石を拝する偶像信者なり、（内村鑑三『基督信徒のなぐさめ』第四章）

（3）土井忠生・森田武・長南実編訳『邦訳日葡辞書』（岩波書店、昭和五十五年〔1980〕刊）に「Feiqe（平家）の原文には Qiyomori mo iuaqi de naqereba, とあるから、ここも Qiyomorimo iuaqi de の誤植であろう」とある。

（4）後世にも次のような例も現われる。

されども人は木石にあらず。木か石ならば用て損ずることもあるべきなれども、人の身体は働くほど強くなり、人の精神は用るほど達者になるものなれば、（福沢諭吉『訓蒙窮理図解』序）

夫れ人は木石にあらず、誰か色情なからん。人は禽獣にあらず、誰か名誉心なからん。（正岡子規『読書弁』）

（5）中村元・福永光司・田村芳朗・今野達編『岩波仏教辞典』（平成元年〔1989〕刊）の「草木成仏」の項などを参照。

（6）例えばドイツ・ロマン派の詩人ノバーリス（1772-1801）の『青い花』（青山隆夫訳、岩波文庫 p. 260）にも次のように見える。

石くれもまた歓楽びに酔い、
聖なる母の足もとに、
身をこごめうずくまる。
石ですら敬虔にぬかずくものを、
人として聖母のために泣き、
血を流さぬものがあろうか。

（7）無住の『雑談集』（嘉元三年〔1305〕成）にも「凡有心者ハ、皆本覚ノ性、天然タル故ニ、自然ノ智恵、分々ニ具ヘタリ。非情猶有精。謂鞠ノ精ハ猿ノ形也ト云ヘリ。況有情ヲヤ」とある。

（8）同年の「経盛卿家歌合」における清輔判もほぼ同様の内容である。

（9）許南麒訳『春香伝』（岩波文庫）に「石でも望夫石は、千万年を経るとても、ただの石ならむとせず」（p. 61）とあり、許氏の注に「望夫石に関するエピソードは朝鮮内にも数多くあり、古詩にも『井邑詞』などがある。ここの望夫石はどうも中国武昌の北山にあるというそれらしい。王建の『望夫石』という詩に曰く、「望夫処江悠悠、化為石不回頭、山頭日日風和雨、行人帰来石応語。」」とある。

（10）石亭は『大明一統志』に「宋の太平府城の望夫石」、『輿地志』に「南陵県の女観山の望夫石」とあるのを紹介し、「和漢同日の談なり」と言う（『雲根志』三編巻三奇怪類「望夫石」）。

（11）キリスト教において「石の心」という表現は有名である。『旧約聖書』「エゼキエル書」第三十六章二十六節「わたしは新しい心をあなたがたに与え、新しい霊をあなたがたの内に授け、あなたがたの肉から石の心を除いて、肉の心を与える。」

4　明恵上人の砂——光明真言加持土砂の日本的変容——

1　棺の中に散らされる土砂

平安時代の公家日記に棺の中の遺体に土砂が撒かれたことが見える。

○平信範『兵範記』久寿二年〔1155〕七月二十七日条、近衛天皇に関する「御葬送雑事」

子刻、有㆓入棺事㆒、刻限、持㆓参御棺㆒、（中略）

宇治法印被㆑奉㆑入㆓真言㆒〈其体如㆑護、被㆑安㆓御頂上程㆒云々〉

土砂被㆑散歟〈可㆑尋之〉

次覆㆑絹、以㆑布緘之、今度四丈布二切云々、

○『同右』久寿二年九月十六日条、法性寺殿入棺の記事

寅剋、法性寺殿有㆓御入棺㆒、（中略）次奉㆑入之、御衣、袈裟、御裳〈僧〉、素服〈帯也〉、糸針〈入㆓帖紙㆒〉、私筥（ママ）〈裹㆓生絹㆒、已上入之〉。〈散土砂、延猷阿闍梨進之、大嶺砂加持云々〉又御護、御念珠、金泥法華経一部〈雖㆑非㆓先例㆒、御遺令云々、新儀定〉、尊勝陀羅尼、光明真言、随求陀羅尼〈已上納㆓金銅筒㆒〉等、奉㆑納㆓御首方㆒。次覆㆓野草御衣[1]㆒〈有㆓梵字㆒〉。次覆蓋加覆、以㆑布緘之、

○九条兼実『玉葉』養和元年〔1181〕十二月五日条、皇嘉門院の入棺の記事

帰参之後、持二参御棺一〈注略〉、（中略）先撤二屏風几帳等一。開二御棺帊盖一、其上被レ出二雑物等一、並二置之一〈注略〉

先真言筒、次御護〈注略〉

次野草衣〈年来被二儲置一、大原聖人本覚坊、書二梵字一、唐綾単也〉

次香。次土砂。

『吉事次第』（建仁二年〔1202〕頃成）には、この土砂が屍骸の頭・胸・足の三カ所に散らされることが記されている。

次土砂ヲイル。

引覆ノ上ニ、御カシラ、御胸、御足、此三所ニ当テ散シイル。

『吉事略儀』の「御棺事」の条にはやや詳しく次のようにある。

次奉レ移二御体一（説明略）次入二御枕一（説明略）次奉レ掩二野草衣一〈書二梵字一。以二字方一為レ上〉不レ可レ抜二取本御衣一。

次散二土砂一。役人中堪レ事人可レ散レ之。御頭。御胸。御足等三箇所〈野草衣上〉散レ之。

2　加持土砂の由来と日本古典の用例

この土砂は「光明真言加持土砂」と呼ばれるもので、光明真言を誦することで浄められたものである。「加持」とは仏力の加被・加護を祈念するという意味であり、「光明真言」とは「唵（オン）、阿謨伽（アボキャ）、尾盧左曩（ベイロシャノウ）摩訶（マカ）母捺羅（ボダラ）摩抳（マニ）、鉢納摩（ハンドマ）、入縛羅（ジンバラ）、鉢羅韈多野（ハラバリタヤ）、吽（ウン）」という呪文であり、直訳すれば「浄土変の真言。かの効験空しからざる遍照の大印あるものよ。この宝珠・蓮華・光明の三徳あるものよ。それを転ぜしめよ。菩提心の聖語[2]」、また「不空遍照の大印は宝珠・蓮華・光明の諸徳を具有し、これを転じて行者の身に満たさせん」[3]といった意味であるという。

この光明真言土砂加持は唐の菩提流支（開元十五年〔727〕没）の訳『不空羂索神変真言経』の「灌頂真言成就品」に、

この真言を以て土砂を加持すること一百八遍し、亡者の屍骸の上に散じ、或は墓の上、塔の上に散ずるに、その亡者地獄餓鬼若しは修羅等の中にありとも、大灌頂光明真言加持土砂の功力により光明を得、諸の罪障を除き、所苦の身を捨て、西方極楽国土に往きて蓮華に生じ、乃ち菩提を成すに至らむ。（原漢文）

とあり、不空（大暦九年〔774〕没）の訳『不空羂索毘盧遮那仏大灌頂光真言』に、

若し諸衆生具造せる十悪五逆の諸罪、猶微塵の斯の世界に満つる如く、身壊し命終して諸の悪道に堕せんも、この真言を以て土砂を加持すること一百八遍して、尸陀林の中にして亡者の屍骸の上に散し、或は墓の上に散し、遇ふごとに皆これを散せよ、彼の所の亡者若くは地獄の中若くは餓鬼の中若くは修羅の中若くは傍生の中にも、一切不空如来不空毘盧遮那如来真実本願大灌頂光明真言神通威力加持土砂の力を以て、時に応じて即ち光明の身を得、及び諸罪報を除き苦む所の身を捨て、四方極楽国に往き、蓮華に化生して乃ち菩提に至り、更に堕落せず。（原漢文）

とあることに拠るとされる。我が国では平安時代に源信（942-1017）や慶滋保胤（?-1002）等などによって唱えられ[4]、前節に紹介したような例も見られるが、盛んになったのは鎌倉時代以降のことであり、それは明恵上人高弁（1173-1232）の主唱によるとされる。

明恵上人のこの秘法に関する著作には『光明真言土砂勧信記』（安貞元年〔1227〕成）、『光明真言土砂勧信別記』（安貞二年〔1228〕成）、『加持土砂略作法』（成立年未詳）があるが（本節での引用は『日本大蔵経』による。以下引用で示す頁はこれによる）、明恵上人は光明真言土砂加持を次のように説明している。

夫、光明真言ノ土砂ト申スハ、一切如来ノ大秘密ノ法也。（中略）シカルニ真言ニツキテ物ヲ加持スルト申ス事アリ。其作法ハ真言行者ノナラヒツタフル事也。此真言ニテスナゴヲ加持シツレバ、此スナゴスナハチ真言ノ一一ノ文字トナリテ、此真言ノ字義ヲ具足シ、句義ヲ成就シテ、其スナゴヲ亡者ノカバネ、ハカノウヘニモチラシツレバ、此亡者一生ノアヒダヲモキツミヲツクリテ、一分ノ善根ヲモ修セズシテ、無間地獄等ニヲチタレドモ、コノスナゴタチマチニ真言ノヒカリヲハナチテ、罪苦ノトコロニヲヨブニ、其ツミヲノヅカラキエテ、極楽世界へ往生スル也。

（『光明真言土砂勧進記』上巻 p. 217）

また、その功徳は死後だけではなく在生の時にも及ぶことを次のように説明している。

信仰ノ心深キ人、在世ノ時其身ニ帯セバ、現世ニハ其身ノマモリト成リ、後生ニハ出離ノ大益ヲ成ズベシ。若然ラズシテ墓ニ散スト云文ヲ守ラバ、五逆罪人ノ墓ニ散スト見ヘタレバトテ、五逆ヲ造ラザラン人ノ墓ニハ散スベカラズト意得ベシヤ。若罪人ヲソラ救フ。況ヤ善人ヲヤト意ヲ得バ、墓ニチラスニ尚大利アリ。況ヤ其身ニ持タランヲヤ。没後猶利益アリ、況ヤ在世ヨリ信ゼンヲヤ。カクノゴトク談ズルハ即チ経文ノ心ヲ得ルナリ。

（『光明真言土砂勧信別記』pp. 249–50）

弟子喜海の記した『高山寺明恵上人行状』に「安貞二年九月の比より、光明真言の法によって土砂加持あり」とあり、これらの著作とほぼ同時期に明恵上人は実際にこの秘法を行い始めたようである。こうした明恵上人の著作や実践によって、この秘法は民間にも広がっていき、以降の文学の中にも現われてくる。

○『源平盛衰記』

定にして頸をば渡されけるなり。獄門の木に懸けられて後、御室より申されて、骨をば高野に送られて、様々御追善有りけるなり。土砂加持の功徳、なほ無間の苦を免るといへり。

（巻三十八）

○無住『沙石集』

光明真言は儀軌の説に「已に悪行によりて地獄に落ちて、苦を受くる事ひまもなし。異熟の果定まれる者を、行人ありて、土沙を加持して、亡者の墓所に散らせば、土砂より光明を放ちて亡者の魂を導き、極楽へ送る」と云へり。（巻二の七）

○近松門左衛門『心中万年草』

久米之介身をかくし立かへれば骨桶に、樒をそへて残したり、押し戴き三拝し、分けて給はる骨肉をひとつに返へす阿字本不生、阿字の一刀是也と喉にぐつと突き立て、死骸の上にのり（乗・法）の花梅と枕をならべける。地水火風の風の山水は谷水土は又、土砂の功徳の真言秘密、善男子善女人堂心中、かくとぞ聞こへける。（下）

さらには江戸の雑俳にも、

土砂の入る往生をする衣川　（『誹風柳樽』三、明和五年〔1768〕）

次信にお手づから土砂かけらる丶　（『卯花かつら』正徳元年〔1711〕）

土砂かけてどふやらかふやら仏也　（『類字折句集』宝暦十二年〔1762〕）

つむじ風土砂加持ほどに踊る砂　（『新編柳樽』二十八、弘化三年〔1846〕）

と見え、浄瑠璃や雑俳などには「どしゃをかけたよう」という比喩も現われる。「（土砂加持をした沙をかけると硬直した死体も柔らかくというところから）急に態度が柔らぎ、弱々しくなるさま。ぐにゃぐにゃになるさま」（『日本国語大辞典』）を言う。

3　土から砂へ

ところで、土砂を加持することはチベットの経典では見あたらず、インドの原典に存在したとしても中国で過大に増幅されたのではないかとされ、『不空羂索神変真言経』『不空羂索毘盧遮那仏大灌頂光真言』が出来る以前にも中国では行われていたようであるが、「七世紀末八世紀初頭のものは後のものに較べると非常にシンプルで」あったとも言われる。(5)

本節で注目したいのは、菩提流支また不空の訳した経典では「加持**土砂**」とあるのに対して、それ以前の「七世紀末八世紀初頭」の仏典では「土」とのみ書かれていることである。(6)

杜甫行顗訳　仏頂尊勝陀羅尼経（六七九年）　→「土」
地婆訶羅訳　仏頂尊勝陀羅尼経（六八二年）　→「呪土」
仏陀波利訳　仏頂尊勝陀羅尼経（六八三年）　→「土」
地婆訶羅訳　最勝仏頂陀羅尼浄業障呪経（六八七年）→「黄土・呪土」
義浄訳　　　仏頂尊勝陀羅尼経（七一〇年）　→「浄土」

また、菩提流支と不空の訳した経典以降においても、八世紀後期の法崇訳『仏頂尊勝陀羅尼経跡義記』（七七五年）にも、

若有㆓先亡処浄土十一把㆒、誦㆓此真言二十一遍㆒、散㆓其亡者人身骨之体㆒、即得㆑離㆑苦。

とあり、さらに成立年が不明で偽作とされているものであるが、善無畏訳『尊勝仏頂修瑜伽法軌義』でも、その第十法に、

若有下人欲レ得レ救二一切畜生罪苦一者上、取二黄浄土一以二真言一加持二十一遍、散二於畜生身上一及散二四方一、即得二罪苦消滅一。

とあり、第二十九法に「悉取二行者坐処土一散之時、亡者即得二離レ苦解脱一」とあり、第三十一法にも「預二於山前一誦二真言一二十一遍、加二持黄土一七遍」とあり、さらに宋の元照律師（1048-1116）の『芝園集』「秀州呂氏霊骨賛」(7)にも次のように「浄土」と見える。

秀州海塩広陳鎮座普照院釈智円母喪。以二遺骨一盛二於小匣一日誦二毘盧灌頂呪一。加二持浄土一覆二于骨上一。殆至レ盈レ尺。一日頂骨忽湧二於土面一。初不二以為レ然。仍レ旧覆レ之。翌日復爾。衆皆驚駭。（下略）

秀州海塩広陳鎮座普照院釈智円の母喪す。遺骨を以て小匣に盛れ、日に毘盧灌頂呪を誦して浄き土を加持して骨の上を覆ふ。殆んど尺に盈るに至る。一日、頂骨（頭の骨）忽ちに土面に湧く。初め以て然りと為さず、旧に仍て之を覆ふ。翌日復た爾り。衆皆驚駭す。（下略）

このように菩提流支と不空の訳した経典では「土砂」と書かれているが、それ以前の経典では「土」とのみ書かれ、またそれ以後でも実際に土を用いている例がある。このことをどのように理解したら良いのだろうか。あるいは「土砂」は土と砂の両方を意味し、用いるのはそのどちらかということであり(8)、多くは土が用いられていたと理解すべきであろうか。あるいは乾燥した泥土のように極めて細かい砂ということであろうか(9)。いずれとも決しがたいが、

加持土砂は中国において、殯から改葬へ、荒魂から和魂への必要欠かざる手続きではなかったか。骨に散じたり、或は霑じるといった行為は洗骨や焼骨のような「浄化」する役割を担った、と考えられないだろうか。また土砂であることは土葬と深く関係するであろうし、二次的な埋葬において殯を経て成仏した（祖霊化した）魂の住所（仏刹土）に適わせるためには、真言で加持した光をともなう浄土でならないと考えたのではないか。

とする論(10)もあり、そのように土葬と関係するものとすると、「浄土」を用いるのが本来であった可能性が高いように思われる。

いずれにせよ、中国においては「土」が用いられているのに対して、本節で以下に確認するように、明恵上人は砂を用いており、今日でも近畿四国中国地方一帯の寺院で広く行われている土砂加持にも白砂が用いられている。なぜ、日本では土ではなく砂のみを用いるようになったのだろうか。日本で砂が用いられるようになったのは、確認できるところでは明恵上人に始まるのではないかと思われる。本節では、明恵上人が砂を用いた理由について考えたい。

4　明恵上人の文章におけるイサゴ等

明恵上人以前に加持土砂の功徳を唱えた源信の「二十五三昧起請」には「可下以二光明真言加持土砂一置中亡者骸上事」などとあり、「土砂」の語が用いられている。明恵上人もまた「土砂」という語を用いていないわけではない。例えば『光明真言土砂勧進記』に次のような文章がある（波線を付した箇所に「土」とあるが、明恵上人手訂定稿本には「土トシテ」の句がなく、おそらく後の他人による誤入であろう。他に「土」と書かれているところはない）。

ヲホヨソ仏法ノ見聞ノ功徳ハナハダフカシ。須弥山ト申ス山ハ、金銀、吠瑠璃、頗胝、迦宝ト申ス四宝ニ成ゼラレタリ。モロモロノトリ、其方面ニトブコトアレバ、悉クソノイロニ同ズ。北方ハ金色ナレバ、キタニソヒテトブニハ、トリ金色ニナル。余方モ又シカリ。コノ真言ノ功徳モ又カクノゴトシ。土砂此真言ノ加持ヲエテ、土トシテ真言ノ功徳ヲソナフ。衆生此土砂ニチカヅケバ、又土砂ノ功徳ヲウツスナリ。シカレバ青丘大師ノ土砂ニアフヲ有縁トスト判ジタマヘルコト、イミジク覚ユ。マコトニ仏法ニ縁ナキコトニゾカナシムベキニ、此土砂ノ方便ニヨリテ、衆生ヲシテ仏法ノ有縁ヲ成ゼシムコト、ヤスキ事也。

（上巻 p. 220）

この文章は加持土砂の原理を説いた箇所である。したがって、「土砂」という語は菩提流支訳『不空羂索神変真言経』や不空訳『不空羂索毘盧遮那仏大灌頂光真言』に「加持土砂」とあるのに従って、言わば術語として用いられているのであろう。しかし、実際にその作法や功徳などを具体的に説明した箇所には「イサゴ」あるいは「スナゴ」「細砂」の語が用いられており、明恵上人の「土砂」は実質的には砂を意味すると考えられる[11]。

明恵上人が「イサゴ」「スナゴ」「細砂」の語を用いている例は、すでに先に2節に引用した『光明真言土砂勧進記』の文章にも見られたが、さらにいくつかの例を挙げれば次のとおりである（破線を付したのは後に取り上げる問題に関わる箇所である）。

○問テ云、シカラバ真言師フカキ山ノ中ニ住セラムニ、其ホトリニハ細砂アルベカラズ。シカルニ此功能ヲキキテ土砂ヲ要セム人、サトノ不浄所ノ土砂ヲトリテ、深山ヘヲクリテ、加持ヲ申シウケム事ハ、ハバカリナラムヤ。

答テ云、カヘスガヘスアルベカラザルナリ。真言加持ノ法ハ、諸事キハメテ清浄ニシテ成就スル事也。モシケガルル事アレバ大力ノ田比那夜迦等タヨリヲエテ、ソノ悉地ヲ障礙ス。シカレバタトヒ山ヲコヘタニヲヘダツルワヅラヒアリトモ、キハメテキヨカラムトコロノイサゴヲトリテ、アタラシカラムウツハモノニ入テ、真言師ノモトヘヲクラバ、真言師又大願ヲオコシ、慈悲ニ住シテ、本尊ノ御前ニシテ、ネムゴロニ祈願ス。

（上巻 p. 241）

○問テ云、仏像等ハ諸根相好ヲキザミアラハセバ是ヲ拝シタテマツルニ、信ヲコリヤスシ。此土砂ハ其カタチ様モナキスナゴナレバ。フカキ効能ヲキクトイヘドモ、信心ヲコリガタシ。信心マタカラズバ効能モマタカラズヤアルベキ。

答テ云、（中略）キミガ眼ノマヘニ、ヨノツネノイサゴトミテ、心ノウチニ加持ノ協ヲ信ゼザルハ、マヅイサゴトシラバ、イサゴハナニ物ゾヤ。

答テ云、イサゴト申スハ、青黄等ノ色コトニシテ方円等ノカタチヲナジカラズ。カタチコマカニシテ一聚ヲナセリ。是ヲイサゴト名ク。

問テ云、シカラバ草木等モ、青黄等ノイロ方円等ノカタチコトナリ。是ハイサゴナリトヤセム。

答テ云、カレハ大ニシテカタカラズ。イサゴハカタクシテコマカナリ。（下略）（下巻　pp. 234–5）

○詰シテ云、シカラバイサゴヲモシラズ、咒法モシラズ。モシトモニシラズバ、タダ大聖ノ所説ヲ信ズベシ。大聖ハイサゴヲモシリ、咒法ヲモシリタマヘリ。諸仏常依二諦法トイフハ是也。（中略）イサゴハ是衆多ノ極微合成セリ。極微ハ聚集シテカリニアリ。離散シテハ其体ムナシ。（下巻　p. 236）

また、「散砂」と書かれている箇所も見られる。

○答テ云、臨終ニ正念ミダレズトテヲハラム人ハ、ナンゾカナラズシモ土砂ノ利益ヲタノマム。一生善分ナキ人他人散砂ノ利益ヲウク。（中略）是則重罪無福ノ極重悪人、タダ他人散砂ノ力ニヨリテ、浄土ノ宝華ニカタチヲウクレバ、イハムヤ生前ニワヅカニモ信仰ヲシタシ、発願セラレム人ハ、タトヒ罪人ナリトモ速疾ノ勝利ウタガフベカラザル事也。（上巻　p. 225）

イサゴは奈良時代以前には石ほどの大きさのものを指したようだが、平安時代にはスナゴと同じくらいの大きさのものを指すようになっていたようである。『新撰字鏡』（昌泰年間〔898–901〕成）に「磣〈石微細而随レ風飛、沙也。伊佐古（いさご）、一云須奈古（すなご）〉」（享和本）とあり、『色葉字類抄』（図書寮本）（十一、二世紀頃成）にも「砂（中略）以佐古（いさご）、一云須奈古（すなご）」とある。『光明真言土砂勧信記』でもまた「イサゴヲカゼノフキタテタルハ、クモキリノゴトクシテ」（上巻　p. 227）、「イサゴハ是衆多ノ極微合成セリ。極微ハ聚集シテカリニアリ。離散シテハ其体ムナシ」（下巻 p.236）などとあり、風に飛び、さらさらと手から流れ落ちるような砂である。また「青黄等ノ色コトニシテ方円等ノカタチヲナジカラズ。カタチコマカニシテ一聚ヲナセリ」（p.234）とあり、明恵上人が用いた砂はさまざまな形や色のものがあったようである。

5　加持砂の功徳

真言を加持することによって清浄化されるのは土砂だけではない。真言の加持を受けたものはすべてその功徳を得るとされる。『不空羂索毘盧遮那仏大灌頂光真言』に、

若し諸鬼神魍魎の病には五色の線索を加持すること一百八結して、その病者の腰臀頂上に繋れば則ち除差す。若し諸の瘧病には白線索を加持すること一百八結して、頭頂の上に繋け、衣を加持して着せしむれば即ち除差せしむ。

若し石菖蒲を加持すること一千八十遍してこれを捨つ。他と相対して談論する時は即ち勝て他伏せらる。

等々とあり（原漢文）[12]、『岩波仏教辞典』によると、供物、念珠、香水などを浄化する「供物加持」「念珠加持」「香水加持」などもあるようである。

その中で明恵上人は特に土砂加持を重視したことになるが、それは『光明真言土砂勧信記』に次のような一節があり、華厳経の祖師青丘大師の著「遊心安楽道」の影響が大きかったようである。

シカレバ青丘大師ト申ス祖師、遊心安楽道ト申ス極楽往生ノフミヲ、ツクリマヘル中ニ、問答シテイハク、善縁アヒテ九品ノ往生ヲトグル事ハ、聖経ノ文義サカリナレバ、ウタガヒヲナスニタラズ。モシ衆生アリテ罪業ヲノミツミテ、スベテ善根ノタクハヘナキモノ、スデニ三途ニヲチテ苦報ヲウクルヲ、方便シテカレヲスクヒ

テ、極楽界ニ往生セシムルコトアリヤト問（モン）ジテ、コレヲ答（タウ）スルニ此光明真言ノ土砂ノ利益ヲイダセリ。則不空羂索経ヲヒキテイハク、モシ衆生アリテ十悪五逆等ノモロモロノツミヲツクリテ、悪道ニヲチタラムニ、此真言加持ノ土砂ヲ、モシハカバネノウヘニモ、モシハハカノ上ニモチラサバ、カノ亡者地獄餓鬼修羅畜生ノ中ニモアレ、此一切如来真実本願大権現光明真言加持土砂ノチカラニヨリテ、光明ソノミニヲヨブコトヲエテ、モノモノノ罪報ヲノゾキテ、極楽国土ニユキテ、蓮華ヨリ化生シテ、ススミテ無上菩提ヲウベシトイフ経文ヲヒキテ、其スヘニ述懐スル中ニイハク、他作自受ノコトハリナシトイヘドモ、縁起難思ノチカラアリ。則シリヌ、此呪砂ニアハズバ、カノ罪人ウカブコトナカラム。サイハイニコノ光明真言ニアヘリ。土砂ニ合スルコトカタカラズ。心アラム人タレカ奉行セザムトイヘリ。　（上巻　p.218）

右の青丘大師の「遊心安楽道」からの引用文中に「呪砂」という語が見られる。明恵上人は原文をほぼ忠実に読み下した形で引用しており、「呪砂」も原文に用いられている語である。さらに原文には右の引用文の後にも「散二砂墓上一尚遊二彼界一。況乎呪レ衣着レ身聆レ音誦レ字者矣」と見える。[13] したがって、唐の青丘大師は砂を用いており、明恵上人はそれを受け継いだとも考えられる。しかし、明恵上人は無批判にそれを受け継いだのではないようである。『光明真言土砂勧信記』に次のような一節がある。

ココニ儀軌本経ニ相応物ト申シテ、草木土砂等ヲ加持シテ、悉地ヲ成就スル事ヲトケリ。ソノ中ニ今此土砂ヲ加持シテ、与楽抜苦ノ悉地ヲ成ズル事ハ、真言ノ体性ハ甚深ナリ。土砂ハモトヨリ衆生ノ業増上力ニヨリテ、変現スル体性ナレバ、衆生妄情ノ所縁也。如来ノ大智ノ力、光明真言ノ法力ヲ是ニクハフレバ、土砂是ヲタモチテ一切如来ノ色塵ノ法門身トナル。則衆生身ニ合シテ一体トナルガ故ニ、其ノ得益スミヤカナリ。（中略）土砂ハ衆生業力ノ増上果ナルガユヘニ、衆生ノ身心ニ合スルハ、ヤキカタメタルシヲノ、シルアハセニアフガゴトキナリ。（下略）　（p.226）

「衆生ノ業増上力」の意味がよく解せないが、加持土砂の功徳を説いた箇所である。しかし、耕す行為によって上質になる土壌などを指しているのであれば、不毛の石が砕けて出来る砂よりも、穀物の育つ土こそが相応しいように思われる。本文にも次のような問いが書かれている。

問テ云。土砂ハ衆生業力ノ増上果ナルガユヘニ得益相順ストイヘバ、一切ノ草木等ミナ増上果也。カレヲ加持シテ光明ノ益ヲナスベシ。ナニニヨリテカイサゴヲ加持スルヤ。

これに対して上人は、

此重ハ秘密甚深ノ事相ナリ。タダ仰信ヲコラスベシ。

と答え、敢えて説明すればと、次のように続けている。

タヤスクコトバヲヲコスベカラズトイヘドモ、瑜伽行法ノナラヒ、ヲヲク事相ノ所標ニツキテ、観念ヲマウケタリ。則ミヅヲソソギ物ヲキヨメ、火ニナゲテ諸尊ノ受用ヲアラハスガゴトキナリ。イマコレニナゾラヘテ所標ヲ推スルニ、イサゴヲカゼニフキタテタルハ、クモキリノゴトクシテ、光明ヲ標スルニタヨリアリ。又其数ヲヲクシテ如来ノ無量ヲ標シツベシ。シカレバ一切如来ノ五智ノ光明ヲ標スルトキ、イサゴヲモチヰキテ相応物トスルナルベシ。

又クワシク真言ノ句義ヲ釈スルトキ、一一相応スルコトアリ。イハユル経ノ中ニコノ真言ノ持者功徳ヲトクニ、一切如来ノ大摩尼種族トナリ、一切如来ノ大蓮華種族トナリネ一切如来ノ大金剛種族トナリ。（中略）是ニナゾラヘテイヘバ、此土砂タマニニタレバ、摩尼種族ヲアラハス。ミヅノソコニテクチズケガレズ蓮華種族ヲアラハス。カタキコトハ金剛種族ヲアラハス。カクノゴトキノ甚深ノ義ヲアラハシテニ、一一ニタヨリアリ。コレニヨリテ此土砂ヲ相応物トスルナルベシ。

（下巻 pp. 227-8）

風に吹き立てられると雲霧のようになり、光明を示すに便りあり、その数の多さは如来の無量なるを示すとあることによれば、硅砂ほどの大きさのものと考えられるが、玉に似てあらゆる苦を取り除く如意宝珠のような摩尼珠（珠の総名）のようであり、水の底にあって朽ちず穢れないことは泥にも染まず清浄である蓮華と同じであり、堅いことは煩悩の魔を降伏させる金剛と同じであるとあるのによれば、ある程度の大きさを持つ砂でなければならないことになる。(14) おそらく明恵上人の用いた砂の大きさは一定していなかったのであろう。

しかし、上人にとって光明真言は「不空遍照の大印は宝珠・蓮華・光明の諸徳を具有」するものであり、その諸徳を付着させるものは、生物の腐敗物をも含む不純な土ではなく、清浄な砂でなくてはならなかったであろう。不純物をふくまない清浄な砂だからこそ一粒一粒が真言の光を放ち、(15) 衆生の苦患を除き、法楽の境に導く力を得ることができると上人は考えたものと思われる。『光明真言土砂勧信別記』には次のようにも言っている。

此スナゴスナハチ真言ノ一一ノ文字トナリテ、此真言ノ字義ヲ具足シ、句義ヲ成就シテ（p. 217）

仏智ヲ凡夫ノ土砂ニクハフルトキ、土砂仏智ノ用ヲタモツニヨリテ、光明トナリテテラス也。是則加持ノ義也。（中略）土砂スデニ無量甚沢ノ義理ヲフクメリ。其上ニ仏力アヒクハハラムトキ、イカナル不思議ノコトモアラムニナンゾアナガチニカタシトスルニタラムヤ。（pp. 237–8）

此光明ト申スハ、真言ノ光明也。真言ノ光明ト申スハ、諸仏菩薩ノ無漏ノ慧、土砂不生ノ義ヲ照了ス。其ノ用ヲ無明所発ノ土砂ニ加フル時、土砂是ヲ持（タモ）チテ、無明ハ無体ニシテ仏慧ヲ礙（さ）ヘズ。土砂ハ不生ニシテ性質徳ヲ顕ハス。（p. 251）

土砂ニ自ラノ深キ功力ナシ。必ズ真言師ノ加持ヲ受テ秘密ノ土砂トナル。（p. 262）

すなわち、砂は「無明（むみょう）」（真理に暗いこと）のものであり、「無体（むたい）」（実体が無いこと）ものであり、「不生（ふしょう）」（生を超越していること）ものである。(16) それゆえに真言の光明を妨げることなく、その感化を受けて真言そのものとなり、真言の力を発揮するのである。

6　明恵上人の加持砂の採取地

加持に用いられる砂は、箱に詰められ蔵に蓄えられる砂金のようなものではなく、ただの砂である。『光明真言土砂勧信記』に言う、

問云、然ラバ土砂ノイロ一色ニアラザレバ、黄色ニシテヒカリアル土砂アリ。カレハ砂金ナリトヤセム。

答云、ナヲ土砂ハ砂金ニハアラザルナリ。

問云、キミモトヨリ青黄等ノイロ、コトニ、方円等ノカタチ、ヲナジカラズシテ、カタクコマカナルヲ、イサゴトイフニ、砂金土砂ニミナ、此義アルヲイヅレノトコロヲワケテカ、土砂金砂ヲナジカラズトイフヤ。

答云、金砂ハ珍宝ニテ、ハコノソコニツ、ミヲケリ。土砂ハタカラニアラズシテ、タダ大地ニ充満セリ。例スベカラザルナリ。　（p. 235）

ただし、明恵上人の加持土砂は「キハメテキヨカラムトコロ」から得られた清浄な砂でなければならないものであった（p. 241）。『梅尾明恵上人伝記』（下巻）にも次のような話が見える。

又或る時、上人光明真言土砂加持をせんとて、土砂を取り寄せて加持し給ふに、修中に忽ちに不浄の悪相現ずる事、両三度あり。上人奇（あやし）みて、此の土砂取りける処を問ひ給ふ。即ち土砂の在所を見せしめ給ふに、傍（かたはら）に野犬の穢（けが）したる有りて、あたりに散れり。此の由を申しければ、其の後より侍者の僧に仰せて、極めて清浄なる地を撰びて取りて来るべしと也。　（岩波文庫　p. 153）

また『光明真言土砂勧信記』にも、

シカラバキハメテキヨカラム所ノイサゴヲモチヰルベシ。愚身此事ヲ一大事ニシテ、初メニキハメテ人トヲキ

海中ノシマノホトリノイサゴヲタヅネヨセタル事アリキ。其中ニ貝ノクダケマジハリタル事アリシカバ、ステテ是ヲモチヰズ。（pp. 241－2）

とも見える。

明恵上人は、結局、栂尾高山寺の横を流れる清滝川の砂を用いていたようである。

此高山寺ノウチ石水院ト申ス所ハ、諸房ノ水カミ也。イハヲタカクハゲシクシテ、コマカナルイサゴハスクナキヲ、キハメテキヨキニアハセテ、愚僧多年ノアヒダ、随分ニ顕密ノ法門ニツケテ、此所ニシテ自利利他ノ行ヲツメリ。然レバ、此所ノアラアラシキイシヲ取リテ、其ホトリニ閼伽井ヲカマヘテコレヲス、グ。シタシフルヒテ麁石ヲサケ、細砂ヲトリテコレヲモチヰル。（p. 242）

清滝川の砂は以降も末期の砂として採取され続けられており、松江重頼編『毛吹草』（慶長七年―延宝八年〔1602-80〕）に「栂尾土砂（トガノオノドシャ）（末期ニ用レ之）」（巻四）とあり、黒川道祐の『雍州府志』（天和二年―貞享三年〔1682-86〕）にも「処々山有レ之。然自レ古持律僧取二栂尾山之土砂一、清水洗浄数過、然後盛レ壺置二護摩壇一、七箇日間加二持之一、是謂二土砂加持一。伝言撒二加持土砂少許於新死之尸一、則其筋骨雖レ歴二数日一不二強直一、有下便納二棺内一也」とある。[17] 明恵上人より前に行われた『兵範記』の「大嶺砂加持」の「大嶺」は修験道の聖山大峰山のことであろうか。

おわりに

白州正子氏は『栂尾高山寺　明恵上人』（講談社、昭和四十二年〔1967〕刊）で、

どこまでも明恵について廻るのは、石に対する特別な感情で、そこには巨岩を拝した古代人の記憶が甦って来るように思われます。当時はいわゆる神仏信仰が盛んな時代でしたが、この上人ほど身をもって、古代の自然

信仰と、外来の仏教の精神を、体得した人はいなかったようです。（「夢の記」）

と言われている。『梅尾明恵上人伝記』（下巻）に「上人禅定をのみ好み給ひて、一両年は小さき桶を一つ用意して、二三日、四五日の食を請ひ入れて肱にかけ、後の山に入り、木の下、石の上、木の空、巌窟などに、終日終夜坐し給へり。「すべて此の山の中に、面の一尺ともある石に我が坐せぬはよもあらじ」と仰せられける」（岩波文庫p.156）とあることは知られているが、そのようなことからも確かにそのように考えられるが、明恵上人には巨岩信仰だけでなく、さらに広い自然石信仰といったものがあったのではないかと思われる。[18]

野本寛一氏は民俗学における鉱物の研究の対象を岩石だけに限定せず、大きくは岩山岩島まで、小さくは砂にまで広げたことで注目されているが、その著『石の民俗』（雄山閣出版、昭和五十年〔1975〕刊）によると、民間において砂は浄化力を持つものとして考えられていたものである。例えば静岡県の御前崎では、御嶽講の祈禱の際に庭の護摩の座のまわりに敷きつめられるのは、海浜から拾ってきた清浄な砂である。また、七夕祭りには海水で洗い清めた笹竹の根元に海砂を盛りあげ、盆や人が死んだ時には香炉の灰を捨て、清浄な浜砂に入れ替える。野本氏は、こうした民俗が古社の社殿周辺や祓処に白砂が敷かれる基盤になっているとする。明恵上人の砂もこうした民間信仰における砂とつながっているように思われるのである。[19][20]

注

（1）「野草衣」は遺体を覆う布のことであると考えられる。拙稿「野草衣考」（『同志社女子大学日本語日本文学』第21号、2009六月）。

（2）初崎正純「光明真言に関する密教法要の研究」（日本印度学仏教学会『印度佛経學研究』21-2、2010三月）に見える初崎氏の直訳。

(3) 佐和隆研編『密教辞典　全』(法蔵館、昭和五十年〔1975〕刊) に見える訳。「大印」とは凡ての行者と本尊とが合一化すること、「宝珠・蓮華・光明の諸徳」とは「価値の世界を具有する宝珠の徳」「無視純愛の世界を象徴する蓮華の徳」「無限生命の世界を示す光明の徳」である (田中海應著『光明真言集成　全』東方出版、昭和三十三年〔1958〕刊、昭和五十三年改訂 p.70)。

(4) 田中海應著『光明真言集成　全』(p.162) に、源信の『起請八ケ条』(『二十五三昧式』寛和二年〔986〕成) に光明真言を誦し土砂を加持すべき事の条があることが指摘されており、宗史研究室「光明真言信仰の日本的展開―特に葬送儀礼における光明真言土砂加持について―」(智山伝法院『現代密教』第6号、平成五年〔1993〕十一月発行) にも、土砂加持としての光明真言が史料に最初に見出せるのは、源信や慶滋保胤等によって行われはじめた二十五三昧会であること、光明真言土砂加持を初めて用いたのは真言僧でなく、浄土経を信奉していた者であることに注目している。

(5) 宗史研究室「光明真言信仰の日本的展開―特に葬送儀礼における光明真言土砂加持について―」。

(6) 注 (5) に引用されている経典からの調査。

(7) この「秀州呂氏霊骨賛」は、『日本大蔵経』所収の『光明真言土砂勧進記』の巻末にも書写されている。

(8) 日本の文献であるが、寛文三年〔1663〕の顕証の著『土砂加持作法』には「以二清浄砂或土一更以二浄香水一洗レ之入函或桶机上置レ之」とある (田中海應著『光明真言集成　全』p.156による)。

(9) 『正字通』に「沙、疏土也」とあり、『類聚名義抄』(図書寮本) の「石」の訓みにツチがあり、『和漢朗詠集』にも「石」をツチと訓んだものが見える。

(10) 注 (5) に同じ。

(11) 以空 (1636-1719) の『玉かがみ』に、

　栂尾明恵上人には文殊直(じき)に此光明真言を授(さづけ)たまふ。まことに光明真言の功徳広大なりしことは、わきて土砂の証拠にてしらるゝ。其故は心なき真砂なりと申せども、光明真言にて加持する事一百八遍にして、此土砂を戸陀林のうちにちらしぬれば、土砂より光明を放ちて、かの霊を救ひ、極楽浄土におくるとのべ給ふ。

とある。

（12）田中海應著『光明真言集成　全』pp.30-31に見える訓読文による。

（13）『日本大蔵経』所収の『光明真言土砂勧進記』の巻末に書写されているものによる。

（14）ちなみに現在の地質学では、0.0625ミリメートルと2ミリメートルとの間のものを砂とし、それより大きい物は細礫（さいれき）、中礫、大礫と呼び、それより小さい粒子をシルト、さらに0.0039ミリメートルより小さいものを粘土と呼ぶ。

（15）光明真言の光については、『明恵上人夢記』承久二年（1220）七月二十九日条に、

　後夜座禅す。禅中の好相に、仏光の時に右方に続松（ついまつ）の火の如き火聚あり。前に玉の如く微妙の光聚あり。左方に一尺二尺の光明充満せり。音（こゑ）有りて云く、「此は光明真言也。」心に思はく、此の光明の躰を光明真言と云ふ也。本文と符合す。之を秘すべし。（岩波文庫 p.82）

と見え、『梅尾明恵上人伝記』巻上にも、

　又、なくなりたりける人の手跡の裏に光明真言を書き給ひて、奥に書き付け給ひける、

　　書きつくる跡に光のかゝやけばくらき闇にも人は迷はじ（同右・p.151）

と見える。

（16）田中海應著『光明真言集成　全』（p.261）によると、融法師の『光言見聞随記』という書に「明恵上人在住地の高山寺中石水院は諸傍の水上に在り、巉高嶮岨にして細砂なしと雖も、愚僧年久しく顕密法門についてここに自利々他行を積み、この所の麁石を取り、その付近に閼伽井を構えこれを篩（ふる）つて麁石を去り細石を取りこれを用う」とあるよしである。

（17）高野山で行われる光明真言土砂加持に用いられる砂は、鎌倉時代以来、南都西大寺から送られてくる白砂であるという（『明恵上人手訂定稿本光明真言土砂勧進記』大東急記念文庫、昭和六十年〔1985〕発行の川瀬一馬氏の覆製解説）。

（18）白州氏は先に引用した文章の後に『土砂勧進記』のことについても触れられ、次のように述べられている。明恵上人の「古代の自然信仰」に関わって述べられたものである。

相手はただの砂石であるが、絵に書いた仏も、信ずれば生身の姿を現わすように、ただ『信』のみが人間を救済する。（中略）要するに、土砂を加持するというのは、呪術に似て、呪術ではない。それは一種の方便であって、ただ様もなく信じることだけが人を救い、自分も救われる。別の言葉でいえば、信じることのむつかしさを説いたもののように思います。明恵が疑うことを知らなかったわけではない。たとえば仏師などは、別に信仰がなくとも、美しい仏像を造る。中には悪人もいるけれども、その仏像を拝んで、もし信心を起こせば、その人の勝利である。『この土砂も加持によりては、即ち真言となる事は、悪人も仏を作れば仏像となる如し』つまり、嘘から出たまことというものを説いたといっていいのですが、（下略）

(19) 高山寺に明恵上人遺愛の石がある。『明恵上人歌集』に、

紀州の浦の鷹島と申す島あり。かの島の石を取りて、常に文机のほとりに置き給ひしに書き付けられし

われ去りてのちしのばむ人なくは飛びて帰りね鷹島の石

とあるのに関わるものである（『雲根志』前編巻五愛玩類「高島石」には「紀州の那智黒石に似たり」とある）。丸島秀夫氏は「明恵上人の愛石は、石を山水に見立てて楽しむという、中世禅林以後の伝統的な愛石とは系統を異にする。上人の愛石観には指摘される通り、華厳経の教理があるのであろう。しかし上人は、同時に、鷹島石の歌では、自分の死後の石の行く末を案じるという、親の子に対するような情愛を吐露している。このことも明恵上人に自然石に対する思いを窺うことができよう」と述べられている（『月刊　愛石の友』16号、平成九年〔1997〕一月）。

(20) 木内石亭の『雲根志』三編巻三奇怪類に次のように見える。自然石と真言宗との関係を示すものとして注目される。

洛大宮通西上立売の北に石神の社ありて奉る所岩なり。此神体の岩、昔堀川の西二条の南にあり。中頃禁裏の築山に移さる。或時奇怪あるを以て禁闕の外に出さしむ。然して年いり其後今の地に移し社に封じて石上大明神と崇め奉る。真言の僧今これを守る。（石神）

肥前国萩北島養珀説に寛保元年辛酉の夏本国萩の村中に石をふらするあり。（中略）今其五つを取集めて萩の真言寺の境内に置と。（雨石）

使用仏典

○菩提流支訳『不空羂索神変真言経』（大正蔵十九・三四九c～三五二c）
○不空訳『不空羂索毘盧遮那仏大灌頂光真言』（大正蔵十九・六〇六b～六〇七a）
○『光明真言土砂勧進記』『光明真言土砂勧信別記』（『日本大蔵経』日本大蔵経編纂会、大正八年〔1919〕刊、宗典部・華厳宗章疏下）。『明恵上人手訂定稿本光明真言土砂勧進記』（川瀬一馬監修、大東急記念文庫、昭和六十年〔1985〕発行）では『日本大蔵経』所収の『光明真言土砂勧進記』の下巻がなく、『光明真言土砂勧信別記』を『光明真言土砂勧進記』の下巻としている。
○『加持土砂略作法』（田中海應著『光明真言集成　全』東方出版、昭和三十三年〔1958〕刊、昭和五十三年改訂 pp.140-2）
○『明恵上人歌集』『明恵上人夢記』『梅尾明恵上人伝記』（『明恵上人集』岩波文庫、久保田淳・山口明穂校注、昭和五十六年〔1981〕刊）

第二章　日本の玉観

1 「沼名(ぬな)河の底なる玉」

はじめに

我が国の旧石器時代の遺跡からも首飾りに用いられたものらしき琥珀や美石の小玉類が発掘されているが、何よりも注目されるのは縄文時代に見出される翡翠の玉である。縄文中期の最盛期には大珠に作られ、後期・晩期には勾玉に作られて、翡翠文化と呼ぶべきものが成立していたとされる。やがて、その文化は衰退し、弥生時代・古墳時代の遺跡からも翡翠は見出されるが、古墳時代後期になると稀になり、六世紀後半の奈良県斑鳩町の藤ノ木古墳から出土した一万八千点ほどの玉の中には、翡翠は一点もないという状態である。(1) 江戸時代に書かれた小野蘭山の『本草綱目啓蒙』に「翡翠石ハ玉ノ類ニシテ和産ナシ」(巻六・金星石)とあるように、早くから日本には翡翠は産出しないものと考えられていた。したがって、古代の遺跡から発掘された翡翠は外国からもたらされたものと考古学の世界では考えられていたのである。日本にも翡翠が産出することが発見されたのは昭和になってからのことである。それには次のような経緯があった。(2)

新潟県の糸魚川出身相馬御風(1883-1950)は、『古事記』に見える越(こし)の国の奴奈川姫(ぬなかわひめ)が翡翠の首飾りをしていたという伝説があり、その翡翠は地元産かもしれないと考えていた。彼は三十三歳の時に故郷に戻って生活を始めたが、ある日彼の家を訪れた地元の鎌上武郎氏（糸魚川警察署の元所長・姫川支流大所発電所）が、御風の考えを聞き、親戚の伊藤栄蔵氏に伝えた。興味を抱いた伊藤氏は調査を始めたが、僅か第二回目の探査で、頸城郡小滝村（現在糸魚川市小滝）の小滝川の支流の土倉沢の、沢の出合付近の瀧の下で緑色の石を発見した。この石は糸魚川病院の院長から東北帝国大学の岩石学者河野義礼氏に送られ、ビルマ（ミャンマー）産のものと比較されて、翡翠と鑑定された。『岩石鉱物鉱床学』（第二十二巻第五号）に河野氏の「本邦に於ける翡翠の新産出及びその化学性質」、大森啓一氏の「本邦産翡翠の光学性質」が発表されたのは昭和十四年〔1939〕のことであった。

1　「沼名河」の所在

新潟県（越後国）の小滝川から翡翠が発見されたという事実は、『萬葉集』の巻十三の「雑歌」の部の最後に見える、

沼名河の　底なる玉　求めて　得し玉かも　拾ひて　得し玉かも　惜しき　君が老ゆらく惜しも　（三二四七）

という歌の新解釈をもたらすことになった。

この歌の「沼名河」には地上の川とする説と天上にある川とする説の二つがあった。賀茂真淵の『萬葉考』に「ぬな川は、天皇の謚に、神渟中川耳天皇（綏靖）、天渟中原瀛真人天皇（天武）と申すに、天津渟中倉之長峡といふ事神功皇后紀に在もて思へば、攝津国住吉郡なり、今も是をいふならん」とあり、橘千蔭の『萬葉集略解』もまた攝津国住吉郡とする。本居宣長の『萬葉集問目』には「此は、川名也。且、玉有川ならば、必沼の意にはあらず、敏達天皇御名を渟中倉云々、綏靖天皇神渟中川耳、天武天皇天渟中原云々と申せしからは、大和に在か、摂津国に

も、紀に見ゆ」と大和国の河である可能性にも触れている。これらは地上の川とする説である。天上の川とする説は、契沖の『萬葉代匠記』が神代紀に「天渟名井(あまのぬなゐ)亦名去来之真名井(いざのまなゐ)」などと見えることから「天上ニ在河ナルベシ」としたのが最初のようで、橘守部の『萬葉集古義』がこれに従い、明治以降の注釈書の多くもこの説を採るものが多い（折口信夫『萬葉集辞典』、武田祐吉『萬葉集全註釈』、澤瀉久孝『萬葉集註釈』、『日本古典文学大系』、久松潜一『万葉秀歌』、『新日本古典文学大系』など）。

しかし、中川幸廣氏は「沼名河」は越後国頸城(くびき)郡沼河郷（現在の新潟県糸魚川市域）の川を歌ったものであるが、巻十三の編者はそれを理解しえず、天上の川として、「雑歌」の部の最後にこの歌を位置づけたという説を出された（「万葉集巻十三の編纂における一問題」『語文』13輯1962、「沼名河の底なる玉」『語文』42輯1976。ともに『萬葉集の作品と基層』桜楓社1993所収）。この中川説は中西進『万葉集　全訳注原文付』（講談社学術文庫1981）、『新潮日本古典集成』（新潮社1982）、伊藤博『萬葉集譯注』（集英社1997）、阿蘇瑞枝『萬葉集全歌講義』（笠間書院2011）などに採られている。(3)

2　「沼名河の」の歌の解釈

『萬葉集』巻十三の編者は大伴家持と考えられるが、家持は「沼名河」を天上の川と考えていたと推測される。この巻の雑歌の部の歌の配列が大和・伊勢・近江・美濃・安藝または長門・天界の順になっているからである（五味保義「万葉集巻十三考」『国語国文』二十二号、また伊藤博氏前掲書）。この配列においてこの歌は最後に位置し、その前に次の長歌とその反歌が置かれている。

天橋(あまはし)も　長くもがも　高山も　高くもがも　月よみの　持てる変若水(をちみづ)　い取り来て　君に奉(まつ)りて　変若(をち)得てしか

も　　　　　　　　　　　　　　　　　　　　　　　　　　（三二四五）

反歌

天なるや月日の如く吾が思へる君が日にけに老ゆらく惜しも　　　　（三二四六）

しかしまた、次の理由によって、この歌は越後国頸城（くびき）郡の沼川を歌ったものと考えることも説得性のあることである。御風が注目した『古事記』上巻の、出雲の八千矛神の歌の沼河比売（ぬなかわひめ）求譚婚がある。その中に次のような歌謡がある。

八千矛の　神の命は　八島国　妻求（ま）ぎかねて　遠々し　高志の国に　さかし女（め）を　ありと聞かして　くはし女を　ありと聞こして　さよばひ　ありたたし　よばひに　あり通はせ　太刀の緒も　いまだ解かずて、おすひをも　いまだ解かねば（中略）青山に　ぬえは鳴きぬ　さ野つ鳥　きぎしは響（とよ）む　庭つ鳥　かけは鳴く　うれたくも　鳴くなる鳥か　この鳥も　打ち止めこせね（下略）

この「高志の国」の「さかし女・くはし女」は「沼河比売（ぬなかわひめ）」のことであり、その名は『和名類聚抄』（二十巻本）に「越後国頸城（くびき）郡沼川〈奴乃加波（ぬのかは）〉」、『延喜式』巻十神名帳の越後国頸城郡条に「奴奈川神社（ぬなかはじんじゃ）」とある越後国頸城郡沼川郷に由来するものと考えられるからである。

この相反する説を両立させるには、この歌が成立した時期とそれが『萬葉集』に収められた時期とには長い時間差があり、その間に「沼名河」に対する理解に変化があったとするのが一つの方法である。中川氏はそのように考えられたのであった。

3　古歌の特徴を持つ「沼名河の」の歌

『萬葉集』の巻十三には『古事記』（和銅五年〔712〕撰進）に載せる允恭天皇（在位412-53）の皇子軽太子の歌と同じものがあり、また、和銅元年〔708〕の作や養老六年〔722〕の作もある。また、「沼名河の」の歌は、反歌を伴わず、不整音句が著しく、末尾形式が不整であり、句数の少ない長歌であるという古歌の特徴を持っている。特に五・三・七の形で結ばれるのは、「（前略）うつせみも　つまを　争ふらしき」（『萬葉集』1・一三・中大兄の三山歌）や「（前略）うらぐはし　山そ　泣く子守山」（『萬葉集』13・三二二二）などの古い歌に見られるものであることは早くから重視されていた。さらに一首全体の構成からもその古さは窺えるようである。

沼名河の　底なる玉
求めて　得し玉かも　拾ひて　得し玉かも

という部分は、前句で主題を提示し、後句で説明する形式になっているが、この形式は、記紀歌謡における、

八雲立つ　出雲八重垣　（記1）
妻籠に　八重垣作る　その八重垣を
臣の子の八節の柴垣
下響み　地震が揺り来ば　破れむ柴垣　（紀91）
惜しき君が老ゆらく惜しも

などと同じである。そして、そのように提示されたものが、

のように、対照的に、あるいは否定的に転換するのは、記紀歌謡における、

本毎に　花は開けども
何とかも　愛し妹が　また開き出来ぬ　（記114）
八田の一本菅は

子持たず立ちか荒れなむ　あたら菅原
言をこそ　菅原と言はめ　あたら清し女　（記64）

のような例と同じである。このように対照的に、あるいは否定的に内容が転換していることを理解すれば、この歌に対して、「「玉」は不老長寿を意味するので、「あなた」に年をとらせない功能はあるが、玉を目の前にしたあなたが年をとって行かれるのが「惜しい」という結びは文意において矛盾する」(4)といった疑問や、「得し玉かも」の「かも」を反語的に解して、「探し求めて手に入れた玉なんかではない、拾い求めて手に入れた玉なんかではない」(5)といった無理な解釈をしなくてすむことになる。本歌は不老長寿の象徴であるタマ（玉）と老いていく君との対比が詠われているのである。(6)このことは、この歌の前に置かれている、

天なるや月日の如く吾が思へる君が日にけに老ゆらく惜しも

における天にある月日と老いゆく君との対比と同じである。

以上のような点から考えて、「沼名河の」の歌は『萬葉集』十三の編纂時に新しく歌われたものではなく、古くから伝わる古歌が利用されたものと考えられる（中川氏は宮廷に古くから伝わったものが用いられたのではないかと推測されている）。

歌われている内容を十分に理解しえなかった古歌に対して巻十三の編者が取った態度は、三二六〇番の長歌とその反歌に対する左注によって窺うことができる。すなわち、「（前略）吾妹子に　吾が恋ふらくは　やむ時もなし」（三二六〇）とある長歌は、賀茂真淵の言うように岡本宮（舒明天皇）の頃の民謡であると考えられるものであるが、その反歌（三二六一）として「思ひやるすべのたづきも今はなし君にあはずて年の経ぬれば」という歌が置かれている。このことに対して編者は左注に「今案、此反歌謂二之於レ君不レ相者於レ理不レ合也。宜レ言二妹不レ相也」と記している。左注の言うところは、長歌の作者は男性であるが、反歌には女性から男性に対して用いられる「君」が使

われている、したがって、「君」を「妹」に改めるべきだというのである。この左注から澤瀉久孝氏（『萬葉集の巻々の性質』『萬葉歌人の誕生』平凡社、昭和三十一年〔1956〕刊）は、「この巻が編纂された時には既に（引用者注―この三二六一番歌は）反歌となつてゐたもので、ここに作者と編纂者とのへだたりが感ぜられるのであり、そしてその左注の『今案』を加へたのは（中略）家持と見るべきであらう」と言われ、また「編纂者自身既にこの作品の作者や伝来について十分の知識をもたなくなつてをり、たゞ残されてゐたまゝに、多少の整理分類を加へたに過ぎないものと考へる」と述べられている。後に述べるように「沼名河の」の歌についても同様に歌そのものには手を加えず、そのままの形で利用されたもののようである。

4　日本産翡翠の考古学的研究

中川氏が「沼名河の」歌の「沼名河」と八千矛神神話の沼河比売（ぬなかわひめ）とを結びつける根拠としたのは、昭和十三年〔1938〕に新潟県（越後国）から翡翠が発見されたことであり、また糸魚川市長者ケ原遺跡と西頸城郡青海町寺池遺跡では縄文中期と晩期それぞれの翡翠工房跡が確認されたことである。

中川氏はこうした考古学の成果を寺村光晴氏の『古代玉作の研究』（吉川弘文館、昭和四十一年〔1966〕刊）、『翡翠（ひすい）―日本のヒスイとその謎を探る』（養神書院、昭和四十三年〔1968〕刊）、駒井和愛・吉田章一郎両氏の『斐太―新潟県新井市の弥生聚落址』（慶友社、昭和三十七年〔1962〕刊）および『日本考古学年報』（昭和三十六年〔1961〕一月号）から得られたようである。これらの書物から得られたことで特に重要なことは、『斐太―新潟県新井市の弥生聚落址』によって「弥生式土器の時代にも、沼名川に比定される姫川や青海川の硬玉（ヒスイ）が発見された」という事実であり、また、寺村氏の著作から得られた次のような事実である。

1　現在までのところ、国内においては、新潟の姫川・青海川を中心とする地方以外に良好な翡翠を産出する地方が発見されていないこと。北九州で出土した翡翠の勾玉が外国産であろうという推測もおそらく成り立たないこと。

2　しかも各時代を通じて翡翠が勾玉の材料の主体を占めていて、弥生古墳時代の翡翠といえば勾玉を連想するように、翡翠は勾玉に作られていること。

3　新潟県糸魚川市を中心とする西頸城郡内の諸遺跡には、弥生時代のみではなく、縄文時代・古墳時代に属する玉作遺跡の存在がかなりしられていること。したがって古墳時代の翡翠の主要産地もこの地方であったであろうこと。

こうした翡翠に関する考古学的成果を中川氏は『萬葉集』の歌に適用したのである。これまで「沼名河の　底なる玉」を翡翠の玉と考えた者はいなかった。江戸時代においても小野蘭山が「翡翠石ハ玉ノ類ニシテ和産ナシ」と言っていることは前述したが、契沖も真淵も守部も宣長も単に特別な石とだけ考えていたものと考えられる。したがって、地名などだけでその川を特定しようとしたのであった。

中川氏の論「沼名河の底なる玉」が書かれて約四十年後の現在において得られる考古学的知見は、中川氏の推論を、より確かなものとしている。本節で参照した主なものは以下のものである。

森浩一編『[シンポジウム]古代翡翠文化の謎』（新人物往来社1988）
森浩一編『古代王権と玉の謎』（新人物往来社1991）
茅原一也著『ヒスイ文化を読む―世界最古の糸魚川・青海ヒスイ―　改訂版』（産業地質科学研究所1994）
寺村光晴著『日本の翡翠　その謎をさぐる』（吉川弘文館1995）
小林達雄編『古代翡翠文化の謎を探る』（学生社2006）

河村好光著『倭の玉器　玉つくりと倭国の時代』（青木書店2010）

これらから得られる新しい事実は以下のことである。翡翠原石の原産地は糸魚川市の小滝・青海町橋立以外にも、兵庫県養父郡大屋町加保、鳥取県八頭郡若桜町角谷、岡山県阿哲郡大佐町、長崎県長崎市三重町なども存在すること。しかし、蛍光X線分析法による藁科哲男氏の調査によると「一般的に、ヒスイ製の大珠、勾玉、玉などの原材料には糸魚川周辺地域より産出原石が使用されている」こと、すなわち「遺跡から出土するヒスイ製品遺物の原石は、もともと糸魚川周辺地域に存在したものが、北海道から九州まで伝播したものである」ということである（「ヒスイの原産地を探る」『［シンポジウム］古代翡翠文化の謎』所収）。

つまり、古墳時代後期から晩期においては、翡翠であれば何でも良いというものではなく、糸魚川産のものに限られていた。このことは現在の考古学では通説になっている。例えば小林達雄氏（『古代翡翠文化の謎を探る』pp.137–8）は次のように述べる。

後期古墳から硬玉翡翠の出土は少なくなるが、完全になくなったわけではなく、後期末から晩期においては青森県や北海道の古墳からは出土する。ただし、そのすべてが糸魚川産の硬玉翡翠である。特に注目されることは、札幌周辺では百を超える翡翠玉が出土しているが、それらはその近くの神居古譚（かむい）などから取れるものではなく、糸魚川の産のものである。

しかし、なぜ糸魚川産なのか。それは同じ翡翠であっても、この地から採れるものは他のものとは異なるものだからのようである。同じく「翡翠」と呼ばれているものには硬玉 jadeide と軟玉 nephrite とがある。両者は化学組成を異にし、硬玉はケイ酸ナトリウムとアルミニウムからなり、軟玉はケイ酸カルシウムとマグネシウムと鉄からなる。軟玉の色は鉄分に因るものであり、硬玉の緑色はクロムに因るものであるとされている。ただし、宮島宏氏が縄文中期の遺跡である糸魚川市の長者ケ原遺跡から出土した白色と緑の部分のある翡翠をX線マイクロアナライザーで調べた結果、白の部分はナトリウム、アルミニウム、ケイ素であり、緑の部分はマグネシウムとかカルシウムがより多く入っており、クロムは含まれていないことを明らかにされ、「いままで、いろいろな教科書で、ヒスイの緑色はクロムを含むヒスイ輝石である、とずっと考えられてきましたが、じつはそうではないものも多々ある。こういった特徴は、糸魚川・青海のヒスイの、多くの特徴です」とも言われている（「翡翠を科学する」『古代翡翠文化の謎を探る』）。こうしたことには専門外の筆者には理解のとどかないところがあるが、宮島氏は、糸魚川地域のヒスイの緑色部分には翡翠輝石とオンファス輝石とか雑じっており、緑色はオンファス輝石の方にあり、それは鉄分に因る色である、と言われているのであるが、『釈日本紀』巻六に、

越後の国の風土記に曰く、八坂丹は玉の名なり。玉の色青きを謂ふ。故、青八坂丹の玉と云ふ。

とある越後の国の青八坂丹は玉の「青」（この場合は緑色を意味するのであろう）も、そうした特別な色を持つ翡翠ではなかったかと想像される。

以上のような鉱物学的知見と『萬葉集』の三二四七番歌が古歌の要素を持つことを併せ考えると、この歌に歌われている「沼名(ぬな)河の底なる玉」は「越後国頸城郡沼川郷」から産出した翡翠と考えるのは自然である。しかし、家持（718–85）の時代には玉の制作は出雲の玉作部が中心となっており、玉の材に用いられたものも瑪瑙や碧玉や水晶になっていたようである（第四章第1節参照）。この変化は寺村光晴氏が『古代玉作の研究』（國學院大學考古学研究報告　第三冊、吉川弘文館、昭和四十一年〔1966〕刊）で述べられているような「玉作の変質」と関係するのであろう。

しかしここに注意しなければならないことは、奈良時代の玉類が装身具としてよりもむしろ仏具の装飾等に用いられ、古墳時代よりの継承と考えられる我が国固有の勾玉でさえ仏教の仏像宝冠・誦数の垂飾・幢幡の飾などに使用していることである。仏教の伝来は五三八年を前後してなされたようであるが、六世紀末葉から爆発

的に盛んになっている。玉作が玉作部として五世紀の盛行期を経て、六世紀にどのようにして存在したかをいま詳かにすることが出来ない。七世紀中葉大化改新により一応終止符をうったものの、再び朝廷や貴族・寺院の主導の下に、仏教的色彩のある器物装飾の制作に従事したことは、その遺物から明らかなことである。

(p. 221)

おそらくそのようなことから沼名川の翡翠は採取されなくなり、糸魚川市や青海町では玉の製作も行われなくなって、「沼名河」は所在不明の川になったと考えられる。そこで、家持は『日本書紀』の神代に現われる高天原の「渟名井（ぬない）」などと関係づけて、天上界の川と理解し、この歌を配置したのであろう。しかし、幸いなことに澤瀉氏が三二六〇番とその反歌について「たゞ残されてゐたまゝに、多少の整理分類を加へたに過ぎない」と言われたように、この歌についても家持は「天にある　沼名河の玉」などといった改変を施さず、残されていたままの形でここに配置したのである。

中川幸廣氏は「沼名河の底なる玉」の論考の最後を次のように締めくくっているが、この見解は現在の考古学的知見からしても、訂正の必要はないようである。

沼名川は越の国に実在し、その地は八千矛神の沼名川姫求婚物語にあるような古い伝承をもち、出雲との交渉をたもち、しかも縄文の時代から古墳の時代まで美しい玉を生産しつづけたのである。

この越の国に由来をもつ歌はあたかもそのことを証明するかのごとく古形を保っている。

しかし、すでに時は移り、玉はその機能を変え、玉が霊力を象徴し、いのちを持った時代ははるか歴史のかなたに霞む。その事実が、万葉集巻十三の編纂者にこの沼名川の地名を、実在の地名として理解させることを妨げるのである。（下略）

おわりに

漢の時代、中国では王族や貴族の遺体に、口には蟬形の玉（軟玉翡翠・ネフライト）を含ませ、体を千個以上の碧玉を金や銀の針金でつないで作った玉衣で覆うという風習があった。玉には長寿や不老不死の効き目があるとされ、玉衣を着せることで遺体は腐らないと信じられていたからであるという。日本でも石組み遺構の中に翡翠の大珠だけが置かれているものがあり、翡翠は人間の死体を守るという信仰があったと推測されている。(7) 大化二年〔646〕の薄葬令（『日本書紀』）には「死者に含ませる珠玉は必要ない。玉の飾りを用いた衣や飾り箱は無用」とあり、それまでこの風習は続けられていたのである。「沼名河の」の歌はそうした翡翠玉への信仰が歌われていたものと考えられる。

そうしたタマへの信仰が消滅したのは仏教の伝来が原因であろうと言われる。(8) それは呪術的なものから仏教の教えに心の拠り所を求めるようになったからであるとされる。ただし、飛鳥寺の仏塔の礎石に翡翠の勾玉や多数の玉類などが埋葬されていたという発掘調査は、仏教がタマそのものを全否定したものではないことをうかがわせる。(9)

翡翠が再び装身具に用いられるようになるのは、江戸時代に簪の玉や緒締の玉に用いられるようになってからとも、明治後期にビルマ（ミャンマー）から翡翠が輸入されとからとも言われている。少なくとも千年以上の長い空白期間があったことになるが、その空白期間の始まりである奈良時代に編纂された『萬葉集』の一首の歌に、込められていた沼名川産の硬玉翡翠に対する信仰を、現代の考古学者と萬葉学者は蘇らせたのである。

注

（1）寺村光晴著『日本の翡翠　その謎をさぐる』（吉川弘文館、平成七年〔1995〕刊 p.221）。
（2）以上のヒスイ発見の経緯については『とっておきのヒスイの話　第四版』（宮島宏執筆、フォッサマグナミュージアム、2014三月糸魚川教育委員会発行）による。また、寺村光晴著『日本の翡翠　その謎をさぐる』、中田尚子「『萬葉集』に見える玉」（日本生活文化学会『生活文化史』49号、平成十八年〔2006〕三月発行）にも詳しい。また、茅原一也著『ヒスイ文化を読む』（産業地質科学研究所、平成六年〔1994〕刊）には、大正九年（1920）に野尻抱影は相馬御風を糸魚川に訪ね、長者が原で美しい石斧を拾ったが、これがヒスイと認められ、『国立博物館ニュース』に載ったのは昭和三年（1928）のことであったことなどが記されている。
（3）中川氏の研究を踏まえつつも、「もともと天上に幻想された川だが、一方で、新潟県西部を流れる姫川の支流小滝川が古来翡翠の産地として知られ、これを地上の「沼名河」と見た」（多田一臣訳注『万葉集全解』筑摩書房、平成二十一年〔2009〕刊）といった見解も見える。
（4）藤田富士夫「『万葉集』巻十三の「沼名河之　底奈流玉」に関する一考察」（『古代学研究』180号、平成二十年〔2008〕十一月発行）。
（5）『日本古典文学全集』（小学館、昭和四十八年〔1973〕刊）。
（6）記紀歌謡の形式については土橋寛著『古代歌謡全注釈　古事記編』（角川書店、昭和四十七年〔1972〕刊）の「解説」参照。
（7）後藤守一「古墳副装の玉の用途について」（『考古学雑誌』30—7、昭和十五年〔1940〕発行。『日本古代文化研究』河出書房、昭和十七年〔1942〕刊所収）。
（8）寺村光晴著『日本の翡翠　その謎をさぐる』p.217。山崎光子「宝飾・ヒスイの変遷」（森浩一編『［シンポジウム］古代翡翠文化の謎』新人物往来社、昭和六十三年〔1988〕刊所収）。崎川範行著『宝石学への招待』（共立科学ブックス、昭和五十四年〔1979〕刊 p.18）。
（9）森浩一「古代日本と玉文化」（小林達雄編『古代翡翠文化の謎を探る』学生社、平成十八年〔2006〕刊所収）は

「ヒスイの勾玉は考古学的に見るとたしかに衰退期（引用者注―奈良時代は）ですが、まだなにか、伝統的な価値観が残っていたのかもしれません」と言い、行基は『日本霊異記』では越後の国、頸城郡の人であると言い、氏の名を「越」（古志）としていることも何等かの理由があるのであろうとも述べられている。

2 『和名類聚抄』の「玉類」項について

はじめに

源順の『和名類聚抄』（承平年間〔931-38〕成）は、醍醐天皇の皇女勤子内親王の依頼によって編纂されたものである。内親王の依頼の内容は、今の世は漢風の文華を貴んで、和名を屑とせず、辞書に記されるものは少ない。よって評判の高い語抄も音義を示さず、「虮」（虱）を海の蛸とし、「榊」を祭の木とするような浮偽が多い。よって「汝、彼の数家の善説を集めて、我をして文に臨み、疑ふ所無からしめよ」というものであった（「序」）。こうして『和名類聚抄』にはさまざまな漢語が選び出され、その音義と「和名」あるいは「俗云」「俗音」とが示され、語によっては簡単な説明が加えられた。

ところで、加えられた語の説明によって、我々はその漢語についての、源順の（あるいは当時の知識人の）理解の内容を知ることができるが、それとともに取り上げられている語によって、それが属する範疇がどのように把握されていたのかを窺うことができる。本節ではそのような観点から、「玉類」の項について考えたい。

1　「玉類」という項目立て

『和名類聚抄』の二十巻本〔那波道円活字本〔元和三年〔1617〕刊〕による〕では「宝貨部」に「玉類」があり、十巻本〔楊守敬刊本〕では巻第三「珍宝部」に「玉石類」がある。(1) 両者はほぼ同じ内容であるが、二十巻本によると、その全文は次のとおりである。

珠　白虎通云海出明珠〈日本紀私記云、真珠之良太麻〉。

玉　四声字苑云玉〈語欲反。白玉。和名上同〉宝石也。兼名苑云球琳〈求林二音〉琅玕〈郎干二音〉琨瑤〈昆遥二音〉皆美玉名也。

璞　野王案璞〈並角反。和名阿良太万〉玉未レ理也。

水精　兼名苑云水玉。一名月珠〈和名美豆止流太万〉。水精也。

火精　兼名苑云火珠。一名瑒璲〈陽燧二音。和名比止流太万〉。火精也。

瑠璃　野王案瑠璃〈流離二音。俗云二留利一〉青色而如レ玉者也。

雲母　本草云雲母〈和名岐良々〉。五色具謂二之雲華一。多レ赤謂二之雲珠一。多レ青謂二之雲英一。多レ白謂二之雲液一。多レ黄謂二之雲砂一。

玫瑰　唐韻云玫瑰〈枚廻二音。今案和名与二雲母一同。見下于二文選一読二翡翠火齊一処上〉。火齊珠也。

珊瑚　説文云珊瑚〈刪胡二音〉色赤玉、出二於海底山中一也。

琥珀　兼名苑云琥珀〈虎伯二音。俗音二久波久一〉一名江珠。

硨磲　広雅云車渠〈陸詞並従レ石作。硨磲也。俗音謝古〉石之次玉也。

馬瑙　広雅云馬瑙〈俗音女奈宇〉石之次玉也。
鍮石　考声切韻云鍮〈他侯切。字亦作二鋀鍮石一。二音。俗云二中尺一〉。鍮石似レ金。西域以二銅鉄雑薬一合為レ之。

このうち、雲母は玉には入らないであろうから、あるいは十巻本に「玉石類」とあるのが正しいとも思われる。しかし、その十巻本の「玉石類」も「珍宝部」に属するものであるから、「玉石類」は宝石や宝玉の総称として用いられているものである。二十巻本の「玉類」もまた同様の意味と考えられる。すなわち、山上憶良の「銀も金も玉も何せむにまされる宝子にしかめやも」（『萬葉集』5・八〇三）の「玉」と同じ意味である。ちなみに、李時珍の『本草綱目』（明・万暦二十四年〔1596〕刊）の「玉類」では白石英・紫石英が見え、『本草和名』（深根輔仁撰、延喜十八年〔918〕頃成）にもそれらの名は見えるが、これらを源順は取り上げていない。石英と水精は同じものであるが、石英は石薬としての名であり、宝石宝玉の名としては水精だからである。

この「玉類」あるいは「玉石類」という項目立ては何によったのであろう。『和名類聚抄』の項目立てには先行する和漢の辞書等が参考にされたものとされているが(2)、逸書の『楊氏漢語抄』『弁色立成』『東宮切韻』の部門立ての詳細は不明であり、『日本紀私記』や『類聚国史』には宝石に関する項目などは立てられていない。玉石類が纏められているものに、漢籍では『芸文類聚』（唐・欧陽詢撰）があり、その宝玉部に「宝・金・銀・玉・珪・璧・珠・貝・馬瑙・瑠璃・車渠・瑇瑁・銅」が挙げられている。このうち、「玉・馬瑙・瑠璃・車渠」の語は『和名類聚抄』にも見えるが、「璞・水精・火精・雲母・玫瑰・鍮石」の語は見えない。また、和書の『本草和名』には「玉石」類がまとめられているが、この「玉石」は本草学による分類であり、宝石宝玉のみを纏めたものではない。すなわち『本草和名』は蘇敬等撰の『新修本草』（唐・顕慶四年〔659〕成立）に見える品名に和名を宛てたものであるが、「玉石」に挙げられているのは次の品目である（『輔仁本草』続群書類従本による）。

玉泉・玉屑・丹砂・空青・緑青・曾青・白青・扁青・石胆・雲母・石鍾乳・朴消・消石・芒消・礬石・滑石・

紫石英・白石英・青石脂・白石脂・黒石脂・太一余粮・石中黄子・禹余粮　（玉石・上）
金屑・銀屑・雄黄・雌黄・殷蘖・孔公蘖・石脳・陽起石・凝水石・石膏・慈石・玄石・理石・長石・膚青・鉄落・鉄・剛鉄・鉄精・光明塩・緑塩・蜜陀僧・紫鉚・麒麟竭・桃花石・珊瑚・石花・石牀　（玉石・中）
青琅玕・礜石・特生礜石・握雪礜石・方解石・蒼石・上蔭蘖・代赭・鹵鹹・大塩・戎塩・白堊・鉛丹・粉錫・錫銅鏡鼻・銅弩牙・金牙・石灰・冬灰・鍜竈灰・伏龍灰・東壁土・硇沙・胡桐涙・薑石・赤銅屑・銅脳石・白瓷瓦・烏古瓦・石燕・梁上塵　（玉石・下）

これらのうち『和名類聚抄』の「玉類」項の標出語と一致するのは「雲母」と「珊瑚」にすぎない。先行する和漢の辞書等は以上のような状態であるが、おそらく『和名類聚抄』の「玉類」という項立ては源順によってなされたものであろう。

2　『和名類聚抄』と『広雅』

源順の「玉類」には、おそらく依頼者の意向に沿って、極めて基本的なものが取り上げられている。最初にある「珠」「玉」「璞」は玉の基本的な分類を示す語である。すなわち、「珠」は海から得られるタマであり、「玉」は陸から得られるタマである。あるいは、『令集解』の引く「古記」に「自生曰レ珠、作成曰レ玉」（賦役令貢献物条）、『令義解』職員令内蔵寮条に「珠玉〈謂、自生為レ珠、作為レ玉也〉」とあって、「珠」は天然のものであり、「玉」は人の手が加わったものであるとされる。「璞」は未だ磨かないタマである。

次に掲げられている「水精」と「火精」は五行思想に関わる語のようであり、続く「瑠璃」「玫瑰」「珊瑚」「硨磲」「馬瑙」は仏教の七宝のうちの五宝を挙げたものと思われる。[3] これら以外の「雲母」「琥珀」「鍮石」は、特に身近な玉が取り上げられたものであろう（「鍮石」は真鍮・黄銅のことである）。

ところで、先に『和名類聚抄』の「玉類」の項立ては先行する和漢の辞書等を参考にしたものではないであろうと考えたが、「玉類」の項に取り上げられている語と、「硨磲」「馬瑙」の語の出典として見える『広雅』（魏・張揖撰）の「珠」と「石之次玉」の項に見られる玉石の品目の多くが一致し、その出現順序もほぼ一致するのは注目される。源順が「玉類」項を纏めるにあたって、直接ではないにせよ、参考にしたのではないかと思わせる一致である。

『広雅』の「珠」と「石之次玉」の項に挙げられている品目は次のとおりである（『和名類聚抄』に見られる品目に傍線を付す）。

珠　　水精、瑠璃、珊瑚、玫瑰、夜光、隋侯〈注略〉、虎魄、金精璣

石之次玉　　蜀石、碝、玟、硨磲、碼碯、武夫、琨珸

『和名類聚抄』に見られる「火精」「雲母」「鍮石」は右の『広雅』の品目には見られないが、後述するように「火精」は「水精」との関わりで取り上げられた語であり、「雲母」もまた「玫瑰」との関わりで取り上げられた語であろうと思われる。この二語と「鍮石」を除くと、「珊瑚」と「玫瑰」とが逆になっているだけで、『広雅』における出現順序と『和名類聚抄』のそれとは一致する。この一致は偶然とは思われない。

しかし、『広雅』の玉石観と『和名類聚抄』の玉観とは異なっている。『広雅』の玉石は「玉」「珠」「石之次玉」の三つに分けられている。すなわち、前掲の「珠」と「石之次玉」の項の前には次の「玉」の項がある。

玉　瓊、支瑾、瑜、昭華、白珩衡、璇旋、璜、弁和、璵璠、垂棘、碧瓐、藍田、琜来琉瀆、琬琰、璐路音、瑭唐、璑、琱渠愍、赤瑕

この「玉」「珠」「石之次玉」といった分類法は、早く『説文解字』（漢・許慎撰）に認められる中国の伝統的な分

類の仕方である。しかし、『和名類聚抄』の「玉類」項はそのような区別を設けていない。したがって源順が『広雅』を参考にしつつ、具体的な品目を抜き出していったとするなら、源順は中国の伝統的な玉石の分類法を採らず、すべての玉石を「玉」として一括したことになる。そうであれば、そこには順の「玉」観があったはずである。以下では便宜的に『広雅』と比較しながら、それがどのようなものであったかを探ってみたい。

『広雅』と『和名類聚抄』との違いで特に注目されるのは次の三つである。

違いの一つは、最初に掲げられるものが『広雅』では「玉」であり、『和名類聚抄』では「珠」であることである。しかも、『和名類聚抄』で「珠」とされているのは『広雅』には見られない「真珠」である。

違いの二つは、『広雅』には「珠」項と「石之次玉」項に分けて挙げられているものが、『和名類聚抄』ではすべて「玉類」として纏められていることである。すなわち「玉」の指すものが『広雅』と源順では異なる。

違いの三つは、『広雅』の「玉」項に見える品目が『和名類聚抄』には全く見えないことである。『広雅』の「玉」項に見えるものには、『新撰字鏡』（僧昌住撰、昌泰年間〔898-901〕成）の「玉」部に見える「瓊〈赤玉也〉」「瑾〈匿瑕玉〉」「璜〈黄色玉也〉」「瓐〈青玉也〉」「碉〈琥也〉」「琥〈玉器也〉」「琬〈琬耳、圭也円也〉」「琰〈玉也〉」「瑭〈玉也〉」「琱〈玉也〉」「瑕〈小赤玉也〉」があり、『本草和名』にも「青琅玕」の項の中に、

青琅玕　一名石珠。一名青珠。（本條）一名火齊珠。（出疏文）一名瑜。一名琘璐。一名球琳。一名琬琰。一名琨瑤。（已上五名出兼名苑）唐。

とあり、『和名類聚抄』が引く『兼名苑』に見える「琬琰」「（琘）璐」がある。あるいはこれらは本書編纂の目的には適さない語と判断されたのかもしれない。しかし、「瓊」が採られなかったことは不審である。『新撰字鏡』には「瓊〈赤玉也〉」とあったが、『日本書紀』にも「瓊玉」「八坂瓊之五百箇御統」「八坂之瓊之曲玉」「五百箇御統瓊」「潮満瓊」「潮涸瓊」「天之瓊矛」などと現われ、「瓊、玉也。此曰ㇾ努（ぬ）」という原注もある語である（神代上第四段本

文[4]。

違いの一つめと二つめは「玉」と「珠」という語に関わるものである。次節では「玉」と「珠」について詳しく考えてみたい。

3　「玉」と「珠」

中国では「玉(ぎょく)」を最も貴んだことは知られている。「天地之精」「陽之至純」と言い、道教では不老不死の薬として「玉屑」を服した。『説文解字』に「玉は乃ち石の美なるものなり。五徳あり。潤沢にして以て温なるは仁なり。鰓理の外より以て中を知る可きは義なり。其の声舒揚して遠く聞ゆるは智なり。撓まずして折るるは勇なり。鋭廉にして忮ならざるは潔なり」（鰓理—外皮の滑沢なキメ。舒揚—よく透りて澄んでいること。鋭廉—稜角正しく鋭いこと。忮は佷に同じ。）とある。

「玉(ぎょく)」には狭義の「玉」と広義の「玉」とがある。例えば『本草綱目』（万暦二十四年〔1596〕初版刊）の「玉類」には「玉・白玉髄・青玉・青琅玕・珊瑚・馬瑙・宝石・玻瓈・水精・琉璃・雲母・白石英・紫石英・菩薩石」が収められているが、項目名の「玉類」の「玉」は広義の「玉」であり、「玉類」の最初に挙げられている「玉」は狭義の「玉」である。『本草綱目』はそれまでの本草書と異なり、博物学的なものとなっているが、狭義の「玉」の説明に前掲の『説文解字』と葛洪の『抱朴子』の「玄真者玉之別名也。服レ之令二身飛軽挙一、故曰下服二玄真一者其命不上レ極」という文を引用しており（「釈名」の項）、狭義の「玉」を最上のものとする価値観はなお窺うことができる。「玉類」の一つとして挙げられている「宝石」は「刺子・靺鞨」「靛子(てんし)・鴉鶻石・瑟瑟」「馬價珠(ばかしゅ)」「猫睛石」「石榴子」「木難珠(ぼくなんしゅ)」を一括したものであり[5]、それぞれ現在ではルビー、サファイア、グリーンサファイア、キャッツアイ、ガーネット、トパーズなどに同定されているものである。[6] なお、「玉類」には狭義の「玉」と「宝石」以外に、「白玉髄」「青玉」「青琅玕」「珊瑚」「馬瑙」「玻瓈」「水精」「琉璃」「雲母」「白石英」「紫石英」「菩薩石」が収められているが、これらの多くは『広雅』では「珠」に分類されていたものである。

ところで、「珠」は『広雅』では「水精」「瑠璃」「珊瑚」「玫瑰」などを纏める名として用いられているが、本来は真珠を指す語である。『説文解字』に「珠、蚌之陰精」とある。[7] 本草学でも「珠」と「玉」は区別され、例えば『本草綱目』にも「真珠」は「金石部」ではなく、「介部」の「蚌蛤類」に収められている。[8]

しかし、源順は「珠」を「白虎通云海出明珠〈日本紀私記云、真珠之良太麻(しらたま)〉」としつつも、「珠」を鉱物宝石と区別せずに「玉類」に入れている。しかも、「玉類」の最初に置き、「玉」より前に位置づけているのである。[9] それは、日本では最も貴ばれ、親しまれていた「玉」は真珠であったからであろう。正倉院宝物に聖武天皇が着用した礼冠の残欠がある。鳳凰、瑞雲、唐草模様の金属製透かし彫りと糸で通された付けられた垂らしの飾りであるが、垂らしの飾りには真珠が用いられている。しかし、真珠は親王・諸王・諸臣下の礼冠には用いられていない（『延喜式』式部下「元正朝賀」条）。また、『萬葉集』には真珠が贈り物として用いられ、髪飾りである蘰(かづら)にも用いられたことなども歌われている（18・四一〇一）。前引の「自生曰ㇾ珠、作成曰ㇾ玉」（『令集解』古記）という説明によれば、真珠は加工を加えない自然のものであるゆえに貴ばれたのかもしれない。[10]

4　「水精」と「火精」

ところで、『和名類聚抄』では標出語として示された語は、出典を明らかにして繰り返されることを原則とする。再度その部分のみを掲げれば、次のとおりである。

珠　白虎通云海出明珠、
玉　四声字苑云玉、
璞　野王案璞、
瑠璃　野王案瑠、璃、
雲母　本草云雲、母、
玫瑰　唐韻云玫、瑰、
珊瑚　説文云珊、瑚、
琥珀　兼名苑云琥、珀、
硨磲　広雅云車、渠、
馬瑙　広雅云馬、瑙、
鍮石　考声切韻云鍮、

しかし、「水精」と「火精」の項だけがこれと異なり、

水精　兼名苑云水玉。一名月珠〈和名美豆止流太万(みづとるたま)〉。水精也。
火精　兼名苑云火珠。一名瑒璲〈陽燧二音。和名比止流太万(ひとるたま)〉。火精也。

となっている。これは先の原則によれば、

水玉　兼名苑云水玉。一名月珠〈和名美豆止流太万(みづとるたま)〉。水精也。
火珠　兼名苑云火珠。一名瑒璲〈陽燧二音。和名比止流太万(ひとるたま)〉。火精也。

とあるべきところである。この形であれば、「水精（中略）水精也」「火精（中略）火精也」という不審な形になっているることも解消される。狩谷棭斎の『箋注和名類聚抄』（文政十年〔1827〕序）に「按、南山経云、堂前之山多二

水玉。注、水玉、今水精也。兼名苑蓋本於此。（中略）水精也三字、蓋兼名苑注文。下条火精也、同」とある。すなわち『兼名苑』が本としたと考えられる『南山経』の注文と一致するところから、「水精也」という説明は「水玉」に対する注であろうという推測がなされている。この棭斎の推測も本稿の推測と合致するように思われる。

　したがって、本節では『和名類聚抄』の「水精」「火精」の標出語は、本来「水玉」「火珠」であったものと考えたい。ただし、棭斎の指摘する『南山経』の注は「水玉、今水精也」であり、「水精」は「水玉」の今の名として示されているものであり、『和名類聚抄』の「水精也」は、『本草和名』に見られる次のような「○精也」と同じく、その性質を説明するものとして用いたものと思われる。

玉屑者白虎精也〈出范注方〉。（玉屑）
丹砂者日精也〈出范注方〉。（丹砂）
空青者天精也〈出范注方〉。（空青）
曽青者竜精也〈出范注方〉。（曽青）
雲母　雲母者星精也。又日精也〈出范注方〉。（雲母）
石鍾乳者水精也〈（中略）出神仙服飾方〉。石鍾乳者石精也〈出范注方〉。（石鍾乳）
赤石脂者朱雀精也。（赤石脂）
金屑者日之精也〈出練名方〉。（金屑）
銀屑者月之精也。（銀屑）
水銀者丹砂之精也、（水銀）
雄黄　雄黄者地精也〈出范注方〉雄黄者金之精也。（雄黄）
錫銅鏡鼻鉛。（中略）一名立制石〈是鉛精也〉。（錫銅鏡鼻鉛）

ところで、『和名類聚抄』で「水玉」と「火珠」（あるいは現行の形での「水精」と「火精」）は実体としては同じものである。

「火珠」（現行の本文では「火精」）の一名として挙げられている「瑒璲」は『周礼正義』に「取二火於日一、故名二陽燧一」とあり、太陽光線を集めて火を取るものである。(11)「火珠」もまた『旧唐書』南蛮伝に「（林邑王）遣レ使献二火珠一、大如二鶏卵一、円白皎潔、光明数尺、状如二水精一日中以レ艾藉レ珠、輒火出」とあり、同様の用途に用いられる。さらに「火珠」は『本草綱目』金石部玉類「水精」の「附録〈火珠〉」に、

李時珍曰、（中略）唐書云、東南海中有三羅刹国出二火齊珠一、大者如二鶏卵一状、類二水精一、円白照数尺、日中以レ艾承レ之、則得レ火、用二灸艾炷一不レ傷レ人。今占城国中有レ之名二朝霞大火珠一。

とあるように「火齊珠」と同じであり（「齊」は「取る」の意。したがって、ヒトルタマの名は「火齊珠」を訓読することでも成立する）、さらに「火齊珠」と「琉璃（瑠璃）」は同じものである。『集韻』に「流璃、火齊珠也」とあり、『令義解』職員令典鋳司条にも「瑠璃〈謂。火齊珠也〉」とある。そしてまた、「火齊珠」は「水精」である。章鴻釗著『石雅』（『地質専報』乙種二号、中国地質調査所、民国十六年〔1917〕刊）にその詳しい考証がなされているが、結論部分の一部を次に引用する。

火齊珠既水精矣。而火精亦水精也。続漢書謂三哀牢国出二火精琉璃〈注略〉一。漢書哀牢国伝、則云二水精琉璃一。太平寰宇記引レ此亦作二水精一。則火精即水精審矣。方以智物理小識云、水晶紅者曰二火晶一、可レ取レ火。白者曰二水晶一。可レ取レ水。火晶即火精、故火精即水精也。

（上巻・火齊珠）

ただ、章鴻釗の考証を待つまでもなく、「火珠」すなわち「火齊珠」が「水精」であることは、既に江戸時代の日本でも指摘されている。寺島良安の『和漢三才図会』（正徳二年〔1712〕自序）の「火珠」の項に、

按火珠即水精碾成者也。舟人用為二洋中之宝一。其珠如有二少玷一則不レ成。今用二硝子一作レ之。亦能得レ火。共円白

中実。或平匾而微脹高。如二眼鏡一者有レ之。蓋火珠則水精也。（巻六十・玉石類）

思うに、火珠とは水精を碾って造ったものである。舟人は航海中の宝としている。玉にもし少しでもきずがあれば火珠には出来ない。いまは硝子を用いてこれを作る。これでもよく火を得ることができる。ともに円く白くて中は実（つまっていること）である。あるいは平たくて微脹れて眼鏡のようなものもある。

つまり火珠とは水精のことである(12)。

と見え、小野蘭山の『重修本草綱目啓蒙』の「水精」項附録の「火珠」にも、

火珠　ヒトリタマ　水精ヲ円形ニスリタル玉ヲ俗ニ水晶輪ト云、人物コレニ向テ照セバ其形必倒ニウツル者ナリ。此ニテ日輪ヲ陽火ヲ取ルベク、月中ノ陰水ヲ取ベシ。故ニ火トリダマ、水トリダマト呼。就中陽火トレ易キ故ニ、火珠ト云。然レドモ水精ニ限ラズ、凡透明ナル者、硝子或ハ氷ニテモ、凸ニ製シタル者ニテ、皆火ヲ取ベシ。

とあり（「明水」の項にも同様の説明がある）、さらには畔田翠山の『古名録』の玉部・珠玉類「比止流太万」の集註に、

太神宮参詣記曰、たとへば玉の水火をいだすがごとし。玉には水火なけれども、日にむかひて火をとり、月に対して水をとる。

とあり、今案に、

文治二年俊乗坊参宮記曰、即日之夕聖人座禅眠中、無レ止、貴女来レ前水精珠顆授二与之一。一顆紅薄様裹之、一顆白薄様裹之。聖人問云、是誰人乎。答云、吾是風宮也云々。夢中授二与珠一。覚後現在二袖上一、捧二頂上一帰二南都一、多年安置之也云々。件玉者火執珠、水取珠也云々。此珠私得分也ト云々トミユ。火取玉ハ水精タル可証也。

とある(13)。

以上のように「水玉」と「火珠」（「水精」と「火精」）は同じものである。源順がそのことを知っていたのかどうかは不明であるが、「一名」の形を取ってこれらを一つの項に纏めなかったのは、別のものと考えていたものと思われる。

5 「雲母」と「玫瑰」

「雲母」の和名はキララであるが、源順は「玫瑰」の和名もまた同じであろうと言う。その根拠は、「玫瑰」は「火齊珠」であり（「唐韻云玫瑰（中略）火齊珠也」）、「火齊」は『文選』にキララと訓まれていることである（「見下于二文選一読二翡翠火齊一処上」）。『文選』にある「翡翠火齊」というのは「西都賦」に「翡翠火齊、流レ耀含レ英」（翡翠・火齊ありて耀を流し、英を含めり）とあり、「西京賦」に「翡翠火齊、絡以美玉」（翡翠・火齊ありて、絡（まつふに）美玉を以てす）とあることを指すのであろうが、これらの「火齊」は当時はキララと訓まれていたのであろう。(14)

ところで、章鴻釗著『石雅』に、

雲母、今泰西相伝曰、枚格 Mica. 笛奈氏鉱物系統学 Dana, System of Mineralogy 六一四及六一五 謂或以二枚格一為二拉丁語一。即微粒薄片之意。然当レ為二拉丁語密敢爾 micare 之転一。意言三爛然有二光輝一也。則音義均与二玫瑰一近。故知二玫瑰亦異域語一也。（上巻・玫瑰）

とある。すなわち、玫瑰はラテン語 mica（微粒薄片の意）であり、mica は micare（光輝あるの意）の転じたものである。雲母と玫瑰とは音義ともに近い。したがって、「玫瑰」は「雲母」の「異域語」（方言あるいは外来語）であろう、と言う。源順が「玫瑰」の和名を「雲母」と同じとしたことと通じ、興味深いが、『和名類聚抄』では「玫瑰」を「雲母」の一名とせず、別の項目として掲げていることから判断すると、源順は別のものと理解していたものと思われる(15)。

『和名類聚抄』に先行する『本草和名』では、草・木の類の漢名三五七のうち二七八に和名が示され、果・菜・米穀の類では漢名一四二のうち一〇九に和名が示されている。獣禽類では七二の漢名のうち四七に和名が、虫魚類では一一三の漢名のうち九三に和名が示されている。以上のように動植物については和名が示されている割合は高いが、それに対して、玉石類では漢名八三のうち和名が示されているのは僅か二一だけである。これは玉石についての知識に乏しかった日本では、高い玉石文化を背景とする中国の玉石名に対応する和名が存在しなかったからであろう。したがって、多くの宝石名は『新撰字鏡』に「瓊〈赤玉也〉」「璜〈黄色玉也〉」「瓐〈青玉也〉」とあるように色などによって説明するか、漢名のみを示すしかなかったのであろう。しかし、当時の日本においては少しでも可能性のあるものについては、出来るだけ対応する和名を当てる努力が行われたものと思われる。源順が「玫瑰」にキララの和名を考えたのはそうした試みのひとつではなかったろうか。

ただ、その場合、既に雲母の和名として用いられている語を別の玉石の名としても用いようとしたことをどのように考えたらよいのであろう。一つの物の名が複数の名で呼ばれることは珍しくないことであるが、互いに異なるものに同じ名を当てることは一般には考えられないことである。あるとすれば、それらが同じものと捉えられたということである。しかし、先に述べたように別の項目として「雲母」と「玫瑰」を掲げていることは、源順は両者を異なるものと捉えていたと考えるのが穏当であろう。とすれば、キララという名称自体について再考する必要があろう。あるいはキララは「雲母」固有の名前ではなく、キラキラと輝やくものといった程度の普通名詞として対応させられていたものと考えられないだろうか。そうであったとすれば、他の「和名」についても改めて考えなければならないであろう。『和名類聚抄』の「玉類」項に見られる「和名」はキララの他はシラタマ（珠・玉）、アラタマ（璞）、ミヅトルタマ（水精〔水玉〕）、ヒトルタマ（火精〔火珠〕）である。シラタマは白い玉という意味であり、アラタマも未だ磨かないタマという意味でしかない。ミヅトルタマ・ヒトルタマもその用途から付けられた名である。すなわちすべて普通名詞と言ってもよいものである。これに対して固有名詞と言ってよいのは「俗云」「俗音」と書かれているルリ（瑠璃）、クハク（琥珀）、シャコ（硨磲）、メノウ（馬瑙）、チュウジャク（鍮石）、すなわち漢名である。

以上のように、玉類を表わす日本語は普通名詞的な性格を持ち、確実に固有名詞として名は漢名であるということは、石類・金類の名についてもほぼ同じである（このことについては後篇第一章第1節参照）。したがって、少なくとも平安時代までの我が国においては、鉱物に対する固有名は漢名を受け容れることによって初めて成立しているように思われる。言い換えれば、明確な鉱物の種の認識は漢名を知ることによって明確化したものと思われる。

注

（1）十巻本（楊守敬刊本）では、「玉」の項の「皆美玉名也」の前に「球琰〈遠掩二音〉」とあり、「雲母」の項の「五色具謂二之雲華一」と「多レ赤謂二之雲珠一」の順序が逆になっており、「玫瑰」の項の音注が「上莫杯切、下古回切。又音回、又作瓌」とあり、また「又石之美也」の注文が最後に加わっているだけである。

（2）川瀬一馬著『増訂　古辞書の研究』（講談社、昭和三十年〔1955〕刊。雄松堂出版、昭和六十一年〔1986〕再版）に、「その分類も恐らく先行書のそれを取捨して、これに若干自らの創意を加えたものであらう。既に楊氏漢語抄は十部、辨色立成は十八章に部門が立てられてゐたといひ、その他東宮切韻・類聚国史・本草和名等の分類も亦参考にせられたに相違なく、又、漢籍の類書・詩文集等の分類からも間接に影響を蒙つてゐる事と思はれる」と述べられている。

（3）七宝のうち「金」「銀」は「宝貨部」の「金銀類」に収められている。ただし、「金」「銀」以外の五宝は経典により異なる。『妙法蓮華経』（授記品）では「琉璃・硨磲・碼碯・真珠・玫瑰」、『阿弥陀経』では「瑠璃・頗梨・車渠・

赤珠・碼碯」、『無量寿経』（上）では「琉璃・頗梨・珊瑚・碼碯・車渠」、『恒水経』では「珊瑚・真珠・硨磲・明月珠・摩尼珠」、『大論』では「毘瑠璃・頗梨・硨磲・碼碯・赤真珠」と見える。

（4）後世においても『釈日本紀』（鎌倉末期成立）に「私記曰、師説、此注瓊玉也。此云レ努。故先師又拠レ之。而今或本、努字為レ弐也。蓋古者謂レ玉或為レ努、或為レ弐、両説並通。唯以弐為ニ異本一」と見え、一條兼良の『日本書紀纂疏』（永正七年〔1510〕）に「瓊矛は神明の本、衆物の祖也」と言い、谷丹三郎重遠の「甲乙録」（谷垣守編『泰山集』収録）に「瓊ハ神璽ノ伝、矛ハ宝剣の伝」とある。

（5）「集解」に次のようにある。「宝石出ニ西番回鶻地方諸坑井内一。雲南遼東亦有レ之。有ニ紅緑碧紫数色一。紅者紅者名ニ刺子一。碧者名ニ靛子一。翠者名ニ馬價珠一。黄者名ニ木難珠一。紫者名ニ蠟子一。又有ニ鴉鶻石・猫睛石・石榴子・紅扁豆等名色一皆其類也。山海経言、騾山多レ玉。凄水出焉。西注ニ於海中一、多ニ采石一。采石即宝石也。碧者唐人謂ニ之瑟瑟一、紅者宋人謂ニ之靺鞨一、今通呼為ニ宝石一」。

（6）益富壽之助「石薬編新注の言葉」（『新註校定国訳本草綱目』月報4、春陽堂書店、昭和四十九年〔1974〕五月刊）。

（7）伊藤東涯撰『操觚字訣』（巻十・実字・器材「珠玉圭璧」）にも、

玉ハ、タマノ総名ナリ。説文ニ、石之美者ナリト注ス。而シテソノ類甚多シ。珠ハ、説文ニ、蚌ノ陰精ト注ス。真珠ナド、イフ通リ、貝ノタマノ類ハ、皆珠トイフ。石類ヲイハイハズ。故ニ玉ハ山ニイヒ、珠ハ水ニイフ也。

とあり、漢語の「珠」は「玉」とは区別されている。

（8）小野蘭山の『本草綱目啓蒙』（享和三年―文化三年〔1803-06〕刊）でも同様である。

（9）源順が「珠」を最初に置いたことと無関係であろうが、宝飾品として「玉」「珠」を一括して言う場合は「玉珠」とは言わず、「珠玉」と言う。『爾雅』釈地に「西方之美者、霍山之珠玉焉」、『礼記』曲礼上に「受ニ珠玉一者レ掬」などと見られ、唐の徐堅等撰『初学記』なども「珠玉」の項目名である。我が国では、

橘者果子之長上（中略）与ニ珠玉一共競レ光。（『続日本紀』天平八年〔736〕十一月丙戌）

凡諸国貢献物者〈注略〉皆尽ニ当土所出一〈注略〉其金、銀、珠、玉、皮、革、羽、毛、錦〈古記云（中略）珠玉、自生曰レ珠、作成曰レ玉。所謂玉出ニ崐岡一。〉（『令集解』賦役令）

などが早い。「玉珠」は中国には見あたらないが、我が国では『庭訓往来』（南北朝から室町時代に成立）に「御消息忽披閲、珍重珍重、甚如レ得二玉珠一」の例が見出せるだけである。

(10) プリニウス（23–79）の『博物誌』に、

もっとも高価な海の産物は真珠であり、地表にあるものでは水晶であり、地中にあるものではアマダス〈ダイヤモンド〉、スマラグドゥス〈エメラルド〉、各種の宝石、そして蛍石の器である。（第三十七巻二〇四節）

とあるが、日本においては真珠は他の鉱物宝石に優れて価値あるものとされていたようである。

(11) 「瑒」「燧」は『大漢和辞典』には見えない字であるが、狩谷棭斎の『箋注和名類聚抄』は『周礼正義』の「取二火於日一、故名二陽燧一」、『百錬抄』の「以二火取玉一写二陽燧一」（保延六年〔1140〕五月五日条）などから「陽燧」の俗字であろうと言う。

(12) 東洋文庫『和漢三才図会』（平凡社、昭和六十二年〔1987〕刊）の訳註による。

(13) 稲生若水・丹波正伯編『庶物類纂』（元文三年〔1738〕成）に「水珠　貞観初、暦宗賜二大安国寺水珠一、如レ石一片赤色。夜有二微光一、掘レ地一尺埋レ之。水溢可レ給二千人一。〈明高濂遵生八牋〉」とあり、『天工開物』に「凡水晶出二深山穴内一、瀑流石罅之中。其水経二水晶一流出。昼夜不レ断」また「凡玉映二月精光一而生」（玉は月精の光を受けてできる）とある。

(14) ただし、現在はそのようには訓まれてはいない。寛文版『文選』の「西都賦」の「火齊」には「大小如爵也。珠也」、「西京賦」の「火齊」にも「珠也」とあるだけである。

(15) ちなみに小野蘭山の『本草綱目啓蒙』には「玫瑰」を「津軽舎利ノコトナリ」とある。「津軽舎利」とは「瑪瑙ノ類ナリ。舎利コレヨリ生出シテ遍体ニツク。其形円小ニシテ透明ナリ。其色白、或ハ黄白色、或ハ紅色、或ハ斑駁数種アリ」（「宝石」）と説明されており、「雲母」とは別のものと考えられている。

3　玉冠の色玉——『延喜式』の規定——

1　『延喜式』の規定

大祭祀や大嘗祭や元日に着用する礼服に被る冠を礼冠（らいかん）と言う。礼冠には天皇の着用する冕冠（べんかん）(1)、女帝の宝冠、親王以下諸臣五位以上の玉冠(2)、武官の武礼冠がある。このうちの玉冠については、『令集解』「衣服令」皇太子条「礼服冠」に「古記云、礼服冠、謂礼冠也。玉冠是也。或云、皇太子礼服冠可レ有二別制一。諸王与二諸臣一亦可レ有レ別也」とあり、諸王条「礼服冠」に「五位以上、毎二位及階一、各有二別制一。諸臣准レ此」などとある。この「別制」とは『延喜式』第十九「式部下」に見られるもののようであるが、そこには次のような規定がある。すなわち、親王諸王のものには「櫛形」と「押鬘」の飾りが付けられる。一位のものは「金装」され（二、三位は記述が無いが、一位と同じく金装であろう）、四位のものは「縚形櫛形押鬘玉座皆金装。自余銀装」とあり、正五位のものは「銀装」とある。また、親王は額上に神獣をかたどった「徴（しるし）」が着けられるが、諸王については、一品は青龍が「尾上頭下。右出左頤」の形で付けられ、二品は朱雀が「右出左頤」、三品は白虎が「尾上末巻。頭下右向」、四品は玄武が「為レ蛇所レ纏。並右出左頤」の形で着けられる。諸王の「徴」は鳳であり、三位已上は「正位正立仰レ頭。従位正立低レ頭」の形で着けられ、正四位は「上階、左出右向。下階右出左向」の形で、従四位は「上階、左出左頤。下界右出右頤」の形で着けられる。五位は四位に準じるとある。

右のように豪華絢爛に飾り立てられた王冠の冠頂と、櫛形また前後の押鬘の上にはさらに玉が飾られる。冠頂に飾られる玉は「有レ座無レ茎」の「居玉」と呼ばれ、櫛形上と前後の押鬘に飾られる玉は「有二茎并座一」の「立玉」と呼ばれ、それぞれ次のようにその色と数などが規定されている（本文は『新訂増補　国史大系　延喜式』吉川弘文館刊による）。

親王四品已上（中略）。以二水精三顆・琥碧（ママ）三顆・青玉五顆一交二居冠頂一。以二白玉八顆一立二櫛形上一。以二紺玉廿顆一立二前後押鬘上一。其徴者立二額上一。（中略）

諸王一位（中略）。以二赤玉五顆・緑玉六顆一交二居冠頂一。以二黒玉八顆一立二櫛形上一。以二緑玉廿顆一立二前後押鬘上一。

二位以二白玉一顆・緑玉五顆一。交二居冠頂一。以二赤玉八顆一、立二櫛形上一。自余並准二一位一。

三位以二黄玉八顆一、立二櫛形上一。自余並准二一位一。

四位（中略）。以二赤玉五顆・緑玉六顆一。交二居冠頂一。以二白玉十顆一。立二前後押鬘上一。以二青玉十顆一。立二後押鬘上一。不レ立二櫛形上一。

正五位（中略）。以二黒玉十顆一、立二前押鬘上一。以二青玉十顆一。立二後押鬘上一。自余並准二四位一。（中略）

諸臣一位以二紺玉八顆一。立二櫛形上一。自余並准二王一位一。〈玉色交居、王臣各異〉

二位以二緑玉五顆・白玉三顆・赤黒玉三顆一。交二居冠頂一。以二赤玉八顆一立二櫛形上一。自余並准二一位一。

三位以二黄玉八顆一。立二櫛形上一。自余並准二一位一。

四位以二赤玉六顆・緑玉五顆一。交二居冠頂一。自余並准二王四位一。

五位以二緑玉六顆・白玉三顆・赤黒玉三顆一。交二居冠頂一。自余並准二王五位一。

玉の色と数を部位別に整理すると次のようになる。＊は「自余並准二〇〇一」とあるのに従って補ったものである。

下段の丸数字は用いられている玉の総計である。

【冠頂】	親王四品已上	水精三顆・琥珀三顆・青玉五顆	⑪
	諸王一位	赤玉五顆・緑玉六顆	⑪
	二位	白玉一顆・緑玉五顆	⑥
	＊三位	白玉一顆・緑玉五顆	⑥
	四位	赤玉五顆・緑玉六顆	⑪
	＊正五位	赤玉五顆・緑玉六顆	⑪
	＊諸臣一位	赤玉五顆・緑玉六顆	⑪
	二位	緑玉五顆・白玉三顆・赤黒玉三顆	⑪
	＊三位	緑玉五顆・白玉三顆・赤黒玉三顆	⑪
	四位	赤玉六顆・緑玉五顆	⑪
	五位	緑玉六顆・白玉三顆・赤黒玉三顆	⑫
【櫛形上】	親王四品已上	白玉八顆	⑧
	諸王一位	黒玉八顆	⑧
	二位	赤玉八顆	⑧
	三位	黄玉八顆	⑧
	四位	不レ立	
	＊正五位	不レ立	
	諸臣一位	紺玉八顆	⑧

二位　赤玉八顆　⑧
三位　黄玉八顆　⑧
＊四位　不レ立
＊五位　不レ立

【前後押鬘上】親王四品已上　紺玉廿顆　⑳
諸王一位　緑玉廿顆　⑳
＊二位　緑玉廿顆　⑳
＊三位　緑玉廿顆　⑳
四位　白玉十顆、後押鬘上青玉十顆　⑳
正五位　前押鬘上黒玉十顆、後押鬘上青玉十顆　⑳
＊諸臣一位　緑玉廿顆　⑳
＊二位　緑玉廿顆　⑳
＊三位　緑玉廿顆　⑳
＊四位　白玉十顆、後押鬘上　青玉十顆　⑳
＊五位　前押鬘上黒玉十顆、後押鬘上青玉十顆　⑳

2　水精と琥珀

親王四品已上の者の冠頂に飾られる「水精」と「琥珀」以外の玉は、「青玉・赤玉・緑玉・白玉・赤黒玉・黒玉・黄玉・紺玉」というように色で区別されている（以下これを「色玉」と言う）。『本草和名』（延喜十八年〔918〕頃成）に「青玉」（「有名無用」の玉石類）と「虎珀　阿加多末（あかだま）」（木類）がある。また『和名類聚抄』の「玉類」に真珠をいう「白玉」が見える。すなわち「赤玉」と言えば琥珀であり、「白玉」は真珠のことである。「青玉」はおそらく碧玉のことであろう。これらは、ある固有名（種名）としての別名とも考えられる。玉冠に見える「青玉」「赤玉」「白玉」もまたそれらと同じく考えられるかもしれない。しかし、他の「色玉」についても同様に考えられるであろうか。現在では例えば緑色の宝石であればエメラルドや孔雀石（マラカイト）であり、黄色の宝石と言えば蛋白石（トパーズ）であり、青色の宝石と言えばサファイアやラピスラズリであり、黒色ならオニキスということになるが、当時もそうした宝石の区別が知られていて、それぞれを「緑玉」「黄玉」などと呼んでいたのであろうか。そのような宝石の知識が当時あったとは考えられない。「赤黒玉」「紺玉」については、現在でもそうした名で呼ぶことのできる宝石を思いつくことはできないのである(3)。したがって、玉冠の「色玉」は、玉の種名を特定できず、何色の「玉」という言い方で区別したということではないかと思われる。

しかし、当時においても確実に他の宝石と区別することが出来ていた「瑪瑙」には青色や赤色などの色のものがあり（『和名類聚抄』に「馬瑙　広雅云馬瑙〈俗音女奈宇（めなう）〉石之次玉也」とある）、「水精」（水晶）にも紫や赤や黒など色のものもある。それらからいろいろな色の玉を作ることができたはずであり、実際に「水精三顆・琥碧（ママ）三顆」と数えられている（「顆」は丸いものを数える単位）。そうであれば、「玉の種名を特定できず、何色の玉という言い方で区別した」ということではないことになる。しかし、もしそうであれば、他の位階の者の玉については「色玉」と言っているのにもかかわらず、親王四品已上の冠頂の玉に限って「水精」「琥珀」の名が用いられていることになる。「水精」「琥珀」は他の「玉」とは区別された特別のものだったようである。

「水精」は宋応星著『天工開物』（明末・崇禎十年〔1637〕成）に「水晶出二深山穴内、瀑流石罅之中一。其水経晶流

出。昼夜不断」（水晶は深山の穴の中や、激流にある石の裂け目に出る。その水は水晶を通つて流れ出し、昼夜やむことがない[4]）とあり、水精は「水の精気によって生成される」という考えが窺える（平凡社の東洋文庫『天工開物』の注）。李時珍著『本草綱目』（明・万暦二十四年〔1596〕初版刊）の「水精」の項の「集解」に「古語云、水化、謬言也」とあり、古くは水の化したものと考えられていたようである。『和訓栞』にも「水精石ともいふ、諸国に出づ。実に氷の如し。西土に千年老氷所レ化といふ類也」（中編・こほりいし）とある。

琥珀もまた松脂が千年あるいは二千年以上経て化したものとも、龍の血あるいは虎の魄が化したものとも考えられていた。陶弘景撰『神農本草経集注』（梁〔502-49〕頃成）に「旧説云、是松脂淪（しずみ）入レ地千年所レ化」とあり、蘇敬等撰『新修本草』（唐・顕慶四年〔659〕成）に「松脂千年為二伏苓一、又千年為二虎魄一、又千年為レ瑿」などとあり、『西陽雑俎』に「龍血入レ地為二琥珀一」、明の范貞一『典籍便覧』にも「龍血入レ地為二琥珀一」とある。日本の『和漢三才図会』にも「虎死則精魄入レ地化為レ石。琥珀状似レ之故謂二虎魄一。俗作二琥珀一」（虎が死ぬと精魄が地に入って石に化する。琥珀の状がこれに似ているので虎魄という。俗に琥珀と書く）（巻八十五・琥珀）とある。

親王四品已上の者に用いられた玉を特に「水精」と「琥珀」と指定しているのはこれらに特別の意味を認めているのではないかと思われる。

それでは、それ以外の「色玉」にはどのような意味が付与されているのであろうか。

3　玉の色

『呂氏春秋』（『史記』「呂不韋伝」所載）に季節によって装う玉の色を変えたことが記されている（「孟春仲春季春服青玉。孟夏仲夏季夏服赤玉。季夏戊己服黄玉。孟秋仲秋季秋服白玉。孟冬仲冬季冬服玄玉」）。これが五色の玉について初めて記されたものであるようであるが（『石雅』上編第三巻「玉類」）、言うまでもなく、これは五行思想によるものであり、春は青玉、夏は赤玉、土用は黄玉、秋は白玉、冬は黒玉となるのである。

色は尊卑の差を表わすこともあった。推古十一年〔603〕に施行された冠位十二階（大徳・小徳・大仁・小仁・大礼・小礼・大信・小信・大義・小義・大智・小智）の仁・礼・信・義・智もまた五行思想によったものであるが、それぞれの階に対応する色は、青・赤・黄・白・黒である。また、最上階の徳の色は紫とするのが通説である（『日本書紀』推古天皇十一年〔603〕十二月条に見える「当色」についての小学館『新編日本古典文学全集』頭注）。すなわち、紫→青→赤→黄→白→黒という尊卑の順序がある。

玉冠に用いられている玉の色は、五行の色の青・赤・黄・白・黒に、緑・紺・赤黒が加わったもののようにも思われるが、それらの色の尊卑の差は不明である。櫛形上には同じ色の八個の玉が飾られているが、親王四品已上が白玉で、一位は黒玉、二位は赤玉、三位は黄色である。これによると、白→黒→赤→黄となるが、諸臣一位の項の説明の後に「玉色交居、王臣各異」という注記があるものの、前後押鬘上に飾られる「立玉」には色も数も王臣の違いはない。また櫛形上に飾られている「立玉」も、王一位と臣一位とで黒玉と紺玉との区別があるだけである（『令集解』衣服令諸王条「礼服冠」の条に「五位以上、毎二位及階一、各有二別制一。諸臣准レ此」とあるのは、この櫛形上と前後押鬘上の飾りについて言ったものと考えられる）。

したがって、『延喜式』の規定においては、色そのものには尊卑の観念はなく、同じ色の玉でも玉の大きさで、位階の違いが示されたのであろう。冠頂に付けられる玉は合計十一個を原則としているが、白玉が用いられている諸王の二位と三位とは六個である。これは諸王の二位と三位に用いられている白玉一顆が他の玉の六顆に相当するものとすれば、同じく冠頂に飾られる諸臣二位、三位、五位に用いられている三顆の白玉とは大きさが異なったのであろう。他の色についても同様に推測される。

4　色玉の材

ところで、これらの色玉はどのように作られたのだろうか。出雲忌部の玉作部が平安朝の頃まで、毎年玉を朝廷に貢納していたことは『古語拾遺』（斎部広成著、大同二年〔807〕成）の神武天皇の条に「櫛明玉命之孫、造二御祈玉一。其裔今在二出雲国一、貢二進其玉一」とあり、『延喜式』巻三の臨時祭・富岐玉の条に「凡そ出雲国、進（たてまつ）るところの御富岐玉（みほきたま）六十連（中略）は毎年に、十月以前に意宇郡の神部の玉作氏（たまつくりのうじ）をして造り備へしめ、使を差（さ）して進上（たてまつ）れ」とあることで分かる。『延喜式』巻八に載せる「出雲国造神賀詞」に「白玉の大御白髪坐し、赤玉の御あからび坐し、青玉の水江の玉行き相ひに」とあるのは、同じく巻三に載る「国造奏寿詞」に「玉六十八枚」とある注に「赤水精八枚。白水精十六枚。青石玉四十四枚」とある「赤水精」「白水精」「青石玉」で作られた玉であろうか。「枚」と数えているのは扁平な玉を言うのであろうか、天平五年〔733〕の『出雲国計会帳』に「八月十九日、水精玉百五十顆進上の事。同日水精玉百十顆進上の事」とある。

また、『出雲上代玉作遺物の研究』（京都帝国大学文学部考古学研究報告　第十冊、刀江書院、昭和二年〔1934〕刊）によると、玉造湯神社に奉納されたものや近くの古墳や攻玉場遺跡などから出土した玉類などの遺品は、勾玉は「出雲石もしくは青瑪瑙と通称する碧玉（jasper）と赤瑪瑙（agate）の二種を主として、なほ此の外白瑪瑙、水晶等が極く少数」、菅玉は碧玉、切子玉は水晶であるなどと報告されており（「而して所謂翡翠、琅玕などと称せられる玉（jade）に属する石質の絶えて発見せられて居ないことは頗る注意すべき現象である」とも記されている）、水野祐著『勾玉』（学生社、昭和四十三年〔1968〕刊）によると、玉造川東岸の花仙山からは昭和初期までは紅瑪瑙・斑（まだら）瑪瑙・碧玉が産出したと言う赤瑪瑙と白瑪瑙からも「赤玉」「白玉」は作られたであろう。「出雲石もしくは青瑪瑙と通称する碧玉」とあるのは、「国造奏寿詞」に見える「青石玉」であり、王冠の「青玉」もこの石で作られたのではないかと思われる。瑪瑙が生成するとき鉄分などが混入して不透明な石となる。これをジャスパーと呼ぶ。緑色のジャスパーが碧玉である。

以上のように、玉冠の玉が出雲忌部の玉作氏によって、その原石も出雲の国で産出するものに限るとすれば、「赤玉」「白玉」「青玉」は作ることはできたであろう。しかし、他に産出する原石をも用いたとすれば、「紺玉」「黄玉」「赤黒玉」「緑玉」も作っていたのかもしれない。例えば、水精には赤色・白色の他にも紫色・黒色があり、また黄色のものもある。『出雲国風土記』の意宇郡長江山の条には「水精有り」とあるのみで、これらの色の水精は産出しなかったものとしても、外の国からは産出していたようである。水精は本草書では石英と呼ばれているが、『本草和名』に紫石英が伯耆国に産するとあり、それが出雲の玉作部に送られて加工され、「紺玉」と呼ばれたのかもしれない。また、後世の資料であるが、『百錬抄』巻五・後三条天皇延久四年〔1072〕十月二十六日に「但記云、今日有二夢想一。主上臨二幸宇治一。前相国被レ献二如意宝珠一。其形如二鶏卵一。頗大。黒水精有二通天一、主上殊御感。云々」と見え、「通天」（天子が輿中において用いる冠）には「黒水精」で作られた玉が飾られている。以上の水精から「黒玉」を作ることができ、「紺玉」も作ることができたであろう。黄色の宝石と言えば蛋白石（トパーズ）が知られている。日本では古くは近江国から産するものが知られていたようであるが、「水晶に比し質硬く、従(したがつ)て細工困難なるを以て悪質の水晶と見做(みな)し、抛棄(ほうき)して之(これ)を省(かえりみ)ざりき」という状態であったようである（鈴木敏編『宝石誌』第三編第七節「黄宝石一名黄玉」）。しかしなお、『源氏物語』に「しろきしきし、あをきへうし、きなる玉のぢくなり」（絵合）、「きのへうし、おなじき玉のぢく、だんのからくみのひもなど」（梅枝）とあり、かつては良質の蛋白石が産出し、それによって「黄玉」が作られていたのかも知れない。

先に「出雲石もしくは青瑪瑙と通称する碧玉」から「青玉」が作られたのではないかと推測したが、水谷豊文編

『物品識名』（文化六年〔1809〕刊）の「タマツクリイシ」項に「アヲイシ・リョクメノウ」とあり、岡安定編『品物名彙』（安政六年〔1859〕刊）にも「タマツクリイシ　緑瑪瑙」とあって、「青玉」は実際は緑色であったと思われる（日本語のアオは緑色も指す）。しかし、王冠の玉には別に「緑玉」がある。この「緑玉」が碧玉すなわち「青石玉」ではないとすると、何から作られたのであろう。畔田翠山の『古名録』（天保十四年〔1843〕成）は、方以智の『物理小識』（明・康熙三年〔1664〕刊）に「暇耕録以二明緑色一為二助木刺一。今訛呼二祖母緑一者也」などとあることから「緑玉」を「祖母緑」とする。「祖母緑」はエメラルド Emerald に同定されているものである。(5) あるいは「緑玉」は「緑柱石」Beryl や「石緑」Malachite から作られたのかもしれない。ただし、鈴木敏編『宝石誌』には「緑柱石」は磐城石川、常陸山ノ尾、美濃高山、近江田ノ上などに産し、「石緑」は孔雀石と呼ばれる石であり、羽後の阿仁銅山と日三市銅山、飛驒の荘川に産するが、質が脆弱で装飾用にむかなかったり、量が少なかったりするようである（秀英舎、大正五年〔1916〕刊、第三編第一章第二節、第三章第四節）。

鉱物に限らないならば、「黄玉」には琥珀を用いることもできる。「白玉」も真珠が用いられていたかもしれない。『和名類聚抄』に「珠　白虎通云海出二明珠一〈日本紀私記云、真珠之良太麻(しらたま)〉」とあり、『令集解』の引く「古記」に「自生曰レ珠、作成曰レ玉」（賦役令貢献物条）とあり、「玉」と「珠」とは使い分けられているが、『延喜式』には巻十五・内蔵寮の条に「白玉一千丸。志摩国所レ進。臨時有二増減一」、『同』巻二十三・民部下の「交易雑物」に「志摩国、白玉千顆」とあって、真珠も「白玉」と呼ばれていたようである。

いずれにせよ、国内産であるとすると、「青玉」もしくは「緑玉」についてはなお考えなければならない問題があるようであり、「赤黒玉」については何を用いたか不明である。

ところで、『日本書紀』垂仁天皇三年三月条に「新羅(しらぎ)の王子天日槍帰(まゐけ)り。将来(もちきた)る物は、羽太玉一箇・足高玉一箇・鵜鹿鹿赤石玉一箇」とあり、『萬葉集』の山上憶良の「哀二世間離一レ住歌」(5・八〇四)に「少女らが　少女さびすと　可羅多麻を　手本に巻かし」とある。カラタマは韓玉あるいは唐玉であり、舶来の玉のことであろう。正倉院には瑠璃(ラピスラズリ lapis lazuri・青金石)、玻瓈(実際にはガラス)などの工芸品が遺っているが、これらは舶来品であったようである。小野蘭山の『本草綱目啓蒙』(享和三年―文化三年〔1803-06〕刊)にも琉璃も玻瓈も「和産ナシ」と言う。色玉の材に外国産のものが用いられたとすれば、次のようなことが考えられる。時代は降るが、李時珍の『本草綱目』の「玉類」に挙げられているものは次の一四種である。

玉・白玉髄・青玉・青琅玕・珊瑚・馬瑙・宝石・玻瓈・水精・琉璃・雲母・白石英・紫石英・菩薩石

これらのうち、馬瑙・雲母・白石英・紫石英以外は、和産しないものであり、また平安時代には和産のものが知られていなかったものである。それらを『新註校定　国訳本草綱目』(春陽堂)の「月報4」(昭和四十九年〔1974〕五月刊)所載の益富壽之助氏の「旧注新注対照」によって、何に同定されているかを見ると次のようになる。

『本草綱目』に言う「玉」は硬玉 jadeite と軟玉 nephrite との合称である。「白玉髄」は魚卵状珪石に同定され、「青玉」は淡青色の硬玉、「青琅玕」はトルコ石または鍾乳状孔雀石あるいは青色樹枝状の玉滴石に、「玻瓈」は無色透明の水晶あるいは透明のガラスに、「琉璃」は青金石(ラピスラズリ)に、「菩薩石」はヘルキマー・ダイヤモンド(光輝強き無色の水晶)に益富氏は同定されている。さらに「宝石」と一括されている中にもいくつから美石が含まれている。すなわち「集解」には次のように説明されている。

宝石出二西番回鶻地方諸坑井内一。雲南遼東又有レ之。有二紅緑碧紫数色一。紅者名二刺子一。碧者名二靛子一。翠者名二馬価珠一。黄者名二木難珠一。紫者名二蠟子一。又有二鴉鶻石・猫睛石・石榴子・紅扁豆等名色一。皆其類也。

山海経言、騍山多レ玉。凄水出焉。西注二於海中一多二采石一即宝石也。碧者唐人謂二之瑟瑟一、紅者宋人謂二之靺鞨一、今通呼為二宝石一、以鑲二首飾器物一。大者如二指頭一小者如二豆粒一、皆碾成二珠状一。張勃呉録云、越雋雲南河中出二碧珠一須下祭而取上レ之。有二縹碧緑碧一。此即緑色宝石也。

時珍曰く、宝石は西番、回鶻の地方の諸坑井中から産出し、雲南、遼東にもある。紅、緑、碧、紫等の数色があつて、紅なるものを刺子(しし)と名け、碧なるものを靛子(てんし)と名け、翠なるものを馬価珠(まげじゅ)と名け、黄なるものを木難珠(もくなんしゅ)と名け、紫なるものを蠟子(らふし)と名ける。また鴉鶻石(あこつせき)、猫睛石(めうせいせき)、石榴子(せきりうし)、紅扁豆(こうへんづ)など色に因つて名けたものもあり、いづれも同一種である。山海経に「騄山に珠が多い。凄水はそこに源を発して西の方海中に注ぐ。采石が多い」とある。其の采石とは即ち宝石のことだ。碧色のものを唐代に瑟瑟(ひつひつ)といひ、紅色のものを宋代には靺鞨(まつかつ)といつたが、今は一様に宝石と呼び、首飾りや器物に装塡する。大なるは指頭(ゆびさき)ほどあり、小なるは豆粒ほどで、いづれも碾(す)つて珠の形に作る。張勃の呉録に「越雋、雲南の河中に碧珠が出る。祭を行つてから之を取るのであつて、縹碧、緑碧のものがある」とあり、これが緑色宝石である。

（『新註校定　国訳本草綱目』の訳による）

ここに見える宝石を益富氏は、「靺鞨、刺子」をルビーに、「靛子、鴉鶻石、瑟瑟、碧珠」をサファイアに、「馬価珠」をグリーンサファイアに、「猫睛石」をキャッツアイに、「石榴子」をザクロイシに、「木難珠」をトパーズまたは金黄緑柱石に同定している。

以上『本草綱目』の「玉類」に見えるものを主な色で分類すると次のようになる。

白色　　軟玉・白玉髄
青色　　青琅玕・青玉
碧色　　靛子・瑟瑟・鴉鶻石

翠色　　硬玉・馬價珠
紅色　　靺鞨・刺子・紅扁豆・石榴子・猫睛石
黄色　　木難珠
紫色　　蠟子
緑色　　碧珠
無色透明　菩薩石

あるいはこのような石から作られた玉が輸入されていたか、あるいはこれらの原材料が輸入されて、玉に加工されていたのかもしれない。

5　玉（たま）信仰

国の内外から得られた石材によって「玉」がつくられ、その「玉」の色と数により、あるいは大きさや材質の違いによって、それを飾る者の位階が区別されていたと考えられたが、改めて注目したいのは、諸王諸臣のものがすべて「玉」と呼ばれていることである。水精・瑪瑙・碧玉から、ほとんどの色玉を作ることができたとすれば、親王四品已上の者の冠頂の玉を「水精」「琥珀」と言っているように、他の玉も「白水精」「赤瑪瑙」などと言わず、あえて「白玉」「赤玉」などと「○玉」という言い方をしたことになるが、それはなぜであろう。

寺村光晴氏が「玉類は、単に身体装身的意義を有するだけでなく、一面に呪的・祭祀的な性格を持つものである。このことはいまさら記紀の伝承や、古墳発見玉類の在り方を列挙するまでもなかろう」（『古代玉作の研究』國學院大學考古学研究報告　第三冊、吉川弘文館、昭和四十一年〔1966〕刊 p.215）と言われているように、玉はそれ自体、呪的・祭祀的正確を有するものであった。これは平安時代においても同じであった。平安時代に玉の制作に関わっていた出雲の玉作部の作る玉は『古語拾遺』また、『延喜式』にあったように「御祈玉」また「御富岐玉（みほきたま）」と呼ばれるものであった。ホクとは「神に祈る・祈って幸いを招く・祝福する・ことほぐ」という意味である。王冠を飾る「玉」もまた同様の意義がこめられており、千年の長寿を祝って髪に飾られた寄生木や実の赤く色づいた橘の枝と、王冠に飾られた玉は同じ意味を持っていたと思われる。「あしひきの山の木末（こぬれ）のほよとりてかざしつらくは千年ほくとぞ」（『萬葉集』18・四一三六）、「あかる橘うづに刺し紐解き放（さ）けて千年ほきほきとよもしゑらゑらに仕へ奉るを見るが貴さ」（『萬葉集』19・四二六六）。水精や琥珀は、材そのものがそうした呪力を持つものと考えられていたであろうことは先に述べたが、「瑪瑙」にはそれはない。したがって、「瑪瑙」ではなく、「（瑪瑙の）玉」でなければならなかったのではなかろうか。「○玉」という呼び方が用いられているのは、そうした「玉」への信仰がいまだ存在していたからだと思われる。

注

（1）正倉院宝物に聖武天皇のものとされる冕冠（べんかん）が残る。鳳凰、瑞雲、唐草模様の金属製透かし彫りと糸で通した垂らしの飾りの残欠であるが、垂らしの飾りに真珠・珊瑚・玻璃（ガラス玉）が着けられている。

（2）「古記云、礼服冠、謂礼冠也。玉冠是也」（『令集解』衣服令・皇太子条「礼服冠」注）。

（3）畔田翠山の『古名録』は『華夷珍玩考』に「昔刺泥黒紅色」とあることから「赤黒玉」を漢名「昔刺泥」とするが、何にあたるのか不詳。

（4）本文と訳は京都大学人文科学研究所研究報告・藪内清編『天工開物の研究』（恒星社更生閣、昭和二十八年〔1953〕刊）による。

（5）和田維四郎著『金石学』（明治十一年〔1878〕刊 p.199）。

第三章　江戸時代の石の文化の諸相
―『雲根志』の世界―

はじめに

木内石亭（小繁1724-1808）は「奇石」を愛した人である。「予、十一歳にして初て奇石を愛し、今に三十年来昼夜是を翫びて他事なし」（『雲根志』前編巻五愛玩類「二十一種珍蔵」）と言い、藤原憲撰の墓碑銘にも「幼無二他翫弄一唯奇石是好」とある。『以文会筆記』（文化九年〔1812〕記）には「昔より是れを好める人もあれども、此翁近世奇石家の祖と人口に申し世上に名高く、奇石に大に癖ありて其事実を糺し丁寧に貯ふる人は此翁はじめ歟」と述べられている。著作に『雲根志』『百石図巻』『大石之図巻』『奇石産所記』『曲玉問答』『鏃石伝記』『龍骨記』『舎利弁』『爪石奇談』『神代石ノ図』『社中奇石ノ図』がある[1]が、こうした著書だけからも彼の「奇石」への傾倒ぶりは窺うことができる。

生前に唯一版刻された『雲根志』（全三編）の構成は次のようになっている。

前編（安永二年〔1773〕刊）　霊異類・采用類・変化類・奇怪類・愛玩類
後編（安永八年〔1779〕刊）　光彩類・生動類・像形類・鐫刻類
三編（享和元年〔1801〕刊）　寵愛類・采用類・奇怪類・変化類・光彩類・鐫刻類・像形類

重複する「○○類」（采用類・変化類・奇怪類・光彩類・像形類・鐫刻類）があり、同じ類を意味すると思われる

「愛玩類」と「寵愛類」とがあるのは、前編から三編の刊行まで三十年ほどの間隔があったからであろう。何時の成立かは不明であるが、「漢土蛮夷ノ故事」を集めたとされる『石亭千膓録』は「寵愛之部」「変化之部」「像形之部」「奇異之部」「取用之部」「文理之部」に分けられている。おそらく石亭の基本的な分類法はそのようなものであったと思われる。これを基準に『雲根志』の「〇〇類」を当てると次のようになる。

「寵愛之部」　愛玩類・寵愛類
「変化之部」　変化類
「像形之部」　像形類
「奇異之部」　霊異類・奇怪類
「取用之部」　采用類
「文理之部」　光彩類

『石亭千膓録』には『雲根志』の「鐫刻類」に対応するものがない。「鐫刻類」は「古地又は社地を掘て間（まま）奇石を得る事あり。是神代の物にして今の人の知るべき所にあらず」（後編巻四鐫刻類「神代石」）などと説明されているものを含むものであるが、この種のものについての記述は外国の文献には少なかったからであろう。この類の石も石亭には「寵愛之部」か「像形之部」に属する「奇石」にすぎなかったが、石亭が整理して紹介していることが後世考古学者から評価されることになる。

ただ、こうした「奇石」を紹介した書に『雲根志』に「采用類」が有るのは意外である。この類に採りあげられているのは水銀、自然銅、金砿石、銀砿石、鉄砿、錫鉛砿などの金属、あるいは石炭、自然灰、石塩、砥石、硯石、附石（つけいし）、浮石（かるいし）、碁石、温石など日用に用いられるものである。おそらくこの類が採りあげられているのは、当時盛んであり、石亭も学んだ本草学、物産学への配慮があったものと思われる。本草学の聖典であった『本草綱目』（李時珍著、明・万暦二十四年〔1596〕刊）の金石部目録の前文に次のようにある。

李時珍曰、石者気之核、土之骨也。大則為石巖、細則為砂塵。其精為金、為玉。其毒為礜、為砒。気之凝也則結而為丹青、気之化也則液而為礬汞。其変也或自柔而剛、乳鹵為石是也。或自動而静、草木成石是也。飛走含霊之為石、自有情而之無情也。雷震星隕之為石、自無形而成有形也。大塊資生、鴻鈞鑪鞴、金石雖若頑物而造化無窮焉。身家攸頼。財剤衛養。金石雖曰死瑶而利用無窮焉。

李時珍曰く、石は気の核、土の骨である。大なるものは石巌（いわお）となり、細なるものは砂塵となる。その精は金となり、玉となる。その毒は礜（よ）（砒素を含んだ毒石）となり、砒（ひ）（砒素の化合物）となる。気が凝縮すると丹（丹砂）青（空青など）となり、気が溶化すると液となり礬（礬石）汞（水銀）となる。柔から剛に変る場合がある。乳（石鍾乳）鹵（鹵鹼類）が石となるのがこれである。a動が静に変る場合がある。草木が石となるのがこれである。飛走するもの（鳥獣）や含霊（人間）が石となるのは、有情から無情に変ったのである。雷震や星が隕（お）ちて石となるのは、無形から有形に変ったのである。b大塊が万物を生じ育てゆくように、大きな鈞（ろくろ）・鑪（いろり）・鞴（ふいご）のように、金石は頑物とはいえ、さまざまなものを無数に造り出していく。それによって身体の健康も一家の財も護られる。金石は死玉とはいえ、その利用価値は無限である。

右の文章のaは『雲根志』の特に「変化類」に対応し（「変化類」に隕石を含んでいることは特に注目される）、「采用類」はbに対応するように見える。bのように捉えれば「采用類」もまた奇しき石と言うこともできようが、少なくとも他の類の「奇石」とは性質を異にする「奇石」である。『雲根志』の初編の扉に載せられている版元浪華書林の宣伝文には、

此編は諸州に名ある玉石、郷人（さとびと）の云伝（いひつた）ふる話を拾ひ、幷に諸家珍蔵の奇観及び小繁（こはん）先生年来采収（とりおさむ）る砂石等ことゞゝく註釈し、和漢の書を徴として弄石家の参考に備ふ。

とあったのが、全三編が出版された後の出版社の宣伝文(2)では次のようになっているのは、そうしたことが配慮されたためと思われる。

此書は、諸国の名石・玉石、郷人の云伝る者を拾ひ、幷に諸家珍蔵の奇玩、及び小繁(こはん)先生年来索収(とり)る諸名石数品集め、悉く註釈す。且先年小繁先生諸国紀行の折、奇々妙々不思議の事ども、其儘書顕はし、諸名家の珍説を挙(あげ)て奇石家・産物家・本草家の便とす。名産・名所・古今の不思議を知るの書なり。西遊記などいへる書よりも面白し。前編より今三編に至り既に板行し、日々流行海内に行はる。

いずれにせよ、『雲根志』には弄石家・奇石家が喜ぶような「奇石」だけではなく、日常用いられた石も採りあげられた結果、本書は江戸時代の庶民全体の「石の博物誌」と言えるものになっているのである。

ところで、「愛玩類」「変化類」等と分類されてはいても、それぞれの類で採りあげられているものには、必ずしもその類に属するとは思われないものがまま見られる。例えば「愛玩類」に「盆石」や「津軽石」（宝石）等があるのは良いとして、源義経が道に迷って案内を請うた時に偶々(たまたま)腰掛けたという「腰掛石」や弘法大師の母が女人禁制の高野山に登ろうとして山神の怒りを買い、風雨雷電し火を降らせた時に大師が袈裟を掛けたという「袈裟掛石」、あるいは行幸の時に車の通行の邪魔になったので埋められてしまった伏見城門前の「見附石」、さらには遠くからは柱を立てたように見える琵琶湖の「沖白石」や伊勢二見浦海中にある「二見立石」等々がそれである。そこで、石亭の分類にこだわらず、試みに石神信仰といったものとの関係から整理しなおすと、その関係の濃いものから薄いものへ次のようになる（ただし、一つの石が複数の項目に関わることがある）。

A　信仰の対象となる石
B　俗信を持つ石
C　霊異や怪異を示す石

D　珍石・怪石

E　伝説や由来を持つ石

F　甑石

G　化石

H　古代の遺物

I　材木石・日用石

このように整理し直すことによって、日本の石との関わりの歴史の中で、『雲根志』の時代がどのような位置にあるのかを窺うことができるように思われる。すなわち、**ABCD**に多く記載されている俗信や俗説や言い伝えは、石亭は「雲根志前編後編に霊異妖孽祥異（ようけつしようい）の編を立て奇談を記すといへども都（すべ）て此類は風流家の好む事にあらず。見る人信ずべからず。只（ただ）俗説のまゝにしるすのみ」（三編巻三奇怪類「祟石」）などと繰り返し述べてはいるが、当時の貴重な民俗学的資料となる。**F**からは人々が石をどのような形で愛玩し鑑賞していたのかを知ることができ、**GH**からは化石や石器に対する石亭の考え方とともに、当時の人の考え方も知ることができる。そして、**I**からはどのような石が生活の中で用いられていたかを知ることができるのである。

考　察

A　信仰の対象となる石

自然石の姿で崇められていたことが分かる最も早い神は『古事記』に「常世（とこよ）にいます、石立（いはた）たす、少名御神（すくなみかみ）」（記39）と歌われたスクナミカミ（スクナビコナノカミ）であろう。『延喜式』巻九の神名帳には「宿那彦（スクナヒコノ）神像石神社」（能登国能登郡）とあり、またこの神とともに国造りをしたオホナモチ（大国主の命）の「大穴持《オホアナモチノ》神像《カタノ》石神社」（同国羽咋郡）が見える。石神とは自然石の形をとる神を言うようである。(3) 神名帳には他にも「石神《イシガミノ》社」（河内国大縣郡）・「石《イハノ》神社」（伊勢国鈴鹿郡）・「石《イシノ》神社」（同国員弁郡）・「石神《イハガミ》山精神社」（陸奥国黒川郡）・「石神《イシカミノ》社」（同国桃生郡）・「磐《イハノ》神社」（同国胆沢郡）と見える（振り仮名は『新訂増補　国史大系　延喜式』吉川弘文館刊を参考にした）。

『雲根志』に見える石神には次のような例がある。

神体石といふもの筑後国久留米三熊郡大石村の産土神《うぶすながみ》の神体は石也。むかし此石わずかに一握許なりしが年々に増長せり。仍て毎年御社を建替《かゆ》る事也。今の御社は三間四方神体石は数十人して持《もつ》べし。此所の鎮護神として所の人安産の祈願をなすに奇瑞少なからずと。（後編巻二生動類「神体石」）

洛大宮通の西上立売の北に石神《いはがみ》の社ありて祭る所岩なり。此神体の岩、昔堀川の西二条の南にあり。中比《なかごろ》禁裏の築山に移さる。或時奇怪あるを以て禁闕の外に出さしむ。然して年あり。其後今の地に移し社に封じて石上《いはがみ》大明神と崇め奉る。真言の僧今これを守る。（三編巻三奇怪類「石神」）

石神は現在も各地に残っている。(4)

『雲根志』にはまた、仏像などに見立てられたものも紹介されている。

山城国西山三鈷寺の山奥に仏が渓といふあり。其谷の口に自然の石にて仏の姿をなせるあり。よつて仏石と号す。人作のものにあらず。又勢州関の近山甲越といふ山の傍に自然に仏形をなせる石あり。仏石の事和漢に多し。既に前後の編に毎々出せりによつてこゝに略す。（三編巻六像形類「仏石」）

大和国榛名山にありる其色黒く自然に大黒の姿をなせる大石なり。（三編巻六像形類「大黒石」）

富士山の禁《ふもと》大宮の谷に大石あり。石面に仏像隠起《いんき》す。其長さ二五寸。全く人作《じんさく》にあらず、天造也。又能登国鳳至郡菩薩谷に菩薩石といふものあり。長《ながさ》壱寸色黄にして人形《ひとのかたち》のごとく面目具《そなは》るにはあらず、只《ただ》法師のかたちあるのみ。（後編巻一光彩類「仏像石」）

さらには岩に彫刻された仏像なども見られる。

宝暦六年九月廿六日江州辺俄に山崩れ水出て山中谷々の人家悉く流れ、人も夥しく死せり。此時草津駅の東なる桐生谷妙関寺といふ一村過半流れ失ぬ。後の山より水でたり。是を見るに山の半腹崩れて半は壁のごとく残れり。その壁のごときものは石なり。此石面に観世音の像あり。考見るに土中五丈許下にあり。いつのころ何もの、彫刻せるにや詳ならず。（後編巻四鐫刻類「観音石」）

讃岐国釈迦弥谷寺の山中岩石に諸仏菩薩の像を彫付たり。俗説に僧空海一夜に千体仏を彫刻せんとす。今一体になる時、海若（あまのじやく）来りて已に夜明たり。よつて其願ひ満（みた）ずして、九百九十九体ありといふ。（同右「千仏石」）

和州薬師寺に仏足を彫（ゑり）たる石あり。傍に碑のやうに二十首ばかり和歌を彫し石あり。共に光明皇后の立させ給ふと。是は天竺に仏石の跡（あと）をのこし給ふ石あれば、それをおぼしめしやりてゑらさせ給ふにや。又山城国栂尾山春日明神の社の北谷に仏足を彫りし石あり。明恵上人作れりと。（同右「仏足石」）

前引の「仏像石」（後編巻一光彩類）の文章の後に「凡（およそ）仏像石仏紋石の事諸家の珍蔵甚だ多し」とあるが、個人の秘蔵する羅漢や地蔵に似た自然石も多くあったようで、(5) それらの多くは翫弄品となっているが、なお信心の対象となっているものもある。

尾州名古屋伊藤氏の秘蔵に羅漢石あり。みずから羅漢亭と号す。江府内本所弥勒寺の宝物に大日如来石といふ有。京師蟹石亭の珍蔵に渡唐の天神石あり。勢州津岡氏の珍蔵に百年の小町石あり。和州横野の茶店に仙人石あり。湖西苗鹿村に地蔵石を拾ひ得て信心する人あり。勢州宇治成願寺に人丸石あり。浪華栢木史に達磨石あり。伊賀上野笑石亭同国荒木村にて得たる寿老人石、予が珍惜に観音石あり。所謂天成なるものにして人工の及ぶ所にあらず。しかれども和漢此類少からず。已に前篇に委しければ繁きを恐れてこ、に略す。（下略）

（三編巻六像形類「羅漢石」）

ただ、『雲根志』には、かつては神体として祀られていたと思われるものが「作事の築石礎石」に用いられている例が見えることは注目される。

> 下総国銚子の浦に玉前大明神まします。毎日大小の円き石四つ五つ浪にうちよりぬ。神主是を拾ひ取て境内に積置り。当国は山なき国にてもとより石払底也。別して此辺は一向に石なし。諸人作事をするに右の寄石を三里四里或は十里も申下ろしに来る事也。
> （前編巻一霊異類「寄石」）

この石については谷川士清の『和訓栞』（安永六年〔1777〕から刊行）にも「寄石の義、上総国埴生郡玉崎神社にある事なり。磯際の鳥居の辺に毎日大小の丸石四ツ五ツほど浪に打ち寄也。是を社の側に積置て近郷の民申請て作事の築石礎石につかふ。此国ハ山なし。よて石も亦甚希なるをもてかかる不思議ありといへり」（「よりいし」の項）とあるが、この石と同様に海から打ち寄せられた石の記事が『文徳実録』斉衡三年〔856〕十二月二十九日条に見える。

> 常陸国上言。鹿島郡大洗磯前有レ神新降。初、郡民有二煮レ海為レ塩者一、夜半望レ海、光耀属レ天。明日有二両恠石一。見在二水次一。高各尺許。体二於神造一。非二人間石一。塩翁私異レ之去。後一日、亦有二廿余小石一。在二向石左右一。似レ若二侍坐一。彩色非レ常。或形像二沙門一。唯無二耳目一。時神憑レ人云、我是大奈母知・少比古奈命也。昔造二此国一訖。去往二東海一、今為レ済レ民、更亦来帰。

この石は神であった。玉前大明神の石もかつては神体として祀られていたのであろう。後には石仏もまた城壁の岩に利用されることがある。

B　俗信を持つ石

『雲根志』には願掛けやまじないや石占に用いられる石も多く紹介されている。

「燕石」は難産の時のまじない石である。

> （前略）其状貝に似、或は雀に似たるものあり。是薬用の燕石なり。（中略）両羽開きたると円きとあり。雌雄なり。俗是を難産の時にまじなひに用る事あり。（後編巻三像形類「燕石」）

『和漢三才図会』にも「婦人が難産のとき両手に各一個を握らせるとたちどころに効験がある。また逆毛倒睫（さかまつげ）を治す」と見える。『本草綱目』の「燕石」にも同様の説明があり、その俗信が日本に伝わったものだろうか。

「重軽石（おもかるいし）」は持ちあげた時の軽重で祈願の成就や吉凶を占うものである。

> 江州水口の駅の辺山村といふ所に天満天神の社あり。天神石といふ石あり。大さ西瓜のごとく円き石也。諸人此石の軽重をこゝろみて祈願の吉凶を問事あり。願成就には石軽く不成就には重し。重き時は一人してあぐる事あたはず。軽き時は甚だかろし。伝云、天神筑紫より持来り給ふ石なりと。又同州野洲村に天神の小祠あり。同じく石あつて是も又同じ。又同州大津三井寺正光坊に天神の祠あり。神前に錦の袋に入て蹴鞠の大さなる石あり。是も又しかりといふ。又京都北野天満宮南門の内左の方にくづれたる古き墓石あり。伝へいふ、時平大臣のはかなりと。此石を手にてたゝきて上る時は甚だおもく、なでゝ上る時はいたつてかろしと。（前編巻一霊異類「天神石」）

> 洛西今宮の社内本社の側なる末社の神前に大さ鞠ばかりなる円石（まるいし）あり。此石を叩て挙る時は甚重く撫て挙る時は至つて軽しと。此類の説和漢ともに甚多し。（三編巻三奇怪類「軽重石」）

「願掛石」は諸願を祈る石である。

> 下総国葛飾郡立石村南蔵院の畑中にあり。其大さ南北三尺東西一尺五六寸高さ地より二尺余出たり。此石に物を供して祭り諸願を祈るにしるしあり。小児の痘瘡など石面に痘を生じ、其身の痘かろし。（中略）立石出（たていししゅつ）

願石又願掛石などいへり。又、上野国榛名山に三間ばかりなる大石あり。石面くぼみてつねに水を湛ふ。俗痣水石と名く。此くぼみの水にて痣をあらへばたちまち癒る事神変なり。

（前編巻四奇怪類「願掛石」）

「陰陽石」は縁結びなどを祈願する石である。(6)

常陸国茨城郡高原の畑に一茂の森あり。弓削道鏡を祭る宮なりと。当社の神体長さ一尺五寸にして自然石の陰茎のかたち也。又谷一ツへだて、むかふの山陰に一茂あり。是は孝謙天皇の宮なり。此神体は長さ二尺黒色にして薬研の形の石。くぼきの中に一核ありて女陰に似たり。此辺の土俗女法王宮男法王宮といふ。縁遠き女祈願するとあり。きはめてしるしありと。（中略）陰陽石和産所々にあり。別条に出す。

（前編巻一霊異類「陰陽石」）

駿州大井川の上に藁品川といふ川あり。当辺に陰陽石と云物を産す。陰石は女陰陽石は男根の状なり。（中略）又讃岐国より出るも其北方に陰石を拾ひ南方に陽石を得ると。是天地自然の理なるべし。

（後編巻三像形類「陰陽石」）

「左石」「双子石」は生まれる子について次のような俗信を持つ石である。

伊賀国阿拝郡西山村の里の南谷にあり。大さ一丈余の頂平なる大石なり。此辺の婦人子を孕みし時、此石に男女を試る事あり。左の手に小石を持て此石上に投上るに、その小石上に止る時は男子、止らざる時は女子を産といふ。里俗むかしよりかくのごとくするゆへ石上に夥しく小石あり。

（三編巻三奇怪類「左石」）

尾州氷室氏の説に肥前国前田といふ所に双子石といふあり。其辺の里人いふ、孕女此石の近辺にちかづく時はきはめて双子を産、これによつて孕女は大に恐れて近寄らずと。亦伊州瀧本氏のいふ、伊賀の名張郡赤目の瀧の道中に双子石といふあり。土俗いふ、孕女故之石の辺にて辷などする時は極めて双子を産、これによつて孕女は此石の辺に近寄らずと。

（三編巻三奇怪類「双子石」）

さらには「人の縁談を妨ぐとによつて嫁娶に意ある人は昔より此獅子石の見ゆる道は往来せずと」いう言い伝えの石もある（三編巻六像形類「獅子石」）。

このように石を占いや願掛けやまじないに用いることは上代から行われていた。

『日本書紀』景行天皇十二年十月条に石を用いて神意を問うウケヒを行った話が見える。『雲根志』にも次のように紹介している。

神書に載す。景行天皇、野中に大なる石あるを祈てのたまはく、朕今土蜘蛛を滅さん事を得ば、此石を蹴んに柏の葉のごとく揚れとのたまひて蹴給に忽大石空中に飛揚ぬとかや。かゝる事漢土にもあるにや、仙伝拾遺に葉法善符を投ずれば巨石須臾に飛去りと記せり。（後編巻二生動類「蹴石」）

『萬葉集』には「夕占問ひ石占もちて」（3・四二〇）と「石占」の語が見える。ただし、この「石占」がどのような方法で行われたのかは諸説ある。

『肥前国風土記』には子宝を授かることを祈願し、雨乞いを祈願する石が見える。

（景行天皇の）御船の沈石四顆、其の津の辺に存れり。此の中の一顆は〈高さは六尺、径は五尺なり〉。一顆は〈高さは八尺、径は五尺なり〉。子無き婦女、此の二つの石に就きて、恭び祈禱めば、必ず妊産むことを得。一顆は〈高さは四尺、径は五尺なり〉。一顆は〈高さは三尺、径は四尺なり〉。亢旱の時、此の二つの石に就きて雩し、幷祈れば、必ず雨降る。（神崎郡船帆郷条）

また、『出雲国風土記』には雨乞いの石が見える。

嵬の西に石神あり。高さ一丈、周り一丈なり。往の側に小き石神百余ばかりあり。古老の伝へていへらく、（中略）謂はゆる石神は、即ち是、多伎都比古命の御託なり。旱に当りて雨を乞ふ時は、必ず零らしめたまふ。（盾縫郡神名樋山条）

有名な神功皇后がまじないに用いた「鎮懐石」は『雲根志』にも次のように紹介されている。

神功皇后三韓退治の御時懐胎をまじなひたまひし石なり。此石筑前国深江の宿のつゞきなる幸の原の八幡宮の神前にあり。人拝して通ると万葉集に見えたり。勢州内宮蓬莱氏此地にいたりて尋ねければ今は社内に納めて神体を崇め奉ることをゆるさずと。或人の家秘にいはく、此石一種の石なり。新宮皇后肥前国園祇平敷にて此石を得たまひて壓咒給ひしなり。今に此石篦敷にありと云々。（中略）王代一覧曰、神功皇后新羅退治之御時皇后石を取て御腰にはさみ、まじなひたまふてねがはくは、胎内の皇子新羅征伐をはりて還らん時に誕生したまへとのたまふ。（三編巻二采用類「鎮懐石」）

この「鎮懐石」は石亭の時代にも「崇め奉」られていたようであるが、注目されるのは石亭はこの石を霊異類ではなく采用類に入れていることである。それは右の引用の「中略」部分に、

蓬莱氏又肥前の平敷に至りてこれを尋ぬるにまゝこれあり、常の石に異なり。長崎の玉工此石を取得て種々細工に用ゆるにはなはだ美なり。

とあり、この石がさまざまなもの加工されていることによる。信仰を失った「鎮懐石」は玉前（たまさき）大明神の石と同様の運命をたどったようである。しかしなお、現在でも願掛け石や<u>まじない</u>石や石占に用いられる石は各地に多いことは注目しておきたい。(7)

C　霊異や怪異を示す石

「霊異類」と「奇怪類」には普通では理解できない不思議な言い伝えや現象を現わす石が多く紹介されている。その中には次のように、かつては石神が現わした霊験と信じられていたのではないかと思われるものもある。

近江国大津駅西山城界逢坂山の奥に鶏石あり。俗伝云、世乱れんとする時、此石中に鶏のこゑきこゆと。道も

なき山奥也。巨大なる一石なり。むかし鶏鳴し事古老の云伝ふるのみ。（前編巻四奇怪類「鶏声石」）

山城国久世郡巨椋の内山福寺の境内に神牛石といふあり。其形真に牛の如くにして色黒く天工自然の大石なり。伝へいふ、此牛石天下に凶事ある時は惣身に汗を流すと。（三編巻三奇怪類「神牛石」）

しかし、多くは石亭自身が「見る人信ずべからず」（三編巻三奇怪類「祟石」）、「妖僧等が糊口の種にして物産家弄石家の尋ね需むべき事にあらず」（同「夜泣石」）と言う類のものである。[8] その数は枚挙に遑のないほどであるが、煩を厭わずできるだけ紹介すれば次のようなものがある。前編巻一霊異類には、雨が降ろうとする時、石から露を吹き出す「雨候石」、夢の裡に稲荷明神から授かった石によって懐妊した子どもが出世し、夫婦安楽に暮らせたという「福石」、石の中の蚕を養うと福を得る「致富石」、阿闍梨持戒勤修の時、童子に化して随従給仕し、阿闍梨滅後は石に戻ったという「護法石」（説法石とも）、刃が丸くなれば山に棄てると翌年また刃が付く「石刀」（包丁石とも）、通る舟は馬形のものを載せることや馬に関する言葉まで禁じられ、禁を破れは舟の中に怪異が生じたという琵琶湖底に在る馬の形の「馬石」、石を切ると血が流れ、石工は即死するという牛に似た「牛石」などが見える。前編巻四奇怪類には、石の下から瓜草が生え、一夜のうちに蔓を出し葉を出して、石面を覆う「瓜生石」、石から小豆粒の石を産み、後また重さも変わらない「子産石」、方二間の平石で、中に五寸四方の窪みがあり、そこを他の石で敲くと鼓の音がし、五七町に響く「鼓石」、鑿つと鑿穴から瀧のように血が噴き出し、数千の牛が一度に吼えような声で泣いたという「泣石」等々が見え、三編巻三奇怪類には、夜中にさまざまな怪異を示す「祟石」、猿の面の石像の「御猿石」、石の中に汚物を入れると大風雨となる「中窪石」、生きた魚が入っていた「生魚石」、雷鳴とともに天から降ってきた「雨石」、中に金色の蛇が居て、水を出し続けた「金蛇石」、石の中常に松風ある「松風石」等々が見える。また、生動類（後編巻二）の中にも、花を咲かせる石、成長する石、龍が入っていた石、指で押すと揺れ、大勢では動かない大石、満干潮に拘わらずいつも海上に一尺ほど頭の出る石、自然に大石の上に戻る石、水位の上下に関わらす首は水面に上がり、尾は流れの中にある亀のかたちをした石、中で魚が生きている石、忽然と獅子に変化する石、空中を飛びまわる石、むすめの生んだ石等々が見える。

右のように多くは信ずべからざる怪異であるが、現在では科学的に説明されているものもある。

「鸚鵡石」の現わす怪異は谺(こだま)と同じ音響の反射である。(9)

伊勢国宮川の水上にあり。里人談にのせたり。越前の敦賀、近江の蒲生郡にもあり。洽聞記岣嶁峰の響石なり。

（前編巻四奇怪類「鸚鵡石」）

鸚鵡石諸国にあること前編に詳なり。又伊賀国伊賀郡高尾村の川筋にあるは高さ二丈余横四丈余の巨石なり。山に添て石面川岸に出、此石にむかひて歌謡(うたうたひ)など高声に唱ふる時は石中同音にて谺(こだま)鮮なり。

（三編巻三奇怪類「鸚鵡石」）

「琴曳浜砂(ことひきはまのすな)」の発する音は石英を多く含む砂粒が発する摩擦音である。

丹後国琴曳浜は一はまのこらず砂(いさご)紫白にして透明(あき)らかに他の色なし。俗銀砂(ぎんしや)と云、水晶砂(すいしやうのいさご)とも琴曳砂(ことひきのいさご)とも云。甚だ清浄明白なり。此砂中を歩行に自然として琴の音あり。雨後は一入調子高し。

（前編巻四奇怪類「琴曳浜砂」）

「磬石」の出す高い響きはガラス質の成分によるものである。

攝津国能勢郡大丸村に磬石(けいせき)あり。方二間ばかり、形鉦鼓のごとく是をたゝけば磬の響あり。（中略）又土佐幡多郡蹉跎の岬に鉦鼓石と名る大石あり。扣(たた)けば声数町ら響て鉦鼓を打に異る事なし。又安芸より磬石を出す。板のごとくへき裂たる物なり。大さ尺ばかり。予蔵す物五六寸也。其声磬に異る事なし。又讃岐国白峰より同物をいだす。色青く黒し。又山城国鞍馬山僧正谷に稀にあり。安芸讃岐は上品也。山城は下品也。南海古蹟記の磬石を載たり。雲林石譜響板の類なるべし。

（前編巻四奇怪類「磬石」）

右の文に見える「讃岐国白峰より同物をいだす。色青く黒し」とあるものは、明治七、八年頃にドイツの地質学者ナウマンの知るところとなり、ワイシェンクによってサヌカイトSanukiteと命名されたことは知られている。(10)

「鈴石」は粘土の塊や砂や小石の入った褐鉄鉱質の殻を持つ石にすぎない。

　其色薄白く鶏卵のごとし。これを振るに其こゑ鈴に似たり。石中空虚にして小石をふくむと見へたり。何国の産をしらず。実に奇物也。又大和の生駒山に鈴石といふ物を出す。是は本草の太乙禹余粮也。(下略)

(前編巻四奇怪類「鈴石」)

D　珍石・怪石

「像形類」は自然の造形があるものに似ているものを纏めたものである。石亭は「似像」「似形」と言う。後編巻三の像形類には、馬の足跡に似た「馬蹄石」(同じ様な石を「自然硯」とも言う)、猪に似た「猪石」、猫の形に似た「虎石」、桃梅の核に似た「桃核石」、花立てに似た「花立石」、蓮花に似た「蓮花石」、冠に似た「冠石」、人骨に似た「野晒石」等々が載せられおり、愛玩類(前編巻五)にも、遠くから見る時は柱を立てたように見える琵琶湖中の「沖白石」また「沖立石」などが見える。石亭は「かくのごとく似形の石こゝに挙るにいとまなし」と言う。

こうした石もまた弄石家の珍蔵するところになっていた。蜈蚣に似た「蜈蚣石」は「濃州蜈蚣三盆石」と呼ばれ、亀の形に似た「亀石」は家宝となっている(三編巻六像形類)。また、次の項に述べる盆石ともなった。

この類の石から伝説が生まれているものもある。例えば、石面に足跡に似た紋様のある「足跡石」で上野榛名山にあるものは権現の御足跡と伝えられ、相模国曽我の里の伝曽我屋敷跡のものは五郎時宗の足跡であると伝えられている。また、馬蹄の形の石は、近江国石部宿の北菩提寺村の山中にあるものは良弁僧都の乗った馬の跡であり、相模国狐崎にあるものは梶原の馬の跡であり、伊勢の山田郷上友生村金剛寺にある聖徳太子の馬の跡である。蛙に似た「蛙石（かわずいし）」は夜な夜な人を食うので雲水の僧が封じ込めて石に化したという伝説がある（以上、後編巻三像形類）、また、前編巻一霊異類に見える「牛石」（前掲）や「蛇眼石」も同じである。「蛇眼石」は近江国余呉湖の余呉寺にある蛇の眼の紋様のある石であり、次のような言い伝えがある。長者の二人娘の姉は美女であったが、妹は醜かった。父母に山に捨てられた妹は世の中をはかなんで湖に沈み、蛇になろうと願立てをし、それまで仕えてきた下女に行く末の守護（まもり）にならんと片眼を刳りて渡した。後、このことが地主に知れ、その蛇眼を差し出せとの命令、差し出すと、両眼があろう、偽り隠すと重罪に処すと責められた。ある夜下女は湖岸に立ち、難を救うはずのもののためにこのありさま、いっそ自分も湖に沈もうと嘆く時に、湖から又一眼がこの石に投げられたという。

E　伝説や由来を持つ石

特に霊異を示す石でもなく、珍石怪石というものでもなく、歴史上の人物と結びつけられることによって有名になっている「似像」の石がある。上代においてもBの項で採りあげた『出雲国風土記』盾縫郡神名樋山条の多伎都比古命の御託（みよさし）とされる石など、既に同様の石は見られるが、『雲根志』の前編巻五愛玩類には次のようなものが載せられている。伊豆国那須浦にある石の上に碁盤のように縦横の筋があり、源頼朝が碁をうって遊んだという「碁盤石」、播州須磨にある源義経が平家を討った時に腰掛けたという「腰掛石」、洛中冷泉通り堺町ちかくの公家の家にある、むかし頼政が射た鵺が止まったという「鵺（ぬえ）石」、弘法大師がその佳景を移し得ないと諦めて筆を捨てたという「筆捨石（ふですていし）」、平野大明神がその上で釣りをしたという「影向（ようごう）石」、宇治の橋姫がその上に憩い、足を濯いだという貴船神社の一の鳥居の北の橋の辺にある「足洒（あしすすぎ）石」、和泉式部が貴船神社に詣でた時、この石の上に舞う蛍を詠じたという「蛍石」等々。また、三編巻一寵愛類にも織田信長が腰掛けたという「信長腰掛石」と弁慶が戯れに担ったという「弁慶石」が見える。以上のようなものはその真偽は確かめようもないが、洛中東山本願寺にある親鸞聖人愛したという「虎石」、山城国栂尾高山寺にある明恵上人の愛したという「高島石」、松尾芭蕉が江州膳所の庵で法華経の一字一石に写して墓に埋めたという「経石」、豊臣秀吉が愛し、死後伏見城に移され、さらに山城醍醐三宝院門跡に移された「藤戸石」などは史実に基づくもののようである。このような伝承石は『雲根志』に拾わないものも含め、現在も各地に多く残る(11)。

F　翫石

この類は「盆石」類と「宝石」類に分けられるであろう。

「盆石」について前編巻五愛玩類「盆石」の項に歴史や約束ごとなどについて書かれている（前篇序章に引用）。

また、蒔砂については前編巻五愛玩類「蒔砂」に次のように説明されている。

　蒔砂は盆石或は好事の士盆景樹木の下に蒔也。形色ひとしからず。只円く美なるを愛し、豆の粒ばかりなるを好むのみ。諸国の浦にありといへども其最上なる砂は○攝津有馬鼓が原○三河伊羅胡崎○相模大磯○陸奥松島○若狭小浜○同国織田浦の黒豆砂（中略）○越前常宮砂○淡路五色砂○丹後水の江浦嶋明神の浜五色砂○伊予大洲五色砂○丹後浜津五色浜の五色砂○筑前宗像渡り浜の砂○長門袖が浦其外碁石の産する浜の砂尤も佳なり。

盆石蒔砂それぞれの名産地は松江重頼（1602–80）編『毛吹草』巻四にも盆山石（上野・伊予）・盆山蒔砂(ボンサンノマキズナ)（攝津・備中帝釈天・伊予）・盆石敷石（相模）・答志涌砂(ワキス)（志摩）と見えるが、『雲根志』には次のような好事家自慢の盆石の具体的な形も紹介されている。

　江州上坂本に仏行坊と云あり。当院の住僧侶文雅を好り。奇石三十品あり。中に奇石とせるは九山八海石也。同所来迎寺の什物に同名の石あり。別なり。常の盆石にして峰九ツくぼみ八ツあり。自(みづから)九山八海と号せり。

（前編巻五愛玩類「九山八海石」）

江州大津に晩柳といふ人あり。俳諧をよくし、又画をよくす。風流の人也。一石を愛す。千峰石と号す。高さ五寸長さ八寸ばかり色黒く甚たかたし。たゝけば金声あり。其形山のごとく数十の峰を成す。又道谷瀧洞の景自然に有て上品の美石也。又予が家に双峯の盆石あり。或人双蛾眉と銘せらる。（前編巻五愛玩類「千峰石」）

濃州赤坂金生山に稀に出。先年同所谷氏より予に恵まるゝ三日月石あり。色黒く山の形をなせる盆石なり。山上に雪白なる三日月鮮明なり。横雲の石脈ありて名画といへども及ぶところにあらず。（下略）

（三編巻四光彩類「三日月石」）

「宝石」とは「愛玩類」「光彩類」に見える、水晶（すいしよう）・馬脳（めのう）・白瑪瑙・琥珀・碧玉（へきぎよく）・猫睛（めうせい）石・頗黎（はり）・瑯玕（らうかん）・緑青（孔雀石）石榴石・玉髄・青玉髄（せきぎよくずい）・黄玉髄（おうぎよくずい）・赤（せき）玉髄・白（はく）玉髄・黒（こく）玉髄などである。

肥後国阿蘇山より大さ鶏卵のごとくなる朱色の玉青玉を堀得る事あり。此の玉、昼は常の色にして夜は甚光彩有。

（後編巻一光彩類「宝珠」）

馬脳又は瑪脳に作る。和産を最上とす。諸州より出て品類多し。

（後編巻一光彩類「馬脳」）

上野国五料に猫目石（ねこのめいし）といふものあり。其状、棗或は栗のごとく円にして白く透り、その石中に黒点有。因て猫目と云。又五料石ともいへり。先師云、是則猫睛石（めうせいせき）なりと。

（後編巻一光彩類「猫睛石」）

近世和産甚だ多し。最も上品あり。形状ひとしからず。色又異なり。岩緑青土緑青あり。サビ緑青といふは銅のサビなり。石にあらず。今好事家孔雀石といへるものを珍蔵す。是緑青の上品也。形状雲のごとく波のごとく或は氷柱のごとく五色を交る物なり。又笙を吹人笙石とて所持するものも緑青なり。笙の舌を摺（すり）とるといふ。

（後編巻一光彩類「緑青」）

これらのうち、瑪脳は服飾に用いられていたことが記されている。

後篇に伊賀の膏薬石黒色なりと記す。今瀧本氏より恵むところをみれば黒あり黄あり或は青白赤或は雑色数品あり。是全く瑪瑙なり。其産所を尋ぬるに伊賀郡種生村兼好の墓の側、険阻なる山の半腹に高さ三丈ばかりの大石双（なら）び重りて下に洞穴あり。其中に膏薬石ありて、むかしは得やすく玉工（たますり）磨して緒〆（をしめ）などに作りたるよし。今は細小なる欠（かけ）のみにして甚得がたし。　（三編巻四光彩類「膏薬石」）

『和漢三才図会』にも瑪瑙の濁赤のものを「葡萄石」といい、緒鎮（おじめ）玉にするとある。少し時代が降ると、佐藤信淵（1769–1850）の『経済要略』に「宝玉・宝石・珊瑚・琉璃・琥珀・瑪瑙等皆擬造スルノ法アリ。此モ亦貧賤ナル士女ノ服玩ニ飾リ、其心意ヲ娯楽セシメ人世ヲ鼓舞シ蒼生ヲ撫御スル所以ノ具ナリ」と見え、多くの宝石などが服飾に用いられていたようである。

以上の他に、奥州津軽の浜に産する「津軽石」（瑪瑙や玉髄の総称か）や攝津国の名塩村を流れる名塩川の両岸山中から取れる瓢箪の紋のある「瓢箪石」、現在天然記念物となっている丹波国の亀山（現在亀岡）の桜天神境内に出る「銀色にて指頭の大さなる花形」の「桜石（さくらいし）」（後編巻一光彩類）などが特に注目されるものであろう。

碁石（ごいし）には自然のものと磨いて作ったものがある。『雲根志』には、

黒白自然の物本邦に尤多し。磨して造りたる物あり。白石は貝殻也。自然の物は志摩答志の浜に白棋子あり。一名鷺島とも云。又酢我島に黒棋子を産す。一名烏崎と云。黒棋子を産す。

とあり、『大和本草』の「天巧碁子」にも、

長州赤間関ノ西北一里筋ノ浜ト云処ニ天然ノ碁子ノ五色ナルアリ。人工ニアラズ。又紀州ノ那智ノ黒石モ為二碁子一如三人工一。

とある。『毛吹草』にも那智・攝津備後町・若狭スカ浜・石見高津などを名産地としている。硯石は松江重頼編『毛吹草』では近江高島・陸奥ヲガチ・美作高田・豊前・文司ノ関の硯石を名産としている。『雲根志』でも土佐国栗之御崎沖の海底の産である「文字関石」を本朝の硯石の至品としているが、丹波国石王子山の硯石には及ばない

としている。また、和州大峰山の紫金石も硯石の至品とする。

ところで、仏の舎利は「津軽石」であると石亭が喝破したことは知られている。

奥州津軽領と外の浜平館と今別との間の浜の砂中にあり。豆粒のごとくして五色に光り透り、甚だ美物也。俗に舎利といふ。所々開帳に舎利塔に納て出る多くは此物なり。器に入置に年を経て其数ふゆる也。又大なる物は枕のごとく拳のごとし。或は山の形をなし、又は生類の状あり。好事の者拾ひ得て飾物に愛す。丸き物は棗桃のごとくして、赤白相交人の手の筋のごとく、うづまき、美なる事此石に及ぶものなし。大なるものは玉屋に出して緒〆数珠などに彫刻する。（下略）（前編巻五愛玩類「津軽石」）

今の世、諸方の開帳に仏舎利或は肉付の舎利と称するもの、予これを見るに、都て是等の類を以て欺り伝云。（後編巻一光彩類「舎利石」）

『舎利之弁』（寛政四年〔1792〕序）にも「仏者の尊敬の対象とする舎利は我徒弄翫する宝石と同一物也」とある。小野蘭山もまた「津軽舎利」を「仏家舎利塔中に収むる者多くは是なり」（『本草綱目啓蒙』「宝石」）と言う。

G　化石

生き物が石に化したという話は早く『出雲国風土記』意宇郡宍道郷条に見える。

天の下造らしし大神の追ひ給ひし猪の像、南の山に二つあり〈注略〉。猪を追ひし犬の像〈注略〉、其の形、石と為りて猪・犬に異なることなし。

『雲根志』の「変化類」にも、動物や植物から衣や鏡、果ては隕石[12]に至るまで、石に化したという話が紹介されている。例えば、前編巻三の「変化類」の最初に載せる「雞化石」は、ある社の辺で雞（にわとり）の形をした小さい石を拾うことができるが、「悪さをする雞を近郷の百姓たちが殺そうとした。僧侶が罪を許し、雞を我に与えよと乞うたが、百姓達は許さず殺した。僧侶が歌を詠むと、死んだ雛がたちまちに石になった」という土俗の言い伝えがある、というものである。石亭はこのような言い伝えを「見る人信ずべからず。只(ただ)俗説のまゝにしるすのみ」と言っているが、生物が石に化すことは疑わなかった[13]。石亭の『化石の四説』（寛政四年〔1792〕成[14]）に当時行われていた化石成因説が紹介されている。

> 石亭子云。怪石供ニ木化石ノ四説アリ。一説ハ千年ノ枯木化スト云。一説ハ雷火ニ撃セラレテナルト云。一説ハ地中ヨリ気ノ立ニ当リテ化スト云。一説ハ海水ニツカリテ化スト云。皆不虚言乎。千年ノ枯木ハ由来遠久ナレバ難レ定。雷火ノ説ハ江戸本門寺ニ雷火ニ撃セラレテ松樹化ス（中略）。地中ヨリ気ノ立説ハ美濃賀児郡妙賀村ニテ小池左衛門ト云人、割木ヲ冬月檐下ニツミ置タルガ来春見レバ下ノ束石ト化ス。則猶山田。予見レ之。海中ノ産ハ讃州小豆島ニ三方ヨリ入江ノ所アリ。北三方ヨリ木枝抔海中へ流レ入石ト化ス。石亭子自ラ遊テ小児ナドヲヨビ銭ナドトラセ海中へ入サグラシム。多クアリトナリ。（下略）

石亭はこれらの説を「皆不二虚言一乎」（皆嘘とはいえないであろう）と言っているが、「蝦蟇石」については「擬水石につゝまれ、共に其気を受得て石と化せしもの成べし」と言い、滝壺に物を投げ入れると百日を経ずに石になるという里人の話を鍾乳石に化したものであろうという（前編巻三変化類「諸物化石」）、今日でも通用する見解も示している。

石亭は化石と「似像の石」（あるものの形に見える自然石）とを区別しようとしている。例えば「石鼈」について「浪花天満渡辺氏珍蔵する所、石の鼈四足なく首尾なく甲ばかりなりしかども生物の化石にちがいなし。予按ずるに石蟹の甲也。予是まで真の石鼈を見ず。俗石鼈とするものは似像の物にして真物にあらず。似像の石鼈像の類に出せり」（前編巻三変化類「石鼈」）とある。ただ、判断の付けにくいものもあったようで、現在では鮫の歯の化石とされる「天狗爪石(てんぐのつめいし)」は「像形類」に挙げられている。

俗に天狗の爪石といふ物、形爪のごとく長さ壱弐寸、先尖根に肉着あり。色紫黒両端鋸歯のごとく、実に爪に似たり。雷のおちし跡或は古き屋を葺かゆるとて得、又は大石を破りて得る事もあり。大木を切て木に立たるを得る事あり。能登国七尾近所に稀にあり、佐渡国越後国等にあり。或説に山亀あり、よく木に上る、此物の爪なりと。此説疑し。（中略）又一説云、鰐鮫の類の大魚の歯なり、是亦詳ならず。

（後編巻三像形類「天狗爪石」）

注目したいのは、『天狗爪石奇談』（寛政八年〔1796〕著）の序文に、

天狗爪石ト云物漢名ナシ。イカナル物カ不詳。故人モ考索セザル異物ナリ。能州ニ多シ。他国ニモ稀ニ有テ奇談アリ。今里人ノ怪談ヲ書記シテ爪石奇談ト号。後人是ヲ以テ考索ノ一助トモナランカ。山亀ノ爪、或鰐魚ノ歯ナド云古説アレドモ不詳。謹テ按ルニ造物者ノ秘スル時アリ、顕ル、時アリ。後人時ヲ得テ考勘アレト云。

とあり、造物者の造物の意図は我々には分からないと判断停止とも思われることを言っていることである。同様のことは「龍骨」についても見られる。「龍骨」は現在では古代象の化石であるとされているが、平賀源内が、讃岐小豆島で漁師が海中から得たものを真の龍の骨だと主張したことは有名である（『物類品隲』巻四）。石亭も源内と同様に考えていたようで、

美濃国石原村三宅某云、宝暦六年の比、大雨してコセ村の山大にくづれやぶる。（中略）山のくずれある所より方一丈ばかりなる龍のかしらと覚しきものあらはれ出たり。（中略）是を見るに実に歯也。又実に石也。是真の龍骨龍歯の類なるか。

（前編巻四奇怪類「龍首石」）

とあるが、『龍骨記（龍骨弁）』（寛政六年〔1794〕序）に、

古今物産家ノ考不一、或ハ云龍ハ霊物ナリ生死アルモノニ非ズト。今弄石家ニ弄翫スル物入（ママ）象骨ナリト。又或ハ龍ニ非ズ象ニ非ズ、石ノ骨ニ似タル一種ノ石□ナリトモ云。又龍ハ骨ヲ換ヘ蛇ハ皮ヲ脱スト、コノ説ヲ取時

ハ真龍ノ骨ナルベシト云人モアリテ、究極シガタシ。（中略）予憶(おも)フニ龍骨象骨ニアラザル事ハ角ヲ以テモ可レ知。石ノ骨ニ似タル物ニアラザル事ハ焼テ香ニテ可レ知。（中略）予謂、目ニ見、耳ニ聞タルノ外、天地ノ間ニ物ナシト思フハ、闇愚ノ至リ也。彼是ノ説ヲ考合ル時ハ真龍ナキトハ云ガタシ。依テ愚按ヲ聊記シテ後人考究ノ一助トス。

と言う。当時としては仕方なかったのであろう。

H　古代の遺物

「鐫刻類」には、豊臣秀吉の京都大仏殿を建立の時の石垣の石に各大名が家紋を彫りつけた「紋附石(もんつきいし)」や磨崖仏の「観音石」「蜻蛉石」「千仏石」など、あるいは空海が弥陀の六字を刻んだ岩や薬師寺の「仏足石」なども見られるが（後編「鐫刻類」）、今日の考古学で研究対象となる鏃(やじりいし)石・曲玉(まがたま)・神代石(じんだいせき)などの石器類が纏められており、像形類には「車輪石」も見える。

「神代石」とは古代の石器類を総称して言ったもののようである。これらの石器類の収集およびそれに対する石亭の見解の考古学史における意義については、斎藤忠著『木内石亭』（吉川弘文館人物叢書、昭和三十七年〔1962〕刊）に詳しいが、斎藤氏は石亭の『曲玉問答』(15)で注目されることは次の五点であるとしている。

1　勾玉をもって、舶来のものではなく、国産であると考えたこと。

2　勾玉をもって、葬具というような不浄なものでなく、生前につかったものを土中に埋めた副葬品であると考えたこと。

3　勾玉は琉球の土俗において用いられているが、これをもって琉球の製作とみなす説に対し、我が国の古俗の絶えたものが、たまたま琉球や蝦夷の辺鄙では古い習俗として残存したものと考えたこと。

4　南都寺院の仏像の天蓋の飾りの連玉の一端に勾玉があることをもって、持ち伝えた勾玉をもって、天蓋の飾りに用いたものと考えたこと。

5　好事家によって、「曲玉壺」と名づけられているものを批判し、勾玉のはいっている例が稀にあるから、「曲玉壺」と名づけたのであって、壺の中には勾玉ばかりではなく、管玉・臼玉・弾子あるいは古代の金具などもあり、十中八九は空虚であるとみなしている。

鏃石が文献に見えるのは、『続日本後紀』承和六年〔839〕十月十七日条に記されている出羽国からの「今月三日より十余日雷電激しく雨が降り続いたが、晴れた後に海岸に「自然隕石」が数多くあり、その形は「或似レ鏃、或似レ鋒」、色は白、黒、青、赤のものがあり、皆尖った方は西を向き、茎は東を向いていた」という報告が最も早いようである。神代に神軍が用いたもので、戦争の時天から降ってくると考えられたり、自然のものと考えられていたようであるが、新井白石などは人工のものであると考え、石亭もまた同様に考えていたようである。「予嘗て鏃石天工にあらざるといふ別に説あり」（後編巻三鐫刻類「鏃石」）とあり、『鏃石伝記』が書かれている。また、雷が落ちた後に拾われる「霹靂碪（へきれきちん）」についても「雷に寄る事非なり。意者上古の兵具ならんか」（後編巻三像形類「霹靂碪」）と言う。

また、「像形類」に分類されているが、「車輪石」「石人」もこの類に入るものである。

車輪石は何たるものといふことを詳にせず。又他国に有事をきかず。相伝ふ神代の宝石なりと。
（後編巻三像形類「車輪石」）

筑後国上妻郡の南の方に大なる洞穴あり。その洞穴中十間所行て石人あり。其形生る人に異なる事なく大さ又常人のごとく頭目共に鮮なり。土佐の尉石姥石、讃岐の京女郎田舎女郎の類とは大に異なり。
（後編巻三像形類「石人」）

ちなみに「像形類」には「黒曜石」の名が見える。

洛法泉寺奇石を翫ぶ事年あり。明和九年三月、予院主を訪ふ。蔵せるところの奇石百余品を出して饗応あり。中にも奇なるは黒曜石(16)・饅頭石・虫の化石・雷環・亀石・青玉髄、長さ二尺余成る雷斧これらなり。

（三編巻六像形類「胡椒石」）

光彩類の「漆石」の項では「黒羊石」と書かれて、さまさまな和名があること、漢名の「烏石」に当たるのであろうと推測されている。

丹後国宮津の人、予に漆の化石なりとて恵めり。其色潤黒、光沢玉のごとし。外に標目ありて割肌は鏡のごとし。この類所々にありとみえて、京師島田氏の秘玩に駒の爪石といふものこれ也。江府田村氏の黒羊石および大坂本教寺の雷公墨といふものすべて同種也。和名もまた所々に於て異といへども、大方は一物なり。詳に唐墨の条に載す。格古要論所謂烏石も恐くは此類なるべし。

（後編巻一光彩類「漆石」）

この時代にはこの黒曜石が、旧石器時代の鋭利なナイフであったことなどまったく思い至らなかったようであるが、石亭は「割肌は鏡のごとし」とこの石の特徴を正しく説明している。

Ⅰ　材木石・日用石

松江重頼（1602–80）編『毛吹草』巻四に各地の名産がまとめられているが、そのなかに「硯石・砥石・琢砂・燧石・温石・浮石・刃土・金付石・水精・藍玉・琥珀・碁石・盆山石・盆山蒔砂・盆石敷石・切石・渋土・木戸石・庭石・飛石・栂尾土砂（山城）・遊行渋土（山城）・山黄土・紺青・緑青・白粉合土」などと見える。佐藤信淵（1769–1850）の『経済要録』にも「凡そ雑石を採出して、人世必要の物産と為すべき者は、先づ砥石・礪砥・硯石・玉火石・板石・庭石・丸石・浮石・其他の玩石及び石炭・石灰・石麻なり」（巻之六・開物上篇・雑石）と見え、これらによって江戸時代に用いられていた石のおよそは知られるが、『雲根志』には現在では珍しくなった利用法も含めて、多くの「采用類」が取り上げられ、その具体的な用途も説明しているので、以下にできるだけ多くの種類を紹介する。ただし、「硯石」「碁石」「盆石」「蒔砂」については「F　翫石」で採りあげたのでここでは除くことにする。また、水銀・自然銅・金砿石・銀砿石・鉄砿・錫鉛砿などの金属類、また塩類は省略する。

【材木石】

但馬国豊岡と湯島の間温泉へ通ふ道の右手也。此処河舟にても行、陸地も行。所の名を出石といふ。この所に石山といふあり。当山竹木しげりて高山也。側に大なる洞穴あり。此洞穴の奥より石を出す事おびたゞし。色うすねずみなる雑石也。近在造作の用とす。肌こまかなる石にて自然に方形也。長短厚薄はあれども丸き石は稀にもなし。大小ともに四角にて石工の切磨するがごとし。年来此洞穴より石を取出す事其量をしらず、五七里四方の里々へあきなふ。
（前編巻三采用類「石山石」）

この洞穴（現在豊岡市城崎）を柴野栗山が玄武洞と名づけ、それにより小藤文次郎がこの洞穴を造る石を玄武岩と名づけたことは知られている。この石材は床や畳、橋や欄干などに用いられる。三編巻二采用類にも播州赤穂石井村に橋あるいは家造りの裾石に用いられる「但馬出石に同質」の「自然切石」が在ることが記されている。また、後編巻三像形類には「奥州津軽では土俗是を以て屋を葺く」「板石」が見える。この石は「形状板のごとし」とあり、「其産所を推すに土中にして土の界となるものならん」とあり、剥離しやすい泥岩であろう。菅茶山の『筆のすさび』（「石材」項）にも奥州、筑前、備後に「材木石」があり、対馬にも「木板石」があることを記している。

【壁塗灰】

是にふのりを和しかべをぬるに石灰に異なることなし。
（前編巻二采用類「自然灰」）

これにふのりを和し練て白壁を塗に甚強しといふ。
（三編巻二采用類「自然石灰」）

【燃料】

石炭　諸国に多し。色黒く、墨のごとく、木のごとく、実は石也。山中に掘り得て貧民薪木に用ゆ。はなはだ臭き物なり。予考ふるに元来木の化したものなるべし。

（前編巻二采用類「石炭」）

【手水鉢】

播州赤穂楢原村の山中大小の石ともに中窪なり。大なるは水七八升を貯へ、小なるは纔（わずか）に五七合を貯ふべし。近郷よりこれを取に来り、手水砵或はつきうすに用ゆ。石工の彫刻せるに似て全く天然なり。小石もまたしかりといへども石質下品にして愛するに足らず。

（三編巻二采用類「自然水砵」）

右は自然のままの石であるが、加工されて利用されるものもある。『雲根志』には前述の碁石、硯石、また次の石印、鉢皿、香合が見える。

【石印、鉢皿、香合】

備前国に焼山といふ大山あり。石を出す。石の性かたからず蠟石のごとし。石印（せきゐん）に用ゆ。色薄く或は黄也。京師玉人器財を造り鉢皿或は香合に作る。甚だ美也。滑石の類なるべし。

（前編巻二采用類「焼山石」）

【火打石（ひうちいし）】

火打石（ひうちいし）は名産多し。国々諸山或は大河等にあり。色形一ならず。山城国鞍馬にあるは色青し。美濃国養老瀧の産同じ。此二品甚だよし。伊賀国種生の庄に膏薬石あり。色甚だ黒し。兼好法師が住居せし時に静弁が筑紫へまかりしに火うちを贈ると書る是なり。阿波国より出るはこれに次。筑後火川、近江狼川は下品也。水晶・石英の類もよく火を出せども石性やはらかにして永く用ひがたし。加賀或は常陸の水戸、奥州津軽等の瑪瑙大によし。駿河の火打坂にも上品があり。共に本草の玉火石の類なるべし。

（前編巻二采用類「火打石（ひうちいし）」）

【砥石】

本邦に砥石の産所多し。梨目、青砥等種品又多し。よつて大略をこゝに出す。近江国砥山砥、三河国名倉砥、上野戸沢砥、紀州神子浜砥、但馬諸磯砥、筑後天草砥、対馬の青砥、山城国北山高雄に名産あり、高尾砥といふ。（前編巻二采用類「砥石」）

当時の日本では、堅い玉を磨くのには先ず金剛砂が用いられ、さらに砥石で磨き上げられる。金剛砂の産地は限られていたが、砥石は各地に産する。『毛吹草』では山城高雄・瓶原・近江朽木・上野戸沢・越前常慶寺・丹波佐伯・但馬諸礒・紀伊神子浜・対馬を名産地としている。砥石で磨き上げられたものは、さらに粉状の磨砂で仕上げられる。現在は金属や宝石を裁断したり磨いたりするのには、小さなダイヤモンド（金剛石）を用いる。石亭も「伝云、ギヤマンをもて石鉄焼物に彫刻をするに泥のごとくやはらかなりと」と記しているが、「蛮物なり。和産共に産所をきかず」とある（前編巻二采用類「ギヤマン」）。

【磨砂】

色白くやはらかにして土のごとく麪粉のごとし。滑石によく似たり。俗これを取て金具をみがき刀をみがく。大和国笠間に出、江州中山道摺針峠に多し。此所の名産とす。今の世好事のもの是を馬蹄粉と号す。伊豆国にあり。里人おしろい土といふ。相模国千駄村、奥州津軽、淡州千光寺山、攝州兵庫等に同種の物あり。又伊勢尾張にもあり。（前編巻二采用類「磨砂」）

磨砂諸国にあり。前編に詳なり。伊賀山田郡蓮池村に多く出す。里人堀取て市中に商ふ。色雪白白米粉のごとし。（三編巻二采用類「磨砂」）

江州石部の駅西の入口にあり。新道三軒茶屋といふ村の山也。色白くやはらかにして塊をなす。刻めば白粉となる。真の石灰のごとし。俗金物をみがく。是にふのりを和しかべをぬるに石灰に異なることなし。滑石の類にして油気なし。此類処々に産す。磨砂の条下に委し。（三編巻二采用類「自然石灰」）

【試金石】

黒色にして堅剛也。かたち丸くたいらかなるをよしとす。此石に金銀をすりて金銀の位を見る事なり。両替屋にもつぱら用ゆ。豊後国黒ケ浜、奥州松島等にありといへども紀州熊野那智黒に勝る事なし。則格古要論の試金石なるべし。（前編巻二采用類「附石」）

『大和本草』には「試金石　ツケイシ　ナチグロ」とあり、『物類品隲』にも「試金石　和名ツケイシ、又ナチグロ（中略）紀伊那智産、上品」とあり、試金石という名本来の用いられ方を説明しているが、現在はこの用途で用いられることはなく、硯材、碁石などに用いられているようである。

【温石】

諸国より出す。色かたちも一ならず。火を以て焼、病あるところをおしあたゝむ石なり。摂津多田、出羽の最上、紀州の藤代、若狭の竹村、志摩の鳥羽、美濃阿波、但馬等より出す。伊勢に出すハブといふも則温石なり。（前編巻二采用類「温石」）

【浮石】

漢名浮石、和名かるいしといふ。其かたち沫のごとく細孔あり。色白く水に入て浮ぶ。俗、これを以て足のうらをみがく。諸国海辺にあり。紀州熊野海辺、薩摩の海辺に多し。又一種山に産する物江州石部宿金山にあり。（前編巻二采用類「浮石」）

『和名類聚抄』の薬名類には「浮石散治二咳嗽一」とあり、かつては薬でもあったようである。

【石筆】

山城国山科郷牛尾山観音堂のうしろに黒き石あり。人取て筆にかへ用ゆと。（中略）全体黒く堅き土也。此をもつて書と墨のごとし。おそらくは黒脂也。（中略）江府平賀氏かんがへ出して今もつぱらほそく切て懐中の筆に用ゆ。中古より石筆おらんだよりわたる。色赤黒の二種あり。其外和産黒赤の石筆今の世に処々より出る。猶石脂の条にくはし。　（前編巻二采用類「附石」）

「石脂」の項には「青黄赤黒紫の六種あり。和産尤多し。堊（しろつち）滑石に似てあぶらけあり。石よりわき出る脂（やに）なり云々」とある。水谷豊文の『物品識名』（文化六年〔1809〕刊）にも「セキヒツ　城州山科牛尾山産黒クカタキ土ナリ。コレヲ以テ書トキハ黒土ノ如シ。又駿州相賀村産ハ代謝石ノ如クシテヤワラカナリ」とあり、岡安定の『品物名彙』（安政六年〔1859〕刊）にも「セキヒツ　石脂一種」とある。また、平賀源内の『物類品隲』（宝暦十三年〔1763〕刊）には次のようにある。

ロートアールド　和名石筆。紅毛人赤色ヲ、ロート、云。アールドハ土なり。是ヲ乱テ筆ノゴトクニシテ字ヲ書スルニ硯墨ヲ用ズシテ甚ク便ナリ。○駿河志田郡大賀山産、蛮産ト異ナルコトナシ。庚辰ノ歳、予駿河ニ至テ是ヲ得タリ。本邦此ノ物出ルノ始ナリ。

ポツトロート　和名黒石筆。紅毛人持来ル。和産ナシ。

【薬石】

中国の本草学から学んだ石薬は早く奈良時代から日本でも試みられていた。正倉院文書『種々薬帳』には、禹余（うよ）粮（りょう）・太一（たいいち）余粮・寒水石・理石・龍骨・龍歯・青石脂・赤石脂・紫鉱の名が見え、『延喜式』第三十七「典薬寮」の「諸国進年料雑薬」には石薬として用いられたと思われる「白石脂・赤石脂」「礬石」「黄礬石」「青礬石」「白礬石」「石硫黄」「滑石」「石膏」「石鍾乳」「朴消」「水銀」「温石」「代赭（石）」「消石」「石胆」「白石英」「紫石英」「磁石」「雲母」（陸奥）の名が見える。『雲根志』には「無名異」（血止め）「石硫黄」（金瘡）「井泉石」（切傷血止め）「蛇骨」（切疵）「吸石」（腫物の膿水（うみ）を吸う）と「蛮産」のスランガステイン（膿水（うみ）を吸う）カナノウル（止血）、オクリカンキリ（通薬。『紅毛談』に「諸淋病に用るに甚妙なり」）、クハウルステイン（使途不明。長崎の薬店から得たと書かれている）が見える。右の他に『物類品隲』にはベレイピタアト（悪瘡を治す）、ヒッテリヨウウルアルビイ（癰疽・悪瘡に伝わり、口を開く。腐肉を切るときに用いる）も紹介されている。

【殺生石】

攝州有馬温泉より十町ばかり西南、山の麓にわづか方四尺めぐりに小石を切て中少しくぼみたる所あり。此上を鳥過る則(とき)はたちまち死す。此ゆへに俗「鳥の地獄石」と名づく。予先年此所に至り虫をおとしこゝろむるに果してしかり。按ずるに是砒礜二石のうちなるべしと。　（前編巻二采用類「鳥地獄石」）

この類には「薫陸」というものもある。

色黄赤く脂(やに)のごとくして実は石也。琥珀の苗也といふ説あり。別物にして脂に化したる物ともいふ。漢より多く、今の世我邦にも亦多し。薫(くすぶ)る時は諸獣諸虫大におそる。甚だくさし。奥州南部の産佳なり。　（前編巻二采用類「薫陸」）

さらに「鼠殺石」もある。『雲根志』には「和漢三才図会其外諸書に載たり。故にたゞ其名を采て其註を省く事しかり」とあるが、『和漢三才図会』には「砒霜」を「これを焼く時は、人は風上十丈ばかり離れたところに立つ。風下の近い処の草木はみな死ぬ。鼠・雀が少しこれを食べても死ぬ。猫・犬がその鼠・雀を食べても生命に危険がある。人がこれを一銭（約三・七五グラム）ぐらい服用しても死ぬ」と説明し、「礜石」を「熱毒があって鼠を毒すと説明している（東洋文庫の訳による）。遡って『康頼本草』に「特生礜石　和祢須美己呂之(ねずみころし)」とある。また、時珍の『本草綱目』に「礜石有二数種一、白礜石、蒼礜石、紫礜石、紅皮礜石、桃花礜石、金星礜石、銀星礜石、特生礜石、倶是一物也。立レ名其性皆熱毒並可二毒レ鼠製レ汞」とあり、『本草綱目啓蒙』の「礜石」には「銅砿ヲ吹分ル時、其石ノ毒気流レ出テ凝結シタル者ナリ。（中略）鼠コロシ又ハイコロシトモ云。外科ニ多ク用ユ」とある。ちなみに『物類品隲』に水銀粉（和名ハラヤ）を製した粉霜を紅毛語でメリクリヤルドーリスと言い、「メリクリヤルハ紅毛人水銀ト云、ドーリスハ殺スト云詞ナリ、水銀殺トハ水銀ヲ焼製スルヲ云ナリ。蛮人ノ語脈此類多シ」と言う。

【食用石】

「石麪」（俗称「嫁の餅」）「観音粉」「喰石」（三編巻二采用類）がこの類に入る。「観音粉」の説明を次に引く。

観音粉漢名なり。和名なし。形状白米粉の如し。常にはこれなし。飢饉の時石上に吹出して飢民を救ふの神物なり。天明四年二月中旬より奥州仙台気仙郡鬼首山の大石上に吹出す。飢民これを取喰ふて飢を助る者数千人、次第に取喰ふ者多ければ吹出すことも日々多く、後には近村数箇村より取り喰ふ。一日に何千石と云量なしと。後七八月米穀下直になるに随ひて吹出事少しと。東都神田町二丁目河津氏より其説を記して贈らる。此時天明四年九月なり。食物本草巻之二十一に詳なり。

【釉薬石】

予、昨年江州田上谷羽栗山へ水晶雲母の類をたづねに行きて、山中にて石に異なる蠟石のごとき薄白くかたき石を拾へり。案内に召連し男の云、是セキといふて、信楽の郷にてやきもの、くすりにかける石也。（中略）又山城の粟田口にてやきものにするかけくすりの石は洛の加茂川より出る紫石なり。かもがはせきといふと。此類諸国にありぬべし。（前編巻二采用類「焼物薬」）

前編に詳なり。又伊賀国阿拝郡石川村の山中にあり。性質柔にして石の如く土のごとし。色白く光沢ありて美なり。むかし同郡丸柱村白土山にて陶を作る。世に古伊賀と称するものこれなり。後世此所を禁ぜられて外なる山にて今に至つて器物を焼。古今ともこの薬石を用ゆ。讃州陶村に出す焼物薬とは大に異なり。（三編巻二采用類「焼物薬石」）

【土壌改良石】

島石といふは伊賀の国の方言にて田畑の養に用ゆる石なり。（中略）田畑ともに黐(ねば)き土にはこれを多く用ゆるに其地性柔軟になりて大に養ひとなる。他国にこれなきことなり。本朝奇石談にも載たり。同国阿波郡槇山村同内保村等に用ゆるものは色少しく白し。

（三編巻二采用類「島石」）

【水漉石】

蛮国物にて今の世渡りあり。大船に持て甚だ重宝の物也。船中にて水きれし時、此石を持てこす故に中くぼみて鉢の形に造りなせり。潮(うしほ)を入るゝに下に垂る、水は清浄の水となれり。潮にかぎらず酢醤油酒脂たりとも此石にてこす時は水となる。白色にて浮石(かるいし)のかたちに似て重き石也。蛮名レッキステインといふ。

（前編巻二采用類「水漉石」）

ただし、右の文に続けて「和産和州幸当谷にありと。予是を取得見るに大に異なれり。つまびらかならず。又伏見の人所持せり。又詳ならず」とあり、これは我が国では存在しなかったのかもしれない。

『雲根志』では特に採りあげられていないが、彩色物（顔料・岩絵具）として用いられた石もある。「朱砂・緑青・金青・空青・紺青・白緑・胡粉・丹・烟子（烟紫）・同黄・雌黄」がその用途に用いられていたことは、天平十九年〔747〕の法隆寺・大安寺の資材帳、また『続日本紀』文武天皇二年〔698〕九月条から分かるが、『毛吹草』には「紺青」（摂津多田）「緑青」（摂津多田）「山黄土(ノワウド)」（稲荷）が名産として挙げられている。

以上の他に、「**C　霊異や怪異を示す石**」の一つに「磬石」（前編巻四奇怪類）があったが、この石は「石板」（打楽器）として用いられていたものと思われる。『和名類聚抄』「磬（中略）和名宇知奈良之(うちならし)」、『色葉字類抄』「磬(ケイ)ウチナラシ」、『類聚名義抄』「磬以レ石為二楽器一。和、宇知奈之(うちなし)」とある（『類聚名義抄』のウチナシは誤りか）。『日本霊異記』中巻第二語「雨降らんとする時は兼ねて石板潤ふ」とあり、『釈氏要覧』下「犍稚」に「鐘石・石板・木板・木魚・砧槌・有レ声能集衆者、皆名二犍稚一」とあり、寺院で用いられていたようである。

また、「磁石」は砂鉄を集めるのに用いられたのであろうか。

近代本邦所々に産す。其の色黒色少し黄赤く鉄の如し。美濃国郡上又苗木山奥州南部備後国野々口山或は甲州等に出す。つよき物は尺余の剣刀を吸ふ。よわき物は纔に一寸成る針を吸ふ。然りといへども南を指す事は同じ。針を以て此石を磨（みがき）、其針を水に浮（うかぶ）るに忽（たちまち）磨たる方南へ指す。漢産に劣る事なし。

（前編巻二采用類「磁石」）

漢名は「指南石」である。『本草綱目啓蒙』に「石ニ首尾アリ。首ハ鉄ヲ吸、尾ハ吸ハズ。鍼ノ末ヲ首ニテ磨、鍼ノ本ヲ尾ニテ磨トキハ、本ハ常ニ北ヲ指、末ハ常ニ南ヲ指。故ニ指南石ト云」とある。

また、『啓蒙』に「砭石」（イシバリ）について「鍼（はり）ニ作ル石ナリ。今絶テナシ」とあるが、かつてはこのような用途に使われていた石もあったようである。

おわりに

『雲根志』が刊行されて現在まではわずか二百年である。その間に日本には西洋の科学や文化が流れこんできたが、AからIまでの石との関わり方の中で変わったのは、Iの生活の中で用いられる石だけのようである。「砥石」「温石」などは現在も知られているが、実際に用いられることはほとんどなく、別のもので代用されている。

しかし、その他のことについては『雲根志』の時代と現在とでは本質的に変わらないように思われる。加藤碵一氏の『石の俗称辞典　第二版』（愛智出版、2014刊）などによると、足形石や牛石などの「似像」の石や奇岩は現在も各地にあり、それにまつわる俗説・伝説も今に伝えられており、その数は『雲根志』に記録されているものを遥かにしのぐ。今も各地に伝えられている俗説・伝説などは今では面白いお話でしかないが、それは『雲根志』の時代でも同じであったろうと思われる。石亭は「雲根志前編後編に霊異妖孽祥異の編を立て奇談を記すといへども都て此類は風流家の好む事にあらず。見る人信ずべからず。只俗説のまゝにしるすのみ」などと繰り返し述べていたが、全三編出版後の宣伝文に「奇々妙々不思議の事ども、（中略）西遊記などいへる書よりも面白し」とあるのも、それが石亭一人の考え方ではなかったことを示しているであろう。石神の霊異霊験が素朴に信じられていた時代は既に過ぎていたものと思われる。

しかし、石神に対する信仰そのものは『雲根志』の時代にも存在していたことは疑えない。そして、現在ではその信仰は稀薄になっていることも疑えない。しかし、現在も石神として崇められ、神が影向した石として注連が張られている自然石は各地にあり（井上頼寿著『改訂　京都民俗志』〔平凡社東洋文庫、昭和四十三年〔1968〕刊〕によると、京都では嵯峨西芳寺にある松尾明神影向石、伏見稲荷山の中腹にある力松大明神の前にある稲荷山御膳谷の石、洛北八瀬天満宮の御旅所にある八瀬天神御供石等々がある）、安産・子孫繁栄・子授け・豊穣・商売繁盛などを祈願する「陰陽石」などの願掛け石も各地にあって、今も参詣する人もいるようであり、まったく無くなってしまっているわけではない。大護八郎氏が言われているように「庚神塔や道祖神も、田の神や水神などの石神はもちろんのこと、地蔵や観音その他の石仏においてさえも、その多くは我が国在来の民間信仰という巨大な同じ地下茎から生まれ出たものにすぎない」（『石神信仰』木耳社、昭和五十二年〔1977〕刊「序」）とすれば、石神信仰そのものは現在もなお変わらず我々の心の中に生き続けていることになる。

『雲根志』ではほとんど採りあげられていないが、門柱や石塀、礎石、あるいは庭に置かれる庭石・沓脱石・飛石・石垣・石灯籠などは今も日本式庭園には欠かせないものであり、また建物が西洋化して内装外装にも用いられるようになっており、建材としての石の需要はより広がっている。当時隆盛であった盆石や水石の趣味は、現在は下火にはなっているが、今も各地に愛好会があり、専門誌も発行されている。「好事の者拾ひ得て飾物に愛」した津軽石や瑪瑙や水精や猫睛石や孔雀石などの「愛玩類」「光彩類」の石への愛着は、石亭の時代より強くなっているようである。研磨技術も進み、輝きを増した宝石は外国からも輸入され、高級な装飾品となって、好事家だけでなく一般の人々にも愛されるものとなっている。

注

（1）『石之長者木内石亭全集』（財団法人下郷共済会、昭和十一年〔1936〕刊）所収の「石亭著述書書」による。本全集の説明によると、「石亭著述書書」は「寛政六年正月石亭が舎利弁の奥に列記したる」ものと言う。なお本章で引用する『曲玉問答』『鏃石伝記』『龍骨記』『舎利弁』『爪石奇談』などもこの全集の翻刻による。

（2）全編を再発行した際に三編の奥付の後にあるもの。斎藤忠著『木内石亭』（吉川弘文館人物叢書、昭和三十七年〔1962〕刊 p.146）から引用。

（3）「石神」の語は風土記にもみられるが（『出雲国風土記』盾縫郡神名樋山条及び飯石郡琴引山条、『播磨国風土記』揖保神島条、『肥前国風土記』佐嘉郡条）、『古事記』『日本書紀』には見えない。

（4）加藤碩一著『石の俗称辞典　第二版』（愛智出版、2014刊）。特に京都に残るものについては井上頼寿著『改訂　京都民俗志』（私版、昭和八年〔1933〕刊。昭和四十三年〔1968〕復刻、平凡社東洋文庫刊）を参考にした。

（5）文献に現われる石仏の像は『日本書紀』敏達天皇十三年九月条に「（蘇我）馬子（中略）経二営仏殿於宅東方一、安二置弥勒石像一」が初出と思われる。

（6）「陰陽石」は中国にも見られるが、謝肇淛著『五雑組』では旱魃と大水の時に祈られている（平凡社東洋文庫、岩城秀夫訳注による）。

夷陵〈注略〉の竜角山には石穴がある。暗く奥深くて、どこまであるのかわからない。その中に巨石が二つあり、向き合って立っており、間が一丈ばかり空いている。陰陽石の名がある。陰石は常に湿っており、陽石はいつも乾いている。大水とか旱魃とか、天候の不順なときは、住民が行列し威儀を正して穴の中に入り、旱天のときには陰石を鞭でうち、大雨のときは陽石を鞭でうつ。すると、たちどころに止まないことはない。ただ、鞭でうったものは三年を出ずして必ず死ぬ。であるから、人は決してしないのである。

（巻四・地部二「陰陽石」）

（7）大島建彦「石占の民俗」（『近畿民俗』百二十四号。『道祖神と地蔵』三弥井書店、平成四年〔1992〕刊所収）には全国に伝えられる「石占資料」四一〇件が挙げられており、現在でも見られるようである。

（8）こうした怪異を現わす石は中国にも多くあったようである。『酉陽雑俎』（唐・段成式撰）には次のような石の怪異が記されている（平凡社東洋文庫、今西与志雄訳注による）。

尋陽山には、石人がある。高さは一丈余りである。虎がそこへくると、かならず、石人の前で倒れる。

（巻十・物異・石人）


筑陽県の川には、狐石がつき出ている。その下は水が澄み切っていて、よくその石の根が見えることがある。竹の根に似ていて色は黄色である。見た者は、不幸が多い。俗に承受石と呼ぶ。

（同右・承受石）


冀県に、天鼓山がある。山に、鼓のような石がある。河鼓星が動揺すると、石鼓が鳴る。鳴ると、秦の国土に禍がある。

（同右・石鼓）

（9）「鸜鵒石」の名は『雲林石譜』（宋・杜綰撰）に「荊南府有石如巨碑、峙路隅、率皆方形、其質浅緑、不堪堅。名鸜鵒石。撃取以銅盤磨、其色可靖笙〈器皿紫色亦堪作硯頗緻〉」と見えるが、この怪奇現象については記されていない。水谷豊文の『物品識名』（文化六年〔1809〕刊）には「クジャクセキの色浅きもの」（シヤウセキ「鸜鵒石」の項）とあり、「ムラサキイシ　紫色硯に製す」ともある。『雲根志』に見える名は和製語で、中国のものとは同名異物か。

（10）益富壽之助『石　昭和雲根志』（白川書院、昭和四十二年〔1967〕刊）。

（11）注（4）に同じ。

（12）『以文会筆記』第四冊（文化九年〔1812〕八月～十月）に「星落ちて石となるは実なり。（中略）天にあつては流星是なり、是れ星にあらず」（六十一・司馬江漢）とある。隕石を「星化石」とするのは『播磨国風土記』揖保郡阿豆村の条に「一ひと云へらく、昔、天に二つの星あり。地に落ちて、石と化為りき」とあり、古くからそのように考えられていたようである。

(13) 石亭の用いる「化石」という語は現在とは異なる。拙著『蘭書訳述語攷叢』（和泉書院、平成二十七年〔2015〕刊）第二編「「化石」の変質」参照。

(14) 金鳳子良音という人が石亭から直接聞いたことを筆記したものと言う。

(15) 『曲玉問答』が伊藤圭介の翻訳によってシーボルトに伝えられ、シーボルトの『日本』の「曲玉考」に生かされたことは有名である。

(16) この用例は「黒曜石」という語の初出として注目される。

参考① 『雲根志』目次一覧

※『雲根志』が用いている名称のほとんどは、当時の石の俗称であり、貴重な語彙資料となるものである。

※テキストには『日本古典全集』（日本古典全集刊行会、昭和五年〔1930〕刊）を用いたが、後編巻一の「鏡石」の項が誤脱しており、その部分は『石之長者木内石亭全集』（財団法人下郷共済会、昭和十一年〔1936〕刊）と今井功訳注解説『雲根志』（築地書館内、昭和四十四年〔1969〕刊）を参考にした。振り仮名は現代かなづかいに改めた。傍線を付したものは複数箇所に同名のあるものである。

前編

巻一霊異類

天神石・雨候石・福石・釣石・子持石・致富石・護法石・石脳油・石麺・寄石・石刀・馬石・牛石・礫石・猪飛石・鮓答祈雨・立石・天狗石・陰陽石・無帽塔・蛇眼石・石物語・夜光石

巻二采用類

水銀・自然銅・無名異・蜜栗子・蛇含石・磁石・玄石・石炭・砥石・石王子石・文字関石・石筆・石脂・滑石・消

石・炉甘石・卵石黄・禹余糧・太一禹余糧・石中黄・石中黄子・石膏・硬石膏・方解石・寒水石・冷油石・花蘂石・石鍾乳・孔公孼・鵞管石・殷孼・土殷孼・陽起石・鳥地獄石・南蓬砂・石硫黄・玄精石・火打石・紫金石・井泉石・焼山石・石山石・附石・浮石・不灰木・石灰砿・自然灰・石塩・鮓答・魚鳥腹中石・碁石・臘石・温石・蛇骨・磨砂・薫陸・吸石・燃土・銀垂石・山浮石・カナノウル・スランガステキン・焼物薬・オクリカンキリ・クハウルステイン・水漉石・ギヤマン・金砿石・銀砿石・鉄砿・錫鉛砿・金剛石・丹砂・礬石・胆礬・鼠殺石・雲母・真珠

巻三変化類

雞化石・鏡化石・石蛇・蝦蟇石・人化石・瀬木化石・虎児石・石蟹・蟻化石・犬化石・蘆根化石・魚化石・石鼈・亀化石・諸物化石・茨実化石・牛化石・貝化石・籾化石・柴化石・材木化石・御衣化石・天馬石・黒柿化石・檜化石・帆柱化石・船木化石・牡蠣石・索麪化石・松毬化石・古綿化石・氷化石・芋化石・烏木化石・海老化石・鱣化石・石菖蒲根化石・鯉魚化石・竹化石・胡桃化石・山茶実化石・椹化石・楊樹枝化石・柀杉木化石・藻玉化石・折板化石・胸紐化石・石榴実化石・星化石・星石・落星石・望夫石・松化石

巻四奇怪類

潮石・人肌石・連理石・天狗礫石・攫石・神石窟・水桶石・珠玉・蛙石・願掛石・鬢盥石・降石・上戸石・瓜生石・潜石・蛇珠・月珠・龍首石・鼠喰石・取附石・子産石・磬石・鸚鵡石・鼓石・琴曳浜砂・鐘石・鶏声石・泣石・松風石・鳴石・鈴石

巻五愛玩類

碁盤石・津軽石・腰掛石・虎石・高島石・姨捨石・名号石・礫石・盆石・燕窩石・九山八海石・力釘石・沖白石・沖立石・清閑寺石・千峰石・見附石・経石・天竺石・鵺石・鐘掛石・袈裟掛石・筆捨石・影向石・白石・孕石・足洒石・蛍石・藤戸石・庭湖石・鯖腐石・要石・根矢鉾立石・戻摺石・磨墨石・蒔砂・二見立石・得㆓土中㆒玉・羊角石・二十一種珍蔵（葡萄石・玉釜・錫悋脂・天狗爪・金剛石・木化石・石瓜・石梨・石卵・ナンダモンダ・青玉髄・黄玉髄・赤玉髄・白玉髄・黒玉髄・剣石・舎利母石・貯水紫水晶・貯水白水晶・仏光石）

後編

巻一光彩類

屛風石・宝珠・金水晶・魚紋石・鏡石・水晶・狐石・馬脳・代赭石・碧玉・舎利石・菩薩石・仏紋石・仏像石・猫睛石・文字石・白石谷・緑青・頗黎・金星石・鶏冠石・雌黄・琥珀・桃花石・礞石・瑯玕・石榴石・玉髄・切子砂・金牙余糧・珀石・金鱗石・五色石・紫金砂・漆石・放光石・白青石・金牙石・水中白石・鳳凰台石・柳画石・錦石・玉床・飯石・山水画石・栢子石・白玉・三尊石・狐火玉・狐玉・金土砂・銀砂・鉄砂・水精砂・珊瑚砂・水晶処・小米水晶・膏薬石・朱石・瓢簞紋石・桜石・武器紋石・桜川石・舎利貯石・唐墨・岩綿・石綿・伽羅石・紫石・鮑鮓答・白堊土・油砂・石灰髄・石首魚・イフラッフ砂・エビラハッテン・錫肱脂

巻二生動類

石牡丹・神体石・龍石・震石・浮洲石・取上石・亀石・出石・生魚石・龍生石・獅子石・四寸石・飛動石・龍馬石・小女石・石魚・露生石・項衝地蔵・生蛇石・龍神石・怪石・一指石・首斬地蔵・朝倉義景石塔・蛇石・蛍砂・蹴石・飛石・弁慶石・鈴石・祟石・首切仏・雨石・仙簾珠・仙閣石・石闘・石実・孕石・露湧石

巻三像形類

足跡石・馬蹄石・猪石・霹靂碪・石蛇・桃核石・花立石・蛙石・燕石・鉄炮珠石・蓮花石・人形石・冠石・瓶石・地蔵餅石・石菓・石釜・石芝・石花・麦飯石・薑石・石蚕・石樹・石人・手跡石・磋砣石・葡萄石・卒塔婆小町石・石柏・鼎足石・板石・天狗爪石・兎石・陰陽石・菱石・茶臼石・夷大黒砂・夷大黒石・大黒石・夷石・車輪石・硯石・馬石・牛石・錫杖石・岩船・豆砂・小米砂・胡麻砂・雹砂・粟砂・饅頭石・団子石・餅石・瓢簞石・石卵・木賊石・塔石・胡椒石・野晒石・凹石・菊明石・縮緬石・緑石・豌石・ツブ石・巻経石・俵石・海臍・雁眼石・飯盛石・海鉄炮・乾柿石・藷蕷子石・継子餅石・升石・包丁魚筋石・忍草紋石・銭石・山姥鏨・蜈蚣石・井字石・石麪・鍬形石・猿石・糝粉石・覇王樹石・乙姫簪・西王母石・鴛鴦石

巻四鐫刻類

鏃石・曲玉・紋附石・観音石・蜻蛉石・屛風石・千仏石・駒形石・仏足石・刀瘢石・石鞆・天狗飯匕・景清牢石・神代石・雷杖・雷環・笛石・薑擦石・石弾子・糸巻石・剣石・神の鑓・石墨・炭化石

三編

巻一寵愛類

車折石・名珠・如意宝珠・玉鏡台・湯玉石・井中得レ玉・岩之丸・信長腰掛石・弁慶石・得レ網石・富士石・貯レ水瑪瑙・玉含石・青玉樹・巌桜

巻二采用類

牛珠・鼠珠・蜈蚣珠・鹿珠・石麪・観音粉・喰石・石墨・陽起石・鳥巣石・地脂・石脂・太乙余糧・鍾乳石・鍾乳穴・土殷孽・方解石・石炭・石炭別種・石炭・紺青・舌附石・水漉石・自然銅・自然水砵・自然切石・自然石灰・石膏・温石・真珠・硝子石・鎮懐石・鉦石・浮石・黒硫黄・塩湧石・燧石・焼物薬石・島石・磨砂・銀雲母

巻三上奇怪類

祟石・御猿石・石神・中窪石・鹿壺石・神牛石・白玉・軽重石・皷石・生魚石・鍋弦石・雨石・金蛇石・夜泣石・志津石・左石・鸚鵡石・双子石・松風石・亀石橋・揺石・コトコト石・虹石・焼石

巻三下変化類

望夫石・万物化石・材木化石・楫化石・鎌化石・燈心草化石・貝化石・梨化石・橋木化石・焼木化石・星化石・木葉石・魚化石・鯛魚化石・松割木化石・諸木実化石・蝸牛化石・鑚螺石・焼米籾麦化石・樟化石・銀杏木化石・扇化石・冬瓜化石

巻四光彩類

舎利石・八坂舎利・夜光石・鏡石・文字石・亀紋石・水晶・白瑪瑙・犬珠・龍珠・軸石英・野多不久利・八方多賀根・瑪瑙石畳・鏡石・龍紋石・石桂芝・珊瑚石・金剛石・孔雀石・文石・三日月石・金氷柱・花斑石・琥珀・雲母・膏薬石・亀甲石

巻五鐫刻類

曲玉・車輪石・神代石・神代石・石剱頭・神代石・神代筒石・神代手斧石・石刀・狐鉇・狐鑿・異志都々伊・青龍刀石・石靫・附録諸家所蔵神代石図

巻六像形類
蛭石・石根・石立・天柱石・蛇石・仏石・大黒石・沓石・仏足石・鉄壺・石卵・鴨石・羅漢石・観音石・陰陽石・甲石・馬蹄石・鉄樹・蜈蚣石・鬼餡餅・鳥足石・握仏石・後光石・天狗爪石・胡椒石・鹿蹄石・犢特石・牛石・山姥・餈・三稜石・亀石・石亀石・釘埴石・龍歯石・米粒石・石芝・団子石・鮹石・犬石・角石・釜石・海払子・海蘇鉄・蟠龍石・唐松石・獅子石・壺石・石柱・首石・大鼓石・竈石・猿石・屏風石・茶鐺石・銭石

参考②『雲根志』引用和歌俳句一覧

※石が和歌俳句の題材となることは極めて少ないが、『雲根志』には多くの用例が掲げられている。『雲根志』が明示する引用図書は和漢一一二書、うち和書は四八書であるが、それ以外の書からも拾われたもののようである。

前編

巻一霊異類

○あかねどもいはにぞかふるいろ見えぬ心を見せんよしのなければ　（礫石・右馬守）

右は安藝国加部庄金亀山福王子の什器の奇石を詠んだもの。『伊勢物語』に見える貞観八年の右大臣良相の行幸の時に奉られた紀伊国千里浜の夜光る石が伝来したものと言う。

巻二采用類

○香をにほへ雲丹とる岡の梅の花　（石炭・芭蕉）

伊賀国上野では石炭をウニと言うとある。

○高雄なる砥取の山のほととぎすおのが刀をとぎすとぞなく　（砥石・西行）

山城国北山高雄に産する砥石を高雄砥と言う。

○海士もなく浦ならずして陸奥の山かつのくむ大塩の里　（石塩・西行）

「大塩の里」は奥州会津伊北郡月輪庄の村。石の穴から天然の塩が生じ、食用とする。

○酢我島やとふしのごいしわけかへて白黒まぜよ浦のはまかぜ　（碁石・西行）

○からす崎はまの小石とおもふかな白もまじらぬ酢我島の黒　（同右）
○鷺島の小石の白も高波のとふしのはまに打よせてけり　（同右）
○あはせばや鷺と烏と碁をうてばとふしすが島黒白のはま　（同右）

右の四首の引用の前に「（碁石は）黒白自然の物本邦に尤も多し。又磨して造りたる物あり。其白石は貝殻なり。自然の物は志摩国答志（とうし）の浜に白棊子（しろごいし）あり。一名鷺島（さぎしま）とも云。又酢我島（すかしま）に黒棊子（くろごいし）を産す。一名烏崎（からすざき）と云。黒碁子（くろごいし）を産す。土俗伝云、白黒取違へ置ても夜の間に本々の島へ帰ると。此両産黒白ともに夏冷（ひややか）にして冬は温（あたたか）なりと」という説明がある。

巻三変化類

○あひ見んと思ふ心はまつらなるかゞみの宮の神ししるらん　（鏡化石・新古今集・紫式部）
○君にしも心たがはば松浦なるかゞみの神をかけてちかはむ　（同・源氏物語・玉鬘）

右二首は神功皇后が肥前国松浦山で天神地祇に祈ったときに安置した鏡が石となったという伝説によるもの。

巻五愛玩類

○我死にて後に愛する人なくば飛びてかへらめ高島の石　（高島石・明恵上人）

右は『明恵上人歌集』には「紀州の浦の鷹島と申す島あり。かの島の石を取りて、常に文机のほとりに置き給ひしに書き付けられし」とあるが、『雲根志』には「山城国栂尾寺は明恵上人開基也。上人雅物を好み盆石を愛し給ふ。或人高島石といふ美石を遣る。上人大によろこび二日三夜掌にして放ちたまはず外を詠ず」とあって、この歌を掲げる。

○きぶね川山下蔭のゆふぐれに玉ちる波はほたるなりけり　（蛍石・和泉式部）

『雲根志』に「山城国北山二の瀬村足洒石の西なる山の端にあり。土俗云、此石は和泉式部貴布祢の社にまうでし時、此石上にほたるの飛を見て歌を詠ず」とありこの歌を載せ、「是によりて蛍石といふ」とある。

○庭の石に目立（たつ）る人もなからましよしあるさまに立てしおかねば　（庭湖石・山家集）

右は山城国大覚寺の大沢の池の中にある石を歌ったもの。巨勢金村の立てた石と言う。

○われもまた手にとる筆のすみだ川染めてくやしき名をやながさん　（磨墨石・烏丸光広）
右は武蔵国隅田川の丸く黒い石を烏丸光広が遊行の時に拾って歌ったもの。

後編

巻一光彩類

○君がため玉出の島にやはらぐるひかりの末は千代もくもらじ　（宝珠・津守国平）
右は肥後国阿蘇山から掘り出した朱色また青色の鶏卵大の玉を歌ったもの。この玉は昼は常の色で、夜は甚だ光彩があると言い伝えられる。玉の出たところを玉出島と言う。

巻三像形類

○ふれば飛ふらねば本の石となる雨やいのちの燕なるらん　（燕石・作者未詳）
雷雨の時に燕石が飛ぶという言い伝えがあり、右の歌はそれを詠んだもの。雲母様の青石が強い風雨で薄く砕かれて飛び散るものだと言う。

○心ある人にみせばやひたちなる息栖の浜のおしほゐの水　（瓶石（かめいし）・長能）

○神さぶるかしまをみれば玉だれのこがめばかりはまだ残りける　（同右）
右二首は常陸国息栖明神の磯近き海中にある銚子に似た奇石（女瓶・男瓶）を詠んだもの。その頂きに溜まる真水を「忍塩井（おしほい）の水」という。

巻四鐫刻類

○八坂瓊の曲れる玉も有ものを何とて君は松のみを問ふ　（曲玉・出口一之丞）
右はある人が伊勢神宮の前の松が皆ゆがんでいるのを見て、神は直なるものを好み給うのにこの松どもはゆがんでいるといったのを聞いて詠んだものと言う。

三編

巻三奇怪類

○くだものをなしと誰がいふ白玉のたからのひかり家にありのみ　（白玉・作者未詳）

右は梨瓜の老人が置き去った白玉によって家が富んだという話を聞いての歌。

巻三変化類

○芦北の野坂のうらのうつせ貝いもせならひていくよへぬらん　（貝化石・源俊頼）

右は肥後国芦北郡砯窪山にある石に化した貝を詠んだもの。その貝をその地では「うつせ貝」と言う。

巻六像形類

○あしかもの波のうきねをたちかへていくよかはらぬ姿見すらん　（鴨石・藤門周斎）

右は伊勢国栗所浦城氏珍蔵の芦鴨に似た石を詠んだもの。

○土も木もわが大君の国なるにいつしか鬼のすみかなるらん　（石柱・御詠歌）

右は伊賀国伊賀郡高尾村にある石穴を詠んだもの。昔の将軍千方の籠居の跡という伝説があり、「千方が窟」と呼ばれる。

第四章　西洋の鉱物観の受容

1　蘭学における西洋鉱物学の紹介

1　三有学における「鉱物学」

リンネ（Carolus Linneaus 1707-78）の『自然の体系』"Systema Naturae"の（初版1735年）「自然の三界についての所見」（Observations in Regna Ⅲ.Naturas.）の第14・15条に次のように見える。(1)

○物体は自然の三界に区分される。すなわち、鉱物界、植物界、および動物界である。（第14条）

○鉱物は生長する。植物は生長し、生きる。動物は成長し、生き、感覚を持つ。かくて、これらの界の区分が生ずる。（第15条）

地上に存在するものを動物 Animale・植物 Vegetabile・鉱物 Lapideum の三つに分けるという、この考え方が日本に初めて知られたのは、ショメール（M. Noel Chomel）の"*Huishoudelijk Woordenboek*"が『厚生新編』の名で訳された時のことであろう。文化十一年〔1814〕の頃の訳稿である巻六（大槻玄沢・宇田川玄真訳）の「薬局」項に「宇宙三造」に注して、

原名「デリーレイケン・デル・ウェーレルド」といふ。惣界中生産する所三種の造物を斥（さ）す。即ち動物生植金

石の三類なり。

とあり、巻七（玄沢・玄真・馬場佐十郎訳）の「ア、ルデ　即土又地」の項に、

凡そ地ニ豊有（ほうゆう）する品物を三種ニ分ちて論定す。（中略）即ち是を造花の三豊（ぽう）と名く。其一は生族（せいぞく）、其二は生植（せいしょく）、其三は金石なり。

と見える。

この「宇宙三造」あるいは「三豊」と訳されたものは、やがて「三有」という訳語に落ち着いて、明治の頃まで西洋の学問の基礎知識としてしばしば言及される。

この三有に対する学問をソーロギア Zoologia〔動物学〕・ボタニカ Botanica〔植物学〕・ミネラロギア Mineralogia〔鉱物学〕という。それが日本に初めて紹介されたのは宇田川榕菴の『植学啓原』（天保五年〔1834〕刊）においてである。

万物之学別為二三門一。一曰二斐斯多里（ヒスターリ）一、記二録形状一、弁二別種属一、蓋弁別之学也。二曰二費西加（ヒシカ）一、究下万物之所二以死生栄枯冐蕃息一之理上、蓋窮理之学也。三曰二舎密加（セーミカ）一、知二万物資冐始生聚以成レ之元素〈注略〉一、蓋離合之学也。弁別啓二窮理之端一、窮理為二舎密之基一、弁別者学之門牆、舎密者理之堂奥。（巻一・学原）

ところで、この三つの学問に関する蘭学者の業績についての研究は、ボタニカについては榕菴の『植学啓原』を中心に多くの蓄積があるが、ソーロギアについては榕菴に『動学啓原稿』（天保六年成）という草稿が残されていることが注目されている程度であり、ミネラロギアに関する研究については、管見では後閑文之助「近世に於ける西洋鉱物学地質学の日本に及ぼした影響(1)」（『東京科学博物館研究紀要』第一号、昭和十四年〔1939〕三月発行）が見あたるだけである。本節では後閑氏の論文にふれられていないことを中心に、ミネラロギアに関する蘭学者たちの紹介や研究について、知り得たところを紹介したい。

西洋の鉱物学岩石学によってどのように日本人の鉱物観が変化したのだろうか。

2　西洋鉱物学の紹介（分類法）

2―1　前野良沢（蘭化）訳『金石品目』

前野蘭化（1753-1803）に『金石品目』という訳稿がある（『早稲田大学蔵資料影印叢書　前野蘭化集』所収）。本文の後に「寛政二年庚戌孟夏東海子宇槐園自録」とあり、宇田川槐園（玄随）による寛政二年〔1790〕の筆録であり、蘭化の執筆はそれ以前ということになるが、(2) これが蘭学者のミネラロギアについての最初の紹介のようである。「題言」に言う。

西洋ノ国雪除亜ノ国ノ人某ナル者著ス処ノ書ニラピドムト号スルモノアリ。之ヲ閲スルニ広ク金石ノ類ヲ輯録セルモノナリ。其書タルヤ全文羅甸言ヲ以テ之ヲ記シ、ママ本国ノ言ヲ以テ其称謂ヲ訳シタル者ナリ。而シテ彼ノ本国ノ言語ハ固ヨリ吾邦ニ通暁スルモノ有コトヲ聞カズ。只羅甸ハ和蘭ノ訳セル書アリ。予未来ダ学ザル所ナリトイヘドモ今私カニ之ニ依テ粗コノ書ヲ考索スルニ其凡例中ニ砂土石玉金ノ群聚ナルヲ分別スルノ法アリ。予其的実ナル意義ヲ解スルニ非ズトイヘドモ試ニ之ヲ茲ニ述ブ。蓋シ彼ハ則タヾ目ヲ以テ之ヲ監視スル而已ニアラズ、或ハ之ヲ嘗メ之ヲ齅ギ之ヲ憂チ之ヲ摩リ之ヲ砕キ之ヲ粉トシ或ハ火ニ烘リ、火ニ焼キ或ハ水ニ浸シ水ニ煮ル等ノ事ヲ以テス。カクノ如クシテ其品彙分類ヲナスノ精微ナルコト最モ悉セリトス。然後其綱上ニ提挙シ其目下ニ羅列ス。庶幾ハ亦弁別ノ一助トニナラン乎。予不才ニシテ其全編ヲ読得ルコト能ハズ。只其目次ノ下ニ就テ、凡例ノ義ヲ附録シ自揣ラズ猥ニ之ヲ飜訳シテ其浅見ヲ記シテ草稿ニ具スルコト左ノ如シ。

／本文ラピドムノ義訳ナリ。

すなわち、この著作は雪除亜国（スェーデン国）の「某ナル者」の金石類を分類した『ラピドム』の内容を紹介したものである。「某ナル者」とはリンネのことであり、『ラピドム』とは『自然の体系』の最終版である第12版（1768）のLAPIDUMの項のことである（ラピドムとは石・宝石など即ち鉱物を意味するラテン語 Lapidum〔> Lapis〕）。蘭化は原書に従って分類された金石（鉱物）の特徴を「凡例」の説明から抜き出し、その類に属すると考えられる鉱物名を例示したのである。(3)

蘭化がこの書を翻訳したのは、鉱物の分類法が中国の本草学における「名に就いて物を知り、気味能毒を詳にするに過ぎず」（『植学啓原』箕作阮甫序）といったものではなく、「タヾ目ヲ以テ之ヲ監視スル而已ニアラズ、或ハ之ヲ嘗メ之ヲ齅ギ之ヲ戞チ之ヲ摩リ之ヲ砕キ之ヲ粉トシ或ハ火ニ烘リ、火ニ焼キ或ハ水ニ浸シ水ニ煮ル等ノ事ヲ以テス」る方法に注目したからであった。(4)

蘭化が訳したリンネの『ラピドム』（第12版）のLAPIDUMの分類は次のようになっている。(5)

Ⅰ PETRÆ

　Ⅰ HUMOSÆ

　　1 Schiftus

　Ⅱ CALCARIÆ

　　2 Marmor　3 Gypfum　4 Stirium　5 Spatum

　Ⅲ ARGILLAEÆ

　　6 Talcum　7 Amiantus　8 Mica

　Ⅳ ARENATÆ

9 Gos　10 Quartzum　11 Silex

Ⅴ AGGREGATÆ

12 Saxum

Ⅱ MINERÆ

Ⅰ SALIA

13 Nitrum　14 Natrum　15 Borax　16 Muria　17 Alumen　18 Vitrolum

Ⅱ SULPHURA

19 Ambra　20 Succinum　21 Bitumen　22 Pyrites　23 Arfnicum

Ⅲ METALLA

24 Hydrargyrum　25 Molybdaenum　26 Stibium　27 Zincum　28 Vismutum　29 Cobaltum　30 Stannum

31 Plumbum　32 Ferrum　33 Cuprum　34 Argentum　35 Aurum

Ⅲ FOSSILIA

Ⅰ PETRIFICATA

36 Zoolithus　37 Ornitholithus　38 Amphibiolithus　39 Ichthyolithus　40 Entomolihus

41 Helmintholithus　42 Phytolithus　43 Graptolithus

Ⅱ CONCRETA

44 Calculus　45 Tartarus　46 Ætites　47 Pumex　48 Stalacties　49 Tophus

Ⅲ TERRÆ

50 Ochra　51 Arena　52 Argilla　53 Calx　54 Humus

蘭化はこれを「三統十一部五十四属」と説明し、「三統」を次のように訳している（分類の記号はリンネの原文に合わせて表示する。以下同じ）。

Ⅰ　ペトラ　訳スルニ大石ナリ、巌ナリ。是、山石ヨリ成ル処ノモノ、総称トスルナリ。

Ⅱ　ミネラ　訳スルニ金石ノ属スル所ノ総称ナリ。

Ⅲ　ホッシリヤ　訳スルニ掘テ之ヲ出スノ言ナリ。コレ土ヨリ得ルモノ、総称トスルナリ。

ペトラは現在の岩石学、ミネラとホッシリヤの一部は現在の鉱物学の対象となるものである。

「三統」の下位区分である「十一部」を蘭化は次のように訳述している。

ⅠⅠヒユモサ

山岳ノ自然ニシテ大ナルモノナリ。或ハ之ヲ斬リ之ヲ缺テ用ニ供フベシ。按ズルニ是アルヒハ硯ニ造リ盒ニ造ル事ヲ言ナリ。

Ⅱカルカリヤ

山谷ノ精気ニ因テ生ジ年ヲ経ルニ従テ長成スルモノナリ。其質之ヲ研リテ麪ノ如クナルベク之ヲ水飛シテ粉トナルベキモノナリ。按ズルニ是蠟石石膏ノ類ヲ云ナリ。

Ⅲアグリッサ

山海ノ精液ニ因テ生ジ年ヲ経テ随テ長ズル者ナリ。其質火ヲ得テ変ズルコト無キモノナリ。按ズルニ是雲母石麪ノ類ナリ。

Ⅳアレナァタ

山気ノ固ク聚テ成ルモノナリ。其質之ヲ砕テ砂トナルベキモノナリ。按ズルニ是砺石燧石瑪瑙ノ類ナリ。

ⅤアッグレガタＶ

岩石ノ質堅硬ナル者ナリ。按ズルニコノ類麤糲光沢ノ分アリ。

ⅡⅠサリア

之ヲ舌ニ触テ或ハ鹹ク或ハ酸キノ味ヲ成スモノナリ。其質水ニ煮テ溶化スル者ナリ。按ズルニ是消石明礬ノ類ナリ。

Ⅱスルフラ

火ニ逢テ香臭ヲ発スル者ナリ。其質之ヲ焼テ或ハ煙ヲ為シ或ハ炎ヲ発スル者ナリ。按ズルニ是琥珀硫黄ノ類ナリ。

Ⅲメタッラ

土石中ニ蘊蔵スルモノナリ。其質火ヲ得テ溶化シ水ヲ得テ精粋堅利ヲ成スモノナリ。按スルニ是七金ノ類ナリ。

ⅢⅠペトリイカタ

諸物生類ノ形状ヲ成スモノナリ。按ズルニ是石蟹石蛤ノ類ナリ。

Ⅱコンクレタ

漸ヲ以テ凝成スル者ナリ。按ズルニ鮓荅鍾乳ノ類ナリ。

Ⅲテッラ

諸土砂或泥軟ナル者ナリ。按ズルニ是滑石石脂ノ類ナリ。

ⅢⅠのペトリイカタは化石を指す。ⅢⅡのコンクレタは液体中に溶解したものが凝結してできたものを言うようである（「鮓荅（さくとう）」は動物の体内にできる結石のこと）。ⅢⅢのテッラは石炭・泥炭・アスファルト・石油など化石燃料と呼ばれる類のようである。

「十一部」の下位区分である「五十四属」については、蘭化は理解ができない箇所があるという理由から省いている。

この前野蘭化の『金石品目』という訳稿が蘭学における西洋鉱物学の最初の紹介であると思われる。

2―2　『厚生新編』続稿二十七巻「石」の項

『厚生新編』続稿二十七巻「石」の項（天保十三年〔1842〕杉田成卿訳・竹内玄同校）に鉱物の分類法の諸説が紹介されている（恒和出版『厚生新編』⑤ pp. 637–41）。この翻訳に用いられたショメールの原本は一七七八年版七冊本であり、リンネの『自然の体系』第12版が発行された一七六八年より少し後のものである。

石ハ土質の物聚積して成れる者にして甚質硬固にして撓屈せず。但其性質形状色彩等甚ダ諸般の別あり。或ハ硬きこと鋼に勝る者あり。或ハ指間に摩して粉齏すべきあり。或ハ透明玲瓏たるあり。或ハ透明せざるあり。其形状亦差異あること石より甚だしきハなし。或ハ其形一定斉整なる者あり。或ハ不整なる者あり。或ハ薄葉層々相重りて成る者あり。或ハ細繊維聚りて成り束鍼の如き者あり。或ハ是を砕けば当に骰子の形をなす者あり。或ハ不整四面晶となるあり。或ハ尖柱形をなすあり。薄片となるあり。鍼となるあり。或ハ砕けて不斉不同の塊となるあり。或ハ光彩燦爛たるあり。或ハ諳色の斑あるあり。或ハ色沢なき者あり。或ハ礫磲として小なるあり。或ハ蟠屈して大なるあり。或ハ山岳を成す者あり。

以上ハ石の外形差異ある所にして其性質を以て論ぜば尚許多の別あり。即チ或ハ鋼と相撃て火を発するあり。或ハ否るあり。或ハ烈火に爍きて灰となるあり。或ハ却て硬固となるあり。或ハ烊て流動するあり。或ハ些も変ぜざるあり。或ハ強水若くは醋等に逢て沸砕するあり。或ハ否るあり。

夫レ此の如く諸般の別あるを以て究理学家石類を大別して宗類属類となす。然ども其主として別を立る所各々異なるを以て諸家一定の論なし。或ハ独リ外形のみを以て別を立て透亮と不透亮との二宗類となす。或ハ火に爍きて変する所の性情を以て区別をなす。

以上の説明の後に紹介されている説は以下のとおりである（摘要。□は読み取り不能の文字）。

①ワルレリウスの鉱物分類説（書名不明）

第一　石灰石。火に爍きて石灰となる者皆此に属す。即チ石灰砿（イシハイイシ）、結麗土（ケレイト）、大理石、紫石英、義布斯（石膏の属）等なり。

第二　玻璃石。火に爍きて玻璃に変する者皆此に属す。即チ雨畑石、石英、火石、珪土、瑪瑙類。碧玉石及ビ諸貴石等なり。

第三　アピリス石。火に逢て変ぜざる石類此に属す。即チ雲母、石絨等是なり。

第四　混合石類と名け、上の諸石中の二三相合して成る石類を此に属す。此種の石地中に多くあり。

②ポット『諸石成原論』

第一　石灰質石。凡ソ諸石酸類に溶け且ツ爍過して石灰となる者皆此に属す。

第二　義布斯（ギブス）性石。酸類に逢て変ぜず、火に逢て「アレイステル」〈硬固なる灰泥の名〉に変する者此に属す。

第三　粘土。火に逢て愈々固く酸に遇て変化せざる者此に属す。

第四　「アピーレン」酸に逢も火に逢も変せざる者此に属す。但シ当今の究理家ハ義布斯を以て石灰の礬精に飽く者となすときハ「ポット」の説未ダ妥当ならずと謂ふべし。

③カルテウセル『原礦篇』

第一　石質層々を為す者〈羅甸「ラピデス、ラ□ルロシ」〉。此種の石ハ多少葉片をなし生ず。此に属する者ハ紫石英、雲母等なり。

第二　石質繊維状をなす者〈羅甸「ラピデス、ヒラメントシ」〉。此に属する者ハ石麻、陽起石、線状義布斯等なり。

第三　硬石。此種ハ質硬固にして分れず。硅土、石英、火石、石灰礦、義布斯石、雨畑石、陶土、及、諸貴石、此に属す。

第四　粒塊石〈羅甸「ラピデス、グラニュラチ」〉。ビ□ステーン（石名）碧玉石此に属す。

第五　混合石。

④イェスナ『礦類究理篇』（1757宝暦七年）

第一　諸貴石

第二　常石

第三　火に逢て変ぜざる石類

第四　石灰礦

第五　火に逢て烊化する石、及、玻璃に変ずる石類。

⑤コレンステド『原礦論』（1758宝暦八年）

石を土類と併せて一属となす。蓋シ石は土質の聚積せる者にして唯、硬固の質を得るを異なりとするのみなれハ是と土類と合するは真理なるに似たり。其書中にハ石を二宗類に分てり。曰く石灰性。曰く□土性是なり。

以上の諸説が紹介された後に次のような文章がある。

夫レ此の如く諸般の区別ありと雖モ或ハ外形のみを以て別ち或ハ内情のみに拠て別し、形状性質を併せて好区別をなせる者なし。蓋シ丹家ハ其成分を論じて是を分ち、博物家ハ独リ外形に由て別をなす。但シ諸石外形甚ダ相似し其内性全く相反せるもの多し。故に独リ外形に拠て是を区別するハ甚ダ誤を致し易し。丹家術に由て是を溶解して其性を撿すれば猶誤らざるに庶幾(ちか)からん乎(か)。

この説明は鉱物学がリンネの時代から次の「丹家術」の時代へ変化していくことを示唆するものである。「丹家」は、後に化学と訳されることになる chemist の漢訳である（モリソン Morrison の"English and Chinese Dictionary"（1822刊）に「chemist 丹家」と見え、彼の訳語ではないかと思われる）。

2―3　宇田川榕菴『舎密開宗外篇稿本』

宇田川榕菴『舎密開宗外篇稿本』（武田薬品の文庫に所蔵）に、前節に示した『厚生新編』に紹介されている説より新しい鉱物分類法について、簡単ではあるが、次のように紹介されている。

凡ソ天然ニ生ジテ地球ヲ成ス物ヲ山物ト称ス。輓近学者之ヲ四宗類シス。土類也、塩類也、可燃体也、金鉱也。

按千八百二十二年鏤板ステイン書、此ニ同ジ。

文政十二年（1829）に日本を離れたシーボルトが完成させようとして果たせなかった『日本鉱物史』をビュルゲル（Dr. Bürger）が試みているが、その草稿に見られる分類法は榕菴が紹介したものと似ている。ビュルゲルの分類法はドイツ・ザクセンのフライベルグ鉱山専門学校教授ヴェルナーの分類に拠ったものとされているが（大場秀章・田賀井篤平著『シーボルト博物学　石と植物の物語』智書房、2010刊 p. 130）、次のようなものである。

Ⅰ　石類　　珪酸属　粘土属　滑石属

Ⅱ　鹵（塩）類

Ⅲ　燃類　　硫黄属　樹脂属

Ⅳ　金類　　金属　水銀属　銀属　銅属　鉄属　鉛属　錫属　蒼鉛属　アンチモン属　マンガン属　コバルト属　砒属

3　西洋鉱物学の紹介（命名法）

ところで、前引の『厚生新編』に見られた「丹家」「丹家術」は、同じく**『厚生新編』巻二十七「シケイキュンデ」の項**（文政四年―十年〔1821-27〕頃、大槻玄沢・宇田川玄真訳校）に次のように説明されている。

シケイキュンデ〈又「ケイミイ」羅甸「ケイミア」〉

按に「シケイ」は分つなり。即疏分鏤折の義にして、混合聚治したるものをやき分、或ハふき分ける抔(など)いふ義なり。「キュンデ」ハ即ち術なり。よりてふきわかつ術の意なり。銷錬疏分術ともいふ義なるべし。他日訳名を定むべし。「ケイミイ」と通称するは羅甸「ケイミア」より出たるなるべし。

凡そ「ケイミイ」の術に渉(わた)る事ハ天地間に化成する所の「デリイレイケン」〈三種彙類といふの義〉所謂　金石　生植　動物　各自本然の体質を為す庶物をそれ〴〵に引キ分ち究め知るの巧術なり。但此術従来諸選述家の説、少しづつ差別あり。涅烏忙(ネウマン)といふ名師の説には、凡万物品類皆天造によりて種々の物質と渾和聚合して生成し、本体の一物を人巧の製法を用ひて各自にこれを鬆解分離し、而して又是を再び渾合調和し、彼天工等も製造すること能はざる所の、新たなる許多の体質を造成するの一術を「ケイミイ」と名(なづ)くるなりと云。（下略）

すなわち、シケイキュンデは分離術とも訳されているが、ケイミイ（化学）のことである。ケイミイ（セイミ）については、**宇田川榕菴『舎密開宗』**（天保七年〔1836〕序）の「序例」にも、

舎密加(セーミカ)ハ学壌寛広ニシテ衆芸ヲ管轄シ彊ヲ費西加(ヒシカ)〈理学〉ニ接シテ別ニ封域ヲ建ツ。凡ソ有形ノ物ハ費西家(キウリカ)目力ヲ尽シテ外貌ヲ観察シ造化ノ機則ヲ推ス。其杳忽微眇ニシテ目覩ルベカラズ、機測ルベカラズニ及テ、舎密家、乃チ之ヲ毫分釐析シ成分ノ性質ニ洞徹シテ其多少幾何ヲ比例シ親和ノ力徳ニ蹤跡シテ其離合進退ノ旨趣ヲ

> 講明ス。蓋シ合法ニ頼レバ則、従来化工ノ造リ得ザル物ヲ造化シ出シ、離法ヲ用レバ則、未ダ曾テ天然ニ特生スルコト無キ物ヲ生下シ、殆ド造化ノ妙巧ヲ奪ヒ、天地ノ霊機ニ参ル(まじわ)ニ庶幾(チカ)シ。

と紹介されているが、宇田川榕菴は、右の説明に続けて「舎密ノ八門」(理科舎密・気域舎密・植物舎密・動物舎密・山物舎密・医学舎密・百工舎密・厚生舎密)があることを説明し、さらに「元素」について説明した後に、鉱物の新しい命名法について述べている。

> 近世ノ舎密家、別ニ物名ヲ建、命名ニ頼テ其成分ニ通ゼシム故ニ和漢有ル所ノ名物モ学者ノ耳目ニ熟セズ。(中略)今其日用切近ノ物ヲ左ニ掲グ。(中略)其漢名アル者ハ、
>
> 〔硫酸曹達(ソウダ)〕芒消　〔硫酸加爾基(カルキ)〕石膏之属　〔硫酸苦土〕凝水石　〔硫酸鉄〕緑礬　〔硫酸銅〕石胆　〔硫酸礬土〇加々里〕明礬　〔消酸加利(カリ)〕消石　〔塩酸曹達〕海塩　〔塩酸諳模尼亜(アンモニア)〕硇砂　〔蓬酸曹達〕蓬砂
>
> 〔炭酸加爾基〕石灰砿、大理石　〔酸化水素〕水　等ノ如シ。其従来訳名アル者ハ、
>
> 〔硫酸加利〕孕礬酒石　〔亜硫酸加里〕覇王塩　〔塩酸湏〕甘汞　〔醋酸鉛〕鉛糖　〔酒石酸加里〕酒石　〔硫酸亜鉛〕皓礬(中略)
>
> 等ノ如シ。

この命名法はラボアジエらによる化学命名法である(ラボアジエ『化学命名法』Methode de Nomenclature Chimique. 1787初版)。『舎密開宗』の化学的命名法は基本的にはラボアジエのそれによっているのである。なお、この命令法による鉱物名は後篇で詳しく扱う。

ところで、『植学啓原』全三巻は「植物斐斯多里(ヒスターリ)」「植物費西加(ヒシカ)」「植物舎密加」の三巻で構成されているが、この『舎密開宗』における鉱物名の説明は鉱物の「舎密加(セーミカ)」に当たるものである。『植学啓原』『動学啓原稿』を著わした榕菴にミネラロギアの全体像に関する著がないのは、この「舎密加」による鉱物研究に精力が注がれたためで

はないかと推測される。武田薬品図書館蔵稿本の中に「舎密第一書　金属稿」「金属舎密加　三巻」「土類　舎密加」がある。

4　西洋鉱物学の概論的紹介

川本幸民は『厚生新編』の翻訳に関わっており、右の「石〈和蘭「ステーン」〉」項の内容を知っていたと思われるが、彼の『**気海観瀾広義**』（嘉永四年〔1851〕～刊）には別の鉱物の分類法が紹介されている。『気海観瀾広義』は一八二八年に刊行されたオランダ人ボイスの『格物綜凡』（アルゲメーネ・ナチュールキュンヂフ・スココールブーク）の抄訳であるが、巻三の「三有」の説明の中に「山物を分ちて、石・土・塩・可燃物・金属・火山の燃素等となす」とあり、次のような説明がなされている。

○石類数品あり。銅鉄を以て打てば火を発する者、皆石なり。此火炎は鉄の急磨に依りて、其砕片熾紅となり、飛散する者なり。〈一書に曰く、此火炎を紙上に受け、これを検するに、小鉄球にして、其中に竅ありと〉
○土類を分つこと左の如し。「キーセル」土・「シルコーン」土・礬土・苦土・「カルキ」土・「ストロンチアーン」土・重土なり。此諸品は説示すべきこと多しと雖も、今これを略す。
（以下、メルゲル・ケレイ・石綿の説明があるが略す）
○塩類に三種あり。皆水に溶解す。一に曰く「アルカリ」塩。これ酸と「アルカリ」と合する者なり。二に曰く土塩。これ酸と土と合する者なり。三に曰く金属塩。これ酸と金属と合する者なり。或は又三種に分かつ。一に曰く中和塩。これ塩原(バシス)と互によく抱合して、更に偏勝の兆なき者なり。（下略）
○可燃物は熱に遇ひて炎を発し、燃焼する者なり。四種あり。一は硫黄。二は土脂。ここに数品あり。中に就て琥珀は一種の酸あり。原樹脂より成る。故に砕片中、細虫の翅足全く具する者あり。好事家これを磨して、顕微鏡に照し、愛玩す。石炭亦これに属す。蓋し木の化石なり。是を以て亦地球の変革を徴すべし。三は「ポットロート」なり。書記の用に供す。四は鑽石なり。これ一奇重品にして、最も堅硬なりと雖も、烈火に於て焼けば、燃えて純粋の炭素となる。

○金属は自然に純粋なる者稀なり。硫黄・砒石若くは土石を混ずること多し。其性、熔化延展すべく、且つ自己の重あり。こゝに異重表を掲ぐ。検温器〈ハーレンヘイト氏の表〉六十四度に中りたる中度の温水を一と定め、以て諸金の量を秤ること左の如し。

以下、個々の金属についての説明があるが略する。

帆足萬里の『**窮理通**』（安政三年〔1856〕刊）の巻二と巻三の「地球」には西洋の地質学岩石学が紹介されており、地球を構成する個々の鉱物の性質などが細かく説明されている。その一部を掲げる。

○凡そ動植物の生、其の形各異なるは、其の原質、他質と合して、多少の異有るに由りて生ずるなり。土質の山坑中に就きて得る者も、亦然り。蓋し土は須く一種の原質有りて、他質と合して、以て其の形を成すべきなり。古に在りては、麻久爾、及び其の他の学者、金剛石中に得る所を以て、土の原質と為す。伐由墨に至つては亦硝子土を以て、土の原質と為す。他の土は皆原を此れに取る。近世の学士は、則ち以為らく、結麗土も亦土の原質及び水各一分を得、大気及び其の他、可燃の質を合して、以て形を成すと。是の言、未だ允当と為すを得ず。何となれば則結麗土は、其の状、土に似て、実は灰塩の類のみ。今、土質の純一なる者を精験するに、硝子土・粘土・日爾工土・鼈利爾爾土・伊伊搦爾土・甘土・亜吉由斯都土・阿厄児土・麻古搦齊亜、及び石灰を得るなり。　（巻三第四下）

○日爾工土は、布して地面に在る者、甚だ少なし。（中略）千七百九十二年、葛刺甫魯杜、初めて此の土を宝石

中に得たり。（中略）此の土、火力を得ること甚だ微なり。　（同右）

○伊伊搦爾土石は黒色にして、缺処に光の硝子の如き有り。重さ水に比すれば四倍零九七、能く火に耐えて烊解せず。但、罏中に在りて襞裂飛散して、終に白色を成す。又能く火力に由りて、蓬沙と相和し、緑色帯黄色の硝子と成る。　（同右）

5　明治時代における蘭学の評価

以上見てきた蘭学者による西洋鉱物学の紹介は、明治時代にははほとんど顧みられることはなかった。和田維四郎の編纂になる『本邦金石略誌』（明治十一年〔1878〕東京大学理学部印行）に次のようにある。

我国ニ於テ金石学ノ端緒ヲ啓キシ上古ノ年代ハ今得テ推知スルニ由ナシト雖モ、顧フニ此学ハ当時以テ冶金術ノ一部トナシタルニ過ギザルノミ。其後チ医学開クルニ及ビ金石中薬石アルヲ認メシヨリ輙チ此レヲ以テ始メテ薬剤学中ニ加ヘシガ中古以来玩石家ナル一派起リテ専ラ之ヲ聚ムルニ従事ス。然レドモ此徒ノ為ス所ハ其品質ヲ愛玩シテ同好其多蓄ニ詡ルニ過ギズ。固ヨリ金石実用（冶金薬剤等）ノ如何ハ措テ論ゼザルコトナリ。故ニ其研究スル所ハ偶々以テ現今ノ金石学ニ相合フ如シト雖モ悲哉、原ト学識ヲ有セズシテ偏ニ外観ノ美悪ヲ品評スルニ止マレルヲ以テ其金石学ノ進歩ニ裨益ナキ而已ナラズ往々牽強付会ノ説ヲ出シテ却テ此学ノ真旨ヲ誤ルモノ少カラズ。之ニ反シ薬剤家ハ深ク金石ノ性質功用ヲ研究シ其業ヲシテ稍一学科ノ地ヲ占メシムルニ至レリ。若シ夫レ冶金術家ハ固ヨリ唯冶金ニ緊要ナル金石ヲ論ズルニ止マレルノミ。之ヲ要スルニ従来諸家大ニ其正鵠ヲ失フテ化石巌磐等ヲ金石ニ加ヘ珊瑚青琅玕等ヲ金石ト為スガ如キ往時化学物理学等ノ未ダ開ケザリシ時代ニ在テハ深ク恠ムニ足ラザルナリ。（中略）往日内国ニ於テ刊行セシ許多ノ金石書中本草綱目啓蒙ハ殊ニ箇

約ニシテ正確ナルモノトス。（下略）

右の引用中に「薬剤学」中に見えるというのは、宇田川玄随（槐園）の『遠西名物考』、宇田川榛斎訳述榕菴校補の『遠西医方名物考』などを指し、「緊要ナル金石ヲ論ズルニ止マレルノミ」というのは佐藤信淵の『経済要録』「開物篇」などを指すものと思われるが、これらに関しては指摘されるとおりである。小野蘭山の『本草綱目啓蒙』を評価し、川本幸民の『気海観瀾広義』や帆足萬里の『窮理通』についてはまったく取り上げられていないのは、蘭山の学問が鉱物そのものに即して研究したものであるのに対して、幸民らの仕事は西洋の鉱物学の概要を紹介しただけのものだからである。しかも、蘭学者たちが紹介したものは既に古く、明治時代に日本に入ってきた専門書からすれば、ほとんど価値のないものにすぎなかったからであろう。しかし、宇田川榕菴『舎密開宗外篇稿本』がその頃の西洋における鉱物の分類法として紹介しているものは、日本初の鉱物学教科書と言われる和田維四郎の『金石学』（明治九年〔1876〕成、十一年刊）における、次の分類の仕方と同じである。

第一種　燃砿類
第一属　炭砿属　　石墨　無煙炭　石炭　褐炭　泥炭
第二属　石油砿属　　石脳油　附地蠟　土瀝青　琥珀
第三属　硫砿属　　硫黄　雄黄　鶏冠石
第二種　金鉱類
第四属　硫化鉱属　　辰砂　閃銀鉱　閃亜鉛鉱　輝安質母尼鉱（下略）
第五属　砒化鉱属　　紅臬客爾鉱　砒苦抱爾鉱
第六属　純金属　　水銀　銅　金　白金　銀　鉛　鉄　蒼鉛　安質母尼　砒
第七属　酸化鉱属　　磁鉄鉱　客羅弥鉄鉱　赤鉄鉱（下略）

第三種　石鉱類

第八属　角閃石属　　輝石　角閃石　蛇紋石　斑輝石　蠟氏　石絨　青晶石

第九属　堅石属　　柘榴石　電気石　斧石　入爾康(ジルコン)　金剛石（下略）

第十属　長石属　　長石　藍宝石　来時愛克(ラスライト)

第十一属　泡沸石属　　十字石　葉理泡沸石　光線状泡沸石　鍼状泡沸石

第十二属　粘土属　　陶土　粘土　石髄　海泡石

第十三属　雲母属　　雲母　滑石　緑泥石

第十四属　軽塩金属　　孔雀石　銅青石　鉄青石　苦抱爾花(コバルト)

第十五属　重塩金属　　珪酸亜鉛鉱　炭酸鉄鉱　白鉛鉱

第十六属　塩石硫属　　硫酸重土硫　炭酸重土硫　炭酸息脱浪西恩(ストロンチアン)硫（下略）

第四種　鹵石類

第十七属　鹵石属　　石塩　硇砂　硝石　曹達(ソーダ)硝石　凝水石　芒硝　明礬　緑礬
　　　　　　　　　　胆礬　皓礬

宇田川榕菴は「按千八百二十二年鏤板ステイン書、此ニ同ジ」と言っていたが、和田の『金石学』は、その凡例によれば、ドイツのヨハンネース・ロイニース Johannes Leunis の博物書"Naturgeschichte"（1870年）を原書とし、ナウマン C.F.Nauman の『金石学』、シルリング Schirling の『博物学』及びその他の諸書を参考にし、旧開成校の鉱山教師カール・シェンク Karl Schenk の口授などによってその内容を増減して出来たものである。榕菴は明治初期の鉱物分類法と同じものを確かに把握していたのである。本草学とは異なる鉱物学を日本に紹介した蘭学者たちの仕事の歴史的意義は評価されてよいであろう。

ところで、右に掲げた和田の『金石学』における鉱物名は、従来の和名・漢名・翻訳名が用いられる一方で、あるいは化学命名法的なものや音訳語も用いられるといった状態である。これに対して川本幸民の『気海観瀾広義』では次に掲げるように多くの鉱物名がカタカナで音訳されているものがほとんどである。（　）内に現在名を示す。

白金・黄金・銀・水銀・銅・鉄・鉛・錫・亜鉛・蒼鉛（ビスマス）・アンチモニー・コバルト・ニケル（ママ）・マンガーン・ウラニウム・チタンニウム・テルリュリウム・ウォルフラム（タングステン?）・モレブターニユム（モリブデン）・砒（ヒ素）・スロミウム（クロム）・ストロンチウム・ロヂウム（リチウム?）・パルラヂウム・カドミウム・ポツトアシウム（カリウム）・ソーヂウム（ナトリウム）・カルキウム（カルシウム）・バレイム（バリウム）・マグネシウム・ミユニニウム（アルミニウム）・グレシウム（ベリリユム?）・シルコンニウム（ヂルコン）・イートリウム・タンタリウム・オスミウム・イリジウム。

これは原語を翻訳する労力を惜しんだ結果にすぎまいが、それから百二十年後の昭和五十年〔1975〕に刊行された森本信男・砂川一郎・都城秋穂著『鉱物学』（岩波書店）に用いられている鉱物名もまた、原語のカタカナ表記が優勢である。国際化を配慮した結果であろうと思われるが、その是非はともかく、幸民の採った方法と一致するのは興味深く思われる。

注

（1）訳文は遠藤泰彦・高橋直樹・駒井智幸訳「自然の体系（初版）」（千葉県立中央博物館1994年特別展カタログ『リンネと博物学―自然科学の源流―』所収）による。ただし、句読点などの記号を変えた。

（2）『早稲田大学蔵資料影印叢書　前野蘭化集』（早稲田大学出版部、平成六年〔1994〕刊）の杉本つとむ氏の解題に詳しい。

（3）『金石品目』がリンネの“Systema Naturae”の第12版によるものであることは、近世京都学会第四回研究発表会（2015.7.5於京都橘大学）で行った研究発表「蘭学における鉱物学」の後に、松田清氏から御教示を得たものである。第12版は次のサイトで見ことができる。

http://gdz.sub.uni-goettingen.de/dms/load/img/?PPN=PPN362053855&DMDID=DMDLOG_0007&LOGID=LOG_0007&PHYSID=PHYS_0033

（4）リンネの『自然の体系』の「自然の三界についての所見」の中に次の条がある。蘭化はこのような文章から西洋の科学の本質を知ったものと思われる（訳文は注（1）による）。

○叡智における第一歩は事象そのものを知ることである。この考えは事物に対する正しい観念を持つということにある。物は区別され、それらを体系的に整理し、適当な名称を与えることにより知られる。それゆえ、分類と名称を与えることは我々の科学の基礎となることであろう。（第10条）

○正しい種、属における種、目における属の変化を体系化できず、なお、自らをこの科学の博士と任ずる科学者は他の人々と彼ら自身を欺くことになる。自然科学に本当に基礎をおく者たちすべてはこのことを肝に銘じておかなければならない。（第11条）

○人はナチュラリストと自称するかも知れない。彼は、物体の部分部分を視覚より識別し、記述し、三界の区分にしたがい、これら全てを命名する。このような人々が、岩石学者、植物学者、あるいは動物学者である。（第12条）

○自然科学とは、このようなナチュラリストにより思慮をもって実施される体系化と命名である。（第13条）

（5）初版（1735年）では次のように分類されている。訳語は注（1）による。

Ⅰ PETRÆ〔岩石綱〕

1．Apyrae　耐火質

Asbestus（石綿）・Aminantus（アミアンタス）・Ollaris（つぼ材）・Talcum（タルク〔滑石〕）・Mica（雲母）

2. Calcarii　石灰質

Schistus（片岩）・Satum（スパー）・Marmor（大理石）

3. Vitrescentes　ガラス質

Cos（砥石）・Silex（火打ち石）・Qvartzum（石英）

Ⅱ MINERÆ［鉱物綱］

1. Salia（塩）

Nitrum（硝石）・Muria（塩分）・Alumen（明礬）・Vitriolum（硫酸塩）

2. Sulphura　硫黄

Electrum（琥珀）・Bitumen 瀝青（アスファルト）・Pyrites（硫化鉱）・Arsenicum（砒素）

3. Mercurialia（水銀）

Hydragyrum（水銀）・Stibium（アンチモン）・Zincum（亜鉛）・Vismutum（白金）・Stannum（錫）・Plumbum（鉛）・Ferrum（鉄）・Cuprum（銅）・Argentum（銀）・Aureum（金）

Ⅲ FOSSILIA［発掘物綱］

1. TerrÆ（土壌）

Glarea（砂礫）・Argilla（粘土）・Humus（土〔腐植（ママ）土〕）・Arena（砂）・Ochra（黄土）・Mmarga（泥灰土）

2. Concreta　凝結質

Pumex（軽石）・Stalactites（鍾乳石）・Tophus（凝灰石）・Saxum（岩塊）・Ætites（ワシ石）・Tartarus（酒石）・Calculus（滑らかな石）

3. Petrificata　石化物

Graptolithus（フデ石〔筆石〕の化石）・Phytolitus（植物の化石）・Helmintholitus（蠕虫の化石）・Entomolithus（昆虫の化石）・Ichthyolithus（魚の化石）・Amphibiolithus（両生類の化石）・Ornitholithus（鳥類の化石）・Zoolithus（四足の化石）

このPetre（岩石）、Minera（鉱石）、Fossilia（採掘物）に分けること、またPetre（岩石）を火に対する状態によって、１Apyrae（耐火質）は変化せず、２Calcariae（石灰質）は粉末になり、３Vitrescentes（ガラス質）は溶けてガラス質になるものに分けるのは、当時行われていた分類法であったようである。

2 「金石」から「鉱物」へ――水は鉱物か――

1 「金石」と「鉱物」

「鉱物」はミネラル mineral の訳語である。mineral はラテン語 mineralis（minera〔鉱山〕に関する）に由来し、「もと鉱山から産するもの、また土地を掘ってえられるもの全体」をさす語であり、十九世紀に入ってから現在のように「自然に産する無機物で、化学的成分や物理性がほぼ同一のものをさすようになった」と言う（歌代勤・清水大吉郎・高橋正夫著『地学の語源をさぐる』東京書籍、昭和五十三年〔1978〕刊）。我が国にも mineral の原義に近い「山物」という語があるが、新しい意味には「金石」また「鉱物」（砿物とも書く[1]）の訳語が当てられた。

mineral を「金石」と訳した早い例に、前野蘭化（1753-1803）が『金石品目』に「ミネラ　訳スルニ金石ノ属スル所ノ総称ナリ」があり、宇田川榛斎（1769-1834）の『遠西医方名物考』（初篇文政五年〔1822〕―十二篇文政八年〔1825〕刊）に「密涅刺爾（ミネラール）ハ金石類ノ総称」（巻十三「琥珀」の項 p.339）がある。明治時代に入ってからも和田維四郎『金石学』（明治十一年〔1878〕刊）、『金石識別表』（明治十年〔1877〕刊）、『本邦金石略誌』（明治十一年〔1878〕）、大槻修二著『金石教授法』（明治十七年〔1884〕刊）、熊沢善庵・柴田承桂編纂『普通金石学』（明治十八年〔1885〕刊）などと見られる。

mineral が「鉱物」（砿物）と訳されたのは、ヘボンの『和英語林集成』初版（慶応三年〔1867〕刊）に「十

KŌ-BUTSZ クワウブツ、砿物 Minerals」が早い例のようである。次いで西周の『百学連環』（明治三年〔1870〕十一月口授・永見裕筆録）に「Mineralogy 砿物学」、鈴木良輔の『百科全書礦物篇』（明治九年〔1876〕、文部省刊）、『哲学字彙』（明治十四年〔1881〕、東京大学三学部刊）の「Mineralogy 鉱物学」、松本栄三郎纂訳の『砿物小学』（明治十四年刊）、小藤文次郎の『鉱物学初歩　上巻』（明治十八年〔1885〕刊）、小藤文次郎・神保小虎・松島鉦四郎共編『英独和対訳　鉱物字彙』（明治二十三年〔1890〕刊）などが続く。

「金石」と「鉱物」とが指すものは厳密に言えば異なる。小藤文次郎の『鉱物学初歩　上巻』に次のように指摘されている。

> 鉱物ヲ論ズル学科ハ即チ鉱物学ニシテ洋語ニミネラロギート称ス。然ルニ往々鉱物学ヲ金石学ト呼ブモノアリ。金ト石トヲ講ズルノ意義ナラン。然レドモ鉱物中、雪、琥珀、煤炭、等金ニ非ラズ、又石ニ非ラザル物モ鉱物学ノ範囲ニ包括セルヲ見レバ名ハ賓ナルコト論ヲ待タズ。故ニ鉱物ヲ論究する学科ハ鉱物学ナリ。依テ本編ヲ鉱物学ト命名スルナリ。（自序）

「金石」という語は本草学で用いられていた語である。李時珍の『本草綱目』（明・万暦二十四年〔1596〕刊）は「水部」「火部」「土部」「金石部」「草部」「穀部」「菜部」「果部」「木部」「服器部」「虫部」「鱗部」「介部」「禽部」「獣部」「人部」の一六部からなる。「金石部」は「金類」「玉類」「石類」「鹵類」からなるが、現在の鉱物の概念とは異なる品目が含まれている。例えば「金類」には次の二七品目が挙げられている。

> 金・銀（黄銀・烏銀）・錫恡脂（即銀鉱）・銀膏・硃砂銀・赤銅・自然銅・銅砿石銅青・鉛・鉛霜・粉錫（即胡粉）・鉛丹（即黄丹）・蜜陀僧・錫・古鏡・古文銭・銅弩牙・諸銅器・鉄・鋼鉄・鉄落・鉄精・鉄華粉・鉄鏽・鉄熱・鉄漿・諸鉄器

すなわち、本草学における「金類」という語は古鏡・古文銭・銅弩牙・諸銅器・諸鉄器といった製品をも指すのである。

「鉱物」は「動物」でも「植物」でもないもののすべてを含む概念である。したがって、『本草綱目』の十六部から動物と植物に関するものを除いた「水部」[2]「火部」「土部」「金石部」に属するものはすべて「鉱物」である（ただし、「火部」に属するものは物質ではなく現象であり、「鉱物」から除かれる）。

本節で問題にしたいのは本草学における「金石」と鉱物学における「鉱物」とが指すもののズレについてである。

2　鉱物の三体

改めて「鉱物」を定義すれば、「鉱物」は非生物であり、生物である「動物」と「植物」に対するものである。また、「鉱物」には固体、液体、気体の三体があり、大気もまた気体の鉱物であり、水や水銀もまた液体の鉱物である。

松本栄三郎纂訳『砿物小学』（明治十四年〔1881〕刊）は「普ク童蒙ヲシテ砿物ノ要ヲ知ラシムル」という目的で書かれ、「高尚ノ書ニ渉ルノ階梯トスル所ニアラズ。故ニ其説ク所解シ易キヲ旨」として書かれたものであるが、この書には「鉱物」は次のように説明されている。

> 砿物ハ非生物ナリ。而シテ之ニ固体、液体、気体ノ三アリ。即チ諸礦物ハ率（おおむ）ネ個体ナリト雖モ水及ビ水銀ノ如キハ液体ニシテ、大気ハ気体砿物ナリ。是故ニ宇宙ノ万物ハ形状ノ奈何（いかん）ヲ論ゼズ、活物及ビ源ヲ活物ニ帰スルモノ〈下條ニ説ク所ノ石炭、琥珀等ノ如キハ其源価値物ヨリ出ヅレドモ皆之ヲ砿物部内ニ入ル、ヲ以テ此例外トス〉ヲ除クノ外ハ皆砿物ナリ。（総論）

当時こうした説明が理解しがたいことであったことは高橋章臣著『新編鉱物学』（明治二十八年〔1895〕刊）の第

一篇「鉱物ノ形質」第一章「形像論」第一節「鉱物ハ三体ヲ含有ス」に次のような説明がなされていることからも窺える。

金石（固体）空気（気体）水（液体）ノ三体ヲ包含シテ鉱物ト云ハンカ、其意味甚ク錯雑朦糊ニシテ其範囲亦限界ナキガ如シト雖ドモ、潜思熟考スレバ蓋シ難解ノ事アラザルナリ。即チ、彼ノ水ハ地上ニアリテハ其温度ニ依リテ状態ヲ変ジ、其固形体ト為リテハ氷河ヲ為シ、地殻ノ一部トナルコトアリ。又、水銀ハ、通常流体ナルモ其温度摂氏零以下四十度ニ至レバ固体トナルナリ。空気ノ如キニ至リテモ、之ヲ低温高圧ニ触レシメバ必ラズ固体ニ変ズベシ。畢竟、一天然物ニシテ固体ト為リ、流動体ト為リ、若クハ気体トナリテ、地上ニ現ハル、ハ一ニ其温度ノ高低ニ支配サル、モノニシテ、現時固体ナル幾多ノ鉱物モ何ソ知ラン、往時地熱ノ高カリシ時ハ流体若シクハ瓦斯（がす）トナリテ存セシコトヲ。

また、熊沢善庵・柴田承桂編纂『普通金石学』（明治十八年〔1885〕刊）にも次のような詳しい説明がある。やや専門的な説明であり、「金石」の語を用いながら、「鉱物」学の基本的な考え方を分かりやすく説明しているので、それも併せて紹介することにしたい。

本書は「緒言」において「其成分ノ相近キニ従ヒ、其性状ノ相似タルニ由リ、各々集メテ大小ノ分類ヲ為シ、上下綱目ヲ設ケ、無数ノ金石ヲシテ一定ノ順序ニ次列セシメ以テ学者ニ便ニス。之ヲ名ケテ金石ノ系統ト云フ」「其系統ヲ設定スルノ法最モ確実ニシテ最モ広ク現今ニ行ハル、モノハ主トシテ金石ノ化学成分ニ憑拠スル所ノ分類ナリ」と説明し、「金石総論」において、分類に用いられる鉱物の性状が「理学的性状」と「化学的性状」とに分けられることを説明している。「理学的性状」とは「（結晶の）形状」「割裂及破砕」「硬度及可�性」「比重」「光学的性状（透明・光沢・色彩・光線屈折・燐光）」「電気及磁気」「触覚及臭味」「火熱反応」の違いであり、「化学的性状」とは「単体及複体」「元質」「混合・化合・分解」「原子・分子・化合力」などの違いである。

「金石各論」ではこれらの性状に基づき、金石を「非金属及軽金属ノ金石」（炭素・硫黄・弗素化合物・塩素化合物・硝酸書類・炭酸塩類など）と「重金属ノ金石」（砒素・安知母紐謨・黄金・白金・水銀・銀・銅など）の二つの「属」に分けて説明している（一部はさらに「属」を「類」に分けている）。そして、第一綱の「非金属及軽金属ノ金石」の第十二目に「氷及水酸化物」があり、次のように説明されている。

○氷　記号 H_2O　Eis 独　Ice 英

氷ハ六角系ニ属シ通常只板条ノ六角柱ヲナス。稀レニ菱面形又六角稜錐ヲ見ルコトアリ。其静水面上ニ凍合セル者ハ即チ礎面ニシテ氷柱ハ主軸ト併行ス。夫（そ）ノ雪ノ如キハ細小ナル六稜星点ニシテ羽毛状列点状等ノ構造ヲ有シ、無色ナリ。然レドモ大塊ニ在テハ帯緑色又帯青色ヲ呈ス。堅度ハ一、五。比重ハ〇、九五乃至〇、九七。零度以上ノ温ニ到レバ則チ熔融シテ水ト為ル。

純氷ハ無臭無味ナリ。其天然ノ純粋ハ只雨水及雪水ノミ。河井ノ水ハ常ニ炭酸及許多ノ塩類ヲ含有ス。

かくて、国語辞典の「鉱物」の説明にも水や氷が現われる。大槻文彦の『言海』（明治三十七年〔1904〕刊）には、

金・石・土・砂・玉・化石・塩・水等、スベテ無機体ノ総名（動物・植物ニ対ス）。

とあり、金沢庄三郎の『辞林』（明治四十年〔1907〕刊）にも、

地殻岩石を形成する天産の無機物、即ち、金・石・玉・土・砂・化石。氷・塩などの類。動物又は植物などの対。

とある。大正、昭和期に入っても、次の書物には水や氷は鉱物として取り上げられている。

東京地学協会編『英和和英地学字彙』（大正三年〔1914〕刊）
吉村豊文・望月勝海共著『鉱物学入門』（昭和七年〔1932〕刊）
岡本要八郎・木下亀城共著『鉱物和名辞典』（昭和三十四年〔1959〕刊）

ちなみに明治期の鉱物学の専門書にも、空気や水や氷が鉱物であることを記していないものがある。和田維四郎の『金石学』に見られないのは、和田には「内国所産ノ金石中有用ニシテ且ツ学術上ニ貴重スル者ヲ示ス」ことを目的とした『本邦金石略誌』（明治十一年〔1878〕）もあり、そうした目的からは特に取り上げる意義を感じなかったのかもしれない。島田庸一編述『小学博物金石学』（明治十五年〔1882〕）、大槻修二著『金石学教授法』（明治十七年〔1884〕序）、また「中学小学生ニ通常金石ノ名称、性質、効用ナドノ概略ヲ知ラシメンガ為ニ編述」したとする辻敬之著『通常金石』（明治十五年〔1882〕）に見られないのも同様の理由からかと思われる。あるいは横山又次郎編『鑛物学簡易教科書』（明治三十三年〔1900〕）は、水については取り上げて「水素ト酸素ト化合シタルモノニシテ」と説明しつつ、氷と雪については「人ノ皆知ル所ナレバ、詳記セズ」とあり、敬業社編纂『鑛物学』（明治二十一年〔1888〕）には「氷」について「六角系ニ属ス。其性質ハ人ノ知ル所ナリ」とあり、小藤文次郎等編『鑛物字彙』（明治二十三年〔1890〕）にも氷 Ice だけが採られているのも、「人ノ皆知ル所」であって、敢えて取り上げる必要を感じなかったのかもしれない。

3　現在の鉱物学書における水

ところで、注目されるのは、現在の鉱物学書では「鉱物」の定義において、ことさらに空気や水や氷も鉱物であることを言わなくなることである。森本信男・砂川一郎・都城秋穂共著『鉱物学』（岩波書店、昭和五十年〔1975〕刊）でも、鉱物の定義について次のような説明があるが、水や氷には特に触れられていない（pp.11-2）。

鉱物は、ほぼ均質（homogeneous）な物質だということは、鉱物を岩石から区別するための重要な特徴である。ほとんどすべての鉱物は固溶体をつくっているので、その化学組成は一つの固体内でも一様ではない。そこで

〝均質〟と書かないで、〝ほぼ均質〟と書いたのである。（中略）一般に鉱物の化学組成は、それが固溶体をつくっていても、一定の化学式でほぼ表わすことができる。（中略）石英や長石のような典型的な鉱物は、結晶体の固体である。そこで鉱物の定義のなかに、それが結晶体の固体であるという条件を入れることも多い。（中略）典型的な鉱物は、生物の関係しない自然過程によってできた無機物である。そこでこれを定義のなかに入れることがある。

そして、「鉱物」の定義についての次のような問いかけがある。

これまで、鉱物とは地球の表面またはそれに近い部分に出現する、ほぼ均質な物質であるという常識的な観念で進んできた。ここでわれわれは、鉱物とは何かという問題に帰って、その概念をもっと厳密に検討してみよう。こういう議論は、それ自体は生産的なものではない。しかしそれによって、地球を構成する物質の性質の理解を、厳密にするのに役立つであろう。また、定義によって鉱物の概念をはっきりきめるということが、自然性質とあまりよく合わないことがわかるであろう。（p.11）

しかし、本文で問題になっているのは化石や動物の体内にできる結石などであり、空気や水などについては何も触れられていない。

現在の国語辞典の「鉱物」の説明でも同様であり、空気や水や氷という語は現われない。『広辞苑　第六版』（岩波書店、平成二十年〔2008〕刊）の「鉱物」の項は、

地殻・隕石などを構成する天然の均質な無機物。多くは固体で一定の原子配列を有し、一定の化学組成をもつ。石英・長石・黄鉄鉱の類。

とあり、『日本国語大辞典　第二版』（小学館、平成十三年〔2001〕刊）でも、

天然の無機物質一般をいうことば。主として地球の固体部分を構成するもの。ほとんどは結晶をなし、三八〇

○種類をこえるものが知られている。鉱品。

とあるのみである。

4　五行思想における水と石

水を鉱物とすることに抵抗感を持つのは、見た目から区別する分類学の限界によるものであることは言うまでもないが、中国の古代思想の影響もあるのではなかろうか。中国の古代思想においては、石は土の固まったものであり、氷は水の固まったものである。そして、水と石とは関連するものである(2)。例えば『本草綱目』の部の配列の順序は木・火・土・金・水の五行思想を基としている。「凡例」に次のように言う。

首以㆓水火㆒。次㆑之以㆑土。水火為㆓万物之先㆒。土為㆓万物之母㆒也。次㆑之以㆓金石㆒。従㆑土也。次㆑之以㆓草穀菜果木㆒。従㆑微至㆑巨也。次㆑之以㆓服器㆒。従㆓草木㆒也。次㆑之以㆓虫鱗介禽獣㆒。終㆑之以㆑人。従㆑賤至㆑貴也。

首(はじ)め水火を以てし、之に次ぐに土を以てす。水火は万物の先為(た)り、土は万物の母為ればなり。之に次ぐに金石を以てす。土に従へばなり。之に次ぐに草・穀・菜・果・木を以てす。微なる従(よ)り巨なるに至るとなり。之に次ぐに服器を以てす。草木に従へばなり。之に次ぐに虫・鱗・介・禽・獣を以てす。之を終るに人を以てす。賤従(よ)り貴きに至るとなり。

この配列の意味を飯島忠夫（『支那暦法起原考』岡書院、昭和五年〔1930〕刊）は次のように説明している。

元素の観念が生じた時、水と火とは第一に其の選に入るべきものである。土も空気も又注意を免れることはできない。金属も亦之に次ぎて注意さるべきものである。木が引出されたのは、そこに生命の躍動が最も強く現

> はれて居る故であろう。五行の中に木があるといふことは支那上古の元素の観念が単に生命を有せざる物質を指して居るものでないことを證明する。元素としての五行は寧ろ其の活力の種類を分別したものとして考へるべきである。生命と物質とは五行説に於ては同一物の両面として考へられて居たのである。（p.269）

右の最後の文に関わって飯島氏は次のようにも述べられている。

> 五行はまた五常、五気とも呼ばれる。五常とは恒常不変なる方面から名づけたもので、五気とは精妙なる物質としての方面から名づけたものであると思はれる。それ故に五常五気は其の元素的方面に名づけたものであつて、五行、五運、五歩が其の活動的方面から名づけてあるのに対立するものと考へられる。（同右 p.268）

飯島氏の言われるように、五行説においては生命と物質とは同一物の両面として考えられていたとすれば、西洋のように諸物は有機物と無機物とで二分できないものとなる。

また、『淮南子』天文訓に、宇宙の根源を混沌無形の一元の「気」とし、それが二つに分かれて天と地と為り、天の気は陽で、地の気は陰であるとあるが、すべてのものは「気」から生じるものとある。石も水も同様である。『本草綱目』「金石部目録」冒頭に「石は気の核である」と言い、「その精が金であり玉であり、その毒が礬（引用者注—明礬などの硫酸化合物などを言う）であり、砒（砒毒）である」「気の凝結したのが丹青（丹砂と青雘）であり、液化したものが礬汞（水銀）である」と言う。

> 李時珍曰、石者気之核、土之骨也。大則為二石巌一、細則為二砂塵一。其精為レ金為レ玉。其毒為レ礬為レ砒。気之凝也則結而為二丹青一。気之化也則液而為二礬汞一。

水もまた前述のように「其体純陰。其用純陽。上則為二雨露霜雪一、下則為二海河泉井一」（「水部目録」）とあり、「地気升（のぼりて）為レ雲、降（くだりて）為レ雨」（「雨水」）、「露者陰気之液也」（「露水」）、「程子云、雹者陰陽搏之気也」（「雹」）と言う。

ちなみに貝原益軒の『大和本草』の水類の「水」の項には、『月令』の「仲秋始涸」に対する陳澔の註「水本気之所レ為。春夏気至、故長。秋冬気返故涸也」を引いて「今按ニ冬水カレテ井水スクナキモ此故ナルベシ。又河水十月ヨリ甚スクナク二三月ニ地上ニ常ノ如ク多ク流ル、川アリ。是亦冬月水カル、故ナリ」とある。

そして水も石となることがある。晋の葛洪の『抱朴子』に水の沫が浮石（和名「軽石」）となるとある（「水沫為ニ浮石一」）。我が国の『康頼本草（本草和名伝抄）』（丹波康頼〔912–95〕撰・成立年未詳）にも「桃花石」の和名をミヅノアワとしていることなどもこの考えによるのであろう。木内石亭の『雲根石』後編巻一光彩類「桃花石」に、

桃花石は石脂の一種、形色を以て桃花と名とす。元来石より湧出す脂也。更に光沢あり。大和国吉野山にて土俗石の気といふものあり。是正しく桃花石也。

とある。

さらには気の変化によって生物が石になることもある。『本草綱目』の金石部目録の前文に、

李時珍曰、石者気之核、土之骨也。（中略）気之凝也則結而為ニ丹青一、気之化也則液而為ニ丹礬汞一。其変也或自レ柔而剛、乳鹵為レ石是也。或自レ動而静、草木成レ石是也。飛走含霊之為レ石、自ニ有情一而之ニ无情一也。

李時珍曰く、石は気の核、土の骨である。（中略）気が凝縮すると丹青となる。気が溶化すると液となり礬汞となる。柔から剛に変る場合がある。乳鹵が石となるのがこれである。動が静に変る場合がある。草木が石となるのがこれである。飛走するもの（鳥獣）や含霊（人間）が石となるのは、有情から無情に変ったのである。

とある。

以上を要するに、中国の思想においては総てのものは一元の「気」から生じ、陰陽のバランスにより種々の形になったものである。その次元において、水と石と異なるのであり、西洋科学のように生物と非生物あるいは有機物と無機物に分け、鉱物を動植物と対立するものとも捉えてはいなかった。

こうした捉え方が我々の思想に影響を与えているのではないかと思われる。

おわりに

『哲学字彙』（東京大学三学部印行、明治十四年〔1881〕刊）には「Animal Kingdom　動物界」「Vegitable Kingdom　植物界」「Mineral Kingdom　鑛物界」という訳語が示されているが、近代科学は地上に存在するすべての存在を動物・植物・鉱物に三分し、動物学、植物学、鉱石学の対象として研究する。これによって、これが新しい世界の捉え方であった。早く江戸期の蘭学者たちが「三有」について、繰り返し言及しているのは、このパラダイムの転換を果たすことの重要性を示唆しているのである。「鉱物」という名は、有機物の「動物」「植物」に対するものであり、それまで存在しなかった無機物 mineral という概念を表わす為につくられた学術語である。「金石」という語は文字通り金と石との総称であり、空気や水などは含まれない。「金石」と「鉱物」の指す外延は異なるのである。明治初期の鉱物学者は「金石学」を「鉱物学」と同義として用いていたが、「植物学」が「本草学」とがその対象の捉え方と研究法とが異なるように両者は本来異なることを理解してはいなかったのである。

科学が明らかにした自然観と我々が日常に感じている世界観とがズレることは、ままあることではあるが、水などが鉱物であるとする鉱物学の定義に我々が感じる違和感は、西洋の科学の背景にある自然認識と東洋の自然観とに超えがたいものがあり、我々の中にはいまだ東洋的な考え方もまた遺っているからではあるまいか。

注

（1）山田武太郎著『新編漢語辞林』（明治三十七年〔1904〕刊）に「（砿も鉱も）トモニサシテカハツタイミヲモタヌ字。

タヾシ、今オモニ砿ハスベテカナケデナイモノ、スナハチ石、又ハ石ニチカイモノニモチヰ、鉱ハスベテカナノモノ、スナハチ石ニチカクナイモノニモチヰル」とあり、山田美妙の『大辞典』（明治四十五年〔1912〕刊）にも「其金属質ナルモノヲ鉱物トシ、石属質ナルモノヲ砿物トスル」とある。

（2）　中国の本草学においては李時珍の『本草綱目』（明・万暦二十四年〔1596〕刊）まで「水部」を設けてはいなかったようである。『経史証類大観本草』（宋・大観二年〔1108〕刊）でも、玉石部、草部、木部、人部、獣部、禽部、虫魚部、果部、米穀部、薬部、有名未用本経外草類、本経外木蔓類に部立てしているが、玉石部に『陳臓器余』から採られた「玉井水」「甘露水」「雹」「夏氷」などが含まれている。したがって、玉石と水とを区別しない考え方が存在したように見えるが、李時珍の『本草綱目』ではそれを「旧本玉石水土混同」（「凡例」）「旧本水類共三十二種、散見二玉石部一」（「水部目録」）と批判し、新たに「水部」を設け、全体を水部・火部・土部・金石部・草部・穀部・菜部・果部・木部・服器部・虫部・鱗部・介部・禽部・獣部・人部の一六部に分類した。したがって、中国においても水と玉石とは本来別に捉えられるものであり、本草書では便宜的に水を玉石の部に入れていただけのものと考えられる。それを明確に別に扱ったのは『本草綱目』に始まるということになるわけであるが、『本草綱目』が日本に伝わってからは日本の本草学でもこれに従っている。

3 「金類」から「金属」へ——元素論との関わり——

1 「金ニ非ズ、石ニ非ズ、玉ニ非ズ、土ニ非ズ」

メタルという語が日本に初めて現われるのは宇田川玄随（槐園1755-97）の『遠西名物考』においてである。この書は同氏の『西説内科撰要』（寛政四年〔1792〕成）所載の薬物の解説書であり、その書と同じ頃の成立と推測される。この『遠西名物考』巻一の「安質没扭謨若波烈鷙屈謨（アンチモニウムヂヤボレチキユム）」の説明の中に、「メタール」（metaal オランダ語）が次のように現われる(1)。

元来、コノ安質没扭謨ハ蘭名「スピースガラス」ト云山物ニテ、若波烈鷙屈謨ハ其ヲ製シタル剤ノ名ナリ。発汗「スパースガラス」ト云コトナリ。

医学宝凾ニ云ク、安質没扭謨ハ「スピースガラス」ナリ。又「スピツガラス」トモ云。薬舗ニ於テ得ル所ノ如ク堅重ニシテ破砕スベキ「メタール」ナリ。其色黒シテ鉛ノ如ク長キ条理アリ。其上好ノ者ハ必ズ赤ヲ帯タル点文アリ。大抵コレヲ呼テ「アンチモニユウム・コリュヂュム」ト云。即チ生「スピースガラス」ト云ノ義ナリ。然ドモ実ハ真ノ生ナル物ニ非ズ。何トナレバ山坑中ヨリ斯ノ如ニシテ直ニ出ルニ非ズ。山ニ採リテ之ヲ鋳烊シテ塊ヲ成シ、然シテ後、吾土ニ持チ来ル者ナレバナリ。真ノ生ナル者ハ之ヲ「ミネラ・アンチモニー」ト云。其吾土ニ来ル者ハ多クハ払郎察（ふらんす）〔国名〕及独逸都蘭土（ドイツランド）〔国名〕ヨリ出ヅ。何トナレバ翁加里亜ノ産最モ好トイヘドモ多ク得ルコト能ハザレバナリ。

其真ノ生ナル者所謂「ミネラ・アンチモニー」ハ其形状一ナラズ、大抵其質黒クシテ光沢ナル「メタール」石ニアリ。或ハ一ノ岩ノ如キ石ニ生シ、或ハ自余ノ石ニ生ズ。共ニ或ハ透明ノ条理及ビ「メタール」状ヲ為セル光芒色彩ノ上ニ現ル、コトアリ。

右の引用文中に三箇所に「メタール」の語が現われるが、最初の用例に、

山物ノ一種ニシテ即チ金ニ非ズ、石ニ非ズ、玉ニ非ズ、土ニ非ズ。別ニ是レ「メタール」ト云一類アルナリ。詳ニ訳述アリ。別ニ見ス。

という原注がある。「詳ニ訳述アリ」とあるが、その「訳述」は現存しないようである。

玄随が「金ニ非ズ、石ニ非ズ、玉ニ非ズ、土ニ非ズ」というのは、「メタール」は「山物」（鉱物の古い名称）の一種ではあるが、「金」「石」「玉」「土」という中国本草学における分類では対応できないものであることを言ったものである。例えば李時珍の『本草綱目』（明・万暦二十四年〔1596〕刊）は、地上に存在するものを、水部・火部・土部・金石部・草部・穀部・菜部・果部・木部・服器部・虫部・鱗部・介部・禽部・獣部・人部に分類しているが、玄随の用いている「金」「石」「玉」「土」は、この金石部の中の「金類」「石類」「玉類」と土部の「土類」を指す。そして、玄随の言うメタールは「ミネラ・アンチモニー」（輝安鉱 Antimonglanz Stibuite）を溶解して得られるアンチモニー（antimonium, antimony）のことである。メタール（metaal, metal）は現在金属と訳されているが、「固体状態で金属光沢、展性・延性をもち、種々の機械的工作を施すことができ、かつ電気および熱の良導体であるなどの性質をもつ物質の総称[2]」と定義されるものである。中国や日本でも銅を含む鉱物を溶解して銅を取り出し、鉄を含む鉱物を溶解して鉄を取り出すことは早くから行われていた。しかし、そうしたものの総称であるメタルに相当する語は成立していなかったのである。

2 「礦」という訳語

大槻玄沢は「メタール」を「礦」（砿）また「真礦」と訳している。天保六年〔1835〕頃に大槻玄沢が訳し、小関三英が校正したショメール（Noel Chomel）の"Huishoudeijk Woordenboek"（1768–77）を翻訳した、『厚生新編』六十二冊目の「雑録」に「礦（メタルラ 羅甸　メターレン 和蘭）」の項がある。(3) メタルラ（ラテン語 metalli → metallum）、メターレン（オランダ語 metalen = metaal の複数形）を玄沢は「礦」と訳しているのである。次にその本文の訳を掲げる。傍線を付した箇所は、その性質について述べている部分である。

礦ハ重質、光暉ありて透明ならず。火に熔解すれば表面、珠状を成し、冷定する時ハ再ビ凝て硬質となるなり。是を鍛冶して諸金の質を区別する時は其品自ラ定たるべし。

尋常は礦を以て六種の金とす。即チ金・銀・銅・鉄・錫・鉛なり。近時或人「ウィットゴウド」〈白金の義。和産なし〉を添て七種の金となす。（中略）

真礦に三徴あり。其一は熔解冷定の後鍛冶して撓柔なるべき質あり。其二は火中に於て流動すべき質あり。其三は火内にて硬質を存し容易に減消せざるなり。右の三質を具する者を宜く真礦の名を命ずべし。又、諸礦の質真礦に同じくして僅に差ふ者あり。是を類礦と名ヅく。右の質ハ外面能く真礦に似たるも鎚にて砕く可く、火力を以て消散せしむべし。但し火内にて流動を成すに至れり。

礦を分ちて二類となす。曰ク熟金、曰ク半熟金なり。其熟金ハ鋳鎔の後些〻の変化なくして其量も亦減ずることなし。故に火力以て灰となすこと能はず、空気水気も是を変ずること能はざるなり。此類二種あり。曰ク金、曰ク銀なり。

半熟金は火中に在て金質を損し終に砕粉となすべし。此性の種類は即ち銅、鉄、錫、鉛なり。右二類の金質を概言するに熟金は火力を以て原性の金質を現じ、其寛容とする燃体〈燃体は火気を引きて燃え易き質を云ふ〉を敗損すること無し。

半熟金は右に反し火力以て其体質を消滅す。

「礦」は山から取り出したままの精煉されていない状態の金属を言う語である。『広韻』（宋・大中祥符元年〔1008〕成）に「礦、金璞、鑛、上同」とあり、我が国の『新撰字鏡』（昌泰年間〔898-901〕成）にも「鉟〈広音鉱也。荒金也〉鉱〈上字〉」とある。metallum などは金属の意味とともに鉱物、鉱石（金・白金・大理石など）の意味にも用いられるものではあり、その限りでは訳語としては間違いではない。しかし、この項で説明されているのは、傍線を付した箇所で述べられているように、溶解して得られる金・銀・銅・鉄・錫・鉛および白金のことであり、その訳語としては不十分であった。

3　「金属」という訳語

「金属」と言う語の初出は、管見では丹羽正伯の増修による『庶物類纂』（元文三年〔1738〕成）に見られるものである。この書では「石属」「金属」「玉属」が用いられているが、これらの「属」はタグヒという語を「類」に変えただけのものであり、「金属」に属する品目には、銭・鏡・刀剣・矛戈なども含まれている。すなわち、この「金属」は本草学における「金類」と同じ概念を示すものであり、メタルを指すものではない。

メタルの訳語としての「金属」が蘭学の中で生まれた語であることは、斎藤静氏の『日本語に及ぼしたオランダ語の影響』（篠崎書林、昭和四十二年〔1967〕刊）で既に指摘されている。

Metaal;（Metalen）「金属」と訳した。金属という genelic な意味の漢語は「金」であり、また金類という語もあるが、それは「かねの類」というほどの意味であって、近代化学の有する概念は持っていない。「金属」のもつ近代化学的な意義または概念の醸成と普及については英、米、独、仏方面の貢献を大いに認めなければならないが、とにかく、日本が近代化学を学んだのは、はじめは蘭書を通じてのことである。

斎藤氏が示している用例は宇田川榕菴の『舎密開宗』（天保八年〔1837〕初編刊）から、

○按ニ達喜氏ノ発明ニ亜爾加里（あるかり）ハ、咸（み）ナ各種ノ金属（メタール）ノ酸化スル者ニシテ其金属ヲ亜爾加里（あるかり）金属ト謂フ。

（巻三「亜爾加里」第五十七章）

単体ヲ区別シテ非金属、及ビ金属ノ二種トス（中略）化学分析ノ試法精熟スルニ至ツテ五十余種ノ金属ヲ検出セリ。

（初編）

の例と、川本幸民の『化学新書』(4)から、の二例である。ただし、『舎密開宗』より以前の『遠西医方名物考補遺』（宇田川榛斎著・宇田川榕菴校補、天保五年〔1834〕刊）に「金属」は既に現われている。(5)すなわち、その巻一「牛胆」の項に「金属塩〈緑礬・皓礬・升汞・甘汞・�香銕華等〉」、巻七元素篇第一の「元素」の項に「金属元素〈土石類ノ元素是ニ属ス〉」、「温素」の項に「是ヲ験温儀ト名ヅク。是ヲ以テ金属ノ伸縮ヲ験シテ温素ノ増減ヲ測知ス」と見えるが、巻八元素篇第二の「酸化」の項には、

金属酸化ハ天造人巧ノ二種アリ。又金属ニ貴賤アリ。○黄金、銀、白金〈一種銀色ノ金属。原名「ブラチナ」〉ヲ貴金ト曰フ。其他一切金属ヲ賤金ト曰フ。○賤金属ハ殊ニ酸素ト交力緊切ナル故ニ大気ニ触テ多ク気中ノ酸素ヲ引キ、漸ク消化シテ光彩、色沢、響鳴、鎚延力等ノ金属固有ノ質ヲ失ヒ、粘滋ナク砕破スベク土灰様トナリ、故（モト）ノ金属ニ比スレバ秤量（メカタ）増加ス。

など集中して多く用いられている。

ちなみに、この『遠西医方名物考補遺』は宇田川榛斎の『遠西医方名物考』〈初篇文政五年〔1822〕—十二篇文政八年〔1825〕刊〉の補遺であるが、無刊記本の内閣文庫本『遠西医方名物考』(6)に、次のように二箇所「金属」が見える〈傍線部については後に述べる〉。

①安質没扭謨(アンチモニウム)ハ諸鉱坑〈七金ノ坑ヲ云〉ニ出ル一種ノ礦ナリ。甚ダ諸金類ニ近シ。然レドモ其質破砕スベキガ故ニ諸金ニ属セズ。半金ノ属トス〈諸金ト石トノ間ニ属スル者ヲ半金ト云フ〉。大小塊片ヲ為シ、形一ナラズ。重クシテ石ノ如ク、鉛色ニシテ束鍼紋ヲ為シ、光輝アリ。堅固ニシテ破砕シ易シ。或ハ岩石ニ著(ツ)ク者アリ、或ハ透明ノ紋理及ビ砿様ノ石英ヲ夾ミ、或ハ琢磨セル鉄及ビ鉛ノ如ク或ハ銀色ノ光彩或ハ黒色ノ光沢アリ。（中略）○坑ヨリ出テ未ダ煆煉セザルヲ「ミネラ・アンチモニ」ト名ク。（中略）○製煉術ニテ安質没扭(アンチモニ)ヲ烊(トカ)シ、其質ヲ研究スルニ是レ一種ノ元素〈補巻七〉ナリ。然レドモ山坑ニ出ル者ハ必ズ硫黄ヲ含ム。是ヲ製煉シテ硫黄ヲ脱スレバ純粋トナル。是ヲ安質王ト曰フ〈安質王ハ原名「レギア・アンチモニ」凡(スベテ)ニ含ム所ノ夾雑物ヲ脱シテ純粋ノ金属ト為ス者是ヲ王ト称ス〉。○安質没扭(アンチモニ)ヲ煆炒スレバ灰色ニシテ石灰様トナル。烈火ニ上セ焼ケバ溶ケテ遂ニ淡赭色ノ硝子トナル。〈第五篇巻十五「安質没扭謨(アンチモニウム) 羅 スピースガラス 蘭」の項〉

②然レドモ光彩ナク唯烟ヲ生ジテ速カニ升散シ終ニ赭色ノ末少許残リ、或ハ赭色ノ硝子トナル。凡ソ金属酸化過度ニ至レバ光彩ヲ失ヒ硝子トナル。○右ノ説ニ因リテ観レバ、〈第十一篇巻三十三「水銀二」の項〉

したがって、メタルの訳語としての「金属」は宇田川榛斎によって考え出されたもののように見えるが、文政六年〔1823〕新鐫の『遠西医方名物考』(7)では、前者①の傍線部分は

硫黄ト礦性土ト混和シ成ル者ナリ。其硫黄ヲ分チ取レバ尋常ノ硫黄ト少シモ異ナルコトナシ。其礦性土ヲ検査スレバ硝子性土〈焼ケバ烊(トカ)テ硝子トナル土ヲ云〉焚性土〈焚(モユ)ル土ヲ云〉諸金性土、水銀性土、礜石性土アリ。

とあり、後者②の傍線部も、

〈是、硫黄気ヲ受ザル故ニ銀色ノ光彩ヲ生ゼザルナリ〉此レ其硝子性土ヲ含メル故ナリ。〇是ニ

とあり、ともに「金属」の語はない。

したがって、無刊記本の内閣文庫本『遠西医方名物考』の「金属」の語は『遠西医方名物考』が宇田川榕菴によって補遺された時に用いられた語と考えられる。前者①の文章に「元素〈補巻七〉」とあるのもその意味であろう。そして、「金属」の語は宇田川榕菴によるものと思われる。同年に刊行された榕菴の『植学啓原』（天保五年〔1834〕刊）の目録にも「土分　金属分」と見えるからである。(8) ちなみに、その本文には「金属」の語は現われないが、次のような内容である。

草木之土分、大抵為二加爾基(カルキ)一。或有二苦土一、或有二礬土一、如二禾本穀類竹蘆一則有二珪土一、有二酸化銕一、有二酸化満(マン)俺(ガン)一〈土類之説、及酸化銕、酸化満俺等、散二見名物考補遺中処々一〉　（巻三・12ウ10行目）

草木に含まれる土分〔アルカリ土金属と土類金属の酸化物〕は、ふつうカルキ〔石灰、生石灰、酸化カルシウム〕かまたは、苦土〔酸化マグネシウム〕や礬土〔アルミナ、酸化アルミニウム〕などである。禾本〔イネ科〕の穀類、竹〔タケ〕、蘆〔アシ〕などは、珪土〔無水ケイ酸〕または、酸化銕〔酸化鉄〕や酸化満俺〔酸化マンガン〕を含む（土類〔土分と同じ〕の説明や酸化銕、酸化満俺は『名物考補遺』に散見している。参考にせよ）。

これは、先に引用した『舎密開宗』の文の続きに、

（前略）加僂母(カリウム)、曹冑母(ソウチウム)ノ如シ。土類モ亦各種ノ金属ノ酸化スル者ニシテ其金属ヲ土類金属ト謂フ。麻倔涅叟母(マグネシウム)、亜律密烏母(アリユミウム)ノ如シ。亜爾加里金属、土類金属ヲ総テ滅多爾羅乙甸(メタールロイデン)ト称シ、古来常有ノ金銀銅鉄ニ別ツ。〇又近世、植物ニ各種ノ亜爾加里アルコトヲ唱フ（下略）

とあるものと対応する。

『遠西医方名物考補遺』また『植学啓原』が刊行される以前の書物には「金属」の語は見られない。熊秀英（森島中良）『蛮語箋』（寛政十年〔1798〕刊）、奥平昌高『蘭語訳撰』（文化七年〔1810〕刊）には metaal の語は見られず、藤林淳道『訳鍵』（文化七年〔1810〕序）には「metaal　山産ノ諸金」とあるのみである。

さらに次のようなことからもメタルの訳語としての「金属」は宇田川榕菴によって作られたものと考えられる。インドの四大、中国の五行などと同じく、西洋でも万物は「基本的な物質」からなり、その組み合わせが異なるだけで同質のものと考えられていた。したがって、煉丹者（錬金術師）はその組み合わせ方を変えれば鉛や鉄も黄金になり、またその逆も可能であるとした。しかし、近代化学ではそれらは「基本的な物質」ではなく、窮極の「基本的な物質」と呼び得るのは純粋な単体であり、質を異にするものであって、決して互換できるものではないことを明らかにした。(9) その窮極の「基本的な物質」を「元素」と訳したのは宇田川榕菴であった。『遠西医方名物考補遺』（天保五年〔1834〕刊）巻七「元素編第一」冒頭の「元素「ホーフド・ストフ」蘭」の項に「元素」は次のように定義されている。前掲の補訂された『遠西医方名物考』「安質没倔謨」の項に「製煉術ニテ安質没倔（アンチモニ）ヲ烊（トカ）シ、其質ヲ研究スルニ是レ一種ノ元素〈補巻七〉ナリ」とあった「〈補巻七〉」の該当部分である。その前後も合わせて示す。

○榕按ニ元素ハ古賢ノ所謂原行ナリ。(10) 崎陽ノ柳圃翁訳ノ実素トス。仍テ今姑（しばらく）素ノ字用ヒ学者ノ後考ヲ竢ツ。

○西洋晩近分析術ノ精巧ヲ究メ啻（ただ）ニ凝流二体ノミナラズ無形ノ気類モ亦尽ク剖解シテ天造ノ物質、資稟ノ元素ヲ分析シ薬剤製煉ノ原由（ワケ）ヲ論定ス。

覆載ノ間、庶物森羅シ擾々乎トシテ窺測スベカラズト雖モ分析術ニテ是ヲ剖解スレバ諸物ノ単質複質〈注略〉

自ラ分析ス。複質ハ各種ノ単質ヲ襍合シテ成ル故ニ其単質ノ多少稟性ヲ覈知シ再ビ是ヲ合和スレバ復故(モト)ノ複質ニナル。○其単質ナル者ハ分析家再三数回是ヲ剖解スレドモ単一純粋ニシテ毫モ異性ノ物質夾雑セザル者ナリ。是ヲ元素ト曰フ。喩ヘバ芒消ヲ剖解スレバ分レテ硫酸〈緑礬油〉曹達(ソウダ)〈鹻蓬塩〉ノ二物トナル。其硫酸ヲ剖解スレバ分レテ硫黄ト酸素〈注略〉ノ二物トナル。其曹達(ソウダ)ヲ剖解スレバ分レテ曹冑母(ソウヂウム)〈曹達ヲ成ス元素〉酸素及ビ水ノ三物トナル。其水ヲ剖解スレバ水素〈注略〉酸素ノ二物トナル。然レバ其酸素、水素、硫黄、曹冑母(ソウヂウム)ノ四品ハ所謂元素ニシテ分析家、百千回是ヲ剖解スレドモ毫モ分析スルコト能ハズ、純一無雑ノ単質ナル者ナリ。其硫黄、曹達(ソウダ)、水ノ三物ノ襍合体ナリ。故ニ右ノ単質ヲ合スレバ複タ故(モト)ノ芒消トナルヲ以テ準知スベシ。○元素ハ古賢ノ所謂元行類ニシテ万物資生ノ基素ナリ。晩近元素ト称スル者五十余種アリ。就レ中、温素、光素、越素〈注略〉ハ無形ノ元素ニシテ性力確知スベシト雖モ秤量衡ルベカラズ。採収スベカラザル者ナリ。性力秤量共ニ覈知スベク採収スベシト雖モ形質観ルベカラザル気類ハ酸素、窒素、水素、炭酸等ナリ。其他、炭素、燐、硫黄、加留母(カリウム)〈注略〉、曹冑母(ソウヂウム)〈注略〉、加爾丘母(カルキウム)〈注略〉、金属元素〈土石ノ元素是ニ属ス〉ハ形質観ルベキ者ナリ。今製剤ニ関ル元素ヲ挙ゲ并ニ古賢ノ所謂四元行ハ襍合物ニシテ元素ニ非ルコトヲ弁断シ左ニ其要領ヲ略載ス。

先に引用した『遠西医方名物考補遺』の文章（①）でも「金属」の語が現われるのは「安質没扭謨(アンチモニウム)羅　スピースガラス蘭」の項の「元素」の定義がなされていた箇所であったが、右の文章でも「金属」は「元素」とともに現われる。これは「金属」の語が新しい元素の概念を踏まえて造られたものであることを示唆する。端的に言えば、「金属」という語は金属の性質を示す元素のグループ（金属元素）のために作られたものと推測される。すなわち、これまで用いられきた「原行」などの語は「単一純粋ニシテ毫モ異性ノ物質夾雑セザル」ものを意味する Hoofdstof の訳語としては適さないとして「元素」の語が造られたように、諸銅器や諸鉄器なども意味する従来の「金類」では化学の概念を含む metaal の訳語としては対応できないとして「金属」の語は造られたものではなかろうか。例えば、

酸化金属モ其酸素ヲ除ケバ故ノ金属トナル。酸化ノ貴金ハ復タ煆焼シテ烊解スレバ酸素脱シテ故ノ金属トナル。

（元素編第二「酸化」）

などの「金属」は「金類」では意味をなさなくなるものである。

西洋の化学の近代化は十八世紀の最後の四半世紀の体系的な命名法の模索から始まったとされる。我が国の化学の受容が始まったのは、その直後からのことである。したがって、「わが国には、旧名と新名の入り乱れた混乱もなければ、フロギストン破棄への抵抗もなかった。あるのはただ、中国の本草学から西洋薬学へ、さらに化学への移行のとまどいだった」[11]。「金属」という語も本草学の「金類」から化学への移行に沿って用いられたのではなかろうか[12]。「類」から「属」への変更は別のところでも見られる。リンネの分類学が日本に初めて紹介されたのは伊藤圭介の『泰西本草名疏』（文政十二年〔1829〕刊）であったが、伊藤はリンネの genus を「類」と訳し、species を「種」と訳した。それを榕菴は「類」を「属」と訳している（『植学啓原』巻一・属種「既建レ綱分レ目矣。今又更分二属与レ種」）。基準単位である「種」の上位の段階が「属」であるが、これを鉱物に当てはめると、金や銀や銅などを「種」とすれば、「金属」はその上に来る分類となろう。

化学を学ぶ機会がなかった者にはメタルという概念は理解しがたいものであり、訳語を考えるのも躊躇されたものと思われる。「金属」の語が既に成立していた後、天保六年〔1835〕頃成に訳された『厚生新編』において、なおも大槻玄沢が「礦」の語を用いたことからもそれは窺える。

以上のことからも、「金属」は当時唯一の化学書を書いた宇田川榕菴によって考えだされた語と考えて良いであろう。

「金属」の語が榕菴以外の文章に現われるのは、『舎密開宗』（天保八年〔1837〕初編刊）からでも約十年余の後、川本幸民の『気海観瀾広義』（嘉永四年—安政三年〔1851-56〕刊）に、

金属ハ自然ニ純粋ナル者稀ナリ。硫黄・砒石若クハ土石ヲ混ズルコト多シ。其性、熔化延展スベク、且ツ自己ノ重アリ。（巻三）

とあるのが最初のようであり、[13] 次いで箕作阮甫の『玉石志林』（安政二年〔1855〕以降成立）に見える。辞書では例外的に『英和対訳袖珍辞書』（文久二年〔1862〕刊）に「Antiminy, S　金属の一種」と見えるが、箕作阮甫『改正増補蛮語箋』（嘉永元年〔1848〕刊）には metaal の項はなく、桂川甫周『和蘭字彙』（安政二年〔1855〕刊）では「metaal 唐金(カラカネ)」とあり、ヘボン『和英語林集成』初版（慶応三年〔1867〕刊）でも、

KANE カネ、金、n. Metal, ore, money. -wo horu, to digore. -wo fuku, to mert ore. Metal, Kane

とあり、物集高見の『詞のはやし』（明治十七年〔1884〕序）にも「金属」の語は見えない。『言海』（明治十七年〔1884〕成）に至って、

きんぞく　金属　カネ。金、銀、銅、鉄、錫等ノ総名。

と見え、ヘボンの『改正増補和英語林集成』（明治十九年〔1886〕刊）にも、

Kinzoku　キンゾク　金属　n. The metals,

と見える。「金属」の語が一般に用いられるようになったのはこの頃であろう。

4　『格物入門』の「金属」

中国で「金属」の語が始めて現われるのは、宇田川榕菴の『舎密開宗』（天保八年〔1837〕初編刊）から三十一年

後のマーチン（Martin丁韙良）の『格物入門』（清・同治七年〔1868〕刊）においてである。それ以前はmetalの訳語には「金」「五金」「金類」が用いられていた。

モリソンMorrison『中国語辞典』（1822）　metal　金
メドハーストMedhurst『英華字典』（1847–48）　Metal　Kin, Ka-ne　キン　○カネ　金
ロブシャイドLobscheid『英華字典』（1866–69）　metal　金、五金、金類的

また、レッグの『知環啓蒙熟課初歩』（1856）にも「金類」が用いられている。

「五金」については後に取り上げるが、「金類」という語は本草学の用語である。前述のように、李時珍の『本草綱目』（明・万暦二十四年〔1596〕刊）の金石部は「金類」「石類」「玉類」「鹵石類」の四類からなるが、「金類」には次のものが挙げられている。

金・銀（黄銀・烏銀）・錫恡脂（銀鉱）・銀膏・硃砂銀・赤銅・自然銅・銅砿石・銅青・鉛・鉛霜・粉錫（即胡粉）・鉛丹（黄丹）・蜜陀僧・錫・古鏡・古文銭・銅弩牙・諸銅器・鉄・鋼鉄・鉄落・鉄精・鉄華粉・鉄鏽・鉄熱・鉄漿・諸鉄器

すなわち、「金類」は、「金」「銀」「銅」「鉛」「銅」「鉄」「錫」などの他に、古鏡・古文銭・銅弩牙・諸銅器・諸鉄器などそれらを材料とする製品をも区別なく指す「金（かね）の類」といった意味の語であったと考えられる。薬物を扱う本草の世界では製品もまたその材料を問題とするので、このような纏め方で良かったのであろうが、化学の世界のmetalの概念に対応するものではない。

「金属」の語が中国において初めて現われるのは前述のように『格物入門』であるが、榕菴の「金属」との関係は不明である。ただ、この書の「金属」は「金類」（また「金」「五金」とも言う）と同義に用いられているようにも思われる。この書の第六巻は「化学」であり、上章「論㆓物之原質㆒」、二章「論㆓気類㆒」、三章「論㆓金類㆒」、四章

「論二生物之体質一」「附 化学総論」からなるが、「金類」の語は三章の題目に「論二金類一」と現われ、また、この章は、

問、金類何謂也。

答、金銀銅錫以外、物之相類、其質純一無レ雑者、四十二種、其攙和而成者、不レ計二其数一原行多半為レ金、宜乎中国論二五行一以レ金冠二其首一。

問、金類所レ同者、何也。

答、皆能返レ光、故削レ之発采。皆能引レ熱、故易レ熱而易レ冷。皆能引レ電、故電報之通二信遠方一、胥頼二乎此一。


から始まり、以下「問、金類所レ異者」「問、金類与二他物一交感何如」などの項が続く。

一方「金属」の語は例えば上章「論二物之原質一」の中に次のように現われる（金属を□で囲ったのは引用者）。

○問、化学工夫有レ二何也。
答、即分合者是、如レ水分為二二気一二気復合為レ水也、此無レ他、復二其故態一耳。而火薬之有レ力、軍中施用、用二強水之所レ感、金属可レ鎔、皆非二嚮来固有之物一。
○問、物之成レ珠、何以分レ類。
答、雖レ曰レ成レ珠、不レ過レ借レ字而已。（中略）金剛石明礬生鉛帰二第一類一。金属多半帰レ之。
○問、以二淡気一生二烈火一何如。
答、淡気与二養気一交合、点レ之以レ火。（中略）必烈極而生レ燄。金属最剛者、遇レ之即鎔。

と見え、二章「論二気類一」に、

○問、硝強水何如。
答、視レ之如レ水、無色而透亮。（中略）除二黄金・白金一外、其他金属、無下不レ可二銷融一、故名二之強水一。

○問、塩気与二金属一相合、何法試験。

これらの用例は「金類」の中に点在する形で現われており、「金類」を言い換えたもののようにも見える。例えば前掲の三章の「問、金類与二他物一交感何如」に対する答には「金属与二養気一好合者居多（おほし）」とある（養気は酸素のこと）。宇田川準一の『格物入門和解』でも「金属」を「金類」と同じくカネノタグヒと訓んでいるが、同様に判断したのであろうか。ただ、元素に関わって述べられている部分に「金属」が現われているのは意味のあることであろう。巻尾にある「化学総論」で煉丹術（錬金術・黄白之術）と化学との違いについて述べる部分では「金属」の語が集中して用いられているが、それらもまた現在の金属の意味で用いられているようである。その箇所を次に掲げる（傍線部については後に触れる）。

問、其理何以別。

答、煉丹者視二金属一皆為二同質一。若可二互相変換一、其賤者升為二黄金一、其貴者降為二鉛鉄一。又謂皆由二本種一而生二於地中一。滋長成レ形、如下精之合二二五一結レ胎成レ体者上。然、惟（ただ）深二於化学一者、視二金属各質一、本為二迥（はるかに）異一、決無二互換之理一。鉛中得レ銀、蓋銀本与レ鉛攙雑。硃中得レ汞、硃砂本与二水銀一合成。其或以レ之配二丹薬一、煉二黄金一者、総由三薬中本含二此質一。無三所レ謂互易二其体一也。蓋（けだし）金属各類、非二自有レ本而生一。乃与二天地一同出。各得二一偏一。独（ひとり）完二其質一。不レ類下動植之有二胎卵籽種一而生者上。夫（それ）六蓄蕃息、可二養レ之無一レ窮。五穀畜禽、可二穫之無一レ尽。特（ひとり）金属質静、経二取用一而漸銷。未レ見三其旋生而補二其欠一。則聚レ之散レ之合レ之、皆可。惟（ただ）不レ能下得二其本一而種植上レ之。蓋無二此理一也。

特に傍線部を付した箇所は、前掲の宇田川榕菴が『遠西医方名物考補遺』巻七「元素編第一」冒頭の「元素「ホーフド・ストフ」蘭」の項で「元素」という語を定義し、「金属」という語を用いた箇所と同様の内容を述べているものである。マーチンの「金属」と榕菴の「金属」との関係は明らかではないが、おそらくマーチンも榕菴と同様に「金類」などの語を近代化学によって新たに概念化された定義 metal の訳語に用いるのに違和感を覚えたのであろう。

5 「五金」と「七金」

ところで、「五金」「七金」という語がある。

「五金」の語は秦の『呂氏春秋』以来見られるものであるが、中国の元素論である五行説と関係づけられて成立した語のようで、『説文解字』には「金（中略）西方之行」とあり、段玉裁の注に「以二五行一言レ之」とある。木・火・土・金・水の五行の色は青・赤・黄・白・黒であり、それぞれに金属が当てられ、「鉛　青金」「銅　赤金」「金　黄金」「銀　白金」「鉄　黒金」となる。佐藤信淵の『経済要録』（成立年不明）にも、

金を黄金と称し、銀を白金、銅を赤金、鉛を青金、鉄を黒金と称して、此れを五金と号す。古来此五金を以て、此れを五行に配当し、甚だ迂闊なる長談義あり。然れども其説を審かにするに、畢竟皆牽合附会の根柢なき愚癡盲昧の最たる説なり。卿等必ず此れに惑ふこと勿れ。（巻之四「開物上篇七　金」）

とあり、マーチンの『格物入門』の「化学総論」の中には煉丹術と五行との関係を次のように説明している。

問、其法何以異也。

答、古之煉丹、択レ地設レ鑪、以占二山嶽之精秀一、按レ時煉レ火、以邀二星宿之霊感一、而其採薬配材、恒以二五行一列レ之。即使下服二月芒一、餐中朝霞上、未三曾得二其元精一也。至二今之化学一、則自レ求二原質一為レ始。既煉而得二各種之原行一、知二其交感性情一。或合而生レ新、或分而還レ原。皆有レ物有レ則、理為二昭然一。

これに対して、「七金」は七曜（日月五星）に関係づけられたもののようである。前掲の『厚生新編』六十二冊

目「雑録」の「砿」の項に、

或人の称する七種の金は六種の金に水銀を加ふる者なり。是に因て毎金に七曜の名を配せり。〈按ずるに古来水銀を水星に配せり〉即チ金を日曜とし銀を月曜とし、銅を金曜とし、鉄を火曜とし、錫を木曜とし、鉛を土曜とす。

とあり、続稿・十四巻の「発掘坑産品族」の項（大槻玄沢・宇田川玄真訳）にも同文がある。

興味深いことは初期漢訳洋学書には「五金」が現われることである。

○艾儒略（Julius Aleni）『職方外紀』（天啓三年〔1623〕刊）

土多肥饒、産二五穀一来麦為レ重。果実更繁。出二五金一。以二金銀銅一鋳レ銭。（巻二・欧羅巴総説）

本地三面環レ海一面臨レ山、山曰二北勒搦何一、産二駿馬・五金・絲綿・細絨・白糖一之。（巻二・以西把尼亜）

○高一志（Alphuso de Nanoni）『空際格知』（天啓六年〔1626〕刊）

或毓二五金一、或捍二五海一。

○方以智『物理小識』（康熙三年〔1664〕刊）

然錫又能解二砒毒一。従レ類化也。失二其薬一則為二五金之賊一、得二其薬一則為二五金之媒一。（巻七・金石類・錫）

崇禎庚辰、進二坤輿格致一書一。言下采レ壙分二五金一事上。工省而利多。（同右・丹砂）

約其理曰、五金八石、皆互相為レ用。鉛以二丹砂一為レ子。汞以二丹砂一為レ母。金好レ汞而汞蝕レ之。銀合レ砂而砂食レ之。鉄近レ銀如二赤銅一炙レ石流。（同右・養砂）

○南懐仁『坤輿図説』（康熙十一年〔1672〕刊）

曾考、天下万国名山及地内五金礦大石深礦、（中略）在地上之斜角五金石礦等、地内深洞之脈絡亦然。

（巻上・地球南北両極必対天上南北両極不離天之中心）

また、

○ホブソン（合信）の『博物新編』（同治三年〔1864〕刊）にも、

製法用二清水生塩一同放二于玻璃瓢中一、另用二玻璃管一貯二蓄礦強水一、使二其滲漬而落一、以二慢火一炕二炙瓢底一、令二其化汽升出、冷而凝レ水者是也。性味最烈、可レ化二五金一。　（一集・地気論・塩強水）

世物以二五金一伝レ熱為二最易一、木石玻璃伝レ熱為二甚難一。　（一集・熱論）

更須減少水中之熱、如寒天河水凝氷、露結為レ霜之類是也。五金亦然。如鉄為二実質一加二火熱一鎔為二浮質一、更加以レ熱化為レ気。若当鉄鎔之際、減二去火熱一、漸復二実質一。　（同右）

とあり、ロブシャイド『英華字典』（同治五年〔1866〕刊）でも見られ（前掲）、『格物入門』（清・同治七年〔1868〕刊）の第六巻「化学」の三章の題目の「論二金類一」の「金類」に「鎔二冶五金一中国素知」という原注がある。ただし、「五金」は『説文解字』では「金・銀・銅・鉛・鉄」を指すが、『物理小識』では「金・銀・鉄・鉛・汞《みずがね》（水銀）」とあり、小野蘭山の『本草綱目啓蒙』では「金・銀・銅・鉄・錫」とあるなど、指すものが時代によって国によって異なる。これは「五金」は金属の総称であり、五の数字に合わせて金属を数える時にはそれぞれの考えによって五つの金属を選んだためであろう。

一方、西洋の書物を翻訳した日本の蘭学書には「五金」は現われず、「七金」が現われる。『厚生新編』の「礦」の項には「金・銀・銅・鉄・錫・鉛」を「六種の金」とし、これに「白金」を加えて「七種の金」とすることが紹介されていた。また、馬場佐十郎の『泰西七金訳説』（文化八年〔1811〕頃成・嘉永七年〔1854〕刊）には、愕烏多《ゴウト》（金）・支爾弗爾《シルフル》（銀）・革悪稀（銅）・也池爾《エイスル》（鉄）・丁《ティン》（錫）・羅悪多《ラオト》（鉛）・苦味郭識勿爾耳《クヮッキシルフル》（水銀）を七金とし、水銀の質が流動することから「メタール」に入れず、「ハルフメタール」とする説を紹介している。したがって、「七」という数は単に金属数を示しているようである。

いずれにせよ、「五金」「七金」という語は古代の思想が近代科学に及んでいることを示すものとして興味深く思われるのである。

注

（1）『広辞苑　第六版』（岩波書店、平成二十年〔2008〕刊）。
（2）重山文庫所蔵本（新村出旧蔵）による。宗田一著『渡来薬の文化誌』（八坂書房、平成五年〔1993〕刊）「資料紹介と解説」の翻刻を参考にした。
（3）静岡県立中央図書館所蔵本。引用は恒和出版、昭和五十三年〔1978〕刊の第④冊の pp. 384–5。
（4）斎藤氏は『化学新書』の成立を慶応三年〔1867〕としているが、本節では文久元年〔1861〕説を採る。
（5）『近世歴史資料集成　第Ⅴ期第Ⅺ巻　日本科学技術古典籍資料　薬学篇』（科学書院、平成二十一年〔2009〕刊）による。
（6）注（5）に同じ。
（7）滋賀医科大学附属図書館河村文庫本デジタル画像による。
（8）『江戸科学古典叢書二十四』（恒和出版、昭和五十五年〔1980〕刊）による。現代語訳は矢部一郎『植学啓原＝宇田川榕菴　復刻と訳注』（講談社、昭和五十五年〔1980〕刊）。
（9）宇田川榕菴はラヴォアゼェ（1743–94）の学説に基づいて化学を紹介しているが、近代化学の先駆者の一人であるボイル（1627–91）の次の考え方によって近代の元素論が始まったことはよく知られている（大沼正則訳『懐疑的な化学者』、河出書房新社『世界大思想全集三十二』「社会・宗教・科学思想」、昭和三十八年〔1963〕刊 p. 146）。
　ところで誤りを避けるために、私が元素という名のものにどんなことをいっているのかをお伝えしておかなければなりません。私は化学派のいう原質のいみと同じように、元素をある原初的な単一のすなわちまったく混合していない物体をいっているのです。それは何かほかの物体でつくられているのではなく、完全に混合物といわれるものを直接つくりあげている成分のことであって、混合物体は窮極的に来その成分へと分解するのです。

(10)『舎密開宗』の「序例」には「元素ハ元行ナリ〈高一志格致書曰、行者純体也。乃所レ分不レ成ニ他品之物一、惟能生ニ成雑物之諸品一也。所レ純体物何也。謂ニ一性質之体、無ニ他行之雑一也〉」とある。

(11) 島尾永康「"日本の近代化学のあけぼの1" 命名法の確立と化学のあけぼの」(『化学と工業』29—2、昭和五十一年〔1976〕発行)。フロギストンとは燃焼を説明するための仮想上の物質、燃素のことである。

(12) ただし「金属」という字並びは既に『説文解字』に「金(中略)凡金之属皆从金」「鏐　金属也」と見える。同形であるが、籠められている意味は異なるのである。

(13) ちなみに以下の三七種の「金属」が挙げられている。
白金・黄金・銀・水銀・銅・鉄・鉛・錫・亜鉛・蒼鉛(ビスマス)・アンチモニー・コバルト・ニケル・マンガーン・ウラニウム・チタンニウム・テルリュウム・ウォルフラム(タングステン?)・モレブターニユム(モリブデン)・砒(ヒ素)・スロミウム(クロム)・ストロンチウム・ロヂウム(リチウム?)・パルラヂウム・カドミウム・ポットアシウム(カリウム)・ソーヂウム(ナトリウム)・カルキウム(カルシウム)・バレイム(バリウム)・マグネシウム・ミユニニウム(アルミニウム)・グレシウム(ベリリユム?)・シルコンニウム(ヂルコン)・イートリウム・タンタリウム・オストミウム・イリジウム

後篇　日本の鉱物名

序章　日本の鉱物名の重層

鉱物の種は少ないこと

リンネの『自然の体系』初版（1735年）で取りあげられているのは、動物は約五〇〇種、植物は約七〇〇種、鉱物は約一六〇種である。鉱物の種類は動物・植物に較べて極めて少ない。

中国においても、蘇敬等撰の『新修本草』（唐・顕慶四年〔659〕成立）に載せる品目は「玉石等部」「草部」「木部」「獣禽部」「虫魚部」「果部」「菜部」「米等部」「有名無用」に分けられているが、これらの部に挙げられている品目を動物・植物・鉱物という区別で再分類して見ると次のようになり、鉱物の品目はもっとも少ない。(1)

動物…獣禽部（五六語）・虫魚部（七二語）・有名無用の部の虫類（一五語）【計一四三語】

植物…草部（二四六語）・木部（一〇〇語）・果部（二五語）・菜部（三八語）・米等部（二八語）・有名無用の部の草木類（一三二語）【計五六九語】

鉱物…玉石部（八三語）・有名無用の部（二六語）【計一〇九語】

日本においても同様である。畔田翠山（1792-1859）編『古名録』（天保十四年〔1843〕成）は「国史、国朝の本草・字鏡・倭名抄・万葉集に始めて天正慶長（1573-1615）間に終わる」書物から「古名」を博捜し、「その旧書に欠けたるものは、また慶長已降の名」を加えて調査したものであると「引」に書かれているが、その「古名」の中から動物、植物、鉱物を拾い出すと、その数はそれぞれ次のようになる。[2]

動物…虫部（一七二語）・魚部（一一三語）・介部（一三六語）・禽部（二五六語）・獣部（二四八語）【計九二五語】

植物…草部（五〇四語）・木部（三一八語）・竹（一七語）・菜部（四二語）・果部（六九語）・蔬部（二八語）・蕈部（一九語）・穀部（八二語）　【計一〇七九語】

鉱物…鹵石部（一八語）・金部（六八語）・玉部（四八語）・石部（五七語）・土部（三七語）　【計二二八語】

また、伴信友の『動植名彙』（文政十年〔1827〕序）[3]は、勅撰私撰の和歌集・物語・随筆・国史・律令・祝詞・公事根源書・辞書・本草書等々、一一五種の書から拾われた「むかしのたゞしき名」が集められているが、その中から動物・植物・鉱物を拾い出すと、それぞれの数は次のとおりであり、やはり鉱物の名は動植物に比べて少ない。

動物…鳥類（三一七語）・獣類（一七八語）・虫類（二八二語）・魚類（二一三語）・貝類（一四九語）　【計一一三九語】

植物…草類（一六〇〇語）・木類（四七一語）　【計二〇七一語】

鉱物…金類（七〇語）・土石類（六三語）　【計一三三語】

現在では鉱物の新種がぞくぞくと発見されている。一九七五年から一九八二年までの八年間国際鉱物学連合新鉱物鉱物名委員会委員長を務められた加藤昭氏が委員長就任時の全鉱物種の総数は約二三〇〇、退任時は約二八〇〇であったそうである（同氏編『鉱物種一覧 2005.9』小室宝飾、平成十九年〔2007〕刊の「前書」）。また、松原聰監修・宮島宏著『日本の新鉱物1934—2000』（フォッサマグナミュージアム、平成十三年〔2001〕刊）の松原聰による「監修者からのメッセージ」には次のよう書かれている。

現在まで、地球の鉱物のみならず、惑星から来た隕石類を構成する鉱物を含めてもわずか4000種弱しかないのです。[4] 膨大な生物の種数に比して極端に少ないのに驚かれることと思います。

このように鉱物の種は少ないが、日本語における石の名の多種多様なことは、植物の場合と同様である。先ず古くから存在した固有名（和名）がある。それらは現在も鉱物を認識する基礎語として用いられている。その後、奈良時代に中国の本草学によって多くの漢名が日本語に取り入られたが、これによって石の種が認識されるようになった。さらに明治時代になると西洋の鉱物学によって新しい種の知識が与えられ、それに対する学術名が考え出されることになった。それには、それまでに存在した漢名や和名が利用され、対応できないものについては新たな名称が考え出された。かくして、日本における鉱物名には和語があり、漢語があり、カタカナ語があり、その混種語がある。以上のことは、後篇に収める論考によって精しく述べられるが、以下、本序章では、各章で詳細に述べられることを踏まえながら、あらかじめ日本語における鉱物名の変遷を概略しておくことにしたい。

固有語（和名）には鉱物名が少ないこと

畔田翠山の『古名録』に収められている「古名」の中には「和漢通用名」（漢名が日本でも用いられるようになったもの）も含まれている。黄礬石・青礬石・朴消・石胆・金銅・中尺（鍮石）・紫石英・黒水精・留利（瑠璃）・玻璃・如意珠・珊瑚・青琅玕・磁石・玄石・陽起石・銅牙・温石等々がそれである。伴信友の『動植名彙』はそうしたものを除いて集められた「むかしのたゞしき名」すなわち固有語（和名）を集めたものである。その中には、なおゴフニ（粉錫・胡粉）・コンジヤウ（金青）・ジシャク（慈石）・ハクハン（白樊石）などの漢名を和名と誤ったものも見られるが、それらを除くと、「むかしのたゞしき名」は約一〇〇語である。それらの語の出典を整理すると『新撰字鏡』『本草和名』『和名類聚抄』『本草和名伝抄（康頼本草）』『伊呂波字類抄』『類聚名義抄』の辞書に、ほぼすべてが網羅されていることが分かる。

これらの古辞書に見られる固有語の詳細は第一章第1節に見るとおりであるが、金属を表わす固有名の基礎となっている語はカネとナマリである。すべての金属はそれらの語を用いて、アラカネ（鉱）・コカネ・キカネ（金）・シロカネ（銀）・アカカネ（銅）・クロガネ（鉄）・アヲカネ（鉛）・ミヅガネ（水銀・銅）、またシロナマリ（錫）・クロマナリ（鉛）という名で区別されている。また、玉類を表わす固有名にはタマしかない。すべての玉類はアラタマ（璞）・シラタマ（白玉）・アオダマ（青玉）・ノダマ（水精）と呼ばれている。石類の固有名は金属や玉類よりも多いが、イシ（石）が基礎語として用いられており、多くの石はコイシ（礫）・ササレイシ（細石）・サザレイシ（細石）・ササライシ（磧）・カトイシ（佑）・タビイシ（礫）・ツムレイシ（礫）・シライシ（石膏）・オホイシ（磐）・イシノチ（鍾乳）・カルイシ（浮石）といった複合語で区別されている。また、イシの大きいものはイハ（磐）・イハホ（巌）と特に呼ばれ、小さいものはイサゴ（砂）・スナゴ（砂）・マナゴ（繊砂）と呼んでいる。こうしたイシを基とし、その大小に基づく命名とは別に成立していると考えられるものは、キララ（雲母・玫瑰）・ハハクリ（陽起石）・アシノツノ（金牙）・カハナミ（白礬石）・ヤマアフキ（石英）・ユノアカ（石硫黄）・ユノアワ（石硫黄）・ミヅノアワ（桃花石）・イシノアブラ（方解石）・キニ（雄黄）ぐらいである。

金・玉・石を指す「むかしのたゞしき名」は、以上のようにきわめて貧弱なものであったと言わざるをえない。これに対して、中国の本草学では、金・玉・石それぞれに多くの種類を区別している。したがって、それらの漢名のすべてに和名（むかしのたゞしき名）を対応させることはできなかった。『本草和名』（深根輔仁撰、延喜十八年〔918〕成）は蘇敬等撰の『新修本草』の「玉石」部に載せる品目を和名と同定させようとしたものであるが、同定できたのは、次に傍線を付したものだけである（参考に土類と鹵鹹類に和名が記されているものにも破線を付す）。

玉泉・玉屑・丹砂・空青・緑青・曾青・白青・扁青・石胆・雲母・石鍾乳・朴消・消石・芒消・礬石・滑石・紫石英・白石英・五色石脂・太一余粮・石中黄子・禹余粮　（玉石・上品）

金屑・銀屑・水銀・雄黄・雌黄・殷孽・孔公孽・石脳・石流黄・陽起石・凝水石・石膏・慈石・玄石・理石・

長石・膚青・鉄落・鉄・剛鉄・鉄精・光明塩・緑塩・蜜陀僧・紫砿麒麟竭・桃花石・珊瑚・石花・石牀
（玉石・中品）

青琅玕・礬石・特生礬石・握雪礬石・方解石・蒼石・上蔭孽・代赭・鹵鹹・大鹽・戎鹽・白堊・鉛丹・粉錫・錫銅鏡鼻・鉛・銅弩牙・金牙・石灰・冬灰・鍛竈灰・伏龍灰・東壁土・硇沙・胡桐涙・薑石・赤銅屑・銅䃋石・白瓷瓦・烏古瓦・石燕・梁上塵
（玉石・下品）

青玉・白玉髄・玉英・璧玉・合玉石・紫石華・白石華・黒石華・黄石華・厲華・石肺・石肝・石脾・石腎・封石・淩石・碧石青・遂石・白肌石・龍石膏・五州石・石流青・石流赤・石耆・終石・玉伯・文石・曼諸石・山慈・石濡・石芸・石劇・路石・曠石・敗石・越砥
（有名無用）

石骨・鉄屑・礪石・温石・鼠場土
（本草薬外）

すなわち和名が記されているのは、雲母（キララ）・金屑（＝黄金）（コガネ）・銀屑（＝白銀）（シロガネ）・水銀（ミヅカネ）・雄黄（キニ）・石流黄（ユノアカ）・鉄落（クロカネノハタ）・鉄（アラカネ）・剛鉄（フケルカネ）・鉄精（カナクソ・カネノサビ）・鉛丹（タニ）・鉛（ナマリ）・銅弩牙（オオユミノハズ）・礪石（ト）であり、代赭（アカツチ）・鹵鹹（アワシホ）・大鹽（シホ）・白堊（シラツチ）・石灰（イシハヒ）・冬灰（アカサノハヒ）・伏龍灰（カマツチ）・鼠場土（ネズミノツチ）にすぎない。

ところで、このように漢名と和名とを対照すると、いくつかの興味深いことに気づかされる。その一つは、カネとナマリという語しか存在しなかった日本語が、「金」「銀」「銅」「鉄」などの金属を区別するために、それぞれの語が漢籍に「黄金」「白金」「赤金」「黒金」などと説明されているところから、キガネ（→コガネ）・シロガネ・アカガネ・クロガネなどの和語を考え出されたのではないかと考えられることである。タマという語しかなかった玉類についても、その色からシラタマ・アオダマ・アカダマなど呼んで、その種を区別するようになっている。ただ、金属についてはやがて個別の種名が漢語や外来語によっても呼ばれるようになったのに対して、玉類については「色＋玉」という名称が長く用いられており、タマという語を保ち続けているのは興味深い事実である。

和漢通用名について

固有名の貧弱さを補う方法は漢名を日本語の中に取り入れることであった。漢名で示されているものの多くは、それまでの日本では知られていなかったものや、存在しても他と区別されなかったものである。それが漢名を取り入れることで、その鉱物が日本でも認識されるようになったのである。例えば『本草和名』に「粉錫　和名巴布尓」とある（「巴」は『康頼本草』『医心方』には「己」に作る。粉錫は一名胡粉であり、したがって「和名」とある「巴布尓」は「己布尓（ごふに）」であり、漢名「胡粉」の音ゴフンであろう）。また、「鉛丹　和名多爾（たに）」とあるのも「丹」の音読と思われるものであり、『康頼本草』に「礬石　和太宇佐（たうさ）」とあるのも、陶砂の音読と思われる（「礬砂　膠液の中に明礬を少量加えたもの。紙や絹の表面に引いて、墨・インク・絵具のにじむのを防ぐのにもちいる。陶砂」『広辞苑』）。このように漢名が「和名」と誤解されたのは、そうした種類の鉱物を他と区別する名前を持たなかったからであり、漢名とともにそれらが認識されるようになったからであろう。『和名類聚抄』（源順編・承平年間〔931-38〕成）に「俗云」「俗音」「此間云」（「此間」は日本を指す）と記されているものも、やがて日本語の中に入っていく予備軍であった。

ユワウ（石硫黄）　「石流黄　俗云由王」
ルリ（琉璃・瑠璃）　「瑠璃　俗云留利」
メナウ（瑪瑙）　「瑪瑙　俗音女奈宇」
クハク（琥珀）　「琥珀　俗云久波久」

ジシヤク（慈石）　「慈石　此間云之蛇久」
トウケシヤク（桃花石）　「桃花石　此間云道掛尺」
シヤコ（硨磲）　「硨磲　俗音謝古」
チウジヤク（鍮石）　「鍮石　俗云中尺」
モンジヤク（礬石）　「礬石　此間云悶石」

少し時代が降る『色葉字類抄』（橘忠兼編・江戸中期写本の三巻本黒川本による）には、

ハンシヤク（礬石。ホンシヤクとも）・ルリ・リウリ（瑠璃）・サンゴ（珊瑚）・ユワウ（石流黄・流黄・油黄）・メノウ（馬脳）・ジシヤク（磁石）・シヤク（錫）・シヤコ（硨磲）・シヤクドウ（赤銅）・スイシヤウ（水精）・チウザク（鍮石）・オワウ（雄黄）・コハクまたクハク（琥珀）・クシヤウ（空青）・ビヤクシヤウ（白青）・マイクワイ（玫瑰）・コンガウシヤ（金剛砂）

と見え、傍線を付した漢名が新たに日本語化している。

こうして、日本語化した漢名が増えていくとともに、一方ではどのようなものを指すのか不明であったものに対する理解も進んでいき、それに対する和名が新たに考え出されたり、あるいは既に民間で用いられていたことに気づかされ、その名が漢名に当てられるようになる。小野蘭山の『本草綱目啓蒙』（享和三年―文化三年〔1803–06〕刊）では、李時珍の『本草綱目』（明・万暦二十四年〔1596〕刊）の「金石部」に見える一六〇種の品目のうち、次の【　】で囲んだものは「和漢通名」あるいは「通名」と記されており、傍線を付したものには和名が示されている。『新修本草』に載せる漢名に対して、ほとんど和名を付すことのできなかった平安時代の『本草和名』の状態と比較すると、文字通り隔世の感がある。

金類　二八種

金・銀・錫恡脂・銀膏・硃砂銀・赤銅・【自然銅】・銅砿石・銅青・鉛・鉛霜・粉錫・鉛丹・蜜陀僧・錫・古鏡・古文銭・銅弩牙・諸銅器・鉄・鋼鉄・鉄落・鉄精・鉄華粉・鉄鏽・鉄熱・鉄漿・諸鉄器

玉類　一四種

玉・白玉髄・青玉　青琅玕・【珊瑚】・【瑪瑙】・宝石・玻璃・【水精】・【琉璃】・雲母・白石英・紫石英・菩薩石

石類上　三二種

丹砂（【辰砂】）・水銀・水銀粉・粉霜・銀朱・霊砂・【雄黄】・【雌黄】・【石膏】・理石・長石・方解石・【滑石】・不灰木・五色石脂・【桃花石】・【炉甘石】・井泉石・【無名異】・蜜栗子・石鍾乳・孔公孽・殷孽・土殷孽・石脳・石髄・石脳油・石炭・石灰・石麪・浮石・石芝

石類下　四一種

【陽起石】・【慈石】・玄石・【代赭石】・禹余粮・太一余粮・石中黄子・空青・曾青・緑青・扁青・白青・【石胆】・礬石・特生礬石・握雪礬石・砒石・土黄・金星石・銀星石・娑婆石・【礞石】・花乳石・白羊石・【金牙石】・金剛石・砭石・越砥・薑石・麦飯石・水中白石・河砂・杓上砂・石燕・石蟹・石蛇・石蚕・石亀・蛇黄・霹靂礁・雷墨

鹵石類　二〇種

食塩・戎塩・光明塩・鹵塩・凝水石・【玄精石】・緑塩・塩薬・朴消・玄明粉・消石（【焰消】）・硇砂・【蓬砂】・石硫黄・石硫赤・石硫青・礬石・緑礬・黄礬・湯瓶内鹼・附録諸石二十七種

平安時代の『本草和名』と江戸時代の『本草綱目啓蒙』とに見える和名を比較すると、日本語における石の名の歴史が見えてくる。例えば、『本草和名』にはイシノチと呼ばれていた石鍾乳は、『本草綱目啓蒙』ではツラライシを正式名とし、イシノチは「雅名」とされており、イシノチチという形が方言には残っていること分かる。また、漢名の音読語のシヤウニウも用いられるようになっていたことは、ほぼ同時期に成立した水谷豊文の『物品識名』（文化六年〔1809〕刊）によって確認できる（第一章第2節）。

以上見てきたことは、西洋の鉱物学が我が国に入ってくる前の、日本固有の和語名と中国の本草学によって伝えられた漢語名が用いられていた時代のことである。これらの石の名は、およそ『古事類苑』に「石はその種類甚だ多くして、その名称も一つにあらず。あるいはその形によりて名づくるものあり、あるいはその効用によりて名づくるものあり、あるいはその産地によりて名づくるものあり」とあるようなものであったと言える。

現在の学術名について

江戸時代になると和蘭との交易によって西洋産の鉱物も知られるようになり、江戸後期には西洋の鉱物学もまた蘭学（西洋学）によって紹介された。このことは、前篇の第六章第1節で述べたとおりであるが、宇田川榕菴（1798-1846）が紹介したのは化学成分による鉱物の命名法であった。『舎密開宗』（天保七年〔1836〕序）に、

近世ノ舎密家、別ニ物名ヲ建、命名ニ頼テ其成分ニ通ゼシム故ニ和漢有ル所ノ名物モ学者ノ耳目ニ熟セズ。（中略）今其日用切近ノ物ヲ左ニ掲グ。（中略）其漢名アル者ハ、

〔硫酸曹達（ソウダ）〕芒消　〔硫酸加爾基（カルキ）〕石膏之属　〔硫酸苦土〕凝水石
〔硫酸鉄〕緑礬　〔硫酸銅〕石胆　〔硫酸礬土〇加々里〕明礬
〔消酸加利（カリ）〕消石　〔塩酸曹達〕海塩　〔塩酸諳模尼亜（アンモニア）〕硇砂
〔蓬酸曹達〕蓬砂　〔炭酸加爾基〕石灰砿、大理石　〔酸化水素〕水

等ノ如シ。其従来訳名アル者ハ、

［硫酸加利］孕礬酒石　［亜硫酸加里］覇王塩　［塩酸須］甘汞
［醋酸鉛］鉛糖　［酒石酸加里］酒石　［硫酸亜鉛］皓礬（中略）
等ノ如シ。

とあったように、例えば「芒消」という漢名に対して「硫酸曹達（ソウダ）」という成分による名前が新たに考え出されたのである。明治以降に本格的に興った日本鉱物学において、こうした西洋鉱物学式の鉱物名が整備されることになった。このことについては第二章第1節で詳しく見るが、特に注目されるのは和田維四郎と小藤文次郎の仕事である。特に和田の考えた名称にはそれまでに用いられていた和名や漢名をも生かそうとする姿勢がうかがえることは注目される。しかし、最近の鉱物学界では西洋で用いられている学術名をカタカナ書きにしたものが多く用いられ、それまでの日本で用いられていた名はほとんど顧みられることなく、一般人には縁遠いものとなっている。このことについては第二章第2節で詳しく述べる。

俗称について

以上までに見たものとは異なる、もう一種の石の名がある。その地方その土地で親しみを込めて呼ばれている「俗称」である。こうした「俗称」は、より直接に人びとの石に対する接し方を表わしているとも言える。本書では前篇の第五章で江戸時代の『雲根志』に挙げられているものを紹介しただけであり、正面からは取り上げなかったが、加藤碵一著『石の俗称辞典　第二版』（愛智出版、2014刊）は、その『雲根志』に見えるものも含め、現在も各地に存在する、驚くほどの多さの俗称が紹介されている。加藤氏は「まえがき」に次のように述べられている。

筆者が思うには、日本人ほど身近に石と親しみ、石に名前を付け、石にあれこれの歴史や思いを付度し、種々楽しむ民族は少ないのではないでしょうか。垂直な壁のような岩塊を「屛風岩」、水平な床のような岩塊を

「千畳敷」、二つの近接した大小の岩塊を「夫婦岩」などと名付けるありふれたネーミングから、一度や二度聞いても理解しがたい奇怪な名称を持つ奇岩怪石も数多くあります。全国各地にある自然が彫琢した岩塊に動植物や人に因んだ名を付け、季節とともに嘆賞することはもちろん、ある時は畏敬の対象として「磐座」「○神石」「○仏石」のように崇めることもたくさんあります。さらには、石の性質とはまったく関係なく歴史上の事件や登場人物を関係づけた「腰掛石」のたぐい、最近では「ゴジラ石」「パンダ石」などのいわば観光目的の俗称も排除せず、目くじら立てず一緒に楽しむことにしましょう。

注

（1）鉱物の品目数一〇九は中世ヨーロッパで識別されていた鉱物の数とほぼ同じであることは興味深い。砂川一郎著『宝石は語る—地下からの手紙—』岩波新書、昭和五十八年〔1983〕刊 p.31）によると、アルベルトゥス・マグヌスの『鉱物の本』Mineralia（1261-62）には、鉱石は七五種、金属は三四種、岩石は二八種、合計一三七種が挙げられているという。

（2）『古名録』は水・火・鹵石・金・玉・石・土・彩色・草・木・竹・菜・果・蔬・蕈・稲麦・穀・麻・虫・魚・介・禽・獣・人・鬼・飲食の二六の部門に分けられているが、その中から水・火・人・鬼・飲食の部門に見えるものを除いて、各巻の目録に見える数を合計したものである。

（3）その序に言う、

よろづの草木鳥けだもの貝むしけらなどの名を今の世には漢名或は近きよのひなびたる名にのみ呼ならひて、むかしのたゞしき名のたえて知られぬがごとなりぬるが多かるをあかずおもふ心から、年ごろふみよむついでにこゝろにとまりたるをり〳〵は、かみのくだりのもの、名を始にて、それにたぐひたるもの、名、くらひもの、名どもをさへに、ちなみにいさゝか書つけおけるが数つもりにたるを、たぐひをわかちて書集たる下書のかく十まきばかりのふみめけるものとなりたるを、なほ継々に書加へてむとぞすなる。

（4）加藤昭編『鉱物種一覧 2005.9』（小室宝飾、平成十九年〔2007〕刊）には四二四六の鉱物種が載せられている。

第一章　和名

1「むかしのたゞしき名」——金石玉類の和語名——

1 用例

本節では、古代の日本語における岩石名の基礎となっているものがどのようなものであったのか見る。調査に用いるのは次の古辞書類である。

A **『新撰字鏡』**（僧昌住編・昌泰年間〔898–901〕成）
B **『本草和名』**（深根輔仁編・延喜十八年〔918〕頃成）
C **『康頼本草』**（丹波康頼編・平安中期成）
D **『和名類聚抄』**（源順編・承平年間〔931–38〕成）
E **『色葉字類抄』**（橘忠兼編・三巻本治承年間〔1177–81〕までに成立）
F **『類聚名義抄』**（十一世紀末から十二世紀初頃成）

調査対象をこれらの辞書に限ったのは、序章で見たように、伴信友編『動植名彙』（文政十年〔1827〕序）によって、信友の言う鉱物の「むかしのたゞしき名」が、ほぼこれらに網羅されていることが窺えるからである。

以下、それぞれの辞書に見られる和語を列挙するが、自然物に限ることにし、加工物や加工の過程で出来たもの、道具名しての名などは取り上げないことにする。例えば、ネリカネ（練鉄）・サイテガネ（鈎）・マキガネ（鍱）・ヒラガネ（鐐・鍱）・ミミガネ（耳金）・タガネ（錯）・カネノサビ（鉄精）・カナクソ（鉄精・鉄液）・テツノハダ（鉄落）・コガネノスリクズ（金屑）・ミヅカネノカス（澒粉）・フキ（砎）・トモロス（鍛・銷・鎔・鍍）、ヒウチイシ（玉火石）・ツメ石（礎・矴・碌・磧）・玉トグ石（砥石）・カナシキノ石（砧・礁）・ト（砥石）・アラト（磺）、ミミダマ（耳玉）、ヒチタマ（珋）等々である。

ミヅガネ（水銀）は李時珍の『本草綱目』（明・万暦二十四年〔1596〕刊）では石の類に属している。辰砂を焼いて採るからであろう。本節では現在の分類にしたがって、金属に分類しておく。

アラカネやクロカネなど複合語の後項語頭の音節の清濁が明確ではないが、利用した資料の読みに従っておく。

A『新撰字鏡』

＊京都大学文学部国語学国文学研究室編『新撰字鏡国語索引』（昭和三十三年〔1958〕刊）を利用した。引用は原則として天治本によるが、享和本による場合は「享」と示すことにする。

【金類】アラカネ　鉡　鉱也。荒金也。鉱　上字
クロカネ　鉄　黒金也。
シロカネ　鋈　白金
アヲカネ　鉛　青金也。黒奈万利、又水金也。
ナマリ　錫　奈万利（なまり）
クロナマリ　鉛　青金也。黒奈万利（くろなまり）、又水金也。

シロナマリ　鈏　白鑞白奈万利（しろなまり）

【石類】コイシ　硝　硭硝也。瀬也。佐々良石。又小石（こいし）（享）

ササライシ　硝　硭硝也。瀬也。佐々良石（さざらいし）

イハホ　礧　伊波保（いはほ）（享）

イサゴ　磣　石微細而随風飛也。伊佐古（いさこ）又須奈古（享）

スナゴ　磣　石微細而随風飛也。伊佐古又須奈古（すなこ）（享）

ハハクリ　陽起石　波々久利（ははくり）

アシノツノ　金牙　阿志乃豆乃（あしのつの）

カハナミ　白礬石　加波奈弥（かはなみ）

ヤマアフキ　石英　山阿不支（やまあふき）

【玉類】シラタマ　珠　白玉也

アヲダマ　瓐　青玉

B『本草和名』

＊『続群書類従』（第三十輯下）及び京都大学附属図書館蔵寛政八年〔1796〕刻本による。

【金類】アラカネ　鉄　和名阿良加祢（あらかね）

コカネ　生金・黄金　和名古加祢（こかね）

シロカネ　銀　和名之呂加祢（しろかね）

クロカネ　鉄落　和名久呂加禰乃波太（くろかねのはた）

ナマリ　鉛　和名奈末利(なまり)
ミヅカネ　水銀　和名美都加祢(みづかね)
【石類】キララ　雲母　和名岐良々(きらら)
ユノアカ　石硫黄　和名由乃阿加(ゆのあか)
キニ　雄黄　和名岐尓(きに)
アカタマ　虎珀　和名阿加多末(あかだま)　一名阿末多末(あまだま)

C『康頼本草』

＊『続群書類従』（第三十輯下）による。「和」と記されていても、ユワウ（石硫黄）は除く。またスキタウサ（「礬石和須支太宇佐(すきたうさ)」）は「透き陶砂」、「消石和御之世久」は「温石」と考えられので、これらも除くことにする。

【金類】クロカネ　鉄落　和久呂加祢(くろかね)
アラカネ　鉄粉　和安良加祢(あらかね)
ナマリ　鉛　和奈末利(なまり)
ミツカネ　水銀　和美都加祢(みづかね)
【石類】イシノチ　石鍾乳　和伊之乃知(いしのち)
シライシ　石膏　和志良以志(しらいし)
カルイシ　桃花石　和美川乃安和。又云加留伊之(かるいし)。
キララ　雲母　和支良々(きらら)
ミヅノアワ　桃花石　和美川乃安和(みづのあは)。又云加留伊之。

ミヅノタタカフアワ　石花　和美川乃太々加宇安和
ユノアワ　石硫黄　和由和宇　又云由乃安和
イシノアブラ　方解石　和伊之乃安不良

D『和名類聚抄』

＊十巻本楊守敬本（『諸本集成倭名類聚抄』京都大学文学部国語学国文学研究室編所収）による。

【金類】コカネ　金・銑〈和名古加禰〉金之最有光沢也。
シロカネ　銀〈和名之路加禰〉
アカカネ　銅〈和名阿加加禰〉
クロガネ　鉄〈和名久路加禰〉
ナマリ　鉛〈和名奈万利〉
シロナマリ　錫・白鑞〈和名之路奈万利〉
ミヅガネ　水銀〈和名美豆加禰〉

【石類】イシ　石〈和名以之〉
イシノチ　石鍾乳〈和名以之乃知〉
カルイシ　浮石〈和名加流以之〉
ササレイシ　細石〈和名佐佐礼以之〉
イハ　磐〈和名以波〉大石也。
イハホ　巌〈和名以波保〉

イサゴ　砂〈和名以佐古（いさご）、一云須奈古〉
スナゴ　砂〈和名以佐古、一云須奈古（すなご）〉
マナゴ　繊砂〈万奈古（まなご）〉
キララ　雲母〈和名岐良良（きらら）〉
キララ　玫瑰〈和名与二雲母一同〉
ユノアワ　流黄〈和名由乃阿和（ゆのあわ）〉
【玉類】アラタマ　璞〈和名阿良太万（あらたま）〉玉未治理也。
シラタマ　珠〈真珠訓之良太万（しらたま）〉
シラタマ　玉〈和名上［引用者注―珠］同〉

E　『色葉字類抄』

＊黒川本による（中田祝夫・峰岸明編『色葉字類抄』風間書房刊の索引編を利用した）。

【金類】アラカネ　鉱
コカネ　金
アカカネ　銅
シロカネ　銀・鐐
ナマリ　鉛
シロナマリ　白鑞・錫
ミツカネ　水銀・汞

【石類】イシ　石
イサコ　沙・砂
スナゴ　砂・繊砂
マナゴ　砂・繊砂
イハ　磐
イハホ　巌　＊前田本による。黒川本イハヤ。
イシノチ　石鍾乳
カルイシ　浮石
ササレイシ　細石・礫碝
キララ　雲母・雲珠・雲英・雲液・雲沙

【玉類】タマ　玉
アラタマ　璞
シラタマ　珠・真珠・球琳・琅玕・琨瑤・琓琰

F　『類聚名義抄』

＊正宗敦夫編『類聚名義抄』風間書房刊の仮名索引を利用。傍線のあるものは図書寮本にも見えるもの。他は観智院本のみに見えるものである。

【金類】アラカネ（鉱・砿・磺・鐵）
アカガネ（銅）

クロカネ（鉄）
コガネ（金・黄金）
キカネ（黄金）
シロカネ（銀）
ナマリ（錫・鉛・鑞）
シロナマリ（錫・白錫）
クロナマリ（鉛）
クロナマリ（錫）
ミヅガネ（水銀・汞）

【石類】
イシ（石・礫・土）
ササライシ（磧）
ササレイシ（瓦礫・碟）
サザレイシ（碝碱）
イサゴ（砂）
スナゴ（砂）
コイシ（碟）
カルイシ（浮石）
イシノチ（石鍾乳）
カトイシ（佦）

タビイシ（礫）
ツムレイシ（礫）
オホイシ（磐）
イハ（磐）
イハホ（巌）
キララ（雲母・雲珠）
キララ（玫瑰）
【玉類】タマ（玉・鉛丹・碧玉・琬・璧・珠・琳珉・媛）
アラタマ（璞）
シラタマ（珠・白玉・真珠）
ノダマ（琳珉・水精）

2　用例の整理

前節で取り上げた語を一覧表にすれば次のようになる。カネという語は単独では現われないが、空見だしとして掲げておく。表示した漢字は代表例である。

略号　◎新撰字鏡―新撰　＊本草和名―本草　●康頼本草―康頼
△和名類聚抄―和名　■色葉字類抄―色葉　◆類聚名義抄―類聚

		新撰	本草	康頼	和名	色葉	類聚
【金類】							
カネ							
アラカネ	鉱・鉄	◎	*			■	◆
コカネ	金		*		△	■	◆
キカネ	金						◆
シロカネ	銀	◎	*		△		◆
アカカネ	銅				△	■	◆
クロガネ	鉄	◎		●	△		◆
アヲカネ	鉛	◎					
ミヅガネ	水銀		*	●	△	■	◆
ナマリ	錫	◎					◆
ナマリ	鉛		*	●	△	■	◆
シロナマリ	錫	◎			△		◆
クロマナリ	鉛	◎					◆
クロマナリ	錫						◆
【石類】							
イシ	石	◎			△	■	◆
イシノチ	鍾乳			●	△	■	◆

カルイシ	浮石			●	△	■	◆
コイシ	礫	◎					◆
ササレイシ	細石				△	■	◆
サザレイシ	細石						◆
ササライシ	磧	◎					◆
カトイシ	佑						◆
タビイシ	礫						◆
ツムレイシ	礫						◆
シライシ	石膏			●			
オホイシ	磐						◆
イハ	磐				△	■	
イハホ	巌	◎			△		◆
イサゴ	沙・砂	◎			△	■	◆
スナゴ	砂	◎			△	■	◆
マナゴ	繊砂				△	■	
キララ	雲母		*		△	■	◆
キララ	玫瑰			●	△		◆
ハハクリ	陽起石	◎					
アシノツノ	金牙	◎					

		新撰	本草	康頼	和名	色葉	類聚
カハナミ	白礬石	◎					
ヤマアフキ	石英	◎					
ユノアカ	石硫黄		*				
ユノアワ	石硫黄			●	△		
ミヅノアワ	桃花石			●			
イシノアブラ	方解石			●			
キニ	雄黄		*				
【玉類】							
タマ	玉	◎				■	◆
アラタマ	璞				△	■	◆
シラタマ	珠・玉	◎			△	■	◆
アヲダマ	青玉	◎					
ノダマ	水精						◆

3　考　察

金類・石類・玉類の名を形作っている基礎語は極めて少ない。金類においてはカネとナマリ、玉類においてはタマ、石類においてはイシといくつかの語があるだけである。多くの名はその基礎語に修飾語を冠し、複合語として成立している。言い換えれば、それぞれのものを区別する基礎的な認識は極めて素朴である。

金類の総称はカネである。漢語では金属の総称は「金」であり（『山堂肆考』「金者金銀銅鉄鉛錫之総名」）、黄金を以て代表とするが（『説文解字』「金　五色金也。黄為二之長一。（中略）凡金之属皆从レ金」）、日本では鉄が代表的なものであったことはマガネ（真金）が鉄を意味し（「麻可祢（まがね）吹く丹生の真朱の」『萬葉集』14・三五六〇）、アラカネもまた、鉄を意味し（『本草和名』）、さらにネリガネ（生鉄・錬金）もまた鉄を指すことから窺える。これには黄金が我が国に産することが知られたのは奈良時代のことであったことも関わるのであろう（『続日本紀』天平二十一年〔749〕二月丁巳条に陸奥国より初めて黄金が献じられたという記事がある）。掘り出したままの金属を含む岩石を「鉱・砿」と言い（『広韻』「砿、金璞也。鉱、上同」）、それに対する和語はアラカネである。アラカネを精錬して得られる「金・銀・銅・鉄・鉛」などを区別する和語は無かったようであり、既に言われているように、漢籍を参考に考えだされたものと思われる。すなわち、『説文解字』の「金　五色金也」の段注に「凡有二五色一皆謂レ金也。下文白金・青金・赤金・黒金、合二黄金一、為二五色一」とあるが、木・火・土・金・水の五行の色はそれぞれ青・赤・黄・白・黒である。それが五金に当てられ、「鉛　青金」「銅　赤金」「金　黄金」「銀　白金」「鉄　黒金」となる。『和名類聚抄』に「金　爾雅云黄金」「銀　爾雅云白金」「銅　説文云赤金也」「鉄　説文云黒金也」「鉛　説文云青金也」などと見られるが、こうした漢籍の知識を基にキカネ（金→黄金）・シロカネ（銀→白金）・アカカネ（銅→赤金）・クロガネ（鉄→黒金）・アヲカネ（鉛→青金）という和名ができたのであろう（『新撰字鏡』に「鉛　青金也」とあるのは和語を示したものではないかもしれないが、取り上げておく）。ミヅガネは時代は下るが、『本草綱目』の「水銀」の「釈名」に「汞・澒・霊液・姹女」とあり、また「其状如レ水似レ銀、故名二水銀一。澒者流動貌」（水銀）とあるが、そのように水のような金属と説明するものが平安時代にも伝わっていたものと推測される。[1] また、コガネはキ（木）とコダチ（木立）と同じ音の変化であり（『本草綱目啓蒙』「金」項「キガネヲ転ジテコガネト云」）、クガネ（「久我祢（くがね）」

『萬葉集』18・四〇九四）もツキ（月）とツクヨ（月夜）と同じである。キカネは『類聚名義抄』（観智院本）に見えるが、『大同類聚方』にも「支加禰（きがね）」と見える。

ナマリは『新撰字鏡』には「鍚」とあり、もと錫（すず）と鉛（なまり）の両方を言っていたようである。漢籍では鉛は錫の一種と説明され（『玉篇』「鉛、黒錫也」、『字彙』「鉛、錫之類」）、錫は銀と鉛の中間にあるものと説明されている（『説文解字』「銀鉛之間也」、『急就篇』注「鉛、蒼金也。錫、一名鈏　在二銀鉛之間一。即今白鑞也」）。鉛・錫ともに延性・展性に富むが（『本草綱目』「鉛」項「鉛易二沿流一」）、硬度に劣る。したがって、ナマリはナマル（鈍）と関係する語であろう。『日本霊異記』中巻序に「神鈍遅同二於鑞刀一」（神（たましひ）の遅鈍（おそ）きこと鑞（なまり）の刀に同じ）（国立国会図書館本の「鑞」訓釈「ナマリノ」）とある。『本草綱目』「鉛」項に「鉛〈注略〉錫為二白錫一、故此為二黒錫一」とあるように、両者は色によって区別され、日本でも黒ナマリ（鉛）、白ナマリ（錫）と呼ばれるようになり（『類聚名義抄』に「錫　クロナマリ」とあるのは誤りであろう）、さらに、鉛のみをナマリと言うようになったようである。

石類の名については既に前篇第一章で取りあげたが、ここでは語構成の観点から纏め直す。石類はイシと呼ぶものを中心に捉えられていたようである。イシ（石）の大なるものはイハである（『和名類聚抄』「磐　以波（いは）　大石也」）。イハホはイハのホ（秀）で、本来は地上から突き出た岩の先端を指す語であろうが、突き出たその貌（さま）をも言い（『新撰字鏡』「巌　山高也。山石高下不斉也。崖也。以波保（いはほ）」）、地下に隠れているものも含んで大岩を意味するようになったと考えられる（『新撰字鏡』天治本「礧　大石貌也」。『和漢三才図会』に「岩〈伊波保（いはほ）〉」とあり、「俗に岩を磐（いは）の訓（よ）みとなす」とある）。イシの小なるものはコイシ、ササレイシ・ササライシなどと呼ばれる。コは小、ササレ・ササラは細かい意。タビイシのタビは粒（ツビ）の転（『時代別国語大辞典　上代編』）。ツムレイシはツブレイシ（「都夫礼石（つぶれいし）」『萬葉集』16・三八三九）であろう。乳房状に垂れ下がる鍾乳石はイシノチ、水に浮くイシはカルイシ・ウキイシである。

イサゴ（砂）は「イサ（石）＋コ」と考えられ、本来は石と砂との中間の大きさのものをいったものと思われる。「沙」は『説文解字』に「水散石也」、『説文段注』に「石散砕謂二之沙一」とあり、「砂」は『本草綱目』に「砂、小石也。字従二少石一。会意」（「河砂」釈名）とある。水の流れに散るほどの小さな石である。和語のスナゴは「ス（沙）＋な＋子」と考えられる。スは「沙土煑尊（沙土、此云二須毘尼一）」（『日本書紀』神代上・第二段正文）というう神名に含まれるス（沙）から抽出される語である。マナゴは『和名類聚抄』によると、スナゴより繊細なものを言うようである。小野蘭山の『本草綱目啓蒙』にも「砂ノ至テ細カナルヲ真砂ト云」（河砂）とある。狩谷棭斎の『箋注和名類聚抄』は「ま＋すなご」の略とするが、スよりイの音の方が脱落しやすいであろうから「ま・いさご」の約と考えたい。

雲母また玫瑰をキララと呼ぶのは輝く砂石を特に区別したからであろう。雲母は後世にはキライシ（岡林尚謙『本草古義』「雲母（中略）岐良以之（大同類聚）」）、キラ（『本草綱目啓蒙』）とも呼ばれるが、『名語記』はキラはキラメクのキラであると言う。信友『農経講義』にもキララを「磷々之義」と言う（「磷々」は玉石の光沢の耀くさまをいう）。中国でも同様に雲母を捉えていたようで『玉篇』に「磷、雲母別名」とある。ただし、中国では「雲母」は黒色の多いものを言い、赤の多いものは「雲珠」、青の多いものは「雲英」、白の多いものは「雲液」、青・黄二色のものは「雲砂」と区別しているが（『和漢三才図会』）、日本ではすべてをキララと呼び、区別していない（『色葉字類抄』）。

方解石をイシノアブラ（『康頼本草』その他）と言ったのは、これを凝固した脂と見たのであろうか。『康頼本草』に見えるカルイシ（桃花石）の別名ミヅノアワは、『抱朴子』にも「水沫為二浮石一」とあり、水が石になったと考えられたもののようである。『康頼本草』に見えるミヅノタタカフアワ（石花）、ユノアワ（石硫黄）、『本草和名』に見える「石硫黄　由乃阿加」（『和名類聚抄』『医心方』に「加」を「和」に作る）も同様の考え方によるのであろう。

キニ（雄黄）は「キ（黄）ニ（土）」の意であろうが、『和名類聚抄』に「丹砂　和名迩」（図絵具の項）とあるニは丹砂（にすな）の下略語と考えておきたい。『説文解字』に「丹、巴越之赤石也」、『本草綱目』「丹砂」の釈名に「朱砂、明珍曰、丹乃石名」とあり、岡林尚謙『本草古義』に「丹砂（中略）一名迩須奈（にすな）大同類聚」、『本草綱目』に「後人、以丹為朱色之名」とあり、曾槃『農経講義』に「迩、丹字之訓」ともある。

次の語は語義未詳としておくしかない。『新撰字鏡』に見えるカハナミ（白礬石）・ヤマアフキ（石英）・ハハクリ（陽起石）・アシノツノ（金牙）。

玉類にはタマとその複合語が見られるだけである。日本神話に「八尺瓊勾玉（やさかにのまがたま）」などと見え、『釈日本紀』に「古者謂玉、或為努、或為弐」（いにしへはタマを謂ひて、あるいはヌとなし、あるいはニとなす）とあるが、これが正しいとしても、それらの語は既に古語となっていた。タマという語は『時代別国語大辞典　上代編』に「宝珠。呪術・宗教あるいは装飾に用いる。必ずしも鉱物性のものに限らず、真珠や竹の管、その他一部の植物の実など広く称する」と説明されるものであるが、鉱物に関しては磨かれて美しく整えられた石を言ったものであろう。掘りだされたままのものはアラタマである（『和名類聚抄』「璞　和名阿良太万（あらだま）　玉未治理也（たまのみがきととのへざるなり）」）。ヒトルタマ・ミヅトルタマは水晶が磨かれて球形となったものを言う。小野蘭山の『重修本草綱目啓蒙』に次のように見える（本文は平凡社・東洋文庫による）。

火珠　ヒトリタマ　水精ヲ円形ニスリタル玉ヲ俗ニ水晶輪ト云、人物コレニ向テ照セバ其形必倒ニウツル者ナリ。此ニテ日輪ノ陽火ヲ取ルベク、月中ノ陰水ヲ取ベシ。故ニ火トリダマ、水トリダマト呼。就中陽火トレ易キ故ニ、火珠ト云。然レドモ水精ニ限ラズ、凡透明ナル者、硝子或ハ氷ニテモ凸ニ製シタル者ニテ、皆火ヲ取ベシ。物理小識ニ曰、紅者曰火晶（ママ）可取火、白者曰水晶（ママ）可取水、亦可取火。（水精・附録火珠）

『類聚名義抄』に見えるノダマ（琳珉・水精）は、信友（『農経講義』）は野の玉の意かというが、未詳。『和名類聚抄』に「玉（中略）宝石也。兼名苑云球琳・琅玕・琨瑶皆美玉也」とあり、『色葉字類抄』では「球琳」「琅玕」

「琨瑶」「琓琰」をタマと訓み、『類聚名義抄』でも「碧・琬・璧・珠・琳珉・媛」などがすべてタマと訓まれているのは、そうした種の違いを区別する知識を持たなかったことを意味するのであろう。したがって、金属と同様に色で区別されたことは、『東大寺諷誦文稿』（平安初期）に「黄金白玉ヲハ与二瓦石一同、青珠・赤珬タマヲハ共二沙土一斉」（98-99行目）とあることなどからも窺える。この色によって区別することが、その後長く日本では行われることになった。(2)

注

（1）『新撰字鏡』に「鉛　黒奈万利又水金也」とある「水金」は「水中金」を略したものかと思われる。『本草綱目』に「鉛」の一名「水中金」を「神仙家、折二其字一為二金公一隠二其名一為二水中金一」と説明する。『本草綱目啓蒙』には「水中金、コレハ鉛ノ一名ナリ。又万病回春ニ、混元衣ハ即水中金ト云ハ、薬性纂要ニ、此製法ヲ詳ニ載。又薬性解ニ、婦人月水ヲ水中金ト名ヅク。又宝蔵論、金ノ品ニ、水中金ノ名アリ。皆同名ナリ」とある。『新撰字鏡』には「鉒水金」「鐥鉢　二水金」ともあるが、未詳。『大漢和辞典』によると、『五音集韻』に「鉒、宝也」、『字彙』に「鉒、堅金」とある（『大漢和辞典』には「鐥」「鉢」は見えない）。

（2）明治期の和訳聖書においても裁きの場にのぞむユダヤ僧の胸に飾られる一二の宝石名も「〇玉」と訳されているものがほとんどである。拙稿「祭司の宝石」（『同志社女子大学学術研究年報』66、2014十二月）。

2　江戸時代後期の金石和名

1　資料の説明

本節では十九世紀前半江戸時代後期の金石名にどのようなものがあったのかを調査する。調査資料には次のものを用いる。

a　小野蘭山（1729–1810）**著『本草綱目啓蒙』**（享和三年—文化三年〔1803–06〕刊）

b　水谷豊文（1779–1833）**編『物品識名』**（文化六年〔1809〕刊）・『同・拾遺』（文化八年〔1811〕刊）

c　岡安定（1816–74）**編『品物名彙』**（安政六年〔1859〕刊）

a　小野蘭山（1729–1810）**著『本草綱目啓蒙』**（**小野職孝編『本草啓蒙名疏』**）

『本草綱目啓蒙』は我が国の代表的本草書である（以降『啓蒙』と呼ぶ）。李時珍の『本草綱目』についての講義録であるが、『本草綱目』の最初の四巻（序例上下・百病主治薬上下）に相当するものはなく、水部・火部・土部・金石部・草部・穀部・菜部・果部・木部・服器部・虫部・鱗部・介部・禽部・獣部・人部に分けられた品目の説明がまとめられているが、個々の品目に対する説明はきわめて豊かであり、名称も古名から方言名まで紹介している。本書に現われる和名を抜き出して整理したものに、蘭山の孫小野職孝による『本草啓蒙名疏』（文化六年〔1809〕

刊）がある（以降『名疏』と呼ぶ）。「凡例」に、

一、此書ハ先ニ大父著ス所ノ本草綱目啓蒙中ニ載ルトコロ和漢ノ名称ヲ類聚シ、国字四十七編ニ分チ以テ卒検ノ便ト為ス。仮名法混ジ易キモノハ輪池先生（引用者注―源弘賢）ニ請テ是ヲ正ス。都（すべて）七巻名テ本草啓蒙名疏ト云。

一、凡物名人参豆蔲ノ如キ正音ニ従フ時ハ俚俗ニ通ジ難キ者多シ。故ニ此類今俗称ニ従ヒ、人参ヲ仁ニ入レ豆蔲ヲ津ニ入ル。其他爾ラザル者ハ概シテ正音ニ従フ。

一、本條　本草綱目本條ノ和名ヲ載セ、下ニ其漢名ヲ録ス。又本條ノ下ニ和名ヲ記ス。其集解附録モ又然リ。

一、外　本草綱目ノ外、啓蒙ニ載ル所・群書中ニ名ヲ出シ下ニ和名ヲ録ス。

一、雅俗　古今史歌書ノ名及ビ和方ノ隠名、諸州ノ方言等ヲ載セ、下ニ本條ノ名及ビ書名ヲ註ス。

一、一名　群書中ノ異名ヲ記シ、下ニ本條ノ名及ビ書名ヲ註ス。

とある。和名がイロハ順に整理され、「本條」「外」「雅俗」「一名」「通名」という注記が付けられている。「本條」「外」「雅俗」「一名」とは、「凡例」に説明されているような区別によるものであり、「通名」は『啓蒙』で「和漢通名」「通名」と注記されているものである。ただし、『名疏』の「通名」の注記には『啓蒙』と異なるものがある。例えば、平安時代の古辞書に「俗云」「俗音」「此間云」と記されていたジシャク【慈石】やトウカセキ【桃花石】などは『啓蒙』では「和漢通名」と説明されており、『名疏』でも「通名」の注記があるが、ジシャク【慈石】などと同じく平安時代の古辞書に「俗云」「俗音」「此間云」と記されているメウバン【礬石】やユワウ【石硫黄】などは『啓蒙』では「和漢通名」などの説明がない。『名疏』ではこれらもまた「通名」と記されているのである。『物品識名』また『品物名彙』にもこれらはカタカナで語形が示されており、『名疏』の措置は正しいものと思われる。本節の筆者は『啓蒙』から直接「和名」を拾ったが、こうした『名疏』の注記も参考にした。

b　水谷豊文（1779–1833）編『物品識名』『同・拾遺』

編者水谷豊文は小野蘭山に学び、尾張博物学の中心となった人物である。豊文は野村立栄について蘭学をも修め、長崎に遊学して和蘭通詞吉雄耕牛にも学んでいる。本書（以降『拾遺』も併せて『識名』と呼ぶ）もまた和名をイロハ順に整理した名彙集である。漢名の同定はおよそ小野蘭山の説に従っているが、自己の見解も見られるようである。方言名については尾張で用いられているものを主とするようであるが、『啓蒙』に見られないものも見られる。また『啓蒙』では改めて示すまでもないこととして省略されていると思われるものが、「金」「銀」などもキン・ギンという字音の語形でも挙げられている。セキタン「石炭」など『日本国語大辞典』などが明治以降の用例を初出例として挙げているものもあり、貴重である。

「凡例」のいくつかを抜粋する。

一、此書専（もつぱら）本邦ノ産ヲ挙テソノ漢名ヲ識（しる）ヲ主トス。近俗本草ノ学ト云モノ其業大率（おおよそ）此事ナリ、然ルニ和名鈔・倭本草・多識篇等以来今日ニ至ルマデ諸家ノ説一同ナラザルモノ多シ。晩生浅学モトヨリソノ是非ヲ決スルコトアタハズ。大抵小野蘭山先生ノ説ニ据（よる）ノミ。

一、和産極多シ。悉検スベカラズ。僅ニ耳目ノ所（およぶところ）及常人之所（しるところ）知ヲ挙ルノミ。方言最博シ。遍識スベカラズ。且本藩通俗伝習ノ名ニヨリ口ニ熟シ耳ニ習フモノヲトルノミ。偏ニ憾（うら）ム寡聞ノ撰、旁（ひろ）ク他邦ニ及ボシガタシ。

一、漢名ノ下書名ヲ挙ザルモノハ皆本草綱目本条ニ著ル、モノナリ。集解・付録等ニ出ルモノハ必ズ出所ヲ記ス。其他凡皆出処を記ス。但所引ノ書、旧ヲ舎（す）テ新ヲ取ノ誤謬（あやま）リヲマヌガレガタシ。

一、名ノ下或ハ一名ヲ載ルモノアリ。只（ただ）文藻ノ為ニ異聞ニ備フルノミ。別ニ意義アルニ非ズ。

一、和名ヲ挙テ漢名ナキモノ多クコレアリ。コノ書ノ意ニアラザルニ似タリ。余初メ博ク本邦産物ノ名ヲ集テ一部ノ草本アリ。コノ内ニ就テ世俗尋常聞見ニ慣フモノ一二ヲ抄シテココニ雑（まじ）ヘアラハス。一ハ明ニ漢名ノ未詳ヲシラシメンガ為ナリ。一ハ後来モシ漢名ヲ考得コトアツテコヽニ注スベキガ為ナリ。和産名称モトヨリコレニ尽ルニ非ズ。只、十ガ一ヲ挙テ継クベキヲナスノミ。魚鳥ノ品名ニ至リテハ最遺漏多シ。博物ノ士ヲ俟ノミ。

一、和名仮名遣幷ニ文字ノ声韻最吟味スベキコトナレドモ、従来偏陋ニシテソノ業ニ及ブコトアタハズ。故ニ今集ルトコロノ和名、イ・ヰ、ヲ・オ、エ・ヱ、ヨウ・ヤウ、トウ・タウ、キヤウ・ケウ、セウ・シヤウ、ノ類一切混挙シテ正ク弁別スルコトアタハズ。覧者幸ニ意ヲ以テコレラヲ捜討セヨ。誠ニ愧、識者ノ嗤ヲマヌカレザルコトヲ。

c　岡安定（1816–74）編『品物名彙』

編者岡安定（岡田安定）については、遠藤正治氏の「亡羊の門人略伝」（『読書室　200年史』山本読書室、昭和五十六年〔1981〕刊）に次のように紹介されている。

字子遷、通称嘉平治、号寿櫟斎。文化十三年（1816）十月一日生。明治七年（1874）二月二十八日没。年五十九歳。伊勢津魚町に代々魚問家を営み、津藩勝手用達、銀礼用達、飢饉時に「救荒采草」を印刷配布するなど公益慈善に尽す。心学・和歌・謡曲等に通じ多芸。「品物名彙」「岡安定日記」など。

安定は、小野蘭山に本草学を学び、蘭山亡き後、京都博物学の中心となった山本亡羊（1778-1859）の門人である。「凡例」に「安定師㆓事亡羊先生及其嗣榕室君㆒。此編一遵㆓其説㆒」とある。本書にも亡羊の「品物名彙序」があり、亡羊の次男榕室の跋がある。また「凡例」に「又与㆓西村君典㆒相友其所㆑考之名亦皆採用」と見える西村君典（広休）もまた亡羊の門人であり、遠藤氏によると「亡羊・榕室・章夫に本草を学んで門下随一」の人物である。章夫（渓愚）は亡羊の六男。本書『品物名彙』（以降『名彙』と呼ぶ）は『啓蒙』と『識名』より約半世紀後に成立してい

る。本書もまたイロハ順に物品名が纏められている。「凡例」に、

一、凡一物数名者止（ただ）載二其一一。余省不レ録。其或二名並著者、間亦注二其下一。

とあり、一物一名記載を原則とするが、『啓蒙』『識名』に見られないものも多い。

2　本節で取り上げる「和名」

「和名」には、日本固有の大和ことばによるもの（和語名・固有名）だけではなく、漢名が日本語化したもの（和漢通名）や和製の字音語名（和製漢語名）もあり、西洋名が音訳されたもの（外来語名）も含まれる。すなわち「日本で用いられている、ものの名」の意味である。

『啓蒙』の金石部は、李時珍の『本草綱目』（明・万暦二十四年〔1596〕刊）に従い、「金類」「玉類」「石類」「鹵石類」に分けられている。本節もまたこの分類にしたがって「和名」を整理することにする。『識名』はそのすべてが「石」の項に収められており、『名彙』では「金」と「石」の項があって、「石」の項に「玉類」「石類」「鹵石類」が収められているが、『啓蒙』にしたがって再分類する。

以下『啓蒙』『識名』『名彙』に見られる全ての「和名」を取り上げるが、『啓蒙』の説明文の中に見られるもので、一般には用いられない特殊なものと思われるものは取り上げていないものもある。また、三書を通じて、以下のものは取り上げないことにする。

1製品名。ハリガネ（銅糸）・クギ（釘）・クツワ（馬銜）・カタナ（鉄刀）・フルカガミ（古鏡）・ノコギリ（鉄鋸）・ヨロヒ（鉄甲）・オハグロ（鉄漿）、ハラヤ（水銀粉）・ウスオシロイ（鉛霜）・イセオシロイノヤキカヘシ（粉霜）・シユ（銀朱）・イシバイ（石灰）・クスリコ（石灰）・カヒ石灰（蚌灰）・ゴス（画焼青）など。

2石器名。ヤノネイシ（石砮）・ヤジリ（鉄鏃）・イシバリ（石砭）・狐ノマサカリ・テングノマサカリ（霹靂碪）・セキケントウ（石剣刀）など。

3化石。カニイシ（石蟹）・マツイシ（松石）・イシエビ（石蝦）・マツカサイシ・ツキノフン（螺類の化石）・ヤケゴメイシ・スミイシ・ギヨセキ（石魚）・テングノツメ・ツメイシ（鮫歯の化石）・リウコツ（龍骨）・リウシ（龍歯）など。

4カナクズ（鉄落）・クロガネノホコリ（鉄精）・クロガネノコフキ（鉄華粉）、また金銀銅などを坩堝で精錬した後に残るかすのロカス・ルカス・ルゾコ・シロカネノネリソコ（炉滓・蜜陀僧）。また、ユガメノ内ノオリ（湯瓶内鹼）など。

5特定の石の種を表わすものではないもの。ホウセキ（宝石）・インヨウセキ（陰陽石）・カハズナ（河砂）・ボンセキ（一拳石）・ダイコクイシ（大黒石）・ムカデイシ・クワモンセキ（花紋石）など。

6動物の体内にできるセキフン・バフンセキ（鮓答）、ウシノタマ・スランガステインなど。

以下のものは、検討の余地があるが、暫時取り上げておきたい。

1今日では鉱物には分類されないもの。シラタマ（真珠）、サンゴ（珊瑚）、コハク（琥珀）。

2用途名なのか種名なのかの区別がつけにくいもの。スズリイシ（硯石）・トイシ（砥石）・ゴイシ（碁石）・ツケイシ（試金石）など。

以上のような基準によって得られたものについて、以下「金類」「玉類」「石類」「鹵石類」の順に、この時代の金石名について考察していくことにする。

以下の考察では出典を特に示さないが、『啓蒙』『識名』『名彙』に見える語については末尾に掲げる「和名一覧」を参照していただきたい。

3　考　察

3―1　「金類」

平安時代の辞書で確認できた「金類」の和語名（固有名）は、アラカネ（鉱石）、コカネ（金）・キカネ（金）、シロカネ（銀）、アカカネ（銅）、クロガネ（鉄）、アヲカネ（鉛）、ミヅガネ（水銀）、ナマリ（鉛・錫）、シロナマリ（錫）、クロナマリ（鉛）であった（水銀は本草学では石類に属するものであるが、本節では金類として扱う）。

このうち、江戸時代までにはキカネとクロマナリは用いられなくなっている。クロマナリが用いられなくなったのは、シロナマリと呼ばれていた錫がスズと呼ばれるようになり、それによってナマリが鉛専用語となったからであろう。すなわち「クロマナリ（鉛）―シロナマリ（錫）」から「ナマリ（鉛）―スズ（錫）」へと変わっていったようである。アラカネは細分化された言い方が江戸時代には確認できる。『啓蒙』と『名彙』にハクイシ【銅砿石】が見られるが、平賀源内の『物類品隲』（宝暦十三年〔1763〕刊。以下『品隲』という）によれば、金鉱はヒイシまたニと言い、銀鉱もまたニと呼ばれ、ハクイシ（銅鉱）はさらにトカゲハク・紅ハク・ソウデンハクの数品に分かれるという。

自然銅に多くの和語名が見られるのが注目される。『啓蒙』によるとキリメイシ・マスイシ・キリコズナが広く用いられていた名称のようだが、方言にもヲトメイシ（信州武石村）・ブセキ（同上）・サイサキ（飛州）・カドイシ（富士山・播州）・マスイシ（播州）・ヲサイジヨロウ（同上）・ヤマノカミノゼニ（防州）・カネイシ（遠州）などがある。この自然銅には方解様のもの、乱銅糸様のもの、蛇含石様のものがあり、キリメイシは方解様のものを言うようだが、他の名前がどれに用いられたものかは不明である。

この他に銅と錫との合金「青銅」をカラカネと言い、硫黄の煙で黒くふすべた銀（【烏銀】いぶし銀）をフスベガネと言う。また、本節では調査対象から外したが、鉛を製して作るイセオシロヒ【水銀粉】、オシロイ【粉錫・白粉】がある。

おそらくは金・銀・銅・鉄などは早くから字音でも呼ばれていたものと思われるが、『啓蒙』にもジネンドウ【自然銅】を「和漢通名」とし、『識名』に「キン　金コガネ」「ギン　銀シロカネ」「ドウクワウセキ　銅鉱石アカガネノアラガネ」「テツシャ　砂鉄」とあることで確認することができる。シャクドウ【紫金】は銅の異名であり、シンチウ【黄銅・仮鍮】（銅と亜鉛との合金）、ロクセウ【銅青】、サハリ【響銅】（鈔鑼（さふら）の転か〔『広辞苑』〕）。銅と錫との合金）も見られる。自然に塊をなし氷柱の形になった金【黄牙・印子金】をインスまたインスキンと言うのも字音語であろう。

トタン【和鉛】は「（もとペルシャ語で、ポルトガル語から転訛）亜鉛で鍍金した薄い鉄板」（『広辞苑』）である。『日葡辞書』にはタウタンとある。

3―2　「玉類」

『和名類聚抄』（源順編・承平年間〔931-38〕成。以下『和名抄』と言う）の「玉類」で取り上げられていたものを、A和語名（「和名」）が記されているものとB漢字音のみが記されているものとに分けると次のようになる。

A「珠（真珠）シラタマ」「玉（白玉）シラタマ」「璞　アラタマ」「水精　ミヅトルタマ」「火精　ヒトルタマ」「雲母　キララ」「玫瑰　キララ」

B「球琳　求林二音」「琅玕　郎干二音」「琨瑤　昆遥二音」「珊瑚　刪胡二音」「瑠璃俗云留利（るり）」「琥珀　俗音

久波久（くはく）」「硨磲　俗音謝古（しやこ）」「馬瑙〈俗音女奈宇（めなう）〉」「鍮石　俗云中尺（ちうざく）」

この『和名抄』から約八百七十年後の『啓蒙』で「玉類」として挙げられているのは次のものである。

玉・白玉髄・青玉（璧玉・玉英・合玉石）・青琅玕・珊瑚・瑪瑙・宝石・玻璃・水精（火玉・碝石）・琉璃・雲母・白石英・紫石英・菩薩石。

両者で共通して見えるものは右に傍線を付したものであるが、それらの名称にどのような変化があったのかを確かめてみることにする。

まず『和名抄』で和語名が記されているもの（A）は【玉】【水精】【雲母】である。このうち【玉】は、『和名抄』ではシラタマ「白玉」に限定しているように見えるが、「玉」は上代からタマと読まれていたことは確かであり、江戸時代においても変わることはない。

『和名抄』に言う「火精　ヒトルタマ」の実体は「水精　ミヅトルタマ」と同じであるが、水精をヒトリダマと呼ぶことは、江戸時代にもなお行われていたようである。しかし、『啓蒙』には「水精」を「和漢通用」とし、シロズイセウ【白石英】・サメズイセウ【鮫水晶・白石英】・センボンスイセウ【白石英】・ハリスイセウ【玻璃水晶・白石英】・ムラサキズイセウ【紫石英】・ミヅイリスイセウ【含水水精】・メクラズイセウ【水中白石】・カブトズイセウ【白石英】などの複合語も多く見られる。

【雲母】の和語名キララもまた依然として用いられており、さらにキラ、シニキララ【黒雲母】という名も見える。またハブ【雲母一種】、ヒルイシ【雲母一種】、カラスノメ【水銀雲母】（飛州方言）という和語名も見られる。ヒルイシは『品隲』に「雲砂、雲母ノ黄色ナルモノ」とあり、また陸奥国方言に「ヒル石」ということある。しかし、漢名ウンモ【雲母】も用いられるようになっており、スイギンウンモという複合語も成立している。また、『和名抄』には「雲母　五色具謂㆓之雲華㆒。多㆑赤謂㆓之雲珠㆒。多㆑青謂㆓之雲英㆒。多㆑白謂㆓之雲液㆒。多㆑黄謂㆓之雲砂㆓」とあり、『色葉字類抄』にはそのすべてにキララの読みが見えたが、『識名』では雲母の色黒きものをウンタン【雲胆】としており、色の違いによっても区別するようになったものの、その区別は漢名でなされたようである。ちなみに『品隲』に雲母を「紅毛語アラビヤガラスト云」とある。

次に『和名抄』と『啓蒙』で共通して見えるもので、『和名抄』で漢字音が示されているもの（B）は【珊瑚】【馬瑙】【琉璃】である。

【珊瑚】は『啓蒙』でも「和漢通名」と記されており、サンゴジユ【珊瑚】、ハクサンゴ【白珊瑚】、サンゴズナ【珊瑚砂】という名も見える。サンゴズナは海松の杪である。ただし、黒珊瑚はウミマツと和語名で呼ばれていたようである。『品隲』に「海松　和名琉球珊瑚、又島珊瑚ト謂。海中石上ニ生ズ。色赤クシテ珊瑚ニ似タリ。方言ウミマツ又イソマツト云」とあり、「一種赤(あかき)こと血のごとく縦文なきもの」は「和俗血玉と云」とある。

【馬瑙】メノウもまた「和漢通名」であり、ウズメノウ【纏石馬瑙】、リヨクメノウ【緑瑪瑙】、ミヅイリメノウ【瓊漿石】といった語も派生している。しかし、タマツクリイシ【緑瑪瑙】、アヲイシ【緑瑪瑙】、シヤリセキ【馬瑙類】、シノブイシ【柏枝馬瑙】、ギヨクズイ【馬瑙髄】といった和語名でも呼ばれていた。ちなみに『品隲』に「紅毛語アガアトステイント云」とある。

【琉璃】もまた「和漢通名」である。『啓蒙』に「仏書七宝ノ一ナリ、和産ナシ（中略）和ニテ青色ヲ瑠璃色トイヘドモ、十種アリト時珍ノ説ニアレバ、青色ノミニ非ズ」とある。

また、『和名抄』に【琅玕】とあり、『啓蒙』には【青琅玕】とある。通説では「琅玕」は後世「青琅玕」とも呼ばれるようになったもので、同一物とされる。とすれば、日本ではかつては漢語名でロウカンと呼ばれていたものがアヲサンゴジユと呼ばれるようになったことになるが、なお考えなければならないことがありそうである。

【琥珀】はかつては石の類に入れられていた。本草学では玉石類ではなく木類に属するものである。したがって

『本草綱目』また『啓蒙』も寓木類に見えるが、これも「通名」すなわち漢語名で呼ばれており、平安時代と同じくクハクまたその転音のコハクである。

以上は『和名抄』の「玉類」と『啓蒙』の「玉類」の両者に共通して現われるものであった。以下は『啓蒙』のみに見られるものについて検討する。

【白玉髄】はタマノヤニ、タマノアブラという和語名しか見られない。

【玻璃】は和産はなく、字音語でハリであったろう。『啓蒙』に「天竺七宝ノ一ナリ。真物ハ唐山ニモナシ。故ニ多クハ硝子ニテ造リタルヲ玻瓈ト云。（中略）大和本草ニモ玻瓈ヲ水晶ノ梵言ト云」とある。

【白石英・紫石英】は字音語名セキヱイ【石英】も用いられているが、方言を含め、さまざまな和名があった。『啓蒙』には【白石英】にケンノサキノシヤリ・ケンジヤリ・カザブクロ・ホシクソ・ヤマノカミノノタガネの和語名を挙げており、また『物類品隲』にカプトスイシヤウの名が見える。【紫石英】にはドウメウジ・アラレイシ・ホタルイシの名がある。

【宝石】『本草綱目』の「宝石」は、紅色の「刺子（しし）」「靺鞨（まつかつ）」（益富壽之助氏はルビーとする。以下も同氏による）、碧色の「靛子（てんし）」「鵶鶻石（あこつせき）」「瑟瑟（ひつひつ）」「碧珠」（サファイア）、翠色の「馬価珠（まげじゅ）」（グリーンサファイア）、黄色の「木難珠（もくなんしゅ）」（トパーズまたは金黄緑柱石）、紫色の「蠟子（らふし）」、それに「猫睛石（めうせいせき）」（キャッツアイ）、「石榴子（せきりうし）」（ザクロイシ）、紅扁豆（こうへんづ）などと呼ばれるものである。『品隲』には、

宝石　是レ亦類多シ。○一種、陸奥津軽ノ海浜ヨリ多ク出ヅ。和名ツカルジャリ、又イマベツ石ト云。色微黄色。其ノ外所在海浜砂石中ニ交リ生ズ。○石榴子　和名ザクロイシ。是レ亦宝石ノ一種ナリ。○蛮産、其ノ形全ク石榴ノ子（み）ノゴトシ。蛮人持渡ルコト希ナリ。故ニ奸商硝子ヲ以テ偽造スルモノアリ。

とあり、『啓蒙』もまた「宝石」を津軽舎利の種類とし、舎利オヤ（瑪瑙の類）から「舎利」が生まれるとする。

舎利オヤは奥州津軽、今別、母袋月の海中に産し、したがって、イマベツ石とも言うと言い、日本に産する「宝石」は、赤い色の津軽舎利（玫瑰）、葡萄石、ザクロ石であり、舶来品にトンボウダマ【猫眼石】があるという。

ところで、右に見える「石榴子（せきりうし）」の和名ザクロイシは、明治以降の鉱物学の専門書でも用いられ続けられているが、同様に明治以降の術語名として用いられている和名―ホタルイシ【蛍石】・クジヤクセキ【孔雀石】・ブドウセキ【葡萄石】・アラレイシ【霰石】・ケイカンセキ【鶏冠石】・コクヨウセキ【黒曜石】など―と一緒に、第二章第1節で詳しく述べることにする。

外来語名には【金剛石】に対するデヤマン／ギヤマン／ギヤマンデ／ギヤマンセキがある。ただし、当時一般的には、宝石ではなく、玉などを磨く堅い石として理解されていた。『啓蒙』にはデヤマン・ギヤマンデ・ギヤマンセキの形で見え、蛮名と注記があり、「俗ニ誤リテギヤマンセキト云」とあるが、早く『増補華夷通商考』（宝永六年〔1709〕刊）に「ギヤマン」が見え、「又デヤマンとも云」とある。大槻玄沢『蘭説弁惑』（天明八年〔1788〕成）刊）には「「ぎやまん」は「ぢあまんと」なり」とあり、ヂヤマントなどの語形も現われる（いずれもDiamante（ポルトガル語）またはDiamant（オランダ語）の転音である）。また、『品隲』に雲母の蛮産を「紅毛語アラビアガアラスト云。アラビアハ国ノ名ナリ。ガアラスハ硝子ヲ云。其ノ大サ尺余、甚ダ透明ナリ」とある。

3―3 「石類」

石類は種類も名称も極めて多いが、すでに前篇第三章「江戸時代の石の文化の諸相」で触れたものもあるので、ここでは、多くの異名を持つものがあることと、字音語が多く見られることを述べ、また外来語名を紹介するととどめたい。

異名が多いものを特に取り上げると次のものがある。

【石炭】和語名は『啓蒙』によれば（以下特に断わらない限り本書による）、カラスイシ・タキイシ・モエイシ・イシズミ（筑前）・イハキ（長州）・イハシバ（筑前）・ウニ（伊賀）・ハイシ（筑後）。また、焼き戻して浮き石のようになったものを筑後でイシガラ、いまだ焼かないものをハイシ、筑前でナマズミという。ただし、『雲根志』によると、カラスイシは長門国船木村の方言であり、モエイシは筑前国黒崎の方言とし、イハキは近江国甲賀鎌掛村でも、イシズミは丹後でも用いられているようである。字音語セキタンの確例は『識名』に見える。『啓蒙』に褐色を帯びた下品のものを筑前でトウタンと言うのも字音語のようである

【方解石】和語名はイイギリ（佐州）・ハブ（播州）・ウマノハイシ（芸州）・アラレイシ（濃州）。古名はイシノアブラ（『康頼本草』）であった。「方解石」という漢名の由来は『本草綱目』に「敲破塊塊方解、故以為レ名」（敲き破れば塊がざくざくと四角に崩れるからかく名けたものである—『新註校訂　国訳本草綱目』の訳）とあるが、読本『双蝶記』六・一四に「方解石は鑿々として餅を刻みるがごとし」とある。自然銅の一種の鉱石の方解石様のものをサイロッポウというと『啓蒙』にあるが、サイロッポウを方解石の名とすることはなかったようである。字音語ハウゲセキの確例は『識名』に見える。

【石鍾乳・鍾乳石】和語名はツラライシ・イシノツララ・イハツララ（仙台）と、ツララ（氷柱）に見立てられた名前で呼ばれている。古名イシノチは方言イシノチチ（土州）に残る。また、イシノヨダレと言う地方もあるようである。字音語シヤウニウの確例は『識名』に見える。

【土殷孽】和語名はキツネノコマクラ・クダイシ・キツネノラウソク（越中）・キツネノマクラ（筑後）。また、内空のみのを管イシというのに対して、長大で内実するものをナガイモイシ・イシダイコン、角の化石という。皆その形から名づけられたものである。『品隲』に「乳水洞穴ニ凝（こ）ルモノハ鍾乳ナリ、土中ニ凝（こる）モノハ土殷孽ナリ」とあり、『綱目』にも「此れ即ち鍾乳の山崖土中に生ずる者」「土中に生じて細長く小さき鍾乳の如し。大なるは

指の如し。小なるは筆管の如し」とある。字音語ドインケツの確例は『識名』に見える。

【禹余粮】和語名はイシナダンゴ（讃州）・ハッタイイシ（讃州）・ハッタイセキ（土州）・コモチイシ（勢州）。『啓蒙』に「凡禹余粮、太一余粮、倶ニ初ハ内ニ水アリ、後乾テ粉トナリ、久ヲ経テ石トナル」。正倉院文書『種々薬帳』に「禹余粮」「太一余粮」と見えたが、「其内空虚ニシテ細粉盈リ。又内ニ数アル者アリ。薬ニハ此粉ヲ用ユ。謂ユル粮ナリ」（禹余粮）とあり、殻の中の粉が薬に用いられたのである。字音語ウヨリヤウの確例は『識名』に見える。

【太一余粮】和語名はイハツボ・ツボイシ・ヨロヒイシ（阿州）・オニノツブテ・フクロイシ・タルイシ・スズイシ。『啓蒙』に「全き物を用て、一孔を穿ち、粉を去て、小なる物は硯滴となし、大なる物は花瓶とす」「其桃栗ノ大サニシテ内ニ石アル者、此ヲ撼セバ声アリテ鈴ノ如シ。故ニ、スヾイシト云」とある。字音語タイイツヨリヤウの確例は『識名』に見える。

【卵石黄】和語名は饅頭イシ・ダンゴ石・ダンゴイハ（土州）・ツチダンゴ。『識名』にメシイシ。すべてその特異な形状から付けられた名である。すなわち、『大和本草』に、

長州ノ海辺ニアリ。其形饅頭ノ如ク大小アリ。外ハ浮石ノ如シ。内ハ赤クシテマンヂウノアンノ如シ。一所ニ多シ。奇物ナリ。

とあり、『雲根志』にも、

饅頭石は其かたち円く外皮白き土のごとく石中に黒き土あり。処々にあり。形又少しづゝは異り、大抵同名同物なり。（中略）団子石は其形の似たるを以て名く。大小等しからず。円く外は黒赤く堅し。中に米の粉のごときものあり。是禹余粮の種類なり。又形団子にして石中に物なきあり。又大石中に団子のごとき物を孕むあり。別種といへども同名なるゆへ一條に出す。土佐国のハツタイ石、讃岐国のイシナダンゴ此二種は

真の禹余粮なり。（下略）

と見え、『啓蒙』に

形円にして大抵大さ五六寸より一寸に至る。又長き者もあり。外ハ黄白色ニシテ細土ヲカタメタルガ如ク、柔ニシテ砕ケ易シ。中心ニ黒紫色ノ餡（アン）アリテ、饅頭ヲ破タル状ノ如シ。

と見える。字音語ランセキオウは見当たらない。

ところで、以上までの例からも気づくように、石類の和語名は形によって名づけられたものが多いのが特徴である。なおいくつか挙げれば、サクライシ【桜石】・クルミイシ【胡桃石】・ウミヒバ【石柏】・ウメイシ【石梅】・ウロコズナ【鱗砂】・コノハイシ【木葉石】・カイモンセキ【貝紋石】・ゼニイシ【銭石】・センベイセキ【煎餅石】・ワキリスナ【輪切砂】・ワタイシ【石絨】・ムカゴイシ【零余子石】等々。

多くの和語名を持つ「石炭」「方解石」「石鍾乳」「土殷孽」「禹余粮」「太一余粮」「慈石」もまた字音語名でも呼ばれていたが、石類のものには字音語だけで呼ばれているものが多い。ウオウ・ヲワウ【雄黄】・ジシャク【慈石】・トウカセキ【桃花石】（以上の三つは『和名抄』に「石流黄　俗云由王（ゆおう）」「慈石　此間云之蛇久（じじゃく）」「桃花石　此間云道（とう）掛尺（けしゃく）」と見えたものである）。カツセキ【滑石】・キンゲセキ【金牙石】・シンシャ【辰砂】・シワウ【雌黄】・セキカウ【石膏】・タイシヤセキ【代赭石】・タンパン【胆礬】・ムメイイ【無名異】・モウセキ【礞石】・ヤウキセキ【陽起石】（ただし『新撰字鏡』には「ハハクリ」と見えるが、以降は現われることのない名である）・ロガンセキ【炉甘石】。

以上は『啓蒙』また『名疏』に「和漢通名」あるいは「通名」とあるものである。

以下のものは『識名』『名彙』によって、字音語（和漢通名あるいは和製漢語）でも呼ばれていたことが確認できるものである（既に挙げたものもあるが、改めて掲げる）。和語名も併せ持つものもあるが、おそらく字音語で呼ばれることが多かったものと思われる。キンセイセキ【金星石】・ギンセイセキ【銀星石】・ウヨリヤウ【禹余粮】・ヨセキ【礜石】・クハズイセキ【花蘂石】・ケイカンセキ【鶏冠石】・ジヤワウ【蛇黄】・シユ【銀朱】・セキヱン【石燕】・セキメン【石麺】・チヤウセキ【長石】・ハウゲセキ【方解石】・ヒソウセキ【砒霜石・砒石】・ブドウセキ【葡萄石】・リセキ【理石】・ボサツイシ【菩薩石】・コンガウセウ【合玉石・合力石】・シヤウセキ【笙石】・グンゼウ【白青・目青】・シキンセキ【試金石】・ヲンジヤク【温石】・カンスイセキ【寒水石】・グワクワンセキ【鵞管石】・ケイセキ【磬石】・コウセキ【鉱石】・コンジヤウ【扁青】・シユセキ【朱石】・シヤウニウ【鍾乳石】・シヤクセキシ【赤石脂】・セイセキシ【青石脂】・ワウセキシ【黄石脂】・セイセンセキ【井泉石】・セイモウセキ【青礞石】・セキシ【石芝】・セキバイ【石梅】・セキハク【石柏】・セキヒツ【石筆】・セキラン【石卵】・ダイリセキ【大理石】・タン【鉛丹】・ドインケツ【土殷孽】・バクハンセキ【麦飯石】・ハクセキシ【白石脂】・ヒセキ【砒石】・ラウセキ【青田石】・レイクワツセキ【冷滑石】・ロクセウ【緑青】。

外国語名には次の語が見られる。

ビイドロ【硝子・鑵子玉】。ポルトガル語。大槻玄沢の『蘭説弁惑』に以下のようにある。

硝子を古来より「びいどろ」と云ふは、和蘭語にあらず。羅甸（ラテン）及波爾杜瓦爾国の辞といふ。これは昔、かの国の船、此方へ来りしころの聞伝へ、通称となりたるなるべし。和蘭にては「がらす」と云ふなり。

ビイドロイシ【水中白石】。『啓蒙』には「楽焼ノ白グスリ又ハ硝子（ビイドロ）ニ用ユ」とあり、硝子（ビイドロ）を作るのに用いられる石だからであろう。

カナノール【ブルートステイン】。カナノールはインドの地名。血止め石。『品隲』に以下のようにある。

カナノヲル　和産ナシ。カナノヲルハ南蛮語ナリ。紅毛ニテハ、ブルートステイント云。ブルートハ血ナリ。

ステインハ石ナリ。其ノ色赤シテ血ノコトクナルヲ以テ名ク。或ハ曰ク、此物能ク血ヲ留ム。故ニ此ノ名アリ。
吐血・衂血等是ヲ掌中ニ握テ治スルコト神ノゴトシ。

コウルト。代赭石一種。語源不明だが外来語であろう。岩絵具として用いられている。『品隲』に「コヲルド　和名シヤムデイ」とあり、暹羅（シャムロ）人が持ち来った岩絵具で「研デ画色ニ用テ赭黄色ヲナス。（中略）漢土ニテハ藤黄中代赭石ヲ加テ赭黄色ト名ク。是レ、亦代赭ハ沈ミ、藤黄ハ浮ム。コヲルドノ自然色ニシカズ」とある。

本節では調査対象からは外したが、次の三つも外来語名である。

スランガステイン。吸毒石。オランダ語。『蘭説弁惑』に以下のようにある。

「すらんが」は蛇の事、「すていん」は石の事。蛇石といふ名にて、大蛇の頭より生じたる石といふより名づけたりといふ妄説あり。

ヲクリカンキリ。ラテン語。蟹の目の意。サリガニノ頭中ヨリ出ル石。『紅毛談』に「諸淋病に用るに甚妙なり」。『雲根石』前編巻之二に「通薬」。『蘭説弁惑』に、「「おくり」は目の事なり。「かんきり」は「かんける」といふ聞違にて蝦のことなり」。

ヘイサラバサラ　ポルトガル語。馬や牛の腹から出る結石。解毒剤に用いられた。『蘭説弁惑』に以下のようにある。

これは、天竺地方に産する「べぞある」といふ獣物あり。其腹中に出来たる癖石なり。呼んで「べいどら、べぞある」と云ふ。「へいさらばさら」は、其転ぜるなり。諸獣より出る癖石、各其名あれども大抵此名を通称とす。支那にて云ふ酢答なり。牛黄、鹿玉、狗宝、謝丹、馬黒、皆此類なり。

3—4　「鹵石類」

鹵石類の和語名はシホしかなく、中国の本草書に見える種々の塩類名には、シホの複合語をつくることで対応している。【鹵鹹】をシホノカタマリ・シホカブラ、【光明塩】をハルシヤジホ・ジネンジホ、【繖子塩】をスイセウジホ・ハナジホというごとくである。『品隲』の「自然白塩」の説明にも、

和名ヲランダシホ。（中略）綱目、光明塩、集解中ニ見エタリ。今按ズルニ是レ亦食塩ナリ。故ニ此ニ出ス。近世紅毛人持来ルニ因テヲランダシホト云。形方稜累累トシテ相重、屋形ノゴトシ。（中略）讃岐山田郡瀉本産、蛮産ト異ナルコトナシ。方言ジネンシホ、又テントウシホト云。（下略）

と見える。

塩以外の鹵石類には字音語名また外来語名が用いられている。

【蓬砂】と【玄精石】は和産はなく、ホウシヤ・ゲンセイセキという漢名だけが用いられている。

【朴消】は芒消・馬牙消の総称であるが、【塩消】の名もあり、塩と焔とが同音であることから【焔消】と間違われていたようである。【焔消】は通名であり、正式名は【消石】と言い、日本にも各地に産するようである。芒消・馬牙消を凝結するのをシラエンセウ、粉末にして、硫黄・杉炭に和して火薬にするのをクロエンセウと言った。

【礬石・明礬】は『和名抄』に「礬石　蘇敬曰、礬石有二青・白・黒・緑・黄五種一矣」とあるが、『続日本紀』文武天皇二年〔698〕条に近江国が「白礬」を献じたことを記し、元明天皇の和銅六年〔713〕五月十一日条に「礬石」が飛騨国と若狭国から、「白礬石」が相模国と讃岐国から、「青礬石」が美濃国から、「黄礬石」が相模国と出雲国が献じられたことを記している。『新撰字鏡』に「カハナミ（白礬石）」という和語名が見えるが、その後は確認できない。また、『和名抄』に「礬石　此間云悶石」、『色葉字類抄』に「礬石　ハンシヤク」（ホンシヤクとも）という字音名が見えるが、この語も後見られなくなる。『康頼本草』に「礬石　和須支太宇佐（すきたうさ）」（タウサは陶砂の

音読であると考えられる）とあるものだけが、『啓蒙』にドウス・ドウサの形で確認できるが、『啓蒙』に「唐山ニテ明礬ト云ハ、礬石中ノ上品、透明ナル者ヲ云」とあるメウバン【礬石】の名が用いられるようになっており（スキタウサ〔透き陶砂〕はこの明礬をいうものと思われる）、キメウバン【黄礬】・アヲメウバン【緑礬】・ヤキメウバン【枯礬】という複合語も現われ、これが現在につながっていく。ちなみに、アヲメウバン【緑礬】はロウハとも呼ばれたようだが、「唐音ロッパンノ転ナリ」（『啓蒙』）という。この語も現在は使われていないようである。

【硫黄】は『続日本紀』和銅六年〔713〕年五月十一日条に相模・信濃・陸奥が「石硫黄」を献ずとある。『啓蒙』によると、硫黄には三種ある。深黄色の「石硫黄」、黄で微紅を帯びた「石硫赤」、黄で青色を帯びた「石硫青」の三種である。平安時代の辞書には「石硫黄」だけが見え、ユノアカまたはユノアワの和名で対応させている。しかし、江戸時代までには音読語ユワウが用いられるようになり、ウノメユワウ【石硫赤】・タカノメノユワウ【石硫黄】・ヒグチ（ノ）ユワウ【石硫青】と区別されている。単にユワウと言う場合は、タカノメノユワウを指していたようである。ちなみに『品隲』に「水硫黄」を「方言ユノハナト云」とあり、箱根温泉、上野草津温泉に産するとある。

外来語名に、サルアルモニヤーカ・サルアルモニヤーシ【硇石】がある。『品隲』にも「硇砂　紅毛語サルアルモニヤカ。形鹵鹹ノゴトシ」とあり、『啓蒙』に「薬肆ニテ、モウシャト云。又ドウシヤト云」とあり、「緑礬ヲヤキテ赤クシタルモノニシテ、即礬紅ナリ」（土・赤土の項）とある。「礬紅」はベンガラニツチ、略してベンガラとも呼ばれている。ベンガラはインドの地名。

和名一覧

凡例

＊本表は、a『本草綱目啓蒙』、b『物品識名』『同・拾遺』、c『品物名彙』でカタカナ表記されているものを、第2節「本節で取り上げる「和名」」で示した取捨基準によって拾い上げたものの一覧表である。

＊配列は歴史的仮名遣の五十音順にする。ただし、語頭がヲで始まるものはオの次に置く。

＊仮名遣いは『本草啓蒙名疏』に拠って表記する。

＊下欄の「通名」「雅」は『名疏』に記されているものである。すなわち、「通名」とは『啓蒙』に「和漢通名」または「通名」と書かれているものであり（『名疏』が追加したものもある）、「雅」とは「古今史歌書ノ名及ビ和方ノ隠名」とされているものである。また方言は地方名を記した。その他、下欄には参考になることも諸書から摘要した。

和名	漢名	出典	備考
アカイシ	【代赭石】	a	
アカガネ	【赤銅】	a b c	
アカガネノアラカネ ↓ドウクワウセキ	【銅鉱石】	a b c	雅
アハセド	【越砥】	a b	
アハモチイシ	【花乳石】	a b c	a「和名あれども和産なし」
アブライシ	【石炭】	a b c	
アブライシ		b c	

アブラオトシ	【冷滑石】	b	
↓イシワタ			
アブラホウシヤ	【青硼】	a b	
アメイシ		b	
アラエンセウ	【朴消】	a	
アラト	【礪石】	a b c	
アラレイシ	【紫英石】(ママ)	c	
アラレイシ	【方解石】	a	濃州
アワゴ		b	
アヲイシ	【緑瑪瑙】	b	
アヲサンゴジユ	【青琅玕】	a b c	
アヲダマ	【青玉】	a b	
アヲト	【玄⿰石肅】	a b c	
アヲミヤウバン	【緑礬】	a	
イイギリ	【方解石】	a c	佐州
イシガラ	【石炭】	a	筑前　下品
イシギク	【石芝】	a	
イシズミ	【石炭】	a b c	筑前
イシダイコン	【土殷孽】	a	

イシナダンゴ　【禹余粮】　a

イシノチ　【石鍾乳】　a c　和名抄
　↓イシノチチ　↓イシノツララ　↓イシノヨダレ　↓イハツララ

イシノチチ　【石鍾乳】　a　土州

イシノツララ　【石鍾乳】　a　雅

イシノヨダレ　【石鍾乳】　a　雅

イシバイ　【石灰】　a b c
　↓クスリコ

イシバリ　【砭石】　a b c

イシワタ　【石絨】　b c
　↓ワタイシ

イシワタ　【冷滑石】　b

イヅミイシ　【青石】　c

イハキ　【石炭】　a b　長州
　↓ウニ　↓カラスイシ

イハコンゼウ　【扁青】　a b c

イハシバ　【石炭】　a　筑前

イハヅツ　【太一餘糧一種】　b

イハツボ　【太一余粮】　a b c

↓オニノツブテ　↓ツボイシ　↓フクロイシ

イハツララ　【石鍾乳】　a　仙台

イハロクセウ　【緑青】　a b c

イボテ　【丁頭代赭】　b

イワウ　【石硫黄】

↓ユワウ

インス　【黄牙】　a

インスキン　【黄牙】　c

ウオウ　【雄黄】　a

↓イワウ　↓ウワウ　↓ヲワウ

ウジ　【石炭】　a　伊州

ウズメノウ　【纏石馬瑙】　b

ウニ　【石炭】　a b　伊賀

ウノメイワウ　【石硫赤】　a b c

ウマイシ　【石炭】　a

ウマノハイシ　【方解石】　a

ウミシヤウガ　【薑石】　a　佐州

ウミスギ　【珠子樹】　c

ウミデツポウ　b c

ウミヒバ　【石柏】　b c
ウミホツス　c
ウミマツ　【黒珊瑚】　a c
ウメイシ　【石梅】　c
ウヨウリヤウ　【禹余粮】　b
↓イシナダンゴ　↓コモチイシ　↓ハッタイイシ　↓ハッタイセキ
ウルシイシ　【烏石】　b
ウロコズナ　【雲母一種】　b c　形魚鱗の如く色雲母に似る
ウワウ　【雄黄】　a
ウンタン　【雲胆】　b
ウンモ　【雲母】　b
↓スイギンウンモ
エンシヤウ　【焔消】　a b c　通名　消石ともいう
↓シラエンセウ　↓シロエンセウ
オニノツブテ　【太一余粮】　a　雅
オンジヤク　【冷滑石】　a b c
ヲクリカンキリ　【蝲蛄石】　b c
ヲサイジヲロウ　【自然銅】　a　播州
ヲドメイシ　【自然銅】　a　信州武石村

名称	漢字	a	b	c	備考
ヲニアラレ			b	c	
ヲニノアンモチ			b	c	信州
ヲワウ	【雄黄】	a	b	c	
↓ウワウ　↓ケイカンセキ					
カイセキ	【石蛤】		b		
カイナンセキ	【浮石】	a			雅
カイモンセキ	【貝紋石】		b		
カウタケイシ	【石芝】	a			
カウヤクイシ	【膏薬石】		b	c	b「キリクチ膏薬ヲ見ルゴトシ」
カガミイシ	【玉英】		b	c	b「物ノ形ヨク映リテ鏡ノゴトシ」
カザブクロ	【白石英】	a			佐州
カスガド	【白砥】		b	c	
カツセキ	【滑石】	a			通名
カドイシ	【玉火石】	a			雅
カドイシ	【自然銅】	a			富士
カナケ	【地溲】	a			石脳油のこと
カナザコ	【金牙石】	a			
カナノール			b	c	b「紅毛語」

カネイシ　【自然銅】　a　遠州
カブトズイシヤウ　【白石英】　a　佐州
カミソリド　【越砥】　a c
カラカネ　【青銅】　b c
カラスイシ　【石炭】　a b
↓アブライシ　↓イシガラ　↓イシズミ　↓イハキ　↓イハシバ　↓ウジ　↓ウニ　↓ウマイシ
↓タキイシ　↓トウタン　↓ナマズミ　↓ハイシ　↓モヘイシ
カラスノメ　【水銀雲母】　a　飛州
カラマツイシ　【石梅】　b c　梅花石一種
カルイシ　【浮石】　a b c
↓ハチノスイシ
カンスイセキ　【寒水石】　a b
キウニ　【木煤】　c
キガネ　【金】　a　雅・古名
キクメイセキ　【海花石】　b c
キツカウセキ　【亀紋石】　b c
キツネノコマクラ　【土殷孽】　a b c
↓イシダイコン　↓キツネノラウソク　↓クダイシ　↓ドインケツ　↓ナガイモイシ
キツネノラウソク　【土殷孽】　a

キミヤウバン	【黄礬】	a	b	c	
キラ	【雲母】	a	b		
キララ	【雲母】	a	b	c	
キリコズナ	【自然銅小者】		b	c	
キリメイシ	【自然銅】			c	
ギヤウスイセキ	【凝水石】		b		
↓カンスイセキ	【寒水石】				
ギヤマン	【金剛石】	a	b	c	
ギヤマンセキ	【金剛石】	a			
ギヤマンデ	【金剛石】	a			蛮名
キョウオシロヒ	【粉錫】	a			
ギヨクズイ	【馬瑙髄】		b	c	
キワウ	【雌黄】		b	c	
キン	【金】		b		
↓キガネ　↓コガネ					
ギン	【銀】		b		
↓シロカネ					
キンゲセキ	【金牙石】	a	b	c	通名
キンセイセキ	【金星石】	a	b		通名

和名	漢名	出典	備考
ギンセイセキ	【銀星石】	a b	通名
クサビライシ	【石芝】	a b c	海中石上に生ず
↓リウグウノサイハイダケ			
クジヤクセキ	【孔雀石】	a b c	緑青・蝦蟇背石緑ともいう
↓トンボノメ			
クスリコ	【石灰】	a	備前
クソウズノアブラ	【石脳油】	a	
クダイシ	【土殷孽】	a	
クハク	【琥珀】	b c	
↓コハク			
クハズイセキ	【花蘂石】	a b	
クルミイシ	【胡桃石】	b c	
クロガネ	【鉄】	a b c	a「生熟鋼の三品あり」
クロコハク	【堅】	c	
グワクワンセキ	【鵞管石】	b	
クワツセキ	【滑石】	a b	通名
↓レイクワツセキ			
グンゼウ	【白青・目青】	a c	
ケイカンセキ	【鶏冠石】	a b	a「雄黄。色如を上とす。和俗鶏冠石」

↓ヲワウ

ケイセキ　【磬石】　b c

↓シヤウゴセキ

ケンジャリ　【白石英】　a

ゲンセイセキ　【玄精石】　a b　通名

ケンノサキノシヤリ　【白石英】　a

ゴイシ　【石碁子】　b c

コウセキ　【鉆石】　b

コウルト　【代赭石一種】　b c

コガネ　【金】　a c

↓キガネ

コクセキシ　【黒石脂】　b

コゴメイシ　b c

ゴシキイシ　【弾子渦石】　c

コノハイシ　【木葉石】　b c

コハク　【琥珀】　b c

↓クロコハク

ゴマズナ　b c

コモチイシ　【禹余粮】　a

コンガウセウ　【合玉石】　abc
コンジヤウ　【扁青】　b
↓イハコンゼウ　↓ハナコンゼウ
サイサキ　【自然銅】　a　飛州
サイロッポウ　【鉐石】　a　方解石様のものを特にいう。
サクライシ　【桜石】　bc
ザクロイシ　【石榴子】　abc　宝石の類
サハリ　【響銅】　abc
サメズイセウ　【白石英】　a　鮫水晶
サラサイシ　【五色石】　c
サルアルモニヤーカ　【硇石】　a　蛮音
サルアルモニヤーシ　【硇石】　a
サンゴ　【珊瑚】　a　通名
サンゴジユ　【珊瑚】　abc
↓サンゴズナ　↓チヤウジサンゴ　↓ハクサンゴ　↓リユウキウサンゴ
サンゴズナ　【珊瑚砂】　b
シキンセキ　【試金石】　a
↓ナチグロ

ジシヤク　【慈石】　a b c　通名　雅
↓ハリスヒイシ
シニキラ、　【黒雲母】　a
ジネンジホ　【光明塩】　c
ジネンドウ　【自然銅】　a b　通名
シノブイシ　【柏枝馬瑙】　a c
シホ　【食塩】　a b c
↓ジネンジホ　↓シホカブラ　↓シホノカタマリ　↓スイセウジホ　↓ハナジホ　↓ハルシヤジホ
シホカブラ　【鹵鹹】　a c　a「煎レ塩釜下凝滓」
シホコシイシ　【海井】　c
シホノカタマリ　【鹵鹹】　a b
シホノニガリイシ　【塩胆水】　a b
シヤウガイシ　【薑石】　a b c
シヤウゴセキ　【礬石】　b
シヤウセキ　【笙石・鸜鵒石】　a b c　b「クジヤクセキノ色薄キモノ」
シヤウニウ　【鍾乳】　b
↓ツラライシ
ジヤガヒ　【石蛇】　a
シヤクシセキ　【赤石脂】　b

和名	漢名	出典	備考
シヤクジユセキ		b	
シヤクドウ	【紫金】	a b c	
シヤクハチイシ	【石蚕ノ一種】	b	
ジヤコツ	【仙人骨】	b c	
シヤリオヤ	【宝母】	a c	
シヤリセキ	【馬瑙類】	b	
シヤリボセキ		c	
シヤリンセキ		b c	
ジヤワウ	【蛇黄】	a	通名　蛇含石のこと
シユ	【銀朱】	a b c	
↓シユズミ			
シユズミ	【朱錠子】	b c	
シユセキ	【朱石】	b	
シヨウセキ	【消石】	a	
↓エンセウ			
シライシ	【石膏】	a b c	雅・古名
シラエンセウ	【消石】	a	雅
シラスナ	【細白石】	c	
シロエンセウ	【消石】	a b	雅

シロガネ　【銀】　a b c

シロズイセウ　【白石英】　a c
→カブシズイセウ　→ケンジャリ

シロナマリ　【錫】　a　雅

シロメ　【白鑞】　c

シワウ　【雌黄】　a b c　通名

シンシャ　【辰砂】　a　通名
→ニ

シンチウ　【黄銅】　a b

スイギンウンモ　【水銀雲母】　b
→カラスノメ

スイギンラウ　【霊砂】　c

スイセウ　【水精】　a b c　通名
→サメズイセウ　→シロズイシヤウ　→スイシヤウズナ　→センボンスイセウ　→ハリスイセウ
→ヒトリダマ　→ミヅイリスイセウ　→ムラサキスイセウ

スイセウジホ　【繖子塩】　a

スイセウズナ　b c

スイセキ　【水繡石】　c

スズ　【錫】　a b

スズイシ【太一余粮】 a c 雅 鈴石
スズリイシ【硯石】 b c
スルスミイシ【烏石】 c
セイガンジイシ【仮山石】 c
セイセキシ【青石脂】 b c
セイセンセキ【井泉石】 b
セイモウセキ【青礞石】 b c
セキカウ【石膏】 a b 通名
↓シライシ
セキシ【石芝】 b
セキジウヤク b
セキタン【石炭】 b
↓イシスミ ↓イハキ
セキバイ【石梅」 b
セキハク【石柏】 b
セキフン【鮓答】 b c
セキヒツ【石筆】 b c
セキメン【石麺】 a b
セキラン【石卵】 b 石中に丸い石を孕む

セキヱイ　【石英】　b
セキヱン　【石燕】　a b
ゼニイシ　【銭石】　b c　銭を重ねたような石
センベイセキ　【煎餅石】　b
センボンスイセウ　【白石英】　a
ソロバンツブ　【ボラノヘソイシ】　c　対州
タイイツヨリヤウ　【太一余粮】　b
↓イハツボ　↓オニノツブテ　↓スヾイシ　↓タルイシ　↓ツボイシ　↓フクロイシ
↓ヨロヒイシ
タイシヤセキ　【代赭石】　a b c　通名
↓イボデ
タイボデ　【丁頭代赭】　b
タイマイメノウ　【玳瑁馬瑙】　a b
ダイリセキ　【大理石】　b c
タウカセキ　【桃花石】　a　通名
ダウシヤ　【硇砂】　a b c　戎硇・鹽硇の二種あり
タカノメイワウ　【石硫黄】　a c
タキイシ　【石炭】　a　雅

タマ	【玉】	abc	
→アヲダマ			
タマイシ	【石卵】	c	紀州玉浦
タマツクリイシ	【緑瑪瑙】	bc	
タマノアブラ	【白玉髄】	a	雅
タマノヤニ	【白玉髄】	ac	
タルイシ	【太一余粮】	a	雅
タン	【鉛丹・黄丹】	abc	
ダンゴイシ	【卵石黄】	abc	雅
ダンゴイハ	【卵石黄】	a	土州
タンパン	【胆礬・石胆】	abc	通名
チシブ	【地溲】	a	石脳油ともいう
チヤウジサンゴ		b	薩摩桜島海中産
チヤウスイシ		b	
チヤウセキ	【長石】	ab	
ツガルイシ	【葡萄石】	a	
ツガルシヤリ	【津軽舎利】	a	
ツガルシヤリ	【玫瑰】	a	
ツキノタマ		b	

ツキノヲサガリ　b
ツケイシ　【試金石】　a b c
ツシマド　【羊肝石・鶏肝石】　a b
ツチダンゴ　【卵石黄】　a
ツボイシ　【太一余粮】　a b　雅
ツラライシ　【石鍾乳】　a b c
テツシャ　【砂鉄】　b c
デヤマン　【金剛石】　a　蛮名
テングノツブテ　【蛇含石】　b c　b「火に投ずれば爆音を発し飛散す」
トイシ　【磨刀石】　a b c
　↓アハセド　↓アラト　↓アヲト　↓カミソリド　↓ツシマド
ドインケツ　【土殷孼】　b
トウカセキ　【桃花石】　a　通名
ドウキン　【銀牙石】　a　但州
ドウクワウセキ　【銅鉱石】　b
ドウサ　【礬石】　a c
ドウス　【礬石】　a　雅
トウタン　【石炭】　a　筑前　褐色下品
ドウメウジ　【紫石英】　a　下野

和名	漢名	a	b	c	備考
トタン	【和鉛】	a	b	c	
トンボウダマ	【猫眼石】	a	b		宝石の類
トンボダマ	【猫眼石】			c	宝石の類
トンボノメ	【緑青】	a			石州
ナガイモイシ	【土殷孽】	a			
ナマズミ	【石炭】	a			
ナマリ	【鉛】	a	b	c	
↓シロナマリ					
ナマリノカビ	【鉛霜】	a			
ナマリノコフキ	【鉛霜】	a	b	c	
ナラロクセウ	【銅青】	a	b		
ニ	【辰砂・丹砂】	a			和名抄
ニンギョウセキ	【大黒石・石蚕】		b		
ヌメリオンジヤク	【冷温石一種】	a		c	
ヌリト	【鶏肝石・羊肝石】	a			
ネコノフン	【石蛇】	a			泉州
ネズミコロシ	【礜石】【紅砒】	a			
ネリ	【鉄】	a			和名抄

ノタフグリ	【砿石の類】	b	
ハイコロシ	【礜石】？	a	
ハイシ	【石炭】	a	阿州桂川産（筑後）
バイリンセキ	【豆斑石一種】	b c	
ハウゲセキ	【方解石】	b	
ハガネ	【鋼鉄】	a c	
ハクイシ	【銅砿石】	a c	
ハクサンゴ	【白珊瑚】	b	
ハクセキシ	【白石脂】	b	b「白色ニシテ蠟ノ如シ」
バクハンセキ	【麦飯石】	b	
ハクリウセキ		b	
ハチノスイシ	【蜂巣石】	a	越中　浮石
ハツタイイシ	【禹余粮】	a	讃州
ハツタイセキ	【禹余粮】	a b c	土州
ハツポウタガネ		b c	
バテイセキ	【烏石】	b c	
ハナコンゼウ	【扁青】	b	
ハナジホ	【繖子塩】	a b	備後

ハブ	【方解石】	a	b		播州
ハブ	【雲母一種】		b	c	b「黒色ニ青色ヲ帯ブ光リアリ」
ハマカヅラ	【石蛇】	a			紀州
ハメガヒ	【石蛇】	a			播州
ハラヘ	【水銀粉】	a			雅　古訓
ハラヤ	【水銀粉】	a	b	c	
↓イセオシロヒ					
ハリ	【玻璃】	a	b		a「和産なし」
ハリジンシャ	【霊砂】		b	c	
ハリスイセウ	【白石英】	a			
ハリスヒイシ	【慈石】	a	b		
ハルシヤジホ	【光明塩】	a	b	c	
ハヲシロヒ	【水銀粉】	a			
ビイドロ	【硝子】	a		c	
ビイドロイシ	【水中白石】	a			雅
ヒウチイシ	【玉火石】	a	b	c	
ヒグチノイワウ	【石硫青】	a			
ヒグチノユワウ	【石硫青】	a	b		
ヒグチユワウ	【石硫青】		b	c	

ヒスイセキ	【翡翠石】	a	a「和産なし」
ヒセキ	【砒石】	b	
ヒソウセキ	【砒霜石】	a b c	
↓ネズミコロシ	↓ヒセキ		
ヒトリダマ	【火珠・水精】	a b c	
ビハジク	【石梅一種】	c	
ヒメイシ	【細白石】	c	
ヒルイシ	【雲母一種】	b c	
ビンゴイシ		b	
フクロイシ	【太一余粮】	a	雅
フスベガネ	【烏銀】	b c	
ブセキ	【自然銅】	a	
ブドウセキ	【葡萄石】	a b c	『品隲』「斑石　和名ブドウ石」
フルヤダニ	【労山石】	c	
ヘイサラバサラ		c	
ベンガラ	【礬紅・鉄丹】	a b c	
ホウシヤ	【蓬砂】	a b c	通名
↓アブラボウシヤ	↓スキボウシヤ		
ボサツイシ	【長石】	a b c	江州

ボサツイシ	【菩薩石】	a	b	c	a「和産なし」
ホシクソ	【白石英】	a			土州
ホシクソ	【烏石一種】		b	c	
ホタルイシ	【蛍石】		b		
ホタルイシ	【舶来紫石英】			c	
ボタンイシ	【井泉石】	a	b	c	相州
ボタンセキ	【石芝ノ一種】		b	c	
ボンセキ	【一拳石】		b	c	
マガネ	【鉄】	a			古歌（萬葉集）
マガリ	【石蛇】	a			
マスイシ	【自然銅】	a			播州
マツカハイシ				c	
マンヂウイシ	【卵石黄】	a	b		
↓ダンゴイシ	↓ダンゴイハ	↓ツチダンゴ			
ミヅイシ	【水中白石】	a			雅
ミヅイリスイセウ	【含水水精】		b		
ミヅイリメノウ	【瓊漿石】			c	
ミヅガネ	【水銀】	a	b		

ミドリイシ　【石蚕】　a b c

ミドリイシ　【石花】　b

ミヤウバン　【礬石】　a b

↓アヲミヤウバン　↓キミヤウバン　↓ヤキミヤウバン

ムカゴイシ　【無名異】　b c　讃岐　b「形色零余子に似たり」

ムギメシイシ　【麦飯石】　a b c

ムメイイ　【無名異】　a　通名

↓ムカゴイシ

ムラサキイシ　b

ムラサキズイセウ　【紫石英】　a b c

↓ドウメウジ

メウバン　【明礬】　a　『品隲』「礬石の上品（中略）俗にはすべて明礬」

↓アヲメウバン　↓キメウバン　↓ドウサ　↓ドウス

メクライシ　【水中白石】　a

メクラズイセウ　【水中白石】　a b c　雅

メシイシ　【饅頭石】　b

メツブシ　【水中白石】　a　雅

メノウ　【馬瑙】　a b c　通名

↓ウズメノウ　↓タイマイメノウ　↓タカノネイワウ

モウシヤ【磠砂】 b
モウセキ【礞石】 a 通名 青礞石とも
↓セイモウセキ
モエイシ【石炭】 a c 雅
モガリ【石蛇】 a 防州
ヤウキセキ【陽起石】 a c 通名
ヤキシホイシ b
ヤキメウバン【枯礬】 b
ヤマノカミノゼニ【自然銅】 a 防州
ヤマノカミノノタガネ【白石英】 a 奥州
ユワウ【硫黄】 b c
↓ウノメイワウ ↓タカノメユワウ ↓ヒグチノユワウ ↓ヒグチユワウ
ヨセキ【礜石】 a b 通名 b「和産未詳」
ヨロヒイシ【太一余粮】 a 阿州
↓ハイコロシ
リウキウサンゴ【海松】 b c
リウグウノサイハイダケ【石芝】 a 雅

↓クサビライ

リセキ　【理石】　b c　石膏の類。俗に通じて石膏という

リヨクメノウ　【緑瑪瑙】　b

ルリ　【琉璃・瑠璃】　b c　通名　b「和産なし」

レイクワツセキ　【冷滑石】　b　滑石中ニ混ジル。油ヲトシ・イシワタ

ロウセキ　【青田石】　b c

ロウハ　【緑礬】　a b c　a「唐音ロッパンノ転ナリ」

↓アヲメウバン

ロガンセキ　【炉甘石】　a b　通名　b「和産未詳」

ロクセウ　【緑青】　b

↓イハロクセウ　↓ナラロクセウ

ワウゴンセキ　b

ワウセキシ　【黄石脂】　b

ワキリスナ　【輪切砂】　b c　b「海浜砂中ニアリ形円ク輪ニ切リタル如キモノ」

ワタイシ　【石絨】　b

第二章　学術名

1　明治期の術語名の模索――和田維四郎著『金石学』――

1　明治期の鉱物学

明治十二年〔1879〕一月に創刊された『地学雑誌』（地質学社刊）の「地学雑誌刊行の旨趣」（山内徳三郎）に、明治期に興隆した洋学の中で、他の分野に較べて地学が遅れていることが述べられている。

文明ノ化漸ク邦内ニ及ビ、庠序ノ設殆ド遐陬テ漏サヾルヨリ、泰西諸学ノ訳書日月ト共ニ増加シテ、啻ニ汗牛充棟而已ナラズ、其間又雑誌ナルモノアリ。或ハ法律ヲ講ジ、或ハ工芸ヲ説テ、駸々乎トシテ智ヲ開キ識ヲ進ムルノ道已ニ遺憾ナカル可キニ似タリ。然レドモ事物ノ多キ学科ノ如キ未ダ全ク完備セリト言フ可カラズ。即チ地学ノ如キハ其ニ例ナリ。近来坊間二三ノ訳書其一班ヲ説クモノナキニ非ズト雖ドモ、之ヲ要スルニ寥々タル断編、以テ其全貌ヲ示スニ足ラズ。抑　此学ハ泰西ニ於ケルモ纔ニ六七十年前ヨリ専門ノ一科ト為リシ者ナルガ故ニ、世人未　汎ク之ヲ知ルニ至ラズ。或ハ唯其呼称ノミヲ認メ、単ニ土地ノ沃埆ヲ論ズル者ト倣シ農学ノ一部分ナル可シト憶測スル輩又少カラズ。

日本初の鉱物学教科書と言われる和田維四郎の『金石学』（明治九年〔1876〕成、同十一年刊）に寄せた、当時の博物局長町田久成の序文にも同様のことが述べられ、この書によって隆盛に向かうことを期待することが書かれている。

邦人訳西籍者。不レ外二物理・医術・性理・経済等書一。而未レ有下講二金石学一者上。化学一科雖レ説二金石之事一、亦以説二明化学的理一耳。未レ道二及金石要領一、豈不二一大欠典一哉。和田維四郎年才二十余歳。深有レ慨二於此一。就二徳国博士某一。講二金石一数年。尋思推求。遂能訳二述斯書一。斯書係二徳国博士猶斑捏(ヨハンネ)、羅伊尼斯(ロイニス)氏原著一。維四郎摘二其要一。抄訳以便二初学一。（中略）斯書一出。本邦金石之学。将二従レ此而隆盛一。顧不二国家一美事一耶。

他の学問の多くもそうであったように、明治期の鉱物学（Mineralogia）[1]もまた西洋の書物を学ぶところから出発した。和田の『金石学』もまた、凡例によれば、ドイツのヨハンネース・ロイニース Johannes Leunis の博物書“Naturgeschichte”（1870刊）を原書とし、ナウマン C.F.Nauman の『金石学』、シルリング Schirling の『博物学』及びその他の諸書を参考にし、旧開成校の鉱山教師カール・シェンク Karl Schenk の口授などによってその内容を増減して出来たものである。

それまでの本草学における分類は「名に就いて物を識り、気味能毒を詳にするに過ぎず。猶(なお)角ある者は牛、鬣(たてがみ)ある者は馬なるを知るが如し、甚だ究理と相渉らざるなり」（宇田川榕菴『植学啓原』箕作阮甫「序」）と評されるようなものでしかなかった。また、水谷豊文（1779-1888）の『物品識名』（文化六年〔1809〕刊）の「凡例」に「此書専本邦ノ産ヲ挙テソノ漢名ヲ識(しる)ヲ主トス。近俗本草ノ学ト云モノ其業大率(おほよそ)此事」とあるように、日本の本草学は「漢名」が日本名の何に当たるかを研究するのを主たる目的とした。あるいは「漢名」を知ることを目的とした。西洋の鉱物学では、鉱物は硬度、劈開・断口の形状、弾力、可曲性・可展性・可伸性・柔軟性、比重、透明度、光線の屈折度・偏向度、光沢、色、燐光、条痕、磁気・電気、味覚、臭気、触感といった、さまざまな性質形状によって分類される。明治の鉱物学はその分析法や分類法に基づいて分類された鉱物の名称を考える必要があった。その場合、これまで使用されてきた名称をそのまま利用できるものか、新たな名称を考えた方が良いかを考える必要があった。

2　『金石学』の鉱物名

和田の『金石学』の目次に見られる鉱物名は次のとおりである（振り仮名は原文のまま）。

第一種　燃砿類

　第一属　炭砿属

　　石墨（黒鉛）・無焔炭・石炭《セキタン》・褐炭・泥炭・膏風

　第二属　石油砿属

　　石脳油《クサウヅノアブラ》・地蠟・土瀝青（地瀝青）・琥珀《コハク》

　第三属　硫砿属

　　硫黄《イワウ》・雄黄《ヲワウ》（石黄・黄色硫化砒石）・鶏冠石《ケイカンセキ》（鶏冠雄黄・赤色硫化・砒石）

第二種　金鉱類

　第四属　硫化鉱属

　　辰砂（霊砂・硫化水銀）・閃銀鉱・閃亜鉛鉱（硫化亜鉛）・輝安質母尼鉱・輝水鉛鉱（硫化安質母尼）・輝銀鉱（硫化水鉛）・輝銅鉱（硫化銀）・輝鉛鉱（硫化鉛）・輝蒼鉛鉱（硫化蒼鉛）・黝銅鉱・黄硫鉄鉱（硫化鉄）・黄硫銅鉱・磁硫鉄鉱・斑銅鉱・輝苦抱爾《コバルト》鉱・毒砂（硫砒鉄鉱）

　第五属　砒化鉱属

紅梟客爾鉱（ニッケル）・砒苦抱爾鉱（コバルト）

第六属　純金属

水銀（汞・澒）・銅（アカガネ）・黄金（キン）（金）・白金・銀（ギン）・鉛（ナマリ）・鉄（テツ）・蒼鉛（灰鉛）・安質母尼・砒

第七属　酸化鉱属

磁鉄鉱（磁石）・客等弥鉄鉱（クローム）・赤鉄鉱（血石・代赭石）・褐鉄鉱（含水酸化鉄）・沼鉄鉱・赤鉄鉱・軟満俺鉱・含水満俺鉱・黒満俺鉱・錫石（酸化錫）・鉛丹（タン）

第三種　石鉱類

第八属　角閃石属

輝石・角閃石・蛇紋石（葡萄蠟石・温石（オンジャク））・斑輝石・蠟石（凍石・青田石）・石絨（イシワタ）・青晶石

第九属　堅石属

柘榴石（ザクロイシ）（石榴子・石榴珠）・電気石・斧石・入爾康（ジルコン）・金剛石（金剛鑚）・鋼玉石・尖晶玉・黄玉石・金緑玉・橄欖石・緑玉石（葱珩・祖母緑）・石英（メクラスイシヤウ）（硅石）・蛋白石（無形珪酸）・黒曜石（コクエウセキ）（烏石（ウルシイシ））・松香石・真珠石・浮石（カルイシ）

第十属　長石属

長石・藍宝石・来時愛克（ラスライト）・扁青石・白榴石

第十一属　泡沸石属

十字石・葉理泡沸石・光線條泡沸石・鹹條泡沸石

第十二属　粘土属

陶土（ヤキモノツチ）・粘土（ネバツチ）・石髄・海泡石（水泡坭）

第十三属　雲母属

雲母《キララ》・滑石《クワツセキ》・緑泥石《チチブアヲイシ》

第十四属　軽塩金属

孔雀石《クジヤクセキ》（石緑）・銅青石・鉄青石・苦抱爾花《コバルト》

第十五属　重塩金属

硅酸亜鉛鉱・炭酸鉄鉱・白鉛鉱（炭酸鉛〔黄鉛砿・赤鉛砿・緑鉛砿〕）

第十六属　塩石砿属

硫酸重土砿・炭酸重土砿・炭酸息脱浪西恩砿・硫酸息脱浪西恩砿・霰石《アラレイシ》・石灰砿《イシバイイシ》（灰石・炭酸石灰〔方解石・大理石・繊維状灰石・鍾乳石・尋常石灰砿・魚鮞石・石灰華・山乳石・灰土・臭石・粘土石灰〕）・白雲石（苦灰石）・硼酸苦土砿・燐灰石（燐酸石灰）・蛍石《ホタルイシ》（⿴行弗灰石・⿴行弗酸石灰）・石膏《セキカウ》（硫酸石灰）・硬石膏（無水石膏）

第四種　鹵石類

第十七属　鹵石属

石塩《イハイホ》（崖塩・巌塩）・磠砂《ドウシヤ》・硝石《エンシヤウ》（焔消・硝酸可里・硝酸鹻）・曹達硝石（硝酸曹達）・硼砂《ホウシヤ》（硼酸曹達）・曹達《ソウダ》（炭酸曹達）・凝水石《ニガリ》（瀉利塩・苦塩・硫酸苦土）・芒硝《バウシヤ》（朴硝・硫酸曹達）・明礬《メウバン》（礬石・硫酸礬土加里）・緑礬《ロウハ》（硫酸鉄）・胆礬《タンバン》（石胆・硫酸銅）・皓礬（亜鉛礬）

3　和田の鉱物名の取り上げ方

『金石学』の「凡例」に、

> 金石ノ中本邦ニ産セザル者少ナカラズ。又、産スル者ト雖ドモ其名号一定セザル者アリ。故ニ或ハ漢名ヲ用ヒ、或ハ和名ヲ用ヒ、又近来漢訳ノ書ニ因リテ新名ヲ下シ、或ハ洋名ヲ義訳シ、又、音訳スル者アリ。

とある。『金石学』が書かれた当時の鉱物学界では、同一の鉱物に「漢名」や「和名」あるいは「近来漢訳ノ書」に見える「新名」、さらには洋名の「義訳」（意訳）や「音訳」が用いられており、一定しないという状態であった。和田は、それらの中から一つを選定して学術名とするのではなく、他の名称も紹介し、それらの語種あるいは訳法を説明している。例えば、

	ドイツ語名	英語名
石墨又黒鉛（義訳）	Graphit.	*Graphite. Plumbago.*
輝苦抱爾鉱（訳名）	Kobaltglanz.	*Cobaltite.*
安質母尼（アンチモニー）（音訳）	Untimon.	*Antimony.*
孔雀石（和名）　石緑	Malachit.	*Mzlachite.*
緑玉石（漢訳）　葱珩（同上）　祖母緑（旧訳）	Beryll; Emaragd.	*Beryl; Emerald.*

といったごとくである。

前節に掲げた四種十七属に分類されている見出し語の金石名で、訳法が明記されているものをその区別によって整理すると次のようになる（振り仮名は原文のまま）。

「漢訳」鋼玉石・黄玉石・緑玉石・葱珩・藍宝石・蘭宝石・火山瑠璃・真松香石・真珠石・水泡坭・白雲石
「旧訳」祖母緑・皓礬
「和名」鶏冠石(ケイカンセキ)・葡萄蠟石・温石(ヲンジヤク)・蠟石・柘榴石(ザクロイシ)・黒曜石・孔雀石(クジヤクセキ)・霰石(アラレイシ)・蛍石(ホタルイシ)
「音訳」安質母尼(アンチモニー)・入爾康(ジルコン)・来時愛克(ラスライト)
「義訳」黒鉛・無焔炭・褐炭・地蠟・地瀝青・土瀝青・閃銀礦・閃亜鉛鉱・輝水亜鉛鉱・輝銀鉱・輝銅鉱・輝鉛鉱・輝蒼鉛鉱・黝銅鉱・黄硫鉄鉱・黄硫銅鉱・磁硫鉄鉱・斑銅鉱・毒砂・蒼鉛・灰鉛・磁鉄鉱・赤鉄鉱・血石・褐鉄鉱・沼鉄鉱・赤銅鉱・錫石・輝石・角閃石・蛇紋石・斑輝石・青晶石・電気石・斧石・尖晶玉・金緑玉・橄欖石・蛋白石・扁青石・白榴石・十字石・葉理泡沸石・光線條泡沸石・鹹條泡沸石・石髄・海泡石・銅青石・鉄青石・硅酸亜鉛鉱・炭酸鉄鉱・硫酸重土鉱・炭酸重土砿（纖維状灰石・魚鰤石・石灰華・山乳石・灰土・臭石・粘土石灰・苦灰石）・硼酸苦土砿・燐灰石・衠灰石・巖塩・瀉利塩・苦塩・白鉛鉱
「訳名」輝苦抱爾鉱(コバルト)・輝安質母尼鉱(アンチモニー)・砒苦抱爾鉱(コバルト)・客等弥鉄鉱輝(クローム)・軟満俺鉱(マンガン)・含水満俺鉱(マンガン)・黒満俺鉱(マンガン)・硅石・苦抱爾花(コバルト)・炭酸息脱浪西恩砿・硫酸息脱浪西恩砿・曹達(ソウダ)硝石

こうした訳法の注記がないものは次のものである（振り仮名は原文のまま）。

石墨・石炭(セキタン)・泥炭(スクモ)・膏風・石脳油(クサウヅノアブラ)・琥珀(コハク)・硫黄(イワウ)・雄黄(ヲワウ)・石黄・鶏冠雄黄・辰砂・霊砂・水銀（汞・澒）・銅(アカガネ)・黄金(キン)（金）・白金・銀(ギン)・鉛(ナマリ)・鉄(テツ)・砒・磁石・代赭石・鉛丹・凍石・青田石・石絨(イシワタ)・石榴子・石榴珠・金剛石・金剛鑽・石英(メクラスイシヤウ)・烏石(ウルシイシ)・浮石(カルイシ)・長石・陶土(ヤキモノツチ)・粘土雲母(ネバツチキララ)・滑石(クワツセキ)・緑泥岩(チチブアヲイシ)・石緑・石灰砿(イシバイイシ)・灰石・石膏(セキカウ)・硬石膏・石塩(イハシホ)・崖塩・磠砂(ドウシヤ)・硝石(エンシヤウ)・焰消・硼砂(ホウシヤ)・曹達(ソウダ)・凝水石(ニガリ)・芒硝(バウシヤ)・朴硝・明礬(メウバン)・礬石・緑礬(ロウハ)・胆礬(タンバン)・石胆

4　和田の訳法の説明

和田の言う「漢訳」は明・清の中国において新しく造られた名称を指し、「旧訳」は従来から用いられていた「漢名」、すなわち本草学に用いられていた漢名を指しているようである。訳法の注記のないものも「漢名」すなわち旧名である。ただし、和田は本草学で指すものとは異なるものに同名の「漢名」を宛てている場合もある。例えば、「長石」は本草学では硬石膏を指すもののようであるが、和田は長石属の名称として用いている。

「和名」は大和言葉で付けられた名称だけでなく、日本語となっている漢名（和漢通名）も含まれるので、従来日本で使用されてきた名といったもののようである。「音訳」は原語を音写したものであり、「義訳」すなわち意訳は原語の意味を生かした訳であるが、例えば『地学の語源をさぐる』（歌代勤・清水大吉郎・高橋正夫著、東京書籍、昭和五十三年〔1978〕刊）に、「沼鉄鉱」について次のような説明がある。

沼地などにできる多孔質の褐鉄鉱は、特に沼鉄鉱（英語 dog iron ore, ドイツ語 Raseneisenstein）という。日本語訳は和田維四郎（明治11年・1878）だが、この場合は、ギリシャ語に由来する語源ではなく、ドイツ語の Brauneisenerz（braun 褐色の＋eisen—鉄＋erz—鉱石）を訳したもの。沼鉄鉱も字義通りに漢字をあてたもので、これも和田維四郎の訳らしい。（「褐鉄鉱・リモナイト Limonite」の項）

この他の義訳名がどのように原語の意味を生かして造られているのかは、本節の筆者が説明し得るところではないが、その数の多さには驚かされる。前掲の目次に見られるものの他に本文中にも「義訳」と書かれているものが多く見られ（「板炭」「灯炭」「粗炭」「煤炭」「鉄石英」「木化硅石」等々）、『金石学』の附録である『金石対名表』（武藤寿編・田中芳男・和田維四郎同閲、明治十二年〔1879〕刊）で新たに加えられたものも加えると合計百七語にも上り、その多くが現在も使用されているのである（中には、Augite の義訳「輝石」は現在は Pyoxene の訳に用いられ、Augite は「普通輝石」と呼ばれているようなものもある）。「訳名」というのは、惣郷正明氏は「ドイツ語を直訳した飜訳名」とされているが（『日本語開化物語』朝日撰書、昭和六十三年〔1988〕刊 p.13）、和田編輯の『金石識別表』（東京大学理学部、明治十年〔1877〕刊）の「凡例」に、

　此表中記スル所ノ金石ノ倭名ハ力（つと）メテ従来江湖普通ノ者ニ従フト雖ドモ未ダ倭名ナキ者ノ如キハ止ムヲ得ズ仮ニ訳名ヲ設ケ、或ハ直ニ洋名ノ音ヲ訳記ス。

とあり、「和名」でもなく、「音訳」でもないことが分かるが、「直訳」「義訳」との区別が付きにくい。あるいは「直訳」「義訳」を含めて「訳名」と言っているのであろうか。前掲の用例で「訳名」と記されているのは「硅石」Quartz の他は「音訳」と他の語の混種語だけであるが、『金石対名表』にはさらに「板石」Sleite.「緑輝石」Smaragdite.「粘鉄石」Clay iron stone.「雲母板石」Mica schist.「血星石」Bloodstoe.「鹸石」Saponite.「彫像石」Agalmatolite.「砒硫銀鉱」Proustite.「砒花」Phrmacolite. その他がある。

5　和田の取り上げた和名

特に『金石学』が注目されるのは、「和名」がそれまでの日本の正式名として用いられていた「漢名」と対等に取り上げられていることである。改めて和田が採りあげた「和名」を示すと次のものである。(2)

霰石（アラレイシ）　Aragonit.　*Aragonite.*
蛍石（ホタルイシ）　Flusspath.　*Fluorite.*
孔雀石（クジャクセキ）　Malachit　*Malachite.*

鶏冠石（ケイカンセキ）　Realgar.　*Realgar.*
黒曜石（コクヨウセキ）　Obsidian.　*Obsidian.*
柘榴石（ザクロイシ）　Granat.　*Garnet.*
葡萄蠟石　Serpentin.　*Serpentine.*
温石（ヲンジャク）　Serpentin.　*Serpentine.*
蠟石　Spedstein.　*Steatite.*

これらの名が和田以前の日本の文献にどのように現われているかを確認してみよう。

【霰石】の名は小野蘭山の『本草綱目啓蒙』（享和二年〔1802〕成）に、

〇方解石　イ、ギリ佐州　ハブ播州　ウマノハイシ芸州　アラレイシ濃州

とあり、方解石の美濃の方言として見え、また岡安定の『品物名彙』（安政六年〔1859〕刊）には「アラレイシ　紫英石」と見える（「紫英石」は出典を『山東志』とするが、未確認。あるいは「紫石英」の誤りかとも思われる）。和田は方解石 Calcite でも、あるいは紫石英 amethyst でもなく、Aragonite に「霰石」の名を用いており、名前だけを利用したことになる。このことについては『地学の語源をさぐる』に次のように指摘されている。

> 日本では方解石に似る石として、古くから本草学者によって識別され、霰石とよばれてきた。おそらく粒状の結晶をなすものに、「あられ」の名がついたものであろう。中国から入った名ではないらしい。（中略）Aragonite の訳にこの名を与えたのは和田維四郎がはじめてと思われる。

【蛍石】の名は水谷豊文の『物品識名拾遺』（文化八年〔1811〕刊）に、

ホタルイシ　クダキ火ニ投ズレバ光リテ飛ブモノナリ。勢州石博備中黒田産。又漢産紫石英モ火ニ投ズレバ光リ飛ブモノナリ。

と見え、岡安定の『品物名彙』にも「ホタルイシ 舶来紫石英」と見える。畔田翠山の『古名録』また伴信友の『動植名彙』にも見られないので、江戸時代に出来た名のようである。この名の由来は豊文の説明にあるように熱を加えると蛍光を発することによるものであろう。鈴木敏編『宝石誌』(秀英舎、大正五年〔1916〕刊)には次のように説明されている。

宝石中之を熱し、最も著しく燐光を放つものを蛍石とす。其色は石質に依り異なるも緑青及び紫色を以て普通とす。(p.79)

前述せし燐光に酷似せるを蛍光 Fluorescence とす。そは或る物体が一種の放射的エネルギー Rzdiant Energy に刺激され、又は真空管内に起りし放電に曝らされる際、其物体に発する特殊の光にして、此の現象は蛍石に在て最も良く発現するを以て此名あり。(p.80)

【孔雀石】の名は木内石亭の『雲根志』三編(享和元年〔1801〕刊)の巻四「孔雀石(くじやくせき)」に、

孔雀の珠といふものあり。つら〳〵考ふるに碌青(ろくしやう)に金青(こんじやう)を交へたる物にして碌青(ろくしやう)金青(こんじやう)を産する山より吹出したる髄なり。形円(まどか)にして重き事かねの如く、碌青(ろくしやう)金青(こんじやう)に種々の色兼帯(けんたい)して自然と巻上たる姿実に美物にして弄石の最上品なり。

とあり、『本草綱目啓蒙』に、

○緑青　イハロクセウ〔一名〕畢石石薬爾雅(中略)今紅毛ヨリ来ルニ孔雀石ト云アリ。鮮緑色ニシテ光アリテ孔雀ノ羽色ニ似タル故ニ名ク。即、蝦蟇背石緑ノ一種ナリ。

とあり、さらに『物品識名』また『品物名彙』にも「クジヤクセキ　蝦蟆背石緑」と見える。和田もまた *Malachite* を「石緑」とし、孔雀石の名を用いたのである。孔雀石の名の由来は『本草綱目啓蒙』に言うとおりであろう。動物の孔雀が日本にもたらされたのは早く、推古天皇の六年〔598〕に新羅の国が孔雀一隻を献納したという記事が『日本書紀』に見え、既に「孔雀(くじゃく)」は日本語となっていた。

【鶏冠石】の名は平賀源内『物類品隲』（宝暦十三年〔1763〕刊）に、

　雄黄　和名ヲワウ。其色如二鶏冠一ヲ上トス。和俗鶏冠石ト云。

と見え、『本草綱目啓蒙』にも、

○雄黄（中略）鶏冠ヲ上品トス。俗名鶏冠石。古渡ニハ大塊ナル者アリ。市人呼テ人形様トス。其色赤クシテ臭気ナク、明徹ナリ、是、抱朴子ニ、其赤如二鶏冠一光明曄曄ト云者ニシテ、真ノ鶏冠雄黄ナリ。（雄黄）

と見える。和田の『金石学』もまた「鶏冠石(ケイカンセキ)和名　鶏冠雄黄　即チ　赤色硫化砒石」とあるものである。この名の由来については、益富壽之助『石　昭和雲根志』（白川書院、昭和四十二年〔1967〕刊）に詳しい説明が見える。

昔は雄黄の名で呼ばれていたこの石が、江戸時代になると、〝鶏冠石〟と呼ばれるようになった。誰れが称えはじめたのかわからないが、平賀源内の著、物類品隲(しつ)（一七六三年）に「雄黄和名ワウオウ其色鶏冠ノ如キ者ヲ上トス　和俗鶏冠石ト云」と記してあることに徴し、江戸時代にわが国で称えられたことがわかる。

しかしこの鶏冠石の名の由来は本草書中の記文に発端するもので、神農本草経の雄黄の項に「燉煌(とんこう)は涼州の西数千里の地で良質のものは鶏冠の様な色で臭くなく質堅実である」云々とある。このサイド・ラインを引いた文句から良質の雄黄に〝鶏冠雄黄〟という商品名が現われ、之が日本で鶏冠石に転じたものと考えられる。而してこの名が英名の Realgar の訳名となり、現在この鶏冠石がわが国の鉱物学名となっているのである。

【黒曜石】という名の初出は『雲根志』三編巻六「胡椒石」の項に「黒曜石(こくえうせき)」と見えるものであろう。ただし、同書後編（安永八年〔1779〕刊）巻一「漆石」項には「黒羊石(こくようせき)」と見え、「漆石(うるしいし)」「雷公墨」とも呼ばれていたことが記されている。この石は珪酸分の多い熔岩が火口付近で急速に冷え、ガラス質の黒い岩石になったもので、旧石器時代には打ち欠いた剥片を細石刃として鏃や石斧などに用いられていたことは知られている。和田もまた Obsidianを「黒曜石（コクエウセキ）和名　烏石（ウルシイシ）　火山玻璃漢訳」と訳しているのである。

【柘榴石】の名は源内の『物類品隲』に、

石榴子　和名ザクロイシ。蛮産、其ノ形全ク石榴ノ子（ミ）ノゴトシ。

とあり、宇田川玄随の『西洋医言』（寛政四年〔1792〕序）に「石榴石（ザクロイシ）　カラートステーン」とある。『雲根志』後編巻一の「石榴石（ざくろいし）」の項には、

石榴石は和漢ともに産所あることをきかず。多くは蛮夷の国より産するよし云伝ふ。何れの比渡（わたり）しや其故をしらず。形状豆粒の大さにして深紅紫色明白に透徹（とうてつ）、石中に核（さね）あるがごとし。真（まこと）に石榴（ざくろ）に似たり。（中略）本草綱目宝石の条に出たり。

と説明されており、『本草綱目啓蒙』にも、

○宝石（中略）又宝石ノ一種ニ、ザクロ石ト云アリ。又ジヤクロ砂トモ云。此ハ紅毛ヨリ来ル。其形安石榴の子ノ如ク、色赤シ。又黒ヲ帯ルモアリ。盆玩ニ用ヒテ最美麗ナリ。此即集解ノ石榴子ナリ。（宝石）

とある。和田も宝石ガーネットGarnetの訳としてこの名を用いたのである。

【葡萄石】は和田の『金石学』ではSerpentineの訳として「蛇紋石義訳　葡萄蠟石和名　温石（ヲンジャク）和名」とあるものであるが、現在ではSerpentineの日本語名は和田が義訳として示した「蛇紋石」が用いられており、「葡萄石」はPrehniteの日本語名として用いられている。「葡萄石」という名は、『和漢三才図会』（正徳二年〔1712〕自序）には瑪瑙の濁赤のものを「葡萄石」としており、源内の『物類品隲』に、

斑石　和名ブドウ石。滑石条下ニ、頌ガ曰ク、莱濰州出者、理粗ニシテ質青ク有㆓黒点㆒。亦謂㆓斑石㆒。可㆑作㆑器。甚ダ精好、ト云モノ是ナリ。○駿河産、上品。硯及ビ他ノ翫器ヲ製出ス。

と見えるが、現在言うものとは異なるもののように思われる。現在の「葡萄石」と同じものと思われるのは、石亭

の『雲根志』後編巻三「葡萄石（ぶどうせき）」に、

甚堅して青色透徹（すきとほり）て外皮少白（しろ）み曇（くもる）がごとし。（引用者注—石亭所蔵のものは）八顆一房となる。大なるは指頭（ゆびさき）のごとく小なるは豆粒のごとし。

とあり、『本草綱目啓蒙』「宝石」の項に、

舶来ニ葡萄石ト云者アリ。是物理小識ノ蜻蜓頭ナリ。津軽舎利ノ類ニシテ大サ葡萄顆（ブドウノミ）ノ如シ。故ニ名ヅク。今（イマ）別（ベチ）ノ海岸ノツガル石モ葡萄石ノ類ニシテ、即瑪瑙ナリ。

とあるものである。

【温石】の名は『延喜式』「典薬寮」の「諸国進年料雑薬」に紀伊国の進納物として見える。益軒の『大和本草』に「山東通志曰出二掖縣一色兼二青白一潤膩如レ玉。玉甘無レ毒。可レ備二薬物一。日本ニ温石ト云物アリ。白クシテ少青シ、ヤハラカナリ。是山東通志ニシルセル中華ノ温石ト同物ナルベシ」とあり、和漢通名である。名の由来は『古名録』に「焼レ之塩水ヲ灌ギ衣物ニ包テ腹痛ヲナデサスル妙ナリ」とあるように、温めて暖を採るところにあるようであり、一種類の鉱石に対する名ではなかったようであるが、和田はSerpentineの訳としてこの語を用いているのである。ちなみに小野蘭山の『本草綱目啓蒙』には滑石の方言名にヌメリオンジャクが見えるが別物のようである。

○滑石（中略）又予州三角寺ノ路傍ニ多くアル石ヲ、方言ヌメリオンジヤクト呼。柔ニシテ浅緑色或ハ五色雑ル。筑後、阿州ニモ多シ。共ニ方言温石ト呼。是、冷滑石ノ一種ナリ。

【蠟石】の古い用例は未だ見出していない。『大漢和辞典』に清の屈大均撰『広東新語』に「蠟石」があることを記しており、和漢通名であったとも考えられるが、和田がSteatiteの訳語としてこの「和名」を用いたのは、この鉱石が「無定形ニシテ葡萄形或ハ鍾乳ノ如キアリ。破口ハ平坦ナラズシテ光輝ナク屢々蠟ノ如キ光彩アリ。其稜辺透

明ナルコトアリテ色ハ白、黄、緑、黝ナリ、且表面ニ触レバ蠟ノ如シ。成分ハ普通蛇紋石及ビ滑石ニ類似シタル者ニシテ屢滑石ノ一種ト為ス者ナリ」（本邦ニテハ普通蛇紋石及ビ蠟石ヲ同種ト見做スヲ以テ同一名号ヲ用ユルコト多シ）と説明されており、石の表面の感じから日本でも用いられていた名であったところから、和田は「和名」と認定しているのであろう。右の文章にも「滑石ノ一種ト為ス者ナリ」とあるように、小藤文次郎等編『鉱物字彙』（明治二十三年〔1890〕刊）ではPagoditeの訳名として用いており（Steatiteは「滑石」と訳されている）、田中耕三訳『牙氏初学須知』（明治八年〔1875〕刊）ではグレー（石英の一種）を「蠟石ノ一種」と説明している。

以上、和田が特に見出し語として掲げた「和名」は、「温石」を例外として、以降の専門書では唯一の鉱物名として現われる。ただし、「葡萄石」はPrehniteの例を示す。

A　松本栄三郎纂訳『鉱物小学』（明治十四年〔1881〕刊）
B　島田庸一編述『小学博物金石学』（明治十五年〔1882〕刊）
C　熊沢善庵・柴田承桂編纂『普通金石学』（明治十八年〔1885〕刊）(3)
D　敬業社編纂『鉱物学』（明治二十一年〔1888〕刊）
E　小藤文次郎等編『鉱物字彙』（明治二十三年〔1890〕刊）(4)
F　東京地学協会編『英和和英地学語彙』（大正三年〔1914〕刊）

	A	B	C	D	E	F
霰石		○	○	○	○	○
蛍石	○		○	○	○	○
孔雀石		○	○	○	○	○
鶏冠石		○	○	○	○	
黒曜石		○		○		○
柘榴石	○		○	○	○	○
葡萄石		○	○		○	○
温石						
蠟石	○	○	○			○

おわりに

西洋鉱物学を紹介した和田の『金石学』に取り上げられている鉱物の数は、中国本草学の集大成である李時珍の『本草綱目』の三倍弱の二七七にのぼる。本書は、そうした数の西洋名で示されている鉱物の性質を説明しながら、その一つ一つに適当な訳語を考えていったものであるが、和田はそれまでの「漢名」至上主義にも囚われず、依拠する西洋鉱物学の原語を音写するという安易な方法も採らず（この類のものは見出し語には安質母尼（アンチモニー）〔Antimongiang. Stibnite〕・入爾康（ジルコン）〔Zircon〕・来時愛克（ラスライト）〔Lazulite〕の三つしかない）、和名も適当と考えられるものは取り上げている。本節で特に注目したいのは、和田のこうした態度である。

最後に一言すると、金石学（鉱物学）の術語に関する国語学的研究には、管見では「昭和五十六年度文部省科学研究費補助金特定研究」としてなされた森岡健二・塩澤和子両氏（研究代表者林大氏）の研究がある（この研究については次節で詳しく紹介する）。小藤文次郎等編『鉱物字彙』（明治二十三年〔1890〕）を対象としたものであり、成果報告書『明治期専門術語集　鉱物字彙』という冊子が刊行されている。その中に、語基の分析とその語構成上の役割などを主に調査された塩澤氏の論考「『鉱物字彙』の語構成」と索引「『鉱物字彙』（和英の部）語基索引」が収められている。この研究は「日本語の正書法及び造語法とそのあり方」というテーマで行われており、例えば「霰石（あられいし）」が二字漢語の語基と見なされているように、和語は音読みできるものはすべて音読し、漢語の語基に組み入れられている。塩澤氏の説明によると、こうした処理をするのに「訳語を1つに統一し、務めて簡潔明瞭な語を選定していこうとした姿勢が窺われる」『鉱物字彙』が好適な資料として選ばれたようである。本節ではその書に先行する和田維四郎の『金石学』と附録『金石対名表』を用いて、術語における語種の問題について考えたのである。

注

（1）Mineralogia は現在は鉱物学と訳されるが、江戸時代には「山物の学」あるいは「金石学」と訳されていた。明治初期にも「金石学」は用いられている。

（2）『金石対名表』には『金石学』本文中に見えるもの、また新たに補されたものも掲げられているが、その中にも、「星珊瑚（ほしさんご）」「血銆（ちばく） Pyrargyrite」「暗血鏷 Pyrargyrite」「木化玉髄 Wood opal」「砂金石 Aventurine」「蛭石（ひるいし） Vermiculite」が見える。

（3）この書には「豆石」「蛇骨」という名も見られる。

（4）この書には「豆石（マメイシ） Pisorite Erbsenstein」「糠石（スカイシ） Bergmannite, Bergmannite」「斧石（オノイシ） Axinite, Axinit」も見られる。

2　現在までの術語名の変遷

はじめに

西洋から伝わった概念や事物を翻訳することの困難さは、江戸時代の蘭学者たちの訳述書を読むことで想像することができる。明治時代の洋学者たちはその蘭学者の努力の結晶を利用できる立場にあっただけ恵まれていたとも言える。しかし、明治十年代頃にそれぞれの学問分野における術語集を編纂する気運が起こった時には、いわゆる国字問題が沸き上がっており、その事業も簡単なことではなかったようである。小藤文次郎・神保小虎・松島鉦四郎共編『英独和対訳　鉱物字彙』（明治二十三年〔1890〕刊。以下『鉱物字彙』と略す）に次のように述べられている。

字書ヲシテ一ノ書籍態ト為サンカ、勢ヒ難詰ノ漢字ヲ用ヰザルヲ得ズ。通俗ナラシメンカ、節用伊呂波字引ノ如クナラザルヲ得ズ。何レヲ取ルモ一方ノ人ヲ満足セシムレバ一方ニ不本意ナルハ蓋シ勢ノ免レザル処ナリ。剰エ当時漢字教育ノ迂闊ニシテ実用的ナラザルヲ大ニ弁論スル人アリ、羅馬字会将ニ起ラントシ、其反動トシテ又仮名ノ会創立ノ企アリ。当時社会ノ風潮益雑駁ヲ極メタリ。之レ此事業ノ難渋ナリシ由縁ナリ。

特に地質学や鉱物学については蘭学では拠るべき十分な研究の蓄積はなく、実質的に明治に入って新たに研究が始められた分野であり、一つの鉱物に対して存在する複数の名称から一つを決定する作業を併行して行う必要があり、『鉱物字彙』の編纂は、他の分野より困難なことであったものと推測される。前節で見た日本初の鉱物学教科書である和田維四郎の『金石学』（明治九年〔1876〕成）に、鉱物名が一つに決定されているものは少なく、別名が掲げられていることが多かったのは、そうしたことを反映しているのであろう。その後の日本においてどのような議論がなされてきたかは本節の筆者は十分な調査は行えなかったが、現在においても、日本の鉱物名には和語、漢語、外来語、そしてそれらの混種語が併存している状態にある。しかし、それらの用いられ方にも一定の原則といったものが、おのずと成立しているように見える。本節ではその原則がどのようなものであるかを明らかにしたい。

1　小藤文次郎他編『鉱物字彙』の術語の分析

鉱物に関する術語を集めたものとして最も早いのは和田維四郎の『金石対名表』（明治十二年〔1879〕刊）である。この書は『金石学』の附録として出されたものであり、一つの石について和語名、漢語名、外来語名が示されているものが多くあるといった状態である。その翌年に村上瑛子の『鉱物字類』が出されているようであるが、本節の筆者は見る機会をいまだ得ない。ただ、『小学読本』に出る鉱物用語を解釈したもののようであり、命名について一定の方針を有していたことが窺えるものではないと推測される。本節で紹介する『鉱物字彙』はそれらに次ぐものである。この書では原則として一つの術語だけが示されており、術語の統一を図ろうとした最初の試みと見ることができよう。この著作に用いられている術語の国語学的分析は、既に塩澤和子氏の「『鉱物字彙』の語構成」（昭和五十六年度文部省科学研究費補助金特定研究成果報告書）という論文になされているので、ここではこの論文を要約する形で、『鉱物字彙』の術語の特徴を説明することにしたい。ただ、塩澤氏の調査は、「圧起越歴（エレキ）」「暗明」「分散」「長軸」などを含む全ての術語を対象としたものであり、本節では改めて鉱物名に限定して調査し、気づいたことを、補足することにする。

語種

『鉱物字彙』に採用されている術語には和語、漢語、外来語、混種語の四種がある。漢語が圧倒的に多く、混種語がそれに続き、和語と外来語は非常に少ない。塩澤氏の調査によると、その異なり語数の内訳は次の表のとおりである。

	見出語					
	単語				句	
語種	和語	漢語	混種語	外来語		合計
異り語数	21	622	181	21	2	847
%	2.4	74.0	21.0	2.4	0.2	100

補足 右の比率は鉱物名に限っても、ほぼ同様である。(1)

また、鉱物名に用いられている外来語は

安質母（アンチモン）（Antimony）・ベスビアン（Vesubianite）・ビスマス（Bismuth）・ヂルコン（Zircon）・コンドロヂット（Chondondite）・メアシヤーム（Meerschaum）・スカポリット（Scapolite）・ウルフラム（Welframite）

である。

混種語の内訳は次のとおりである。漢語を含むものは合計一七六語となり、混種語においても漢語の勢力は無視出来ない。

①和語と漢語（あわソーエン・泡蒼鉛）　五一語　二八％
②外来語と漢語（ウラニウム華）　一二四語　六九％
③和語と外来語（ゴムすくも・護謨膏風）　五語　二・五％
④和語と漢語と外来語（針テルル鉱）　一語　〇・五％

補足 鉱物名に限ると、右の比率は②が少し高くなるが、ほぼ同様である。また②と③に用いられている外来語は、アストラカン・アマゾン・アンモニア・安質母（アンチモン）・安質母尼（アンモニア）・イリジュム・ウラン・ウルフラム・カイニト・加里（カリ）・クローム・コバルト・カドミニュム・サーラ・スピネル・スポカリト・ソーダ・ストロンシュム・セレーン・セール・スピネル・チタン・テルル・ヂルコン・土耳古（とるこ）・ニッケル・バナジア・風信子（Hyacinth）・パラジュム・満俺（マンガン）・メルシャーム・ラインである。

語構成

漢語語基は次のように分類される。

一字漢語語基

a　自立語基13　酸・密・砒・稜・晶・柱・面・鉛・塩・金・銀・錐・鉄

単　立2　酸・密

前　接2　砒|ニッケル鉱・稜|コバルト鉱

後　接3　集片晶|・正軸柱|・双晶面|

前後接6　鉛|重石・塩化鉛|、塩|銅鉱・舎利塩|、金|緑玉・パラジュム金|、銀|毒砂・テルル銀|、錐|輝石・八角錐|、鉄|石英・蓚酸鉄|

b　結合語基108（以下用例は一部のみ）

前　接80　吟|鉛鉱・黄|血石・介|褐炭・角|鉛鉱・褐|赭土・肝|水銀・貴|橄欖石・輝|沸石・偽|青玉・珪|孔雀石・月|長石・紅|楣石・硬|緑泥石・磁|鉄鉱・臭|石英・重|方解石・燭|黒炭

後　接　22　亜鉛華・試硬器・二色鏡・緑柱玉・車骨鉱・波及軸・粘土質・金紅砂・集片状・多色性・正方榍

前後接　6　灰硝石・硼砂灰、石鍾乳・魚眼石、炭鉄鉱・瀝青炭、銅雲母・満俺銅、礬赭土・満俺礬、板温石・珪藻板

二字漢語語基（以下用例は一部のみ）

a　自立語基　167

単　立　113　映像・鉛鉱・灰華・角銀・完面・蛍光

前　接　13　空晶石・斜軸柱・対称面・長軸錐・電気石

後　接　35　セレーン硫黄・絹雲母・変質仮晶・木化石

前後接　6　亜鉛鉱・肝臓亜鉛、硼酸灰・方硼酸

b　結合語基　252

前　接　172　塩化鉛・黄輝泡石・灰鉄柘榴・褐鉄粒

後　接　65　同質異像・顕微化学・植物仮像・濃紅銀鉱

前後接　15　温石絨・板温石、屈折率・重屈折

一字の漢語語基では前接するものが最も種類が多い。これは修飾機能を持ち、次のような意味を表わすものが大勢を占める。頻用されるものをゴチックで示す。

色彩…吩（紫）・**黄**・火・**褐**・肝（肝臓色）・月・**紅**・**黒**・翠・青・赤・透・燈・乳・**白**・黝（あおぐろ）・**藍**・**緑**

光沢…**輝**・日（反射光で耀く）・氷

形状…介（介殻状）・束（束状態）・団（球状）・方（四角）・簾（すだれ状）・針（細い糸状）・塊（塊状）

模様…細
性質…硬・軟・磁（磁力がある）・陶（煉瓦のように硬い）・泥（粘土質）・重（重土）
成分…硅（硅酸）・臭（臭素）・水（水素・水）・糞（海鳥の糞）・木・灰（カルシウム）・菱（炭酸石）
価値…貴・偽

前接するものは英語を逐語訳したものが多く、語基と原語とが対応している。例えば「吟銅鉱 Purple Copper Ore」「偽燐灰石 Pseudo apatite」「褐硫塩 Brown Salt」「翠簾石 Indigolite」「肝鉄鉱 Hepatic Pyrite」「臭塩銀 Bromite」「輝黒炭 Glance Coal」「水滑石 Hydrotaleite」「泥鉄鉱 Clay Iron Ore」など。

後接する一字の漢語語基は種類が少ないが、造語要素として頻度が高く、主としてカテゴリーを示す機能を担っており、次のように整理できる（前・後接するものを含める）。

鉱物の種差 ……華・玉・鉱・土・粒・石・炭[2]
形　状 ……梱・体・板・状・條
成　分 ……灰・銅・礬

前・後接する語基は、灰・石・炭・銅・礬・板の六種であるが、このうち、「灰」と「銅」は前接が多い。「石」は「石鍾乳」以外は後接し、延べ語数の最も高い語基である。

二字の漢語語基の特徴は次のようにまとめられる。

二字の漢語語基には、「雲母」「亜鉛」のように分解困難なものと、「鉛・黄」「灰・華」のように分解可能なものとがある。鉱物用語には後者の方が多いが、これは訳語の造語法と大いに関係がある。次に具体例を示す。

a. 映像　Reflected Image　　角銀　Horn Silver　（下略）
b. 完面　Holo（全）Hedry（面）（中略）重石　Tung（重い）sten（石）

aは、原語に漢字一字を対応させたもの、bは、原語を分解し、その構成要素に漢字一字を対応させたものである。鉱物用語を新たに造語する際、語基を基にして（一字漢字が一語基に相当）「語基＋語基」の形で訳語を増やしていったことが考えられる。

2　森本信男他著『鉱物学』の鉱物名

本節では『鉱物字彙』から八十五年後の昭和五十年〔1975〕に刊行された森本信男・砂川一郎・都城秋穂著『鉱物学』に用いられている鉱物名について調査した結果を示す。

同書の「鉱物名索引」によると本書には四六九の鉱物名が用いられているが、それらを語種によって分けると次のようになる（傍線を付した部分は同書では平仮名で表記されているが、漢字表記に直して掲げる。このことについては後に論じる）。

2―1　用例

A　和語（六語）

霰石・蛍石・霞石・楔石・小藤石・神保石

B　漢語（一五四語）

薔薇輝石・直閃石・長石・中沸石・濁沸石・電気石・毒重石・銅藍・塩素燐灰石・沸石・弗素燐灰石・普通角閃石・普通緑簾石・岩塩・頑火輝石・擬珪灰石・銀鉄明礬石・白鉛鉱・剥沸石・白榴石・白鉄鉱・白雲母・斑銅鉄・玻璃長石・砒四面銅鉱・翡翠輝石・砒鉄鉱・方鉛鉱・方沸石・方硼石・方解石・方珪石・方輝銅鉱・硼

酸石・硼砂・水晶石・蛇紋石・磁硫鉄鉱・磁鉄鉱・十字石・重十字沸石・準長石・準輝石・重晶石・灰(かい)長石・灰硼石・灰十字沸石・灰重石・角閃石・橄欖石・滑石・褐鉛鉱・褐簾石・珪褐石・鶏冠石・珪線石・輝安鉱・輝銅鉱・輝沸石・輝銀鉱・金緑石・菫青石・金雲母・輝石・輝水鉛鉱・紅亜鉛鉱・紅柱石・鋼玉・黄玉・黒銅鉱・黒雲母・金剛石・高温型石英・紅簾石・氷長石・硬緑泥石・硬石膏・孔雀石・苦灰石・鏡鉄鉱・礬石・水礬土石・水滑石・明礬石・鉛重石・濃紅銀鉱・黄銅鉱・黄鉛鉱・黄鉄鉱・藍銅鉱・藍閃石・藍晶石・藍鉄鉱・燐珪石・菱亜鉛鉱・菱沸石・緑泥石・菱苦土鉱・緑塩銅鉱・緑鉛鉱・緑簾石・菱鉄鉱・硫砒銅鉱・硫砒鉄鉱・硫酸鉛鉱・石墨・赤銅鉱・石英・石黄・赤鉄鉱・石膏・閃亜鉛鉱・尖晶石・斜長石・斜方角閃石・斜方輝石・車骨鉱・四面銅鉱・針銀鉱・辰砂・針鉄鉱・自然銅・自然銀・自然白金・自然砒素・自然硫黄・自然金・自然鉄・硝石・束沸石・葱臭石・錐輝石・水晶・錫石・蛋白石・胆礬・淡紅銀鉱・炭酸塩燐灰石・単斜頑火輝石・単斜輝石・単斜鉄珪石・天青石・鉄重石・鉄橄欖石・鉄珪石・透輝石・透閃石・雲母・葉蠟石・雄黄・柘榴石・紫蘇(しそ)輝石・北投石・阿仁鉱

C　外来語（二〇七語）

アデュラリア・アクマイト・アナルサイム・アナルサイト・アナタース・アンチドラダイト・アノーサイト・アントレライト・アラバンダイト・アラゴナイト・アレモンタイト・アメバイト・アルマンディン・アルタイト・アタカマイト・バイトウナイト・ベルツェリアナイト・ベエサイト・ベツビアナイト・ビスムシナイト・ブンゼナイト・ブラボアナイト・ブライトハウプタイト・ブーランジョライト・ブロカンタイト・ブロメライト・ブルッカイト・ブルーサイト・チーモナイト・ダイアスポア・ダイジョナイト・ダイヤモンド・ダンビュライト・ダトーライト・ディッカイトエンスタタイト・エルバアイト・エスコライト・ドラバイト・ドロマイト・エジリン・エジリンオージャイト・エンディオプサイト・ファマチナイト・ファヤライト・フェロホーチ

ノライト・フォロオーシャイト・フォローライト・フェロシライト・フォルステライト・フライバージャイト・ガライト・ゲルスドルファイト・ギブサイト・グドマンダイト・グラファイト・グリーナライト・グリーノカイト・グローコドート・グロシュラー・ハイアロシデライト・ハイドログロシュラー・ハイドロジンサイト・ハイパーシン・ハロイサイト・ハウエライト・ハウレイアイト・ハウスマンナイト・ヘルネサイト・ホルンブレンド・ホートノライト・ヒューマイト・ヒューランダイト・イリドスミン・イリジユム・イルメナイト・ジルコン・カドモセライト・カマサイト・カーナイト・カンクリナイト・カーノタイト・カオリナイト・カレリアナイト・カルカンサイト・カルシライト・カティエライト・ケッティジャイト・コバルトペントライト・コベリン・コーディエライト・コンドロダイト・コランダム・コロラドアイト・コールマナイト・コルンバイト・コーサイト・クラウスターライト・クリノエンスタタイト・クリノヒューマイト・クリノゾイサイト・クリソライト・クリソタイル・クリストバライト・クロックマナイト・クロコアイト・クロリトイド・クトナホライト・マグヘマイト・マグネサイト・マイククリン・マイクロライト・マンガンコルンバイト・マンガンスピネル・モンガンタンタライト・マンスフィールダイト・マラカイト・メラノスティビアン・メリライト・メタシンナバー・モナザイト・モンチセライト・モンチボナイト・モリブデナイト・ナクライト・ナトライト・ノントロナイト・ノルベルジャイト・オージャイト・オパール・オーピメント・オリゴクレース・オーリカルサイト・オルダマイト・オスミウム・オットレライト・パイロファナイト・パイロフィライト・パイロクローアイト・パイロクロール・パイロクスマンジャイト・パイロープ・バイロステルプナイト・パンペリアイト・パラゴナイト・パラジウム・パラシンプレサイト・ペントランダイト・ペリクレース・ペロブスカイトメビスタサイト・ポートランダイト・プラトネライト・プロトエンスタタイト・ラブラドライト・ランメルスバージャイト・レピドクロサイト・リザダイト・ローズナイト・ロクサイト・ローソナイト・

ローザサイト・ローゼイアイト・ルチル・ルゾナイト・リューサイト・サフィリン・サイロメレーン・サンマルチナイト・サーディン・サパナイト・サーライト・セレノライト・セレスタイト・セーリアナイト・セリグマナイト・シンプレサイト・シルビン・シュライバーサイト・ソーダイト・コーナイト・スチルプノメレーン・スフェーン・スコロダイト・スコール・スペリライト・スペサルティン・スピネル・スポジューメン・スタンナイト・ステアナイトメステイショバイト・スウェデンボルガイト・ターフェアイト・タイナイト・タンタライト・テフロアイト・ティンカルコナイト・トパーズ・トノデイマイト・ウバロバイト・ウルボスピネル・ウルフェナイト・ウルマナイト・ウルツァイト・ウスタイト・ワイカイト・ゼノタイム・ゾイサイト

D　混種語（一〇二語）

a　（外来語＋漢語）（一〇一語）

亜鉛スピネル・アクチノ閃石・アメス石・アンモニウム硝石・アンモニウム鉄明礬石・アルベゾン閃石・アルカリ長石・アルカリ角閃石・アルカリ輝石・バリウム長石・バリウム天青石・ベーム石・ベニト石・ベスブ石・プロシャン銅鉱・チタン鉄鉱・ドーブレー鉱・デュルレ鉱・エデン閃石・エジル輝石・フォロヘデン輝石・フランクリン鉱・普通ホルンブレンド・含水コヘディエライトゲイキイ石・グリメン沸石・グリュネ閃石・ヘデン輝石・砒銅ウラン石・ホーランド鉱・ホルムクイスト閃石・方トリウム石・ヒューム石・インド石・灰(かい)チタン石・カミングトン閃石・カリ長石（カリウム長石とも）・カリ岩塩・カルノー石・カルシュム角閃石・カルシウム輝石・カトフォル閃石・ケルスート閃石・輝コバルト鉱・コバルト華・紅砒ニッケル鉱・硬マンガン鉱・高温型アルバイト・高温型サニディン・クロム鉄鉱・クロンステット石・マグネシオアルベゾン閃石・マグネシオリーベック閃石・モンガン重石・メタ燐銅ウラン石・水マンガン鉱・モリブデン鉛鉱・無水コーディエライト・ナトリウム明礬石・ナトリウム鉄明礬石・ニッケル華・ニッケル鉄・オンファル輝石・

パーガス閃石・パイロルース鉱・パラ珪灰石・パウェル石・ピジョン輝石・ラドラム鉄鉱・リーベック閃石・燐銅ウラン石・燐灰ウラン鉱・リシア輝石・リシア雲母・菱カドミウム鉱・菱コバルト鉱・緑マンガン鉱・菱マンガン鉱・青色性コペリン・閃ウラン鉱・セプテ緑泥石・シャモス石・針ニッケル鉱・シノ石・自然アンチモニー・自然ビスマス・ソーダ沸石・ソーダ硝石・曹長石・スコレス沸石ストロンチウム重晶石・ストロンチウム鉱・鉄エデン閃石・鉄ヘイスチング閃石・鉄コルンバイト・鉄マンガン重石・鉄タンタライト・鉄トルコ石・鉄ツェル　マク閃石・トムソン沸石・ツェルマク閃石・ヤコブス鉱・ヨハンセン輝石

b　（和語＋漢語）　なし

c　（外来語＋和語）　なし

d　（和語＋外来語＋漢語）（一語）

板（いた）チタン石（brookite）(3)

改めて一覧するまでもなく、八十五年前の『鉱物字彙』と比べて、和語名と漢語名が少なく、外来語名が極めて多い。このことに関連して注目されるのは、索引で、和名、漢名、混種語名を掲げて空見出しとし、カタカナ名を見るように指示されていることである。この指示に従って、和名、漢名、混種語名を外来語名に変えると、全鉱物名の半分が外来語名となる。以下の四七語がその例である。

「霰石↓アラゴナイト」「薔薇輝石↓ローズナイト」「普通角閃石↓ホルンブレンド」「頑火輝石↓エンスタタイト」「白榴石↓リューサイト」「玻璃長石↓サニディン」「方珪石↓クリストバライト」「方輝銅鉱↓ダイジェナイト」「板（いた）チタン石↓ブルッカイト」「灰チタン石↓ペロブスカイト」「灰長石↓アノーサイト」「灰ほう石↓コールマナイト」「カリ岩塩↓シルビン」「霞石↓ネフェリン」「菫青石↓コーディライト」「輝水鉛鉱↓モリブ

デナイト」「鋼玉→コランダム」「黄玉→トパーズ」「硬マンガン鉱→サイロメレーン」「金剛石→ダイヤモンド」「氷長石→アデュラリア」「硬緑泥石→クロリトイド」「苦灰石→ドロマイト」「楔石→スフェーン」「水礬土石→ギブサイト」「水滑石→ブルーサイト」「モナズ石→モナサイト」「モリブデン鉛鉱→ウルフェナイトムライト」「鱗珪石→トリディマイト」「リイア輝石→スポジューメン」「緑塩銅鉱→アタカマイト」「石墨→ブラファイト」「石黄→オーピメント」「尖晶石→スピネル」「しそ輝石→ハイパーシン」「曹長石→アルバイト」「葱臭石→スコロダイト」「錐輝石→エジリン」「蛋白石→オパール」「胆礬→カルカンサイト」「単斜頑火輝石→クリノフェロシライト」「天青石→セレスタイト」「鉄橄欖石→ファヤライト」「鉄珪石→フェロシライト」「鱗鉄鉱→レピドクサイト」「葉蠟石→パイロフィライト」「雄黄→オーピメント」

2—2 『鉱物学』に使用されている漢語名について

ところで、塩澤氏は前掲論文の「まとめ」で次のように述べられ、「専門術語は専門外の者には理解不能な外国語となってしまった」ことを嘆かれている。

現代の鉱物用語と明治のそれとを比較すると、現代では、漢語を主流とする訳語が整理され、外国語をそのまま音訳して取入れたものが大勢を占めている。たとえば、次のようである。

バニスター石　ガノフィル石　モンモリオン石　サポー石　トロイリ鉱　ペントランド鉱　ヒーズルウッド鉱　バレリ鉱　ゼノタイム　モナズ石　トリカルコ石　オンフアス輝石

明治期の術語は、専門外の者が見ても意味内容を類推することが可能であったが、上述したような現代の鉱物用語は、皆目見当のつかないものばかりである。現在では最早や、専門術語は専門外の者には理解不能な外国語となってしまったようである。

この文章が書かれたのは昭和五十六年〔1981〕であり、「現代の鉱物用語」と呼ばれているものには前に調査した『鉱物学』からのものも採られていると思われるが、『鉱物学』の著者は「なるべくヨーロッパの言葉に近いものへ向かって、変化しつつある」と言い、その理由を次のように説明している（「まえがき」p. 13）。

ヨーロッパの地質学・鉱物学は、江戸時代の末期から日本にさかんに移入されはじめた。今日使われている鉱物の和名の中の主なものは、それから1900年（明治33年）ごろまでの間につくられた。しかし、当時つくられた和名のなかには、他の方面ではほとんど使わないような特殊な漢字を用いたものもあり、ちがう鉱物が全く同音である場合もあって、今日の立場から見てかならずしも適当でない点がある。また、ヨーロッパの言葉で表わした鉱物名と全く無関係に和名をつくることは、記憶により多くの負担を課することになるので、なるべく少なくすることが望ましい。このような理由から、鉱物の和名は近年、あまり特殊な漢字を用いないで、二つ以上が同音にならないように、なるべくヨーロッパの言葉に近いものへ向かって、変化しつつある。たとえば、AL_2O_3という化学組成を持つ鉱物は、鋼玉（こうぎょく）とよばれていたが、これは字もむずかしく、硬玉や紅玉と同音でまぎらわしい。そこで最近は、英語名をカナで表わしたコランダムが広く使われるようになっている。

しかし、『鉱物学』に用いられている鉱物名を詳細に分析すると、おそらく『鉱物学』の著者が予想するような方向には進んでは行かないものと思われる。というのは、『鉱物学』においても用いられている漢語名には、外来語名にはない特徴があり、その特徴は今後も用いられ続けられるであろうと予測されるからである。

その漢語名の特徴とは塩澤氏が『鉱物字彙』で述べられているとおりであり、語基の意味と機能とを把握していれば、鉱物の色彩、形状、成分などが理解出来る仕組みとなっていることである。(4)

『鉱物学』に用いられている漢語名には、中国本草学由来のものと、明治時代以降の鉱物学者による新造語とがある。前者は金・銀・銅・白金・砒・方解石・鶏冠石・水晶石・蛇紋石・金剛石・孔雀石・苦灰石・辰砂・電気石・鋼玉・黄玉・雄黄・柘榴石・岩塩・水晶・錫石・蛋白石・硝石・石墨・十字石・石膏・橄欖石・石英・長石・滑石・雲母・礬石・簾石・燐灰石・輝石・翡翠・閃石・沸石・重石・珪石・褐石・線石・晶石・泥石・硼石・銅藍・硼砂・菫青石・天青石・蠟石・柱石などであるが、後者はこれらを基として、塩澤氏が指摘されているような語基を用いて造語されているものである。次に『鉱物学』に用いられている漢語名を整理して掲げれば次のとおりである。

長石→　斜長石・準長石・氷長石・曹長石・玻璃長石・灰(かい)長石

輝石→　翡翠輝石・透輝石・薔薇輝石・錐輝石・頑火輝石・単斜輝石・斜方輝石・準輝石・単斜頑火輝石

閃石→　藍閃石・角閃石・透閃石・直閃石・普通角閃石・斜方角閃石

沸石→　中沸石・濁沸石・剝沸石・束沸石・方沸石輝沸石・菱沸石・重十字沸石・灰十字沸石

重石→　鉛重石・鉄重石・灰重石・毒重石

雲母→　白雲母・金雲母・黒雲母

礬石→　明礬石・銀鉄明礬石

簾石→　緑簾石・紅簾石・褐簾石・普通緑簾石

燐灰石→炭酸塩燐灰石・塩素燐灰石・擬珪灰石・弗素燐灰石

珪石→　鉄珪石・鱗珪石・方珪石・珪線石・珪褐石・単斜鉄珪石

晶石→　藍晶石・重晶石・尖晶石

泥石→　硬緑泥石・緑泥石

硼石→　灰硼石・方硼石

橄欖石→鉄橄欖石
石英→　高温型石英
滑石→　水滑石
鉄鉱→　白鉄鉱・赤鉄鉱・藍鉄鉱・菱鉄鉱・砒鉄鉱・磁鉄鉱・鏡鉄鉱・黄鉄鉱針鉄鉱・硫砒鉄鉱・磁硫鉄鉱
銀鉱→　針銀鉱・輝銀鉱・濃紅銀鉱・淡紅銀鉱
銅鉱→　黄銅鉱・赤銅鉱・藍銅鉱・黒銅鉱・輝銅鉱・緑塩銅鉱・方輝銅鉱・四面銅鉱・硫砒銅鉱・砒四面銅鉱
鉛鉱→　白鉛鉱・黄鉛鉱・緑鉛鉱・褐鉛鉱・方鉛鉱・硫酸鉛鉱・輝水鉛鉱・閃亜鉛鉱・紅亜鉛鉱・菱亜鉛鉱
自然→　自然金・自然銅・自然銀・自然白金・自然砒素・自然硫黄・自然鉄

混種語も漢語語基の一つが外来語に代わっただけで、同様の造語法によって造られているものである。外来語の部分を「—」で示すと、例えば、次のようになる。

（外来語が前項にくるもの）
—閃石（一四例）・—石（一二例）・—輝石（九例）・—鉱（七例）・—沸石（四例）・—鉄鉱（三例）・—長石（三例）・—硝石（二例）・—華（二例）・—雲母（以下一例）・—青石・—岩塩・—明礬石・—重石・—鉄・—銅鉱・—鉛鉱・—角閃石・—鉄明礬石・—珪灰石・—緑泥石・—重晶石

（外来語が後項にくるもの）
高温型—（二例）・自然—（二例）・鉄—（二例）・亜鉛—（以下一例）・無水—・普通—・含水—・青色性—

（外来語が中項にくるもの）
菱—鉱・砒銅—石・方—石・灰（かい）—石・輝—鉱・紅砒—鉱・硬—鉱・燐銅—石・水—鉱・燐銅—石・燐灰—鉱・緑—鉱・閃—鉱・針—鉱・鉄—閃石・鉄—閃石・鉄—重石・鉄—石・鉄—閃石（以上各一例）

以上のように造語力の高い漢語名また混種語名は、現在も用いられており、今後も用いられ続けられるものと思われる。[5]

3 『鉱物学』に見られる交ぜ書きの問題

ところで、『鉱物学』では、和語名は「あられ石(いし)」「ほたる石(いし)」「かすみ石(いし)」「くさび石(いし)」のようにひらがな書きされている。漢語名の中にも「ばら輝石」「るり長石」「ひすい輝石」「かんらん石」「くじゃく石」「ざくろ石」「しそ輝石」のように一部をひらがな書きしているものがある。これらは既に国語化している漢語であり、語形を示せば意味が理解できるものである。したがって、これらをひらがな書きするかカタカナ書きにするか漢字表記にするかは好みの問題と言ってもよい。しかし、次のように、漢語語基の一部が仮名書きされ、一つの漢語名が交ぜ書き表記になっているものがある。

「弗」ふっ素りん灰石
「燐」りん灰石・りん灰ウラン石・ふっ素りん灰石・炭酸塩りん灰石・塩素りん灰石・水酸化りん灰石・りん銅ウラン石・メタりん銅ウラン石
「簾」褐れん石・紅れん石・緑れん石・普通緑れん石
「頑」がん火輝石・単斜がん火輝石
「礬」ばん石・明ばん石・鉄明ばん石・銀鉄明ばん石・胆ばん・アンモニウム鉄明ばん石・水ばん土石・ナトリウム明ばん石・ナトリウム鉄明ばん石
「砒」ひ鉄鉱・ひ四面銅鉱・硫ひ銅鉱・硫ひ鉄鉱・自然ひ素・ひ銅ウラン石・紅ひニッケル鉱

「珪」けい灰石・けい褐石・けい線石・方けい石・擬けい灰石・鱗けい石・単斜鉄けい石・鉄けい石・パラけい灰石

「蠟」葉ろう石

「硼」ほう酸石・ほう砂・灰ほう石・方ほう石

「針」はり長石

仮名書きされたものは、本来「弗」「燐」「簾」「頑」「礬」「砒」「珪」「蠟」「硼」「針」といった漢字の持つ意味でその鉱物の成分や形状などを表わす造語成分として働いているものである。したがって、それを仮名書きにするとそれらの機能は働かなくなる。このような表記が採用されたのは、漢字が果たしている機能を理解していないか、あるいは軽んじているからであろうと推測せざるをえない。先に引用した『鉱物学』の著者の文章に、明治の三十三年〔1900〕ごろまでの間につくられた鉱物名の中には、他の方面ではほとんど使わないような特殊な漢字を用いたものがあると批判している内容があった。「臬客爾（ニッケル）」「汞（みずがね）」「澒（みずがね）」「呤（黄銅）」「黝（銅鉱）」などを指しているものと思われるが、こうした漢字を仮名にすることと漢字の使用を制限されている児童向けの本で「花こう岩」「石英せん緑岩」「はんれい岩」「かんらん岩」「ひん岩」「けつ岩」「れき岩」「角せん岩」などと書かれることとは異なるはずである。しかし、鉱物学者たちがこのような変則的な表記を採り続ければ、漢語名を用いる意味は失われ、鉱物の学名は外来語に置き換わることになるであろう。それにより学名と国内名との二つを覚えなければならないという「記憶により多くの負担を課すること」が除かれることになり、世界の鉱物学界に論文を発表する時に便利だからという利点が得られるであろう。しかし、それは、かつて蘭学が日本語では対応することのできなかった西洋語名を、前述のような漢語の持つ機能を十二分に活用して新しい学術名を作った明治の鉱物学者の努力を無意味なものとするにほかならない。

4　新鉱物名の命名法

ところで、一九五八年に結成された国際鉱物学会（International Mineralogical Association）で「新鉱物および鉱物名に関する委員会」（Commission On New Menerals and Meneral Names）が設置されているが、新鉱物種の認定や鉱物種の整理などが行われる際に求められる資料の一つである名前に関しては、命名と語源の説明だけが求められただけのようである。[6] したがって、日本人によって発見された新種の鉱物は発見場所や発見者あるいは鉱物学に貢献した人の名などをラテン語式に命名することもできる。これ以前に人名を用いたものには小藤文次郎を記念したkotoite（小藤石）などや発見地の名が用いられたサヌカイト（Sanukite）という先例がある。後者は明治十三年〔1880〕頃に、ドイツの地質学者ナウマンと岩石学者ワインションクによって、四国讃岐の五色台で採集された新岩石が、産地の讃岐にちなんで命名されたものであったことは知られている。松原聡監修・宮島宏著『日本の新鉱物1934-2000』（フォッサマグナミュージアム、平成十三年〔2001〕七月刊）によって、昭和九年〔1934〕から平成十二年〔2000〕までに日本で発見された鉱物の名を示せば次のとおりである。

【地名】anilite 阿仁鉱・bicchulite 備中石・tobermorite 単斜トベルモリ石・fukaite 布賀石・furutobeite 古遠部鉱・ikunolite 生野石・itoigawaite 糸魚川石・iwakiite 岩城鉱・jikokuite 上国石・kamaishilit 釜石石・kamiokite 神岡石・kawazulite 河津鉱・kobeite 河辺石・miharaite 三原鉱・mikasaite 三笠石・nakaseite 中瀬鉱・nakauririte 中宇利石・ningyoite 人形石・ohmilite 青海石・ohminelite 大峯石・okayamalite 岡山石・okhotskite オホーツク石・osarizawaite 尾去沢石・osumilite 大隅石・rengeite 蓮華石・shigait 滋賀鉱・sonolite 園石・tamaite 多摩石・taneyamalite 種山石・teineite 手稲石・tobelite 砥部雲母・todorokite 轟石・toyohaite 豊羽鉱・tsugaruite 津軽鉱・tsumoite 都茂鉱・nunakawaite 奴奈川石（＝strontio-orthjoaquinite）・yugawaralite 湯河原沸石

【人名】fukuchilite 福地鉱・haradaite 原田石・henmilite 逸見石・iimorite 飯盛石・jimboite 神保石・kanoite 加納輝石・katayamalite 片山石・kimuraite 木村石・kinichilite 欽一石・kinoshitalit 木下石（木下雲母）・kozoite 弘三石・kozulite 神津閃石・kuszchiite 草地鉱・manjiroite 万次郎鉱・masutomilite 益富雲母・matsubaraite 松原石・minamiite 南石・nagashimalite 長島石・nambulite 南部石・oyelite 大江石・petrukite ペトラック鉱・sakuraite 桜井鉱・sugilite 杉石・suzukiite 鈴木石・takanelite 高根鉱・takedaite 武田石・wadalite 和田石・wakabayashilite 若林鉱・watanabeite 渡辺鉱・yoshimuraite 吉村石

【方言】imogolite 芋子石

こうした名前は実質的に日本語が用いられたものであることは注目しておきたい。以上の他に、次のように既に存在する名前に化学組成などの特徴を示す成分を加えた名前も見られる。

akaganeite 赤金鉱・ammonioleucite アンモニア白榴石・hydroxylellestadite 水酸エレスタド石・magnesio-foitite 苦土フォイト電気石・morimotoite 森本柘榴石（森本は人名）・natroapophylite ソーダ南部石（南部は人名）・natroambulite ソーダ魚眼石・pararsenolamprite パラ輝砒鉱・parashibirskite パラシベリア石・para-symplesite 亜砒藍鉄鉱・potassicmagnesiosadanagaite カリ苦土定永閃石（定永は人名）・potassic-sadanagaite カリ定永閃石（同上）・protoferro-anthophyllite プロト鉄直閃石・protomangano-ferro-anthophyllite・プロトマンガノ鉄直閃石・pumpellyite マンガノパンペリー石・ruthenium 自然ルテニウム・stannoidite 褐錫鉱・stronalsite ストロナルス長石・strontio-orthjoaquinite ストロンチオ斜方ジョアキン石

ただし、宝石名はカタカナ名が多く用いられており、それは今後も続くものと思われる。商品名としては漢語名よりも外来語名が高級感を醸し出せるからであろう。

5 宝石名

しかし、宝石学が鉱物学の特別の一分野として成立した頃には漢語が多用されていた。例えば鈴木敏編『宝石誌』（秀英舎、大正五年〔1916〕刊）で用いられている名称は次のとおりである（参考に英語名を示す）。

【正宝石】

第一等宝石

1 金剛石　Diamond
2 鋼玉石（紅宝石、藍宝石等を含む）　Corundum　Ruby　Sapphre
3 金緑石　Chrysoberyl
4 尖晶石　Spinel

第二等宝石

5 ヂルコン　Zircon
6 緑柱石（緑宝石等を含む）　Beryl　Emerald　Aquamarine
7 黄宝石　Topaz
8 電気石　Tourmaline
9 柘榴石　Garnet

10 貴蛋白石　Precious Opal

第三等宝石

11 菫青石　Cordierite

12 ベスーブ石　Vesuvianite

13 橄欖石　Orivine

14 斧石　Axinite

15 藍晶石　Cyanite

16 十字石　Staurolite

17 紅柱石　Andlusite

18 空晶石　Chiastolite

19 緑簾石　Epidote

20 土耳其石　Turquoise

【半宝石】

第四等宝石

21 石英　Quartz

甲、結晶せる石英

イ、水晶　Rcck-Crystal

ロ、紫水晶　Amethyst

ハ、普通石英　Common Quartz

ホ、砂金石　Aventurine

ヘ、猫睛石　Cat's Eye

ト、紅石英　Rose-Quartz

ニ、フラーズ　Praze

乙、珂（仏頭石）　Chalcedony

イ、珂　Chalcedony

ロ、瑪瑙　Agate

ハ、プラズマ　Plasma

ニ、血星石　Bloodstone

ホ、碧玉　Jasper

ヘ、緑珂　Chrysoprase

丙、蛋白石　Opal

イ、火蛋白石　Fire Opal

ロ、斑蛋白石　Harlequin Opal

ハ、水透蛋白石

ニ、盲蛋白石

ホ、碧玉蛋白石

ヘ、普通蛋白石　Common Opal

22 長石　Ferdspar

イ、氷長石　Adularia

ロ、天河石　Amazonstone

23 閃長石　Labradorite

24 黒曜石　Obsidian

25 青金石　Lapis Lazuri

26 藍方石

27 紫蘇輝石

28 透輝石　Diopside

29 蛍石　Fluorite

30 琥珀　Amber

第五等宝石

31 ヂェット　Jet
32 軟玉　Nephrite
33 蛇紋石　Serpentine
34 蠟石
35 凍石
36 壺石
37 異剝石
38 古銅石
39 閃光石　Schiller sper
40 纖維状灰石（方解石、及び霰石）　Calsite, Alagonite
41 大理石　Marble
42 纖維灰石（石膏）　Satin-spar
43 雪石膏
44 石碧（孔雀石）　Malacite
45 黄鉄鉱　Iron-pyrites
46 菱錳鉱　Smithonite
47 輝鉄鉱　Hematite
48 葡萄石　Prehnite

49 脂光石　Elaeolite
50 曹達沸石　Natrolite
51 熔岩　Lava
52 石英角礫岩　Quartz-brececia
53 リシア雲母

こうした名称も現在では多く外国語名が用いられている。例えば崎川範行著『宝石学への招待』（共立科学ブックス、昭和五十四年〔1979〕刊）では、ダイヤモンド、コランダム、ルビー、サファイア、エメラルド、アクアマリン（ヘリオドール・ゴールデン・ベリル）、ローズ・ベリル（モルガナイト）、ヒスイ、トパーズ、水晶（アメシスト・シトリン・煙水晶・ローズ・クォーツ（紅水晶））、玉髄（カルセドニー）、コーネリアン、サード、クリソプレース、ブラッド・ストーン、メノウ、オニックス、ジャスパー、オパール、ガーネット、トルマリン（電気石）、ジルコン、クリソベリル、キャッツ・アイ（猫目石）、アレキサンドライト、トルコ石、ラピスラズリ、クンツァイトなどである。

注

（1）小藤文次郎他編『鉱物字彙』に載せる鉱物名を語種別に掲げる。

A　和語（一三語）
霰石（あられいし）・蛭石（ひるいし）・燧石（ひうちいし）・蛍石（ほたるいし）・岩塩（いわしお）・霞石（かすみいし）・豆石（まめいし）・緑霞石（みどりかすみいし）・蝙石（むしいし）・鳴り塩（なりしお）・糠石（ぬかいし）・扇石（おうぎいし）・斧石（おのいし）

B　漢語（四一七語）
亜鉛・亜鉛華・亜鉛鉱・亜鉛乳石・亜鉛鉄鉱・亜鉛黝銅鉱・安黝銅鉱・板温石・硼砂・芒硝・葡萄石・葡萄閃

石・血玉髄・地瀝青・地蠟・脹膜石・長石・濁沸石・団鉄鉱・泥鉄鉱・電気石・銅沸石・銅華・紅輝石・銅黒・毒石・毒砂・毒鉄鉱・銅乳石・銅藍・銅緑礬・銅針鉱・銅雲母・吟銅鉱・吟鉛鉱・吟鉛鍾乳・鉛・塩・塩銅鉱・塩化鉛・鉛重石・鉛紺石・鉛黄・鉛丹・鉞石・輻石・糞化石・沸石・普通輝石・鵝管石・頑火石・玄武碧石・月長石・銀・銀毒砂・偽燐灰石・偽青石・魚眼石・玉滴石・玉髄・白鉛鉱・白閃石・白鉄鉱・白雲母・白雲石・礬土石・礬赭土・瑠璃長石・針鉱・針棍状鉱・針碧礬・針鉄鉱・葉石炭・葉碧礬・葉石炭・碧玉・砒・砒安黝銅鉱・砒銅鉱・砒毒砂・砒華・砒黝銅鉱・方亜鉛鉱・方安鉱・方鉛鉱・方沸石・方解石・硼酸灰・硼砂・硼砂灰・方黝石・百部根石・氷長石・異剝石・異極鉱・溢晶鉱・岩塩・硫黄・柘榴石・蛇紋石・字形花崗岩・靫皮石炭・磁黄鉄鉱・地瀝青・地蠟・磁鉄鉱・城址大理石・城址瑪瑙・重長石・重方解石・重十字石・樹脂石・重石・重硝石・重天青石・重雲母・重宇雲母・灰長石・灰泥石・灰沸石・灰十字石・灰華・介褐炭・塊黒炭・灰硝石・灰曹長石・灰鉄柘榴・灰宇雲母・光輝石・角鉛鉱・角銀・角閃鉱・甘汞・橄欖石・肝水銀・肝臓亜鉛・肝鉄鉱・肝臓水砂・滑石・火蛋白石・褐炭・褐鉄鉱・褐鉛鉱・褐菫青石・褐菱鉱・褐硫塩・渇雲母・褐鉄鉱・硅銅鉱・硅灰鉄鉱・鶏冠石・珪孔雀石・珪乳石・珪線石・絹布石・血石・輝鉛安鉱・輝鉛砒鉱・輝沸石・貴柘榴石・貴橄欖石・輝黒炭・金毛鉱・金・金紅石・金紅砂・金緑玉・金青輝玉・菫青石・金雲母・輝石・輝蒼鉛鉱・輝鉄鉱・紅亜鉛鉱・紅柱石・紅電気石・古銅石・紅鉛鉱・硬玉・鋼玉石・琥珀・皓礬・紅宝玉・紅霞石・黒地瀝青・黒鉛鉱・黒簾石・黒赭石・黒辰石・黒晶石・黒炭・黒雲母・金剛石・紺石・紅簾石・氷・硬碧泥石・紅柘榴・硬石膏・紅榍石・骨石・紅雲母・苦土橄欖石・苦土磁鉄・苦土明礬・苦土雲母・孔雀石・孔雀鍾乳・榍鉱・空晶石・瑪瑙・蜜蠟柱石・餅石炭・毛塩・模樹鉱・毛輝石・木化石・木蛋白石・毛閃石・無焔炭・明礬石・鉛・鉛重石・軟玉・日長石・肉紅玉髄・韮角閃石・濃紅銀鉱・濃緑玉髄・乳石英・黄長石・黄銅鉱・黄鉛鉱・黄玉・黄柘榴石・黄血石・黄輝泡石・黄榴石・黄鉄華・黄柘榴・雷榍石・螺状銀鉱・藍銅鉱・藍方石・卵状鉄鉱・藍光石英・卵石・藍閃石・藍晶石・藍鉄鉱・瀝青炭・簾黄玉・燐銅・燐銅鉱・燐礬鉱・燐灰石・燐苦土鉱・鱗石英・鱗石灰・鱗石膏・六方十二面榍・蠟石炭・蠟石炭・蠟炭・瑠璃・菱亜鉛鉱・菱亜鉛鉄鉱・緑礬・緑礬鍾乳・緑柱玉・菱苦土石・緑銅鉱・緑泥石・緑銅雲母・緑塩同項・緑玉髄・緑玉・緑座色石・緑蛍石・緑菫蒼石・緑輝石・緑簾石・緑

石英・緑閃石・緑石榴石・硫銀鉱・硫砒鉛鉱・粒状輝石・菱鉄鉱・硫銅鉛鉱・硫銅銀鉱・硫銅鉱・硫酸鉛鉱・硫酸銅鉱・硫水鉛鉱・細根状石・正長石・青鉛鉱・青玉・正方榍・青燐鉱・青鉄石・星葉石・石墨（黒鉛）・赤銅鉱・石英・赤沸石・赤礬・石筆石・石絨・石綿・石鍾乳・石炭・赤鉄鉱・石髄・石灰芒硝・石灰長石・石灰石・石鹼石・石膏・繊維重硝石・繊維黒炭・繊維菱苦土石・繊維石英・繊維石灰・繊維石膏・閃光石・斜長石・斜方沸石・斜十字石・砂金鹵石・砂金石・車骨鉱・錫砂・舎利塩・試金石・脂光石・縞碧玉・縞瑪瑙・真珠滴玉・真珠雲母・針鉱・辰砂・針鉄鉱・白輝石・白温石・白雲母・紙炭・薔薇輝石・灯黒炭・硝石・沼鉄・臭塩銀・蓚酸鉄・臭石英・蒼鉛華・粗白金・鎗状白鉄・束沸石・葱臭石・水鉛鉛鉱・水鉛華・水銀・水白鉛石・水白鉄鉱・水白雲母・翠礬・水灰長石・水滑石・錐輝石・翠簾石・水菱苦土鉱・水硫酸銅・水晶・砂石炭・錫・卓石・沢鉄・胆礬・蛋白碧玉・蛋白石・淡紅銀鉱・単硫鉄鉱・炭酸曹灰・炭鉄鉱・鉄灰菱鉱・天青石・鉄・鉄白金・鉄橄欖・鉄橄欖石・鉄瀝青・鉄燐灰石・鉄緑泥石・鉄石英・鉄榍石・鉄蛋白石・鉄雲母・鉄黝銅鉱・陶碧玉・透角閃石・透菫青石・透輝石・橙黄石・雲母・沃土銀・陽起石・葉石炭・葉炭・黝銅鉱・黝方石・黝輝石・硫黄（石黄）・黝簾石・黝石髄・柘榴石・雑鹵石

＊以下、外来語名（英語・ドイツ語）また外来語を含むものは原語を併せて掲げるが、語形の近いものを優先して示す。

C　外来語（八語）　※ローマ字表記で細字は英語、太字はドイツ語である。

安質母（アンチモン）（Antimony）・ベスビアン（Vesubianite）・ビスマス（Bismuth）・ヂルコン（Zircon）・コンドロヂット（Chondondite）・メアシヤーム（**Meerschaum**）・スカポリット（Scapolite）・ウルフラム（Welframite）

D　混種語（一三七語）

a　（外来語＋漢語）（一〇五語）

亜鉛スピネル（Zinc Spinel）・圧起越歴（えれき）（Piezoelectricity）・アマゾン石（Amazon-ston）・アンモニア明礬（Ammonia-Alum）・安質母（アンチモン）銀鉱（**Antimonsildery**）・安質母華（Ammony Bloom）・安硫ニッケル鉱（**Anti-mon-niekelglanz**）・アストラカン石（せき）（Astrakanlite）・バナジア雲母（Vanadia Mica）・板（バン）チタン石（brookite）・チタン鉄砂（Menaccanite）・銅満俺鉱（**Kupfermanganerz**）・銅ウラン雲母（Coper Uranite）・銀テルル（Hessite）・白金イリジュム（Platinairidium）・砒安質母尼（Allemontite）・砒コバルト鉱（Smaltite）・砒ニッケル鉱（Chloanthite）・砒硫ニッケル鉱（Gersdorffite）・方コバルト鉱（Skutterudite）・方曹達石（Sodalite）・風信子石（Hyacinth）・カイニト石（Cainite）・灰スポカリト（Meionite）・加里長石（Kalifeldspath）・加里十字石（**Kaliharmotom**）・加里明礬（Kali-Alaun）・加里石塩（Sylvine）・褐満俺石（Braun Spar）・褐スピネル（Picotite）・輝安質母銀鉱（Myargyrite）・輝安質母鉱（Stibnite）・輝コバルト鉱（Cobaltite）・コバルト華（Cobalt Bloom）・紅砒ニッケル鉱（Copper Nickel）・硬満俺鉱（Psilomelane）・紅ニッケル鉱（Copper Nikel）・クローム碧泥石（Chromium-chlorite）・クローム鉄鉱（Chromite）・クローム雲母（Fuchsite）・黒スピネル（Pleonast）・黒ヂルコン（Malacon）・満俺銅（Crednerite）・満俺礬（Mangan Vitriol）・軟満俺鉱（**Welchmanganerz**）・ニッケル華（Annabergite）・パラジュム金（Palladiumgold）・ライン鉱（Reinite）・瀝青ウラン（Uranite）・稜コバルト鉱（Cobalt Spar）・緑ニッケル鉱（Texaite）・菱満俺鉱（Mangan Spar）・硫安質母鉛鉱（**Antimon-bleiblende**）・硫安質母銀鉱（Stephanite）・硫安質母酸鉱（Pyrostibite）・硫銅安質母鉱（Chalcostibite）・硫鉛安質母鉱（Jamesonite）・硫砒ニッケル鉱（Gersdorffite）・硫カドミニュム鉱（Greenockite）・硫コバルト鉱（Linneite）・硫満俺銅（**Manganblende**）・硫酸加里鉱（**Kalisulfat**）・サーラ石（Salite）・赤ニッケル鉱（Cpper-nickel）・繊維メルシャーム（Sapiolite）・セレーン鉛銅（**Selenbleikupfer**）・セレーン鉛鉱（**Selenblei**）・セレーン銀鉱（**Selensilber**）・セレーン硫黄（**Selenschwefel**）・セレーン水銀（**Selenqueeckailber**）・セール簾石（Orthite）・セール石（Cerite）・針状テルル（Sylvanite）・白チタン（Titano morphite）・曹達長石（Albite）・ソーダ沸石（Pectolite）・曹達角閃石（Arfvedsonite）・曹達加里長石（Miclrocline）・曹達輝石（Aegerite）・曹達明礬（Soda-Alum）・曹達正長石（Soda-Orthoclase）・曹達硝石（Soda-Nitre）・曹達長石（Albite）・曹達雲母（Paragonite）・曹長石（Albite）・曹灰長石（Soda-lime-feldspar）・曹灰鉱（Gay-Lussite）・曹灰石（Natroborocaleite）・水満俺鉱（manganite）・翠ニッケル（Nickelsmaragd）・スピネル（Spinel）・ストロンシュム灰石（Strontianocalcite）・ストロンシユム鉱（Strontianite）・テルル鉛鉱（Tellurblel）・テルル銀（Tellursilber）・鉄スピネル（Hercynite）・チタン磁鉄鉱（Titanic Magnetite）・チタン鉄鉱（Titanic Iron）・土耳古石（Turquois）・ウラン礬（Uranium-Vitriol）・ウラン華（Uran Ochre）・ウラン雲母（Uranglimmer）・ウラン石（Uralite）・ウルフラム華（Wolfram Ochre）・葉テルル鉱（Nagyagite）

b （和語＋漢語）（三〇語）

赤縞瑪瑙・泡蒼鉛・針緑礬・針鉄鉱・葉緑礬・葉石炭・火蛋白石・瓦銅鉱・苔瑪瑙・絹雲母・雲瑪瑙・黒電気石・黒橄欖石・黒輝石・黒金剛石・黒石灰・黒雲母・黒黝銅鉱・黒柘榴石・黒水晶・煙水晶・斑瑪瑙・盲蛋白石・緑霞石・紫水晶・膠石炭・緑霞石・銹蛋白石・珊瑚霰石・山石鹼

c （外来語＋和語）（一語）

針ニッケル（Millerite）

d （和語＋外来語＋漢語）（一語）

針テルル鉱（Sylvanite）

（2）「華」は sinter（鉱泉にできる珪酸・石灰などの沈殿物）の訳語として用いられている。例えば石灰華は「石灰水が洞穴の側壁を流れて、石灰を沈殿させる。その形が時に奇異なることがある。これを『石灰華』と呼ぶ」（横山又次郎著『鉱物学簡易教科書』明治三十三年〔1900〕刊）。亜鉛華・銅華・砒華・灰華・黄鉄華・蒼鉛華・水鉛華・安質母華・コバルト華・ニッケル華・ウラン華・ウラニウム華などがある。

（3）『鉱物字彙』ではバンチタンであった。

（4）横山又次郎著『鉱物学簡易教科書』（明治三十三年刊）に、

亜種の区別は、結晶においては、その色もしくは純濁によって、集合体においては、その組織による。亜種の名は、鉱物名に形容的辞詞を冠して区別することあり。（p.36）

とあり、次のように示されている。

石英（硅素と酸素との化合物）の亜種

紅水晶
乳石英
角石
燧石
瑿石（一名碧玉）
玉髄
瑪瑙
錫石
剛玉石の亜種
紅玉　紅色を帯び、透明
青玉　藍色を帯び、透明
普通剛玉石　透明度少なく、濁色を帯びる
鑽鉄　黒色を帯びる。
石榴石の亜種
貴石榴石　赤褐色にして透明
紅石榴石　紅色を帯び、透明
緑石榴石　淡緑色を帯び、半透明
普通石榴石　赤褐色を呈し、不透明

また、鈴木敏編『宝石誌』（秀英舎、大正五年〔1916〕刊）にも、
鉱物学上の知識未だ発達せざる其昔より鍾愛せられしを以て専ら其色彩に因み、同一の鋼玉石に種々の名称を附せり。便ち其紅色を帯ぶるものを紅宝石〈一名紅玉〉と云ひ、青色を呈するものを藍宝石〈一名青玉〉と称せり。其他帯黄緑色を東邦黄宝石 Oriental Topaz 帯緑色を東邦緑宝石 Oriental Emerald 帯黄緑色を東邦貴橄欖石 Ori-

ental Chrysolite 帯淡青緑色を東邦水緑宝石 Oriental Aquamarine 帯紫色を東邦紫水晶 Oriental Amethyst 無色を白藍宝石 Leuco-sapphire と云へり。之を要するに鋼玉石の美色あるものは凡て貴鋼玉石 Noble Corundum と称へ、宝石として貴まれ、（下略）

とある（p.180）。

（5）加藤昭『鉱物種一覧 2005.9』（小室宝飾、平成十九年〔2007〕刊）には、四二四六種の鉱物名が英名のＡＢＣの順に整理されているが、煩を避け、Ｃまでに見られる日本産の鉱物名を語種によって分類すると次のとおりである。日本産のものも日本人による命名とは限らず、日本産ではないものにも「秋本石」「蒼鉛黄安華」「方硼石」「硼砂」「臭化銀鉱」「満鉄石榴石」「紅鉛鉱」「方硫安銀鉱」「銅尖晶石」「安銅鉱」「銅重石華」などがあり、外国産のものにも「外来語名＋石（鉱）」の形のものが多いが、現在の命名法がどのようになっているのかを窺うことはできよう。

外来語

アロフェン・アルミナイト・アルモヒドカルサイト・アルノーゲン・アノーソクレス・アージェンパイライト・アーセニオプレアイト・アーセニオシデライト・アーセノライト・オージェライト・バナルサイ・バイデライト・ベルチェリン・ボルカライト・ボトリオゲン・カルジルタイト・カリオビライト・クリノクリア・クリプトメレン・クスピディン

混種語

アプスヴルバッハ鉱・アダム鉱・エジリン普通輝石・エニグマ石・イットリウムエスキン石・アフウィル石・アガート石・アギラル鉱・アンキン鉱・アホ石・アカトア石・オケルマン石・アフテンスク石・閃マンガン鉱・アレクス鉱・ランタン褐簾石・イットリウム褐簾石・アレガニー石・アロクレス石・アルオード石・テルル鉛鉱・アルミノセラドン石・アルミノ苦土カトフォラ閃石・アルミノ苦土定永閃石・アルミノ苦土タラマ閃石・アムブリゴ石・アメス石・アンモニオ白榴石・アンダーソン石・アンドル鉱・アンジェレリ石・アンケル石・ニッケル華・安ピアス鉱・自然アンチモニー・アントラー鉱・アフシタル石・アラマヨ鉱・アーカン石・アルデアル石・アルデンヌ石・アーヴェン閃石・硫ゲルマン銀鉱・砒デクロワゾー石・砒ハウチェコルン鉱・砒パラジウム鉱・

硫砒ヴァナジン銅鉱・アルチニ石・アルブ石・アタカマ鉱・オーロラ鉱・燐灰ウラン鉱・アワルア鉱・バビントン石・バデレイ石・バクダト石・ベイカー石・バニスター石・バラトフ石・バラー沸石・バロワ閃石・塩基アルミナ石・バストネス石・バウムハウエル鉱・バヴェノ石・ベイルドン石・ビーヴァー石・ベナヴィデス鉱・ベニト石・ベンジャミン鉱・ベラウン石・ベルント鉱・ベルティエ鉱・ベルトラン石・ベテフチン鉱・ベクバダル石・ビョーダン石・バイアー石・ビアンキ石・ビドハイム石・バーネス鉱・蒼鉛ハウチェコルン鉱・蒼鉛タンダル石・ビクスビ鉱・ボウダノヴィッツ鉱・ベーム石・ボルヴァル石・ボルトウッド石・ボルタラック鉱・ブーランジェ鉱・ブラント石・ブランネン鉱・ブラウン鉱・紅安ニッケル鉱・ブライアンヤング石・イットリウムブリト石・ブロシャン銅鉱・ブロック石・板チタン石・ブルース石・ブルニャテッリ石・ブラッシャ石・アンモニュウム長石・バルトフォンテイン石・バーク石・バスタム石・カコクセン石・カーン石・カラヴエラス鉱・カンニッツァロ鉱・カノン石・カルノー石・カロッビ石・カーロール鉱・カイシッチ石・セラドン石・セルヴェイユ鉱・カルコファン鉱・シャモス石・チャプマン石・シェネヴィ石・チェスター石・チェフキン石・チルドレン石・コンドロド石・クロム鉄鉱・チャーチ石・クロード石・セレン鉛鉱・クラー鉱・斜ヒューム石・単斜ジムトプソン石・灰単斜プチロル沸石・カリ単斜プチロル沸石・曹達単斜プチロル沸石・単斜トベルモリー石・クリントン石・コウリンガ石・輝コバルト鉱・コバルトコリトニッヒ石・コバルトペントランド鉱・コフィン石・テルル水銀鉱・コルーサ鉱・コニカルコ鉱・コンネル石・クーク石・クーパー鉱・コピアポ石・ユキンボ石・コーク石・コルヌピア石・コーンウォール石・コロナド鉱・コサラ鉱・硫安コバルト鉱・クランダル石メクレドナー石・クリストバル石・キューバ鉱・カミントン閃石・銅スクドウスカ石・キュムリ石

漢語名（和名を含む）

針銀鉱・緑閃石・錐輝石（エジリン）・赤金鉱・曹長石・褐簾石・鉄礬石榴石・明礬石・方沸石・鋭錐石・紅柱石・中性長石・硫酸鉛鉱・硬石膏・阿仁（あに）鉱・鉄雲母・灰長石・直閃石・葉蛇紋石・霰石・銀鉄明礬石・自然砒・硫砒鉄鉱・呉須土・苦土金雲母・普通輝石・水亜鉛銅鉱・藍銅鉱・重晶石・重土毒鉄鉱・緑柱石・備中石・紅礬・黒雲母・蒼鉛土・自然蒼鉛・輝蒼鉛鉱・泡蒼鉛・斑銅鉱・車骨鉱・亜灰長石・方解石・灰霞石・硫錫銀鉱・

炭酸青針銅鉱・炭酸水酸燐灰石・洋紅石・錫石・天青石・重土長石・白鉛鉱・灰菱沸石・曹達菱沸石・胆礬・輝銅鉱・葉銅鉱・黄銅鉱・輝安銅鉱・塩素燐灰石・角銀鉱・硬緑泥石・金緑石・珪孔雀石・辰砂・単斜繊維蛇紋石・斜開銅鉱・単斜頑火輝石・斜灰簾石・自然銅・菫青石・鋼玉（コランダム）・銅藍・赤銅鉱

また、一般向けの書物であるが、寺島靖夫著『探検！　日本の鉱物』（ポプラ社、2014刊）に見られる鉱物名を、本書に従って化学組成で分類した鉱石名を示す。

【元素鉱物】石墨・ダイヤモンド・自然硫黄・自然テルル・自然砒・自然蒼鉛・自然銅・自然銀・自然金・水銀

【硫化鉱物】斑銅鉱・針銀鉱・閃亜鉛鉱・黄銅鉱・硫砒銅鉱・磁硫鉄鉱・方鉛鉱・辰砂・輝安鉱・輝水鉛鉱・黄鉄鉱・硫砒鉄鉱・鶏冠石・雄黄・四面銅鉱・ベルチェ鉱

【酸化鉱物】赤銅鉱・苦土スピネル・磁鉄鉱・コランダム・赤鉄鉱・チタン鉄鉱・石英・鱗珪石・クリストバル石・オパル・二酸化マンガン鉱・ルチル・鋭錐石・板チタン石・錫石・鉄重石・コロンブ石・フェルグソン石・針鉄鉱

【ハロゲン化鉱物】蛍石

【炭酸塩鉱物】菱苦土石・方解石・苦灰石・菱マンガン鉱・霰石・白鉛鉱・藍銅鉱・孔雀石・木村石

【硫酸塩鉱銅】硬石膏・天青石・重晶石・硫酸鉛鉱・ブロシャン銅鉱・石膏

【タングステン酸塩鉱物】灰重石

【燐酸塩・砒酸塩・バナジン酸塩鉱物】ゼノタイム・モナズ石・燐灰石・緑鉛鉱・ミメット鉱・褐鉛鉱・藍鉄鉱・燐灰ウラン石・燐銅ウラン石

【珪酸塩鉱物】珪亜鉛鉱・苦土カンラン石・鉄カンラン石・鉄礬ザクロ石・マンガン礬ザクロ石・灰礬ザクロ石・灰鉄ザクロ石・ジルコン・珪線石・紅柱石・藍晶石・十字石・トパズ・ブラウン鉱・チタン石・ダトー石・異極鉱・斧石・珪灰鉄鉱・斜灰簾石・緑簾石・紅簾石・褐簾石・ベスブ石・緑柱石・菫青石・リチア電気石・鉄電気石・頑火輝石・透輝石・灰鉄輝石・普通輝石・ヒスイ輝石・透閃石・緑閃石・普通角閃石・珪灰石・鈴木石・バラ輝石・パイロクスマンガン石・魚眼石・滑石・白雲母・黒雲母・リチア雲母・緑泥岩・珪孔

雀石・蛇紋石・カリ長石・曹長石・灰曹長石・中性長石・曹灰長石・亜灰長石・灰長石・柱石・湯河原沸石・輝沸石・束沸石・菱沸石

（6）森本信男・砂川一郎・都城秋穂著『鉱物学』（岩波書店、昭和五十年〔1975〕刊 pp.375–6）。

第三章　語誌数題

1　風信子（ヒヤシンス）――花と宝石と――

ヒヤシンス Hyacinth という花の名と同じ名の宝石がある。花のヒヤシンスは「風信子（ふうしんし）」という和名を持つが、宝石のヒヤシンスもまた「風信子石（鉱）」の名を持つ。ともに明治期の日本で考えられた訳語のようであるが、花の名「風信子」は俳句の季語となって現在も生きているが[1]、宝石名「風信子石」は現在ではジルコンと呼ばれることが多く、ほとんど用いられることはない。

1　「風信子」花

植物のヒヤシンスが日本に渡ってきたのは慶応三年〔1867〕にオランダからのようである[2]。渡辺又日庵撰『新渡花葉図譜』（大正三年〔1914〕伊藤小春写）に「フシヤシントウ　和蘭新渡　紫水仙ト云／慶応三年丁卯渡ル　薄アイ紫色。根玉水仙ノ如シ。近キ比（ころ）船来ニ番紅花（サフラン）ト云モノアリ夫（それ）ニ似タリ。泊夫藍（さふらん）ノ属雑腹蘭（サフラン）トハ違フ」という説明のある花の図と「前図ノ紫水仙渡来同時ナリ。同クフシヤシントウト云。花ノ色藍紅黄ヲ帯ブ。花ビラ如レ図少ナシ。□モ又少ナシ。近比ノサフラント云モノアリ。然ルヤ否ヤ」という説明のある花の図がある。(3) 図で見るかぎり、ともに現在のユリ科のヒヤシンスである。ちなみに松村任三編著『改正増補植物名彙』（丸善株式会社書店、明治二十八年〔1895〕刊）にもユリ科の「Hyacinthus orientalis L.」がある。

「風信子」という訳名は岩川友太郎(4)（1855-1933）の『生物学語彙』（秀英堂、明治十七年〔1884〕刊）に「Hyacinthus. 風信子（ヒアシント）」と見えるのが早いが、同書の「緒言」に「動植物羅甸（らてん）名ノ如キハ之ヲ網羅セント欲スルノ難キノミナラズ、之ニ名訳セントスル亦一朝ノ事業ニアラズ。故ニ教科書中普通ノ動植物ニシテ既ニ訳名ヲ有スル者ノミヲ集ム」とあり、岩川氏によって考え出された訳名ではなく、既に成立していたものを岩川氏が用いたもののようである。牧野富太郎著『植物随筆我が思ひ出』（北隆館、昭和三十三年〔1958〕刊）には「ヒヤシントは風信子と訳して在るが、是れは、多分、支那での、訳字で在らうと思はれる」とあるが、おそらく日本製であろう。『辞源』（北京・商務印書館、1979刊）には「風信子」は見られず、『漢語大詞典』（漢語大詞典出版社、1993刊）にも「也称二洋水仙一。多年生草本植物。花有二紅、紫、藍、白各種一。供二観賞一」とあり、中国では「洋水仙」と呼ばれていたようである。ただし、愛知大学中日大辞典編纂処編『中日大辞典』（昭和四十三年〔1968〕刊）に「风信子 fēngxìnzǐ [植] ヒヤシンス　hyacinth」とあり、吉林大学漢日詞典編輯部編『漢日辞典』（1981刊）にも「风信子　fēnxinz〈植〉ヒヤシンス〔hyacinth〕風信子」とあるが、あるいは和製漢語が中国の東北部では用いられているのかもしれない。

「風信子」という訳名はヒアシント（hycint）の音写であろうが、「風信」には漢語「風信」が意識されているものと思われる。「風信」は「風のたより」という意味の漢語であるが、『辞源』の「風信」の説明に「二十四番花信風」を参見せよとあるように、「二十四番花信風」を連想させる。「二十四番花信風」は、冬至の次の小寒一候に一番の風が吹き、立夏の前の穀雨三候に二十四番の風が吹いて、それぞれの風が時節の花の開花を知らせる風である。また、「子」はトを音写したものではなく、漢語植物名に多く現われる「子」を用いたのではないかと思われる。

「車前子」「覆盆子（一名「懸鈎子」）」「預知子（一名「聖知子」）」「無患子（一名「菩提子」）」などの「子」である。

2　「風信草」

明治時代には英語名ヒヤシンス（Hyacith）は現在のユリ科のそれではなく、ヒエンソウ（飛燕草。Delphinium Ajucis　ヒガンバナ科）を指すもののようである。赤司嚼花・石田春風氏編『楯の響　イリアッド梗概』（金港堂、明治三十七年〔1904〕刊）(5)に、

乃ち、希臘（ぎりしや）勇士中より、撰定の奉行を撰び、とかく評定を建し、上、物の具は遂にウリセスのものとなりぬ。アヤックス是に於てか、懊悩たへ難く、自ら刃の露と消えぬ、彼の血、流れて、地を染めければ、すなはち、風信草生ひ出でつ、アヤックスの名頭（ながしら）二字、あきらかに、その葉の上に、AIとしるされぬ、Aiは希臘語にて愁歎を意味す。

吾人は曩（さき）に『天馬』を編して、希臘羅馬（ぎりしやろーま）神話の梗概を述べしが、そを一読したる読者は、ヒアシンツスてふ青年のことを叙したる「風信草（かざみぐさ）」の一節を記するならん、ここにいふ風信草とはヒエンソウ（Larkspur）の一種にDelphinium Ajucis. 即ち、アヤックスのヒエン草これにしてアヤックスの記念たるものなり。

と見える。「ヒアシンツスてふ青年」は、太陽神アポロと西風の神ゼピュロスに愛されたギリシャ神話の美少年ヒュアキントス huákinthos のことであり、その名がヒヤシンスという花の名の起源となっていることは知られているが、その美少年の血から生えたヒヤシンスが何の花であったかについては諸説あるところであり、あるいはアイリスであるとされ、あるいはパンジーとされる。(6) 右の文章においては、ヒエンソウであり、それが「風信草」と呼ばれていたことになる。ヒエンソウは花の形が燕の飛ぶ形に似たところからその名が付けられたようであるが、

文久二年〔1862〕に遣欧使節が種を持ち帰ったもので、[7] 明治時代には既に観賞用として庭園などに植えられたと言う（『原色牧野植物大図鑑（続編）』北隆館、昭和五十八年〔1983〕刊）。松村任三編著『改正増補植物名彙』（明治二十八年〔1895〕刊）にも「*Delphinium ornatum Bouch*／*Hienso*　ヒエンサウ」と見える。石川啄木の『あこがれ』（明治三十七年〔1904〕刊）に収められた詩「いのちの舟」に見える「風信草」も、この飛燕草であろう。[8]

大海中の詩の真珠
浮藻の底にさぐらむと、
風信草の花かをる
古巣の岸をとめて飛ぶ
海の燕の羽の如、
いのちの小舟かろやかに、
愛の帆章　額に彫り、
鳴る青潮に乗り出でぬ。

また、小栗風葉の『青春』（明治三十九年〔1906〕刊）に、

然うです、ヒヤシンスと云ふ花で、日本では慥か風見草と言って居ますが、

と見える「風見草」もまたヒエンソウを指しているものと思われる。

明治期のヒヤシンスが現在のユリ科の花を指したものではないことは、右のように確かであるが、ユリ科の花と同じく「風信」という文字が充てられていることは注目される。カザミグサ（風見草）という和名は「風信」が「風の方向・風模様」といった意味を持つところから考え出されたものであろうか。

ちなみに、古歌ではカザミグサは梅の別名である（小野蘭山『本草綱目啓蒙』）。梅にはカゼマチグサの別名もある

が、この風は「二十四番花信風」の第一番の風、すなわち冬小寒頃に吹き梅の開花を報じる風である。宋の陸游の『剣南詩稿』（十五）所収の詩「游前山」の一節に「風信報二梅開一」などとある。したがって、梅の和名としてのカザミグサ、カゼマチグサは梅の花の実態を踏まえた名である。また、女房詞で柳をカザミグサというのも（『蔵玉集』「風見草　柳」）、風にそよぐ柳の異名としてふさわしい。しかし、晩春の花であるヒエンソウ（飛燕草）にカザミグサの名を付ける必然性は認められないようである。おそらくユリ科のヒヤシンスの訳語名である「風信子」が先にあり、それに倣って「風信草」また「風見草」の和名も考え出されたものと思われる。

　後には「風信草」と「風信子」とが混同され、ユリ科の花もまた「風信草」と呼ばれたようである。園芸家岡竹軒著『新選四季の草花』（大正十四年〔1925〕刊）(9)に「ヒアシンス（風信草）Hyacinth 一名　ハヤシンス　百合科」とある。しかし、『牧野日本植物図鑑』（北隆館、昭和十五年〔1940〕刊）には「ひやしんとす（Hyacinthus orientalis. L.）、一名　にしきゆり　ひやしんす」とあり、「風信草」の和名は見えず、現在の植物図鑑などにも現われない。ユリ科のヒヤシンスが「風信草」の和名を持ったのは一時的なものであったようである。

3　「風信子」石

　さて、宝石名のヒヤシンスが日本で始めて現われるのは、『厚生新編』巻三十五「宝石」（大槻玄沢・宇田川玄真訳校、文政十年〔1827〕頃成？）に、

「ヒヤシント」〈石名〉は其の色「ロベイン・の如くにして橙皮色を帯ぶ。此石は「カナノル・カレコウト・カムバイセ〈共ニ印度に係る要港の名〉より吾国に齎(もたら)し来る堅硬なること石榴石(ガラナート)の如し。或は此石を「ケレイソバチユス」〈石名〉に充る者あり。（中略）是を払郎察(ふらんす)にて「ヤルゴン」と名づく。これ「ハルセ・ヒアシン

ト・〈ハルセ、は贋偽の義なり〉なり。

と見えるものである。次いで、フランス人ローランの著を佐沢太郎が翻訳した『労氏地質学』（文部省、明治十二年〔1879〕刊）の中に、

シルコン　シルコンハ珪酸悉爾個尼亜（ジルコーヌ）〈注略〉第二結晶系、正方底直柱形ニシテ裂隙ナシ（中略）光線ヲ屈折スルコト二回ス。光沢ハ鮮明ニシテ脂質ヲ帯ビ帯褐赤色アリ。或ハ帯灰白黄色アリ。（中略）変態ノ赤色ナルモノハ緻密石トナル。之ヲ名ヅケテ赤石（ヒアサント）ト謂フ。（第三章・第二綱「水、酸、及可溶非金属塩」）

と「赤石」と訳されたヒアサントが見える。

「風信子石」という訳語が現われるのは、明治二十三年〔1890〕刊の『鉱物字彙』（小藤文次郎・神保小虎・松島鉦四郎共編、丸善商社書店刊）からであり、花の名の「風信子」より後のことである。この『鉱物字彙』は前編"Vocabulary of Mineralogical Terms in The Tree Languages English, German, and Japanese."と後編"三国対訳Sangoku-Taiyaku. Kōbutsu-Ji-I. Nihon. Egirisu oyobi Doitsu. Rōmaji-no-Bu."とから成るが、前編の部に「***Hyacinth*** (***Zircon***). **Fūshinshi-seki.**. **Hyacinth.** 風信子石」と見え、後編の部に「***Fūshinshi-seki.*** Hyacinth. **Hyacinth.** 風信子石」と見える。

ジルコン Zircon は珪酸とジルコニウム Zirconium を主成分とする鉱物の総称であり、ヒヤシンス（ヒアサント）はその一種である。したがって、ジルコンもまた「風信子（石・鉱・玉）」と呼ばれる。

以下、『鉱物字彙』以降の鉱物学宝石学関係書に見える「風信子」の用例を列挙するが、後の説明のために、その色について記されている部分に傍線を引いておく。

○高橋章臣著『新編鉱物学　全』（博文館、明治二十八年〔1895〕刊）

風信子 又 錫蘭石

性質、晶形ハ正方晶系ニシテ柱及尖形ノ集形ヲナス。破口貝紋。開劈柱形ニ並行シテ不明瞭。硬度七、五。比重四乃至四、七。塊色、無色、黄、黝、緑、褐黄、赤褐。粉色、無色。玉光、透明ヨリ暗瞑ニ至ル。（酸化物）

風信子玉

風信子玉ハゾルコン石ノ紅色又ハ橙紅色ナルモノニシテ貴種ナルハ宝玉ニ用フルモ粗悪ナルモノハゾルコニアムヲ得ル材料トス。　（宝石類）

○東京地学協会編『英和和英地学字彙』（大正三年〔1914〕刊）

Fūshinshikō. Hyacinth. Zircon. 風信子鉱

○鈴木敏編『宝石誌』（秀英舎、大正五年〔1916〕刊）

ヂルコン Zircon

往昔風信子鉱 Hyacinth と称へ、宝石として使用せしもの、凡てが果たしてヂルコンなりしや否や疑問なり。然れども其一部は真のヂルコンたりしは古人の遺物に徴し之を知り（中略）、無色乃至金色なるをジャーゴン Jargon と称へ、紅色乃至紅褐色なるを風信子鉱 Hyacinth と称し、稀には緑色又は紫色なるものもあり、而して其紅色にして褐色を混ずるものは略（およそ）柘榴石に類するも、其光沢著しく強きを以て之と鑑別するを得べし。

○望月勝海著『鉱物学入門』（古今書院、昭和七年〔1932〕刊）

ジルコン（風信子鉱）Zircon $ZrSiO_4$　正方　無色、灰黄緑褐色等。透明乃至不透明。金属光沢、複屈折強し。H＝7.5.　G＝4.7.　透明で赤きは宝石 hyacinth.　岩石の副成分、砂鉱。（下略）

○西岡薫祐著『宝石の話』（古今書院、昭和七年〔1932〕刊）

風信子鉱（ヂルコン　Zircon）

無色のヂルコンは光輝と火色に於てダイヤモンドに次ぐもので、（中略）宝石となつて居るものは次の種類である。

(一) ヒヤシンス、又はヤシンス。(明快で透明、黄、橙、紅、褐のもの)。

(二) ヤルゴン (jargon)。其他の色のもの。

(三) マツラダイヤモンド (matura)。セイロンより出で天然ものは無色、之れを熱して淡緑色を出す。

○木下亀城著『輓近　鉱物辞典』(風間書房、昭和二十九年〔1954〕刊)

Hyacinth　ヒヤシンス

(1) 橙黄色、帯紅色若くは褐色透明にして宝石として使用さるゝ風信子鉱、(2) 緑柘榴石 (Essonite) 其他の淡色柘榴石、ブラジル産の黄赤色尖晶石、鉄によりて赤色に着色せられた石英等を誤って Hyacinth と呼ぶことがある。(3) 昔はサハアイヤーを斯く呼んだことがある。希臘語の *Fuakinthos* (darkcolour flower 又は a precious stone of dark colour) に由来す、されど輓近鉱物学にては hyacinth colour は褐色を帯びた赤橙色を意味する。

○木下亀城著『続原色鉱石図鑑』(保育社、昭和三十八年〔1963〕刊)

ジルコン (風信子鉱) Zircon

火成岩の副成分として広く分布する。正方晶系。柱状・錐状また粒状。金剛光沢無色・淡黄・帯灰・黄緑・褐黄・赤褐色など。条痕無色。透明ないし不透明。劈開二方向に不完全。断口貝殻状。複屈折高く (中略)。単軸正性。成分 ZrSiO4。不熔。有色のものは熱すると脱色する。

○久米武夫著『新　宝石辞典』(風間書房、昭和五十四年〔1979〕刊)

Hyacinth, Hyacinthus　ハイアシンス、ヒヤシンス

1. 赤褐色の風信子石をいう。

2．緑柘榴石（Essonite）、他の淡色の柘榴石、ブラジル産の黄赤色尖晶石、鉄により赤色に着色せられた石英等を誤ってHyacinthと呼ぶことがある。

3．昔はサハアイアを斯く呼んだことがある。

文学作品で「風信子石」が最も早く見られるのは森鷗外の『サロメ』（明治四十二年〔1909〕）のようだが、国語辞典で最も早く見られるのは平凡社編『大辞典』（昭和十一年〔1936〕刊）である。

ヂルコン Zircon

正方晶系、多く正方長柱をなして産し屢（しばしば）双晶をなすことあり。硬度七・五。金剛光沢。黄、褐、灰色。化学成分は珪酸、ジルコニウム。美晶は宝石とす。セイロン島では、良品をマチュラーダイヤモンドと呼ぶ。語源はペルシャ語のZargunより来り、金色石の意といふ。風信子鉱。

フーシンシセキ　風信子石（ふうしんしせき）

ジルコンの一種。宝石として貴ばれる。橙・帯赤・帯褐色等の透明美麗なるものの称。ヒアシント。↓ジルコン

その出現時期から考えると、宝石名に用いられた「風信子」は植物名に用いられていたものを流用したと考えるのが自然であろう。石の名にも「青鳳子」「碧靛子」（『庶物類纂』）、「蜜栗子」「石中黄子」「石榴子」（『本草綱目啓蒙』）の例があり、砿石名としても不自然ではない。中国語には鉱物名の「風信子」は植物名の「風信子」と同様に存在しないようである。[10] それにしても、季節に関わらない鉱物の名に「風の花だより」を連想させる花の名を流用した鉱物学者は誰だったのだろう。この訳語が初出するのは『鉱物字彙』であったが、この書には「霞石」（Nepheline）、「氷長石」（Eisspath）、「角閃石」（Amphibole）、「輝石」（Pyroxene）、「魚眼石」（Apophylite）など新しい鉱物名が多数見られる。それらの多くは編者の小藤文次郎によるものである。[11] ちなみに岩石名の「玄武岩」（Basalt）も小藤の命名によるとされるが、江戸時代の儒学者柴野栗山が兵庫県豊岡市にある洞を形成する岩石の節理や断面の模様などから妖獣「玄武」を連想し「玄武洞」と名づけたのを踏まえ、その岩石を「玄武岩」と命名したものとされる。

4　ヒヤシンスの色

園芸種のヒヤシンスの花の色には、現在では暖色から寒色までさまざまであるが、かつては青色系のものを本来の色としてきたようである。英語の Hyacinth には「青味がかったすみれ色」という意味がある（研究社の『新英和大辞典』）。イギリスの野生のヒアシンスの別名も「青い釣鐘（ブルーベル）」（Aglaphis nutans）であり、ウッド・ヒアシンスはその純粋な空色のために「五月中旬のサファイア色の女王」と呼ばれているという。[12] しかし、園芸種の改良の盛んだったオランダから日本に初めて渡来した「フシヤシントウ」（ヒヤシンス）は、先に見た渡辺又日庵撰『新渡花葉図譜』にあったように、「薄アイ紫色」とともに「藍紅黄ヲ帯ブ」ものもあった。[13]

宝石のヒヤシンスは、前節に引用した木下氏また久米氏の説明にあるように、昔はサファイアと呼ばれたようである。[14] サファイアの語源は、青色を意味する sapphirus（ラテン語）あるいは sappheirros（ギリシャ語）であるとされる。したがって、宝石のヒヤシンスも古くは青色のものを指していたようであり、ローマのプリニウスの『博物誌』にも「紫水晶とヒュアキントスとの間には相当の違いがある。しかし後者は見たところ紫水晶にごく近い色から少し逸れているだけである。その違いは紫水晶の特徴である明るい紫色の光輝がここではヒアシンスの花の色で薄められている事実にある」（三十七巻四十一「ヒュアキントス」）とある。[15]

しかし、『厚生新編』巻三十五「宝石」（前掲）に「ヒヤシント」〈石名〉は其の色「ロベイン・の如くにして橙皮色を帯ぶ」とあり、[16]『牙氏初学須知』（文部省、明治八年〔1875〕刊）には「「イアサント」草ノ名色ト称スル黄色アリ」（金剛石）とあり、『労氏地質学』（明治十二年〔1879〕刊）には「赤石（ヒアサント）」とあり、また木下氏の説明に「輓近鉱物学にてはhyacinth colourは褐色を帯びた赤橙色を意味する」とあるように、明治時代以降の鉱物学ではヒヤシンス色は赤系統の色のものを言う。ヒヤシンスもその一種であるジルコンもまた赤系統の鉱物である。ジルコンの語源は古代ペルシャ語の「Zar（金）＋gun（石）」であるとも、アラビア語で赤色を意味するzarkunであるとも言われる。石川啄木の『あこがれ』（明治三十七年〔1904〕刊）の中の「五月姫」に、

　まぼろしの
　姫（ひめ）がおもわは
　ハイァシンスの滴露（したたり）の
　黄金（かね）したたりなまめける
　水盤（するばん）の
　そしらぬ光（ひかり）。
　夢（ゆめ）は波（なみ）なき波（なみ）なれや
　香膏（にほひあぶら）の恋（こひ）の彩（あや）。

とある「ハイァシンス」は「黄金」色のようである。啄木は当時の鉱物学ではhyacinth colourが褐色を帯びた赤橙色を意味することを知っていたようである。

　ところで、この啄木の『あこがれ』には「おもひ出」という詩も収められているが、その主題や第四連の語句「ああされど、サイケが燭（ともし）、かげ揺（ゆ）れて云々」の語句は、厨川白村の紹介したサイケの伝説と、E・A・ポーの原詩および白村の訳詩を踏まえたものであるとされる（角川書店『日本近代文学大系23　石川啄木集』補注一七九）。

厨川白村の「詩人ポーと其名歌」（『明星』新詩社、明治三十一年〔1898〕一月一日発行）に"TO HELEN"という詩がある。その一節に、

Helen, thy beauty is to me……

…Thy hyacinth hair, thy classic face,……

という詩句があるが、白村はこれを

うるはしきヘレンのきみは……

…緑なす君が黒髪、古の神のおもかげ…

と訳し、次のように解説している。

うるはしう、緑したゝる黒髪のつやけきを、ハイヤシンスの花の色にたぐへしは、詩聖ホーマーがユリセスのすがたに用ひたるに初まる。のちミルトンが其大作のうちに

……and hyacinthine locks
Round from his parted fofelock manly hung
Clustering, but not beneath his shoulders broad

Paradise Lost Ⅳ, 301—303

と用しよりこのかた、近世の詩歌には往々にして見ゆれどもこれ等もとより今いふヒアチンテとは異れる花なるは明なり。

白村がヘレンの髪 hyacinth hair を「緑なす君が黒髪」「緑したゝる黒髪のつやけき」と訳しているのは、西洋文学の世界の伝統に依るのであろう。[17]

明治期にはヒヤシンスの色は二色に理解されていたようである。

注

（1）　正岡子規編『分類俳句大観』には「ヒヤシンス」も「風信子」も見られない。平成四年〔1992〕に再刊された索引編（日本図書センター）に付された山下一海氏の「解説」によると、この書は「室町時代の連歌の発句から江戸時代末期の俳諧の発句まで集めて季語別その他いくつかの観点から分類整理した」ものである。

（2）　磯野直秀著『日本博物誌総合年表』（平凡社、2012刊）の「明治前園芸植物渡来年表」。

（3）　国立国会図書館デジタルコレクションによる。同コレクションには関根雲停、服部雪斎写のヒヤシント図も収められている。

（4）　明治五年頃に田中芳男（1838–1916）がヒヤシンスに「飛信子」と宛字したと言われているが、未確認である。

（5）　国立国会図書館「近代デジタルライブラリー」による。

（6）　白幡節子『花とギリシャ神話』（八坂書房、平成四年〔1992〕刊）など。ちなみにラテン語の hyacinthus はアイリスであるが（『改訂版　羅和辞典』研究社、平成二十一年〔2009〕刊）、山本章夫の『蛮草写真図』のスイセン図に「黄花水仙フイアシンド」とある（遠藤正治「遣米遣欧使節齎来の植物を記載した『草木図説遺稿』の発見」『欲斎研究会だより』90号2000刊。また91・93号参照）。

（7）　注（2）に同じ。

（8）　本文は改造社版『石川啄木全集』（昭和三年〔1928〕刊）による。

（9）　国立国会図書館「近代デジタルライブラリー」による。

（10）『中華大字典』（中華書局、1915刊）にも、『辞源』（商務印書館、1979刊）にも、『漢語大詞典』（漢語大詞典出版社、1993刊）にも見あたらない。ただ、愛知大学中日大辞典編纂処編『中日大辞典』（昭和四十三年〔1968〕刊）には「风信子石　fēngxìnzǐ shí 鉱　①ジルコニューム石。②ジルコニューム石の一種で透明・紅色・橙色または褐色。宝石用」と見えるが、これもまた植物の「風信子」と同様に和製漢語が中国の他方名に用いられていたのではないかと思われる。

（11）『鉱物字彙』の小藤文次郎の序に次のようにある。

予其以前ニ金石学ヲ編述シ世ニ公ニセシモ其不完全ナルヲ心ニ恥ヂ更ニ鉱物学二巻ヲ梓行セリ、其書中物名術語予ノ新鋳ニ係ルモノ過半ニシテ今日ニ在テハ世人之ヲ用ユルガ如シ、然レドモ年月ヲ経ルニ伴レ穏当ナラザルモノ多々発顕シ且学術ノ普及ニ随ヒ更ニ訳語ヲ附スルノ必要ニ促サレシ而已ナラズ理科大学簡易講習科ノ講義ハ邦語ノミナレバ目前其用語ノ欠乏ヲ感ジ遂ニ字彙ノ事ニ心ヲ傾クルニ及ベリ。

(12) L・ディー著、吉富久夫訳『花精伝説』（八坂書房、昭和六十三年〔1988〕刊）。

(13) 武山英子の明治四十三年〔1910〕の歌に、

　ヒヤシンス日なたにおける花びらの乳の如くも和らぎにける

とあるのは何色か不明であるが、大手拓次の「五月の姉さんへ」（『創作』第4巻第6号、大正三年〔1914〕六月）のヒヤシンスは紫色である。

　それから　すつとわたしの指にふれてなまめいたのは
　わかい女の人たちのよくゆめにみるチュウリップ、
　にやにやとうすわらひするのは
　毛むくじやらな室咲きのイスピシア、
　おとなしくわたしの手にだかれたのは
　おもはゆいやうな顔をした淡紅色のばらの花、
　そのあとにおともしたのがヒアシンスの紫の花、

(14) ラテン語の hyacinthus はサファイアの意味である（『改訂版　羅和辞典』研究社）。

(15) 中野定雄他訳『プリニウスの博物誌』（雄山閣、昭和六十一年〔1986〕刊）の訳による。

(16) 『厚生新編』続稿十四巻「発掘坑産品族」の項（大槻茂質玄沢・宇田川璞玄真訳校）にも、「ゲヘルフデステーン」〈諸般色彩石或石類〉を説明して、

　是則「ヱイデルヂステーンテン」宝石或ハ光彩透明の石晶なり。其光輝ありて透明なるの石は其一白石英「オップ真レキフヂアマント、サヒールステーン、トパスステーン〈赤瑪瑙〉なり。

とある。「赤瑪瑙（ヘイアシント）」もヒヤシンスを指すのであろう。

（17）ちなみにアイルランドの水に住む妖精メロウの髪の毛も緑色である（W・B・イエイツ編・井村君江編訳『ケルト妖精物語』〔ちくま文庫、昭和六十一年〔1986〕刊〕所収「附録」イエイツ「アイルランドの妖精の分類」、また同書所収の「ゴルラスの婦人」という話の中にも若く美しいメロウの髪を「青黒い海のような色」と描写している）。

2　翡翠――鳥と宝石と――

はじめに

鮮やかな色の羽を輝かせて飛ぶ小鳥はまさに宝石である。鳥の名「翡翠（ひすい）」は宝石名になり、宝石の名「瑠璃（るり）」（琉璃）は鳥の名となった。「瑠璃」を鳥の名にも用いているのは日本だけであるが[1]、中国で宝石名になった「翡翠」は日本でも用いられている。ただ、「翡翠」という名は混乱の歴史を持っている。宝石の名「翡翠」は早く前漢の時代に現われるが、唐の時代には用いられなくなり、唐以前の文献に見られる宝石名「翡翠」は鳥の名と誤解されていたようである。中国の注釈書によって「翡翠」を理解してきた日本においても同様の誤解があった。宝石名「翡翠」は中国においては宋時代以降に再び用いられるようになるが、唐以前の用例が見失われていたことによって、その転用時期について長い間誤られてきた。また、具体的に「翡翠」という鳥はどのような特徴を持つ鳥なのかについても諸説が生じ、現在のようにカワセミに同定されるまでには曲折があった。

本節では中国と日本における鳥と宝石の名の「翡翠」の語誌をたどりながら、これらの問題を整理してみたい。

1　鳥の「翡翠」

鳥の名の「翡翠」は『史記』（前漢・司馬遷撰）「司馬相如伝」に「揜（とる）㆓翡翠㆒射㆓鵔鸃㆒」「錯（まじふ）㆓翡翠之葳蕤㆒」（師古曰「葳蕤、羽飾貌」）と見えるのが早く、郭璞（278-324）の「遊仙詩」に「翡翠戯㆓蘭苕㆒」とあるのがそれに次ぐ。『後漢書』志三十・輿服志に「簪以㆓瑇瑁㆒為㆑擿、長一尺、端為㆓華勝㆒、上為㆓鳳凰皇爵㆒、以㆓翡翠㆒為㆑毛、下有㆓白珠㆒」「諸爵獣皆以㆓翡翠毛羽㆒。金題。白珠璫繞、以㆓翡翠㆒為㆑華云」などと見えるように、その羽は飾りに用いられたようである。(2)

ところで、『説文解字』（後漢・許慎撰）に「翡　赤羽雀也」「翠　青羽雀也」とあり、この説明に依れば「翡翠」は「赤羽」と「青羽」の二種類の「雀」をいうことになる。このうち「翠」（青羽雀）については『爾雅』（漢代初期以前成）に「翠、鷸」とあり、「鷸」とも呼ばれた鳥のようである。『爾雅註疏』（晋郭璞註・宋邢昺疏）には「似㆑燕。紺色、生㆓鬱林㆒」「李巡曰、鷸一名為㆑翠。其羽可㆓以為㆒㆑飾。(3)樊光云、青羽出㆓交州㆒。郭云、似㆑燕紺色、生㆓鬱林㆒。説文云、翠、青羽雀也。案、漢書尉陀献㆓文帝翠鳥毛㆒。然則鷸羽可㆔以飾㆓器物㆒故、僖二十四年左氏伝、鄭子臧好㆑聚㆑鷸冠、是也」とある。しかし、「翡」（赤羽雀）については説明したものが見あたらない。こうしたことが明代になって種々の説を生むことになったようである。

2　明代の「翡翠」鳥

『琅邪代酔編』（張鼎思撰、明・万暦二十五年〔1597〕刊）は、『説文解字』の説明に従い、「翡翠」を赤羽雀と青羽雀との総称であるとする。

楚詞、翡翠珠被、爛㆓齊光㆒兮、註翡、赤羽雀、翡、青羽雀。今人称㆓青羽者㆒、総曰㆓翡翠㆒。（下略）　（巻三十九）

『本草綱目』（李時珍撰、明・万暦二十四年〔1596〕刊）は、「翡翠」は「魚狗」に似てやや大きい鳥であるとし、

「魚狗」の大なるものを「翠鳥」と言い、小なるものを「魚狗」とする説や、前身を「翡」、後身を「翠」とする説、また雄を「翡」、雌を「翠」とする説もあることを紹介している。

魚狗　釈名　鴗爾雅　天狗同　水狗同　魚虎禽経　魚師同　翠碧鳥〈時珍曰　狗虎師皆獣之噬レ物者。此鳥害レ魚故得二其類一命名〉。

集解〈蔵器曰　此即翠鳥也。穴レ土為レ窠。大者名二翠鳥一、小者名二魚狗一。青色似レ翠。其尾可レ為レ飾。亦有二斑白者一。倶能木上取レ魚。時珍曰　魚狗処処水涯有レ之。大如レ燕喙尖而長。足紅而短。背毛翠色帯レ碧。翅毛黒色揚レ青。可レ飾二女人首物一、亦翡翠之類。〉（巻四十七・禽部・水禽類「魚狗」の項）

翡翠　時珍曰、爾雅謂二之鷸一。出二交広南超諸地一。飲二啄水側一。穴居生レ子。亦巣二于木一。似二魚狗一稍大。或云前身翡、後身翠。如二鷲翠雁翠之義一。或云雄為レ翡、其色多赤、雌為レ翠、其色多青。彼人亦以レ肉作レ腊食レ之。方書不レ見レ用。功応下与二魚狗一相同上。（同右・「翡翠」の項）

『三才図会』（王圻撰、明・万暦三十七年〔1609〕刊）は、雄を「翡」、雌を「翠」とする説を採り、「翡翠」は大小二種類の鳥であるとする説を紹介している。

翡翠　雄赤曰レ翡、雌青曰レ翠。其小者名魚虎、一曰魚師、以二性善捕一レ魚故也。或曰二翡翠二鳥一。翠形小、深青也。食レ魚。翡大如レ鳩、青不レ深、無二光彩一。林栖不レ食レ魚。

改めて、これらの書物に見える説をまとめれば次の四説があったことになる。

①「翡」（赤羽雀）と「翠」（青羽雀）の総称とする説
②雄を「翡」、雌を「翠」とする説
③大を「翡」、小を「翠」とする説
④一鳥の前身を「翡」、後身を「翠」とする説

『琅邪代酔編』に見える①説は『説文解字』の「翡」「翠」の説明をそのまま踏まえたものであるが、「今人称二青羽者一」とあることは注目される。②説のように雄と雌で名の異なる鳥に「鳳凰」がある。この説は広く採られていたようであり、白楽天の「長恨歌」の「翡翠衾寒、誰与レ共」などもこの意味で用いられているのであろう。③説のように大小に分けるものに「鴻雁」がある。④説は同一個体で「翡」と「翠」を説明するものであるが、「前身」「後身」が鳥の胸腹部と背部とを意味するものとすれば、現在カワセミと呼ばれている鳥の羽毛の状態と一致する。カワセミは雌雄ともに、胸と腹と眼の後ろの一部の毛の色は赤く、背中の羽の色は碧を帯びた翠（もえぎ色。青黄色）であり、翅（つばさ）の毛は青の濃い黒である。

3　江戸時代の「翡翠」鳥の議論

前節に見た中国明代の説明を承けて江戸時代の日本でも「翡翠」の説がさまざまに行われている。人見必大の『本朝食鑑』（元禄十年〔1697〕刊）は「翡翠」は「魚狗」であり、その和名はカハセミであると言う。

翡翠〈訓二加波世美一〉
〔釈名〕鴗〈源順〉小微〈壒嚢○源順曰[4]、爾雅注云、鴗小鳥也、色青翠而食レ魚、江東呼為二水狗一、鴗音止。和名曾比。（中略）必大按、源順言二魚虎水狗一、倶李時珍所謂魚狗之別名也。僧行誉言二少微一。今俗称レ之、鳥形微少之謂乎。翡翠者別一種。今之翡翠者魚狗也。詳二華和異同一〉
（巻五・水禽類）

右の引用の最後にある「華和異同」には、そのように判断する理由が詳しく述べられ、さらに中国で「翡翠」と呼ばれているものは、俗に「山少微」（ヤマセウビ）と呼ぶ鳥ではないかと言う。

翡翠

説文曰、翡赤羽雀、翠青羽雀。出二鬱林一。増韻曰、赤羽曰レ翡、青羽曰レ翠。翠、小如レ燕。毛青黒色。翎(はね)深青有二光彩一。飛二水上一食レ魚。翡大如レ鳩、毛紫赤、翎点点青不レ深無二光彩一。林棲不レ食レ魚。賈山至言格物惣論及諸書皆言レ之。

時珍曰、翡翠爾雅謂二之鷸一。飲二啄水側一。穴居生レ子。亦巣二于木一。似二魚狗一稍大。或云前身翡、後身翠。或云雄為レ翡、其色多赤、雌為レ翠、其色多青。

必大按、説文増韵倶難二解得一。李時珍翡翠者似二魚狗一稍大。爾雅謂鷸与二冠鷸一同名異物也。此説以為レ当。後二説難レ解為レ真。然則今之翡翠者魚狗乎。（中略）近俗所謂山少微者、似二魚狗一而稍大、嘴最大如二鴉觜一、毎棲二山川一。疑是、華之翡翠乎。未レ詳。（巻六）

この『本朝食鑑』は中国の「翡翠」と日本の「翡翠」とは異なり、日本の「翡翠」は魚狗でカワセミと呼ばれるものであるとする。現在の我々が言う「翡翠」すなわちカワセミは、この『本朝食鑑』の言うところと同じである。しかし、江戸時代にはこの説を採る者は他になく、他の書には「翡翠」はヤマセミ（ヤマシヤウビン）であるとしている。以下、その説を列挙する。

貝原益軒『大和本草』（宝永五年〔1708〕刊）

大小二種アリ。小ハカハセミト云。大ナルヲミゾゴイト云フ。五位鷺ノ類ニハ非ズ。是翡翠ナルベシ。綱目ノ魚狗ニノセタリ。魚狗ヨリ稀ナリ。山セミトモ云。ツネノ川セミニ似テ大也。尾短シ。色紅黄ナリ。或碧紫ナリ。嘴脚赤色ナリ。嘴大ニシテ長シ。（巻十五「水鳥」部「魚狗」）

寺島良安『和漢三才図会』（正徳二年〔1712〕自序）

鴗(かはせび)　本綱鴗処処水涯有レ之。大如レ燕嘴尖而長。足紅而短。背毛翠色帯レ碧。翅毛黒色楊レ青。可レ飾二女人首物一。

（中略）

翡翠(ヤマセビ)　鴗(カハセビ)之大者。爾雅謂二之鷸一。〈或云雄云為レ翡、其色多赤。雌為レ翠、其色多青〉

小野蘭山『本草綱目啓蒙』（享和三年―文化三年〔1803-06〕刊）

魚狗　ソビ古事紀旧事紀日本紀和名鈔　カホヨドリ藻塩草　少微埃囊抄勢州雲州四国　シヤウビン四国　セビ大和本草
セミ同上　カハセミ京（中略）〔一名〕魚釣翁（出典名略、以下同）翠衣　水翠　翠努　金鳥

流水ノ傍、閑ナル林下ニ多シ。常ニ水上ニ飛翔シ、或ハ水上ノ樹枝ニ止テ、魚ノ浮出ヲ窺ヒネ水ニ没シテ含食フ。十二一ヲ失セズ。大サ雀ノ如ク、頭頬ハ緑色ニシテ青文雑リ、背ハ翠褐色、翼ト両覆ハ白青色、尾ハ短クシテ灰色、眼ノ左右淡紅色、喉ハ白色、腹ハ赤褐色、嘴ハ長大ニシテ黒色、脚赤黒クシテ短シ。
（下略）　（巻四十三・水禽類、魚狗）

翡翠　カホドリ呉竹集　ヤマシヤウビン　ヤマシヤウビ　ミヤマソビ　ミヤマシヤウビン　ヤマヒスイ薩州　ヤマゾナ仙台　アカヒスイ（中略）〔一名〕翠碧埤雅　紺燕同上　翠鷸通雅　鷊雀名物法言　翠雀訓蒙字会　山翠江南通志広東新語　魚翠広東新語

此鳥常ニ深山幽渓ニ飛翔シ、市井ニ出ルコト稀ナリ。形魚狗ニ似テ、大サ鴿(ドバト)ノ如シ。全身赤色ニシテ光アリ。眼ハ淡青色、腹ハ赤色、尾ハ短ク喙長大ニシテ本淡黒、末赤シ。脚モ赤色ナリ。（中略）筑前ノ、ヤマシヤウビンハ色紫ニシテ冠毛アリ。夜ハ光アリテ、火ノ如シ。一種青黄色ニシテ腹紅ナリ。一種形魚狗ノ大サニ倍シテ紫色腹紅ナルヲ、カラシヤウビント云。　（同・附録・翡翠）

小原桃洞『本草余編纂』（成立年未詳、国立国会図書館蔵）

魚狗　カハセミ　一名　ヤマシヤウビン

此数名アリ。本綱及大和本草記聞ニ詳ナリ。種類多シ。此ニ其遺漏ノモノ幷ニ異同ヲ記ス。

一種カハセミ　形ハ雀ヨリ大ニシテ頭ヨリ尾ニ至リ瑠璃色光沢アリ。腹赤ク尾短ク。(ママ)

一種キセミ　素立ち雀ヨリ小ニシテ毛色灰ニシテ青黒ヲ帯ビ白斑アリ。嘴長ク黒シ。

一種山セミ　一名山セウビン　大サカハセミヨリ大シテ惣身黄色ニシテ青帯ビ□江ニシテ美ナリ。漢名翡翠　本州

一種カラセウビン　形ハカハセミヨリ倍シテ物体濃黄褐色ニシテ赤ヲ帯ブ。嘴長ク尾短シ。

一種ヤマスヾ（中略）

以上数説ヲ参互シテ是ヲ考ルニ□本草魚狗ノ条シタニ出タル翡翠ニシテ邦名ヤマセウビナリ。諸州山中ニ皆アリ。

以上列挙したように、『本朝食鑑』以外は、ヤマシヤウビンを「翡翠」に当てている。そのヤマシヤウビンは「全身赤色ニシテ光ア」る（『本草綱目啓蒙』）鳥である。

ただし、『和漢三才図会』に「按 鴗（ヤマセビ）〈俗云川世比〉形小在二池川一捕レ魚。翡翠（ヤマセビ）〈俗云山世比〉形大在二山渓一捕レ魚」とあり、ヤマセミは当時「俗」にはカワセミと呼ばれていたようである。現在はその「俗」の呼び方が行われているわけであるが、現在のカワセミすなわち「翡翠」は「全身赤色ニシテ光ア」る鳥ではなく、『本草余編纂』に「一種カハセミ」と説明されている「形ハ雀ヨリ大ニシテ頭ヨリ尾ニ至リ瑠璃色光沢アリ。腹赤ク尾短」い鳥である。

4　江戸時代以前の日本の「翡翠」鳥

前節で見たように、江戸時代では『本朝食鑑』以外は「翡翠」は赤い色の鳥であると理解されていた。しかし、現在では「翡翠」は光沢のある瑠璃色の鳥とする。なぜ現在ではそのように理解されているのであろうか。

明代の『琅邪代酔編』『本草綱目』『三才図会』などの説明によって、「翡翠」についての議論が闘わされる以前の日本では「翡翠」という鳥は、どのように理解されていたのかを改めて見てみたい。

「翡翠」の初出は『和名類聚抄』（承平年間〔931-38〕成）に「翹　四声類苑云翹〈中略〉今案俗云、翡翠、是也〉鳥羽上長毛也」（七・鳥部・鳥体）とあるのが見えるが、鳥そのものの名ではなく、羽の名である。ただし、狩谷棭斎の『箋注和名類聚抄』に「鳥の長き毛を翡翠と為すこと、未だ聞かず」とあるように、何らかの思い間違いがあるものと思われる。しかし、『名語記』（建治元年〔1275〕成）にも「問　ヒスイノカムザシトイヘル如何。答、翡翠トカケリ。鶏ノ尾ノカタハラニ　オヒクダレル　毛ヲヒスイトナヅケタルモ　カヤウノ義歟(か)」とあり、『増補　俚諺集覧』（太田全斎編・村田了阿等補）にも「[増]　翡翠(ヒスヰ)　鳥の名また婦人の髪毛の長きを此鳥の毛長くして美なるに倣へいふ」とあるように、鳥の長毛についていうとする「翡翠」が後世にまで見られる。「定家卿鷹三百首」の注に「鷹のくつろぐ時かたより赤き毛を出す。翡翠の毛といふ」[5]とあり、谷川士清『和訓栞』（安永六年〔1777〕から刊行）にも「ひすいの毛と云は鷹のくつろぐ時に肩より赤き毛を出すを云とそ」とあるのも、外に確認できない「翡翠」の用例であるが、あるいは翡翠という鳥のことがよく知られていなかったことを示すものであろう。

鳥の名としての「翡翠」が見えるのは『下学集』（文安元年〔1444〕刊）の「翡翠〈又名碧玉、又名「雪姑(コ)」〉」が最初のようである。別名に「碧玉」を挙げているところは正しく現在のカワセミを指しているようである。[6]次いで文明六年〔1474〕刊『節用集』に「翡翠(ヒスイ)〈□小微、丹觜翠翅也。異名、翠雀・魚狗・魚虎・雪姑・碧衣・公子・碧玉・翠鳥〉」と見え、『日葡辞書』（慶長八年〔1603〕成）に「Fisui ヒスイ（翡翠）この名で呼ばれる、多彩な色をした或小鳥」と見える。

以上は、「翡翠」を一種類の鳥と考えていたようである。人見必大の『本朝食鑑』はそれを受け継ぐものと言える。その後「翡翠」をカワセミであるとする説は『俳諧古今抄』（享保十五年〔1730〕刊）の「夏の部（中略）翡翠（中略）川蟬とは倭名なり」（上・再撰貞享式目・三）、谷川士清『和訓栞』の「ひすい　翡翠の音をよべり。かはせみなり」と続き、現在に至る。

このように一貫して「翡翠」はカワセミであるという考えが行われていた中に、明代の博物書などによって、「翡翠」論が行われたのである。

日本ではなぜ古来から「翡翠」をカワセミという一鳥の名と考えていたのであろうか。その理由を次節で考えてみたい。

5　「翡翠」という色

『藻塩草』（十六世紀前成）に「青葉の簾〈翡翠のすだれとて四月一日新き御すだれをかくる也と云々〉」のように、色の名として「翡翠」が用いられる場合は青緑色を言う。それはなぜなのであろう。

『本草綱目』や『三才図会』などの説明がもたらされる以前の日本では、『下学集』に「碧玉」、『文明本節用集』に「丹嘴翠翅也」とあるように、「翡翠」は翠鳥、すなわち翠（みどり）（黄青色）の鳥でしかなかった。

カワセミの古い和名をソニと言う。『新撰字鏡』に「鴗（曽尓）」。カワセミ、ヤマセミのセミはそのソニの転であり、青（青緑色）の意味である。枕詞「そにどりの」は青に掛かる（「そにどりの青き御衣をまつぶさに取りよそひ」『古事記』歌謡4）。以上のことは、早く本居宣長の『古事記伝』に、

蘇邇杼理能（ソニドリノ）は鴗鳥之（ソニドリノ）にて、青（アヲキ）の枕言なり。そは和名抄に、爾雅集注ノ云ニ、鴗ハ小鳥也、色青翠ニシテ而食フレ魚ヲ、（中略）和名曽比（ソヒ）、（中略）とありて、其色殊に青翠（アヲ）ければなり。（中略）この今の世に川世美（カハセミ）と云物にて壒囊抄に少微（セウビ）と

云り。曽比(ソビ)、少微(セウビ)、世美(セミ)などは、みな蘇爾(ソニ)の訛れるなり。（十一）

と見え、『大和本草』にも「埃嚢抄ニ少微ト云。今ノ俗モ亦セウビト云。和名本草ソビト云シヲ、アヤマツテセウビト云、又或セミト云。此鳥川ニアルユヘ川ノ字ヲ加ヘテカハセビト云」（魚狗）と見える（したがって『本朝食鑑』に見える「少微」は「鳥の形の微少なるを謂ふか」という説は採らない）。薄田泣菫の「睡蓮の歌」（『白羊宮』所収、明治三十九年〔1906〕刊）などに「かはそび」の振り仮名がある「翡翠」が見え、山田美妙の『大辞典』には「かは―そび　かはせびの原語」とある。

この「そにどり」が「翡翠」と呼ばれるようになっても、その鳥の羽毛の色は変わることがなかったことを窺わせるものに、女性の髪を形容する「翡翠」がある。

○髪、さはらかなる程に、落ちたるなるべし。末、すこし細りて「色なり」とかいふめる、翡翠だちて、いとをかしげに、糸を縒りかけたるやうなり。（『源氏物語』椎が本）

○髪はすこし色なるが筋もみえず、こまごまと、翡翠などいふらんやうにひろごりかかりて、いとこちたくはあらず。（『浜松中納言物語』）

○みぐしはゆらゆらと、翡翠とはこれをいふにやと見えて、背中の程うちすぎ、いみじくあてにをかしげにて、（『夜の寝覚』）

○その中にたけ一丈あまりなる髪あり。その色翡翠をあさむく黒髪つややかにして、なぞらふべきものなし。（『吉野拾遺物語』）

○城の門のほかに、ひすいの髪をみだりて、たゞひとりあゆみいで、（『百座法談』閏七月九日）

鎌倉時代以降には慣用句「翡翠のかんざし」が見られる。池田亀鑑[7]が明らかにしたことによると、この「かんざし」は「髪状(かんざし)」であり、「髪の生えぐあい」「髪の素性」、あるいは髪全体を指すものである。[8]

○桃李の御よそほひなほこまやかに、芙蓉の御かたちも未だ衰へさせ給はねど、翡翠の御かざしつけても、何にかはせさせ給ふべきなれば、つひに御さまかへさせ給ひてげり。（『平家物語』「女院御出家の事」）

○翡翠の髪ざしは婀娜とたをやかにして、楊柳の風に靡くがごとし。（謡曲『卒塔婆小町』）

○翡翠のかんざし、嬋娟（せんけん）の鬢、桂の黛、丹花の唇、柔和の姿引きかへて、（謡曲『采女』）

○翡翠のかんざしは衣の裾にあまりて、八尺豊かに緑の上をぞ引かれける。（御伽草子『いはやの童子』）

○翡翠の髪状黒うして長ければ（説経『おぐり』）

池田亀鑑は、この「翡翠のかんざし」は、「あてに」「なまめきて」「花やかに」「うつくしき」などの語で形容される髪を言ったものとされ、「光沢のある黒い髪はやはり青味を帯びて感じられるのではないかと思ふ。又実際奈良朝から平安朝にかけての色彩仏を見ても、髪は多く群青にぬられてゐるから、その当時の人々もたしかにさう感じたに相違ない」と言われているが、「翡翠」色はそのように理解されていたものと思われる。したがって、漢籍での「翡翠」鳥の説明がさまざまに説明されていたとしても、日本では「翡翠」という名の鳥は「翡翠」色の鳥と理解されていたと考えるのが、自然のように思われる。すなわち、人見必大の『本朝食鑑』の、「翡翠」は「魚狗」であり、その和名はカハセミであるとする説が自然であると思われる。中国においても同様であったことは『琅邪代酔編』に「今人称二青羽者一」とあることで分かる。確かにそのカワセミもまた胸部と腹部は赤く、羽は翠色である。しかし、ルリという名の鳥が腹部は白いにも拘わらず、羽の色が青いことをもって日本で瑠璃と呼ばれたのと同じように、「翡翠」鳥もまた、輝きを放つ「翠」色の羽の色が注目されて、「翡翠」と呼ばれたものと思われるのである。池田亀鑑もまた、「翡翠だつ髪」「翡翠のかんざし」は「緑の黒髪」と同義語であるが、「翡翠」という語でみどりの色をあらわすのは、「翡翠」の「翠」という字と関係し、「翠」という文字から来る連想が美髪に関係あるのなら、それでよかったのであろうと言う。

次節以降に見る宝石の名としての「翡翠」も同様であろう。章鴻釗著『石雅』（『地質専報』乙種二号、中国地質調査所、民国十六年〔1917〕刊）には、紅紫で青を帯びた「翡」Violanと緑色の「翠」Jadeiteとに分ける案が出されているが（玉類第三巻「琉璃廠観宝玉記」）、中国においてその考えが受け容れられたとしても、日本においては、宝石名「翡翠」は翠色のJadeiteの名であろう。

6　宝石名の「翡翠」

さて、宝石の「翡翠」であるが、鳥の名の「翡翠」と同じく、既に前漢の劉向撰の『新序』巻二・雑事に「漸台五重、黄金白玉、琅玕龍疏、翡翠珠璣、莫絡連レ飾、万民罷極」と見える（『烈女伝』の巻六・弁通・斉鍾離春にも同文がある）。「漸台」は台の名、「珠璣」は円い玉と四角な玉、「幕絡」（莫落）はおおいまとうの意、「龍疏」は龍鬚草（たつのひげ）で編んだ席、あるいは珠玉の名とされる。文意は「漸台は五重に築かれて、黄金や白玉・琅玕・龍疏・翡翠や真珠などの玉が覆い纏うように飾られている。そうした費えの負担で万民は疲れ切っている」といったものである。

梁の昭明子の『文選』に載せる班固（後漢 ?-753）「西都賦」に「翡翠火齊、流レ耀含レ英」（翡翠・火齊ありて、耀（ヒカリ）を流し、英を含めり）とあり、同「西京賦」にも「翡翠火齊、絡以美玉」（翡翠・火齊ありて、絡（マツ）ふに美玉を以てす）とある。「翡翠」と並置される「火齊」は『新撰字鏡』に「玫瑰（中略）□玉也　火齊也　五采石也」とあり（「玫瑰」は玉石の名）、『和名類聚抄』にも和名ヒトルタマとある。章鴻釗著『石雅』にも「両譜均与二火齊一並挙、且其上下文亦均羅二列珠璧之属一、而無下及二羽族一之文上。則翡翠非二玉類一乎」と指摘し、さらに漢より梁までの詩を集めた陳の徐陵の『玉台新詠』の序の「琉璃硯匣、終日随レ身、翡翠筆牀、無二時離一レ手」の例も、「翡翠」は「琉璃」と対しており、筆牀（ふでかけ）に鳥の羽を用いることはないことから玉類の「翡翠」とする。

　ところが、これらの「翡翠」は唐の時代から鳥の名と誤解されていたようである。章鴻釗著『石雅』に「李善引張揖上林譜注、並以二翡翠一為二鳥名一、疑或失レ之」と言い、「至レ唐而其物已不レ可レ考、故李善注文選、顔師古注漢書、均未二曾及一レ之」と言う。すなわち、『文選』「西都賦」の李善注に「張揖上林譜注曰、翡翠大小如爵、雄赤曰翡、雌青曰翠」とあり、「西京賦」の注に「善曰翡翠鳥名也」などとあることを言うのであるが、おそらくこれらの注によって、日本でも九条家旧蔵本『文選』[9]の「西都賦」の「翡翠」に「雄赤曰レ翡、雌青曰レ翠」とあり、「西京賦」の「翡翠」に「鳥羽也」とあるのであろう。これは塚本哲三編輯『晏氏春秋・新序』（有朋堂書店、大正十一年〔1922〕刊）の「翠鳥の、雄の赤きを翡といふ、雌の青きを翠といふ」という注まで続く。誤りが正されるのは、荒城孝臣注の『列女伝』（明徳出版社、昭和四十四年〔1969〕刊）の「翡翠」に「かわせみ。ここは美玉の名。緑色の硬玉」と注されるあたりからである。『全釈漢文大系　文選』（小尾郊一著、集英社、昭和四十九年〔1974〕刊）、『新釈漢文大系　文選』（中島千秋著、明治書院、昭和五十二年〔1977〕刊）も「翡翠」は宝石と注されている（ただし、「西都賦」の「翡翠」は依然としてカワセミの羽の色とある）。

　宋時代になると、鳥の翡翠とは紛れることのない、宝石の「翡翠」が現われる。杜綰の『雲林石譜』（紹興三年〔1133〕序）に、

　于闐国石出二堅土中一。色深如二藍黛一。一品斑斕白脈点々光燦、謂二之金星石一。一品色深碧光潤、謂二之翡翠一。屢試レ之正可レ屑（くだく）レ金。潤而無声。然石之一叚。凡広尺余、択其十分之一二無二纎毫瑕玷一、極少故、所産貴翡翠。而賎二金星一。
　（于闐石）

とあり（「于闐国」は漢の西域の国名。現在の中華人民共和国新疆自治区和田市。旧和闐〔Khotan〕城）、李石の『続博物志』巻二に、

　物有二異レ体而相制者一、翡翠屑（くだく）レ金、人気粉（くだく）レ犀、北人以レ鍼敲レ氷、南人以レ線解レ茶。

と見え、張世南の『游宦紀聞』（成立年不詳）に、

翡翠屑レ金、人気粉レ犀、此物理相感之異者、常観二帰田録一載欧公家有二一玉罌一。形製甚古且精巧、始得レ之梅聖兪以為二碧玉一。在二潁州一時、嘗以示二僚属一、坐有二兵馬鈴轄鄧保吉者一、真宗廟老内臣也。議レ之曰、此宝器也。謂二之翡翠一。宝物皆蔵二宜春庫一、有二翡翠琖一隻一、所二以識一也。其後偶以二金環一於二罌腹一信レ手磨レ之。金屑紛紛而落、如二硯中磨レ墨。始知翡翠之能屑レ金也。諸薬中犀最難二細搗一。必先鎊屑乃入二衆薬中一、已而衆薬篩尽、犀屑猶存。偶見二一医生元達者解レ犀、為二小塊子一。方一寸半許。以二極薄紙一裹、置二懐中一近レ肉。以二人気一蒸レ之。候二気薫蒸浹洽乗レ熱。投二臼中一急擣応レ手如レ粉、因知人気之能粉レ犀也。今医工皆莫レ有二知者一。

とある。「翡翠屑レ金」という句は以降もよく現われる。より堅いものがより柔らかいものを屑くのは当然であるが、翡翠からは自ずと金を屑く気のようなものが発せられると考えられていたのであろうか。明の時代には、李時珍の『本草綱目』（万暦十八年〔1590〕序）の金石部第八巻「金」の項に、

洗レ金以二塩駱駝驢馬脂一皆能柔レ金。金遇レ鉛則砕、翡翠石能屑レ金。亦物性相制也。

とあり、第十巻「金星石　附銀星石」の項にも、

翡翠石能屑レ金亦名二金星石一。此皆名同、物異也。

とある。清の時代には、方以智の『物理小識』（康熙三年〔1664〕刊）に「屑金之翡翠、碧玉也」（「玉」項）と見え、『通雅』（康熙五年〔1666〕頃成）にも「屑金之翡翠、碧玉也」（巻四十八・金石「宋試玉」項）、「翡翠屑金、則玉也」（巻四十五「鳥」「翠鷸」項）と見える。

江戸時代の日本では、これらの文献によって玉石名の「翡翠」が知られたようである。『庶物類纂』（元文三年〔1738〕成）の「玉属」の中には「翡翠」の項が設けられており、右に掲げた『続博物志』また『游宦紀聞』の文章が引かれている。小野蘭山の『重訂本草綱目啓蒙』の「金星石」の「集解」にも、

翡翠石ハ玉ノ類ニシテ和産ナシ。因樹屋書影ニ曰、帰田録言、家有二碧玉罌一、製甚精、有二老内臣一、見而識レ之曰、此玉名二翡翠一、禁中曽有レ之、暇日取二金環一磨二罌底一、金霏落如レ屑、乃知二翡翠粉レ金之説一、此等不二常有一、故不レ能レ識耳。雲林石譜ニ于闐石ト名ク。于闐国ヨリ出ル故ナリ。

と見える。(10) 引用されているものは李時珍の『本草綱目』であり、張世南の『游宦紀聞』にも引かれているものであり、また『雲林石譜』である。(11) こうした書籍は文学研究者の読書範囲にはなかったようであり、現在もまた同様のようである。

7　明治以降の鉱物学における「翡翠」の名の変遷

幕末の経済学者佐藤信淵（1769–1850）の『経済要略』にも「母石ナクシテ生ズル者ハ唯空青及孔雀・翡翠ノ類ノミ」（上巻・開物第二「宝石類」）と見え、信淵の増補になる佐藤信景著の『土性弁』（享保九年〔1724〕序）にも「翡翠石」の名が見えるが、明治時代に興った日本鉱物学の初期においても「翡翠玉（ひすいのぎょく）」が用いられていた。

中川重麗編輯『小学読本博物学階梯教授本』（張弛館、明治十一年〔1878〕刊）に、

質ノ粗糙ナル者ハ硅石・砂石・四角石等ニシテ其緻密ナル者ハ大理石・雪花石膏白玉。又価ノ貴キ者ハ金剛石・碧玉・紅宝石・黄宝石・翡翠玉・石榴石等ノ如シ。（石類）

とあり（同『字引』に「翡翠玉」の右傍訓に「ヒスイノギヨク」、左傍訓に「ヒスイイロノタマ」とある）。また、ローラン編述・佐沢太郎訳『労氏地質学』（文部省、明治十二年〔1879〕刊）に、

翡翠玉　翡翠玉（エムロード）ハグルゥシーヌ〈酸化グルゥシニテム〉及珪酸礬土ノ抱合物〈原註、グルゥシーヌ一四・五、礬土一七・零、珪酸六八・五〉第三結晶系、裂隙ナキ六角柱ニシテ縦理アリ。本重二・七、硬度八、温熱ノ為メ

ニ熔解シ難ク縦理又ハ縦線ヲ有スル単柱形ナリ。根元雲母石葉片、及滑石葉片中ニ散布シ亦花崗石岩中ニ散布ス。格魯母(コローム)染ムル所ノ美麗緑色ノ変態ハ高価ノ翡翠玉トナル。而シテ帯緑黄色及帯青緑ノモノニ比スレバ価大ニ廉ナリ。名ヅケテ銀精石(ベリール)〈黄色翡翠玉ナリ〉ト謂ヒ、エーグュマリーヌ〈青色ノ翡翠玉ナリ。海瑪瑙又海色玉ノ義〉ト謂フ。専ラリムーザン西伯利(シベリー)〈亜細亜　魯西亜〉及伯西爾(ブラジル)〈南亜墨利加〉ヨリ出ヅ。世人ノ通知スル最美ノ翡翠玉ハ羅馬法皇ノ高帽ノ装飾ニ用キルモノニシテ長二十七ミリメートル直径三十五ミリメートルノ円柱ナリ。

（上冊・第二篇第三章第二綱「水酸及可溶非金属塩」）

とある。しかし、その後、「翡翠」の語は用いられなくなり、和田維四郎の『金石対名表』（明治十二年〔1879〕刊）では、

Nephrite. Jade　玉(ギヨク)（無晶形。成分ハ硅酸苦土石灰。堅度ハ六、五）

と「玉(ギヨク)」と呼ばれ、さらに小藤文次郎・神保小虎・松島鉦四郎共編『英独和対訳　鉱物字彙』（明治二十三年〔1890〕刊）では、その「玉」を、

Ko-gyoku. Jado (Jadeite). **Jade (Jadëite)**　硬玉

Nangyoku. Nephrite. **Beilstein (Nephrit)**　軟玉

と「硬玉」（Jadeite）と「軟玉」（Nephrite）とに分けている。「硬玉」はアルカリ輝石の一種であり、「軟玉」は緑閃石系角閃石であると言う。以降鉱物学ではこの説明が行われている。

しかし、宝石としての「翡翠」の名は用い続けられていた。明治十三年〔1880〕刊『新約全書』「約翰黙示録」第二十一章二十節に「翡翠(みどりのたま)」と見え（ただし、これはブリッジアンとカルバートソンの漢訳聖書を受け継いだものである）、鈴木敏編『宝石誌』（秀英舎、大正五年〔1916〕刊）の「玉一名砡（軟玉 Nephrite 及硬玉 Jadeite）」の説明に、

今是等の鉱物を其最も尊重せる支那の古文書に就て玉なるもの、解釈を観るに『光沢は温潤、色は白若くは緑

にして尤潔なるを尊び、堅硬にして瑕つかずと云ふにあり』、又本草綱目に曰く『凡玉は敲けば声ありて金の如し、同じ状なれども声なきは瑪瑙なり、水晶はよく透徹り、玉はすきとほらずして温潤含蓄の気象あり』と。而して玉は其色に因み種々の名称あれども白玉及び琲琛の二種其主要のものにして、白玉の多くは軟玉に属し、岫巌玉の一部も亦然り、琲琛の大部は硬玉に属し、琅玕又其一種なるやも知れざれど這般の区別は深き研究を経し後に非れば確定し難し、況や輝石が変質作用を享け角閃石に変態すると一般硬玉も亦其作用を享け軟玉に変態する場合あるに於いておや。又近来琲琛流行せるを以て硝子又は陶質の煉物を以て琲琛に擬し、種々の装身具を製するも、其低き比重と硬度は彼我を甄別することを得べく、特に硝子製のものは硝子光強きのみならず、其性脆くして破砕し易き欠点あり。

（第三編宝石特論第三章第三節「玉」）

とあり、西岡薫祐『宝石の話』（古今書院、昭和七年〔1932〕刊）にも「ジェード（硬玉、翡翠、Jade）」とあり、最近の崎川範行『宝石学への招待』（共立科学ブックス、昭和五十四年〔1979〕刊）でもヒスイが次のように説明されている。

ヒスイは東洋の宝石という感じがあったが、今日では欧米でも広く愛好されるようになったので、その希少性とともに一つの代表的な宝石として取り扱うことができる。（中略）ヒスイは、英語でジェードというが、それは硬玉（ジェーダイト）と軟玉（ギョク、ネフライト）を一緒にした名称と考えてよい。だが宝石に関してはヒスイといえば、硬玉の方を意味すると考えてよい。ことに日本ではそうである。そして一方の軟玉の方はヒスイとは呼ばずにギョク（玉）と呼んで区別している。（中略）ヒスイの緑はエメラルドと同じくクロムによる緑色であるが、これに対してギョクの緑は暗緑色であって鉄分が原因となっている。

（七章「いろいろな天然宝石」）

明治以降の「翡翠」は中国やビルマから輸入されてきた。『支那の物産』（支那研究叢書・第六巻、東亜実進社、大正七年〔1918〕刊）に、

目下流行の極にある、翡翠は雲南産を以て最上等となし、雲南、ビルマ交界即ちビルマの巴蕉府より九日路なる「カーケン」人種の在住地を以て主産地となす、雲南省内にては麗江府を第一産地となし、次を大理符となす。

とあり、北沢重蔵『五万や拾万の端金』（大正十四年〔1925〕刊）にも次のように見える。

内地へ輸入する支那翡翠(しなひすゐ)は全部を挙げて、此北京から来るのである。而して内地の輸入商人が北京に往つて、内地人に適する婦人の簪(かんざし)の玉(たま)とかかねがけとか帯止(おびど)めとか或は印材(いんざい)とか注文して、需要に適する加工をして、然る後に輸入するものである。

こうして、装飾宝石翡翠が流行し出すと、文学作品でも宝石名「翡翠」があらわれるようになる。

○たけ長の、おぐしかきたり、真蘇秀乃、赤裳裾曳き、翡翠玉、黄玉丹保玉、み扇の、尾にぬきもたす、まぐはし女乃神。　（伊藤左千夫『西遊日抄』明治三十七年〔1904〕四月）

○あの柔らかい緑の色の翡翠(ヒスヰ)の珠　（永井荷風『見果てぬ夢』三、明治四十三年〔1910〕一月）

○服装から観た彼等の相客中に、社会的地位のありさうなものは一人もいなかつた。（中略）わざとらしく平打の羽織の紐の真中へ擬(まがひもの)物の翡翠(ヒスヰ)を通したのだのは寧ろ上等の部であった。　（夏目漱石『明暗』三四、大正五年〔1916〕）

○此間にテラゴは、ネカツタに密語(ささや)き、其首に懸けて居る数多の飾り玉の中から、殊に翡翠の石の美麗なのを抜取りて、　（江見水蔭『三千年前：考古小説』大正六年〔1917〕）

○（蜻蜓(やんま)の）翡翠の大きな眼、黒と黄の段だら染め、細くひきしまつた腰から尾への強い線、

（志賀直哉『暗夜行路』四・一四、大正十年〔1921〕）

○一筋　一筋の黒髪に／しつぽり食ひ入る／翡翠の小櫛／わたしや／お前が憎らしい。／一筋　一筋の黒髪も／お前ゆゑに乱されぬ／銀の笄、／わたしや／お前が羨やましい。（南江二郎『翡翠の小櫛』大正十一年〔1922〕）

○古き翡翠の玉を翳して／曇り日を仰ぎ見る　（室生犀星「翡翠」『高麗の花』大正十三年〔1924〕）

ただし、国語辞書には長い間、宝石名「翡翠」は見られない。ヘボンの『和英語林集成　第三版』（明治十九年〔1886〕刊）には「HISUI　ヒスイ　翡翠 n. A king-fisher. Syn. KAWASEMI.」とあって、鳥の翡翠のみが記されている。『言海』（明治二十二年〔1889〕自序）の「ひすゐ（翡翠）」の項でも「（一）鳥ノ名、カハセビ。（二）鳥ノ尾ノ長キ羽。和名抄「鳥毛上長毛也、俗云翡翠」髪ヲ形容シテ翡翠ト云フハ、鳥毛ノ長キニ寄セテ云フナルベシ。「髪ハ、スコシ光沢ナルガ筋モミエズ、コマコマト、翡翠ナドイフランヤウニ、ヒロゴリカカリテ」ひすゐノ髪状ニツケテモ、今ハ、何ニカハサセ給フベキナレバ、御サマヲ変ヘサセ給ヘリ」」とだけあり、『修訂大日本国語辞典』（松井簡治・上田万年著、冨山房、大正四年〔1915〕刊）にも玉石の「翡翠」は載せられていない。国語辞書に宝石名「翡翠」が載るのは、『大言海』（昭和十年〔1935〕刊）からのことである。「（一）鳥ノ名、ヤマセビ。カハセビ（魚狗）ニ同ジ（例略）。（二）鳥ノ尾ノ長キ羽（例略）。（三）髪ヲ形容シテ翡翠ト云フハ、鳥毛ノ長キニ寄セテ云フナルベシ（例略）」とあるのは、『言海』の説明を整理したものであるが、新たに「（四）緑色ナルコト。（翡ハ赤色、帯説ノ字ナリ）（例略）」と「（五）次次条ノ語ノ略」とが加えられており、「次次条ノ語」に当たる「ひすゐぎょく（翡翠玉）」が立項され、「宝石ノ名。翡翠鳥ノ羽ノ色ニ似タリ。色、純翠ニシテ温潤ニ、透キ徹ルヲ上品トス。略シテ、翡翠」と説明されている。

やがて、鉱物学関係書でも一般向けの書物では「翡翠」が用いられるようになった。木下亀城著『原色鉱石図鑑』（保育社、昭和三十二年〔1957〕刊）には「翡翠」の項が設けられ、「玉の一種である。玉には塊状角閃石の一種である軟玉と、輝石の一種である硬玉の両種のものがあるが、外観、色沢、性質など酷似するので混同される」という説明があり、森本信男・砂川一郎・都城秋穂著『鉱物学』（岩波書店、昭和五十年〔1975〕刊）、寺島靖夫著『探検！　日本の鉱物』（ポプラ社、2014刊）などでは、硬玉を「ひすい輝石」と呼んでいる。

おわりに

漢代の墓からは遺体を翡翠の玉衣で覆い、口に翡翠を含ませたものが出土している。翡翠には遺体を腐らせない力があると信じられていたことに因ると言われる。近代の中国でも「翡翠の玉をかざして日の光をながめ己の生涯のうらなひをする」と言う[12]。東洋の宝石と呼ばれる翡翠にはそうした俗信がある。飛ぶ宝石と呼ばれるカワセミの凛としたたたずまいにも謎めいた雰囲気がある。各務支考（1665-1731）はいかなる美人の魂かと疑い、

> 楚台の夢は一夜の枕に驚き、驪山の契は万里の雲を隔つ。朝の嵐に錦帳を動せば李夫人が影もふたゝびはかをる事なし。しからば翡翠といふ鳥はいかなる美人の魂にかあらむ。杜子美が衣桁に啼といへるも此鳥ならで外はあらじ。名にめでゝ是を我友となさばはしなき人にやあやしまれむ。名を聞より其姿のおもはるゝ。鴛鴦の中は更なり。瑠璃といふ名は世の人きくをもかざれるかな。
>
> （「百鳥譜」）

薄田泣菫（1877-1945）は、物忌守りし和魂の化生かと疑う。

> 美しきものは常久に／可惜身なりや、翡翠の／かいまみ許さぬ花の姿／照斑あをき冠毛や／瑠璃色背にながれて／さながら水曲の水脈にまがひ／はた長嘴の爪紅は／霊露を啜るにふさひたりな。（中略）そよやむかしの少姫が／ほまれの氏を厭ひて／尼そぎ艶なる御寺ごもり／御燈ささぐる夜な夜な／物忌守りし和魂の／化生か、翡翠人気見ては／知らず顔の面もちに／など然は素気なく暗に去るや、
>
> （「翡翠の譜」）

「翡翠」という名と文字には、こうした神秘と美しさに即応するものがある。前漢の昔から今にいたるまで変わらず用いられ続けられているのはそのためであろう。

注

（1）「瑠璃」が鳥の名になったのは日本だけのようである。中国では『漢語大詞典』『辞源』などにも見あたらない。日本では『お湯殿の日記』（文明十九年〔1487〕六月二十九日）に「るりてう」、永禄十一年〔1568〕饅頭屋本『節用集』に「瑠璃鳥（ルリテフ）」と見え、「瑠璃」の形は各務支考「百鳥譜」に「琉璃（るり）といふ名は、世の人のきくをもかざれるかな」を初出とするようである。

（2）『楚辞』（前漢・劉向撰）「招魂」の「翡翠珠被、爛二齊光一兮」、『漢書』（後漢・班彪・班固等撰）「賈山伝」の「被以二珠玉一飾二翡翠一」、唐の白楽天の「長恨歌」の「翡翠衾寒、誰与レ共」なども翡翠の羽毛を飾ったものとされている。唐の詩人李商隠の詩の「数急二芙蓉帯一頻抽二翡翠簪一」、宋の黄庭堅の『山谷集』の『王沢不渇鈔』「清人怨」（十巻）の「翡翠釵梁碧　石榴裙褶紅」などの「翡翠」も同様に考えられているようだが、なお検討の必要があるように思われる。

（3）本文は『和刻本辞書字典集成』（汲古書院）によるが、「餝」は「飾」の誤か。

（4）源順『和名類聚抄』「爾雅云鴗力及切和名曾比見日本私記一名天狗注云小鳥也、色翠而食レ魚、江東呼為二水狗一」（十巻本）とある。

（5）『古今要覧』巻第五百七禽獣部「鷹」による。

（6）ただし、もう一つの別名として挙げられている「雪姑（コ）」は鶺鴒（せきれい）の異名である。『物類相感志』に「俗呼二鶺鴒一為二雪姑一。鳴則天当二大雪一。又性好レ食レ雪、故名二雪姑一」とある。

（7）池田亀鑑「ヒスイのかんざし考（一～四）」（『国語解釈』第一巻第九、十号・第二巻第一、二号、昭和十一年〔1936〕九、十月・十二年一、二月）。ちなみに玉簪や玉根掛（ねかけ）（髻（もとどり）の後ろに掛ける飾り）に翡翠玉が用いられるようになるのは江戸時代以降のようである。

（8）後には語形と用途の類似から簪を言うようになる。「翡翠簪（ヒスイノカンザシ）」（『節用集』易林本）、「Fisuino canzaxi　ヒスイノカンザシ（翡翠の簪）身分の高い婦人の頭や髪の毛につける飾り道具の一種」（『日葡辞書』）。

（9）中村宗彦著『九条本文選古訓集』（風間書房、昭和五十八年〔1983〕刊）による。斯波六郎「九条本文選解説」（『文選索引』第一冊解説「文選諸本の研究」附録）によると、奥書に見える年代は康和元年〔1099〕が最も早く、正慶二年〔1333〕が最も遅いようである。

（10）現在の鉱物学書に宝石名の「翡翠」を清の時代以降のものと説くものが見える（茅原一也著『改訂版　ヒスイ文化を読む―世界最古の糸魚川・青海ヒスイ―』産業地質科学研究所、平成六年〔1994〕刊など）。これは硬玉翡翠 jadeite が中国には産せず、十八世紀にミャンマーから中国にもたらされたことによるようである。しかし、古代中国においても和闐（ほーたん）国などの硬玉翡翠は知られていたものと思われる。

（11）諸橋轍次の『大漢和辞典』の「翡翠」の項には「美玉の名。緑色の硬玉」が挙げられているが用例はなく、「翡翠玉」の項にも現代中国語の発音が示されている。小学館の『日本国語大辞典』の「かわせみ」の項でも「宝石の一種。緑色、半透明でガラス光沢のある硬玉。装飾用。アマゾン石」とあるが、用例は明治以降のものが挙げられている。

（12）室生犀星「支那風な景色」（『あやめ文章』作品社、昭和十四年〔1939〕刊所収）。犀星の詩集『高麗の花』にも「支那人は古い翡翠の玉を透かして晴曇を占ひ、その晴曇に依つて、吉凶を占ふさうである」（「翡翠」）とも見える。知人であった中国人の骨董屋から聞いた話のようであり、近代中国においてもなお、そのような俗信が生きていたことを知る資料である。

3 金剛石（ダイヤモンド）——研磨石と宝石と——

1 『本草綱目』の「金剛石」

「金剛」という語は金石で最も剛なるものというのが原義であるが、[1] 李時珍『本草綱目』（明・万暦十八年〔1590〕序）では「金剛石」は「宝石」としては扱われてはいない。すなわち、『本草綱目』の「金石部」は、「金類」「玉類」「石類」「鹵石類」の四類に分けられており、「宝石」は「玉類」に属するが、「金剛石」は「石類」に分類されて、次のように説明されている（引用は『新註校定国訳本草綱目』春陽堂、昭和四十九年〔1974〕刊の訳による）。

釈名　金剛鑽　時珍曰く、この物の砂は玉を鑽（き）り、また瓷（じ）を補ふところから鑽（さん）といふ。

集解〈時珍曰く、金剛石は西番、天竺の諸国に出る。葛洪の抱朴子に「扶南に金剛が出る。鍾乳（しょうにゅう）のやうな状態で水底の石上に生ずるものだ。体は紫石英に似て玉を刻（ぎょく）み得る。人間が水底に潜入して取るのだが、鉄椎（てっつい）で撃つたのでは傷さへ付かぬ。ところがただ羚羊角（れいやうかく）で扣（たた）くとさくさくと氷のやうに崩れるのだ」とある。丹房鑑源には「紫背、鉛はよく金剛鑽を砕く」とある。周密の齋東野語には「玉工が玉を細工するには、恒河の砂を用ゐて金剛鑽で鏤（ちりば）める。その物は形が鼠糞のやうで、青黒色の石のやうな鉄のやうなものだ。西域、及び回紇（くわいこつ）の高山の頂上に出る（中略）」。玄中記には「大秦国に金剛が出る。一名削玉（さくぎょくたう）刀といひ、大なるものは長さ一尺ほどある。小なるものは稲、黍（きび）ほどのもので、それを指環に着けて玉を刻むといふ」とある。これで観れば金剛にも非常に大なるものがあると見える。印度僧が仏牙（ぶつげ）と称して貴ぶものはこのものだ。（中略）十洲記には「西海流砂に昆吾石といふがあり、これを鍛へて剣を作れば鉄の如く、光明は水精の如く、玉を割くが如くだ」と記載してあるが、これも金剛の大なるものの例である。（下略）〉

日本には「金剛石」は産しない。右の『本草綱目』の説明によって、その名と用途を知ったのである。[2]

ちなみに『本草綱目』の説明には正確ではないものがある。葛洪の『抱朴子』の「鍾乳（しょうにゅう）のやうな状態で水底の石上に生ずる」とあるのは、実際には溜り水の底の砂礫層の礫の表面に、水酸化鉄などによって鍾乳のように膠着しているだけのことであり、「人間が水底に潜入して取る」とあるのも、実際には地下に井戸を掘り下げて採取するのである（『新註校定国訳本草綱目』の注による。以下同じ）。こうした誤りは、「金剛石は西番、天竺の諸国に出る」とあり、産地が遠く、その実態を確認できなかったからであろう。「西番」は「今ノ青海、新疆ノ二省、及ビソノ以西ノ地」、「天竺」はインドである。また『抱朴子』に「扶南に金剛が出る」とある「扶南」は「メコン河下流地域」であり、『齋東野語』に「西域、及び回紇（くわいこつ）の高山の頂上に出る」とある「西域」は広義ではペルシャ・小アジア・シリア・エジプトのことであり、「回紇」は「新疆省トルファンを中心とする地域の古名」である。さらに『玄中記』に「大秦国に金剛が出る」とある「大秦国」は「古のローマ帝国」のことであり、『十洲記』に「西海流砂に昆吾石といふがあり」とある「西海流砂」は西番の砂漠地のことである。

2　金剛鑽と金剛砂

現在の鉱物学では金剛石（ダイヤモンド）には三種類あるとされる。①普通の金剛石、②ボーラス bollas（ボルツ Bortz bort とも）、③カーボネード carbonado の三種である。採掘される金剛石で宝石用に仕えるのはせいぜい四分の一であり、残りはすべて工業用に使用される[3]。例えば西岡薫祐著『宝石の話』（古今書院、昭和七年〔1932〕刊 pp. 112-23）に、

ボルツ（Bortz bort boart）（ボルト、ボオルトとも云ふ）暗黒の不完全結晶のもので、屢々放射状構造をなして居り、半透明、又は不透明のものにて、質悪く装飾石にもならぬ金剛石をボルツと云ふ。粉末となりたるボルツは金剛石を磨くに用ひられ、大きなものは電球のフィラメントに用ふる細い針金を引くダイス（dies）や硝子切に用ふ。

とあるが、『本草綱目』の「釈名」に見える「金剛鑽」は、工業用の②のボーラス、または③のカーボネードであり、砂状になった金剛石のことである。『新註校定国訳本草綱目』の注（益富壽之助氏）に、

ダイヤモンドのバラエテイで、不純なため黒―灰色を呈し不透明で、劈開がなく（普通のダイヤは劈開完全）そのためダイヤより硬く、その粉末はダイヤを研磨するのに用いられるボーラス bollas（注略）やカーボネード carbonado を指しているようである。思うに金剛鑽の名は、金剛石を鑽する上記変種に対する呼称なのかもしれない。

と見える。

日本において、この「金剛鑽」に誤って同定されたものがある。『続日本紀』天平十五年〔743〕九月己酉条に、

免二官奴斐太一従レ良、賜二大友史姓一。斐太始以二大坂沙一治二玉石一之人也。

と見える「大坂沙」である。「大友史」は『新撰姓氏録』未定雑姓河内国に「百済国人白猪奈世之後也」と見える氏族であり、「大坂」は『大和志』葛下郡に見える「逢坂」と考えられる[4]。「治」は磨くの意（『類聚名義抄』観智院本「治　ミカク」）。また、『延喜式』巻十七「内匠寮」条「御帯」の項に「切レ石料、大坂沙（オホサカスナゴ）一石」とあり、石切りにも用いられる。この至堅至利の砂が「金剛砂」と呼ばれるようになった。

金剛砂其有二大和国一、蔵人所レ知レ之。（『西宮記』）

金剛砂　コムカウシヤ　（十巻本注に「大坂砂也。見二本朝式一」）　（『色葉字類抄』）

珠摺。眼鏡数珠粒舎利塔皆水精をもつて造り、その外諸の石緒締是をつくる。金剛砂に水を洒て鉄の樋にあてて是をするなり。（『人倫訓蒙図彙』）

用レ之鑽二水精硝子及諸玉石一、凡磁器欲レ穿レ孔者、先以二金剛砂一撮一在二其処一、以二杉木錐一揉二穿其処一、屢而為レ孔、一異也。（『和漢三才図会』）

玉石具御幸町三条北多二玉人一、水精幷珍石以二金剛砂一磨二琢之一、作二雑物一、是謂二玉屋一。金剛砂出レ自二大和国金剛山一。（『雍州府志』六）

のこぎり〈登切之略〉に金剛砂〈和州金剛山出之砂也〉を塗て玉石の類を切なり。（『譬喩尽』四）

金剛山ノ金剛砂　（松江重頼『毛吹草』）

さらにこの「金剛砂」が『本草綱目』に見える「金剛石」「金剛鑽」に同定されることになる。寺島良安の『和漢三才図会』（正徳二年〔1712〕序）の「金剛石　金剛鑽」の項に『本草綱目』（石部、石類、金剛石〔集解〕）の文章が引用された後、

△思うに、金剛石は河内の二上嶽の谷〔すなわち山田村領内〕から出る。粗細いろいろで、これを用いて水精・硝子および諸玉石を鑽る。磁器に孔をあけようとすればまず金剛砂一つまみをその場所におき、杉木の錐でしばしばもみ穿つと孔があく。一つの不思議である。（雑石類、金剛石）

と説明され（東洋文庫『和漢三才図会』平凡社の現代語訳による）、貝原益軒『大和本草』（宝永五年〔1708〕）にも、

金剛鑽　典籍便覧曰一名金剛砂。出二西番深山之高頂人不レ可レ到云々今人以レ之刻レ玉補レ瓷故曰レ鑽○河内国金剛山下ヨリ出二金剛砂一。俗ニアヤマリテコンガウシヤウト云。同国飛鳥川ニモアリ。未レ聞二他土之所一レ産。大和ニモ飛鳥川アリ。ソレニハ非ズ。是ヲ用テ玉ヲスリ石ヲミガク。

と見える。

漢名と和名とを同定することを主な目的とした我が国の本草学において、同じ用途で用いられ、同じような名を持つ「金剛砂」を「金剛石」「金剛鑽」にあてたのは無理のないことではあったが、やがてその誤りは訂正されることになる。小野蘭山の『本草綱目啓蒙』（享和三年―文化三年〔1803-06〕刊）に次のようにある。[5]

> 金剛鑽ハ金剛石ノ一名也。ギヤマン石。　（鉛）
>
> 今玉工用ル所ノ金剛シヤウト呼者ハ、合玉石〈青玉附録〉ニシテ、本条〈金剛石〉トハ別ナリ。　（金剛石）
>
> 合玉石ハ、コンガウセウ、色赤黒キ砂ナリ。又黄赤色ナルモアリ。形多ク稜角アリテ、玉石ヲ切或ハ磨クニ用ル砂ナリ。河州ノ金剛山、和州ノ生駒山等ヨリ出ス。又丹後、土州及諸州ニアリ。讃州ニハ大塊四五分ナル者アリ。又天工開物ニ、解玉砂ト云、通雅ニ、那砂ト云モ、皆此物ナリ。[6]　（青玉）

さらに、白井光太郎考註『大和本草』（有明書房、昭和七年〔1932〕刊）の「金剛鑽」の条に「脇水曰、河内金剛山下ニハ金剛砂ヲ産スルコトナシ、金剛砂ヲ産スルハ金剛山ノ北三里ナル大和二上山ノ麓ニシテ二上山大字穴虫トイフ所ナリ。飛鳥川ニ産スト云フモ何カノ訛伝ナラン」とあるように、その産地についても訂正されることになる（脇水は脇水鉄五郎東京帝国大学教授のこと）。

では、この「金剛砂」の実体は何であるかというと、白井氏は「金剛砂ハ柘榴石ヲ粉末トセルモノヲ云」とされ、以降この説が採られている。木内石亭の『奇石産誌』（天明、寛政年間〔1781-1801〕成）にも、大和、河内に「金剛石」を産すとあるが、これも柘榴石のようである。すなわち、『雲根志』（安永二年〔1773〕刊）の三編巻四に金剛山で拾われた「金剛石」は「銅のごとく鉄の如き胡桃の大きさなる六角八角の物」であり、「其色青黒く硬く木理鮮にして光あり」と説明されているが、石亭「二十一種珍蔵」（現在三菱鉱業中央研究所蔵）の中の「金剛石」を和田維四郎、若林弥一郎が調査したところ、紅褐色の柘榴石であったと言う（今井功訳注解説『雲根志』築地書館、昭

和四十四年〔1969〕刊、解説p.560)。

3　舶来の「金剛石」

「金剛石」の実物が日本に舶来したのは十七世紀後半から十八世紀初め頃のことのようである。『鹿幼略記』はその頃に書かれたものと考えられているが、その冒頭に「近頃唐船載来麤幼雑貨」(陽明文庫本)とあり、その中に、

鑽石　ぎやまん

とある。また、西川如見の『増補華夷通商考』(宝永五年〔1708〕刊)に阿蘭陀(ヲランタ)の「土産」の一つに「ギヤマン」を挙げ、

又デヤマンとも云。其色紫赤多し。鉄槌にて打ても砕けず、金剛石菩薩石の類なりと云。

と見え、続いて『和漢三才図会』(正徳二年〔1712〕序)に、

一種有二伽曼玉一(正字未詳)。黒色而似二燧石一而有レ稜。甚堅剛、用レ之彫二鑿玉石磁器一皆如レ泥任レ意。自二阿蘭陀一来。疑彼国金剛石之類矣。

一種に伽曼(ギヤマン)の玉〔正字未詳〕というのがある。黒色で形は燧(ひうち)石に似ていて稜(かど)がある。甚だ堅剛で、これを用いて玉石・磁器を彫り鑿つと泥を彫るように意のままに彫れる。阿蘭陀から運ばれてくる。恐らくはこれは彼の国の金剛石であろう。(雑石類、金剛石)

と見える。

ただ、その実物も実際に見ることは稀であり、さまざまな臆説も飛び交ったようである。平賀源内の『物類品隲』(宝暦十三年〔1763〕刊)に、

○蛮産デヤマン、壬午主品中、田村先生具レ之。ソノ大サ二分許是ヲ指彄（ユビガネ）ニ着ク。其ノ質水精白石英ノゴトシ。至テ明ノ徹ナリ。照（セバ）レ之、遠近左右悉クウツル。然ドモ近世偽造スル物多シ。試（ルヲ）レ之法、鉄椎ヲ以テ撃テ傷ザルヲ真トシ、或ハ焼赤シ醋中ニ淬シテ如（ク）レ故（ノ）酥砕セザル等ノ法アリトイヘドモ此物世人甚珍トス、其価（ノ）数十金ヨリ百金ニ至ル故ニ容易ニ試ガタシ。

（金剛石）

とあり、木内石亭の『雲根志』には、

蛮物ナリ。和産共に産所をきかず。石鉄焼物等に彫物をするに泥のごとくやはらかなりと。是までギヤマンといふ物数百見たり。いまだ真物を見ず。明和三年（引用者注―1766年）戊五月十八日会に出たり。予真偽をしらず。或人云阿蘭陀に八方目鏡といふものあり、ゆびがねに付て我うしろをうつす鏡なり、是と取違へ覚たる人有、別のもの也、と。又或説にギヤマンは石の名にあらず、かたき鉄石やき物にほそきことをほりたるをギヤマンぼりといふ、と。此説尤ならんか。かたき物をほるの石あらばすなはちギヤマンならんか。

（巻二采用類「ギヤマン」）

とある。

ギヤマンまたデヤマンは、以降ギヤマンデ、ヂヤマントなどの語形でも現われる。いずれもDiamante（ポルトガル語）またはDiamant（オランダ語）の転音であるが、これらは「打ち勝ち難き」の意味のラテン語アダマスadamasに由来する語であり（鈴木敏編『宝石誌』秀英舎、大正五年〔1916〕刊p.138）、「金剛」の意味と一致する。

大槻玄沢『蘭説弁惑』（天明八年〔1788〕成、寛政十一年〔1799〕刊）

○かなのふる　　ぎやまん

問曰。「かなのふる」「ぎやまん」と云ふ名あり。是れいかん。

答曰。（中略）「ぎやまん」は「ぢあまんと」なり。硝子類を調鑄するなど此石を用ゆ。一体玲瓏たる玉石なり。別に訳説あり。摘芳の中に出す。

宇田川玄随『西洋医言』（寛政四年〔1792〕自序）

金剛石　謂二之斎亜満篤（ジヤマント）一

※右の例がギヤマンを「金剛石」と訳した最初の例と思われる(7)。

熊秀英（森島中良）『蛮語箋』（寛政十年〔1798〕刊）

金剛石（ギヤマン）　ジヤマント

中島真兵衛『舶来諸産解説七拾條』（享和三年〔1803〕成）(8)

紅毛語ギヤマン

漢名金剛石　一名金剛鑽

紅毛人指環類ノ飾トシテ持来ル。然シ真物ハ少ク偽物多シ。尤モ真物ハ価至テ貴シ。綱目主治（引用者注—『本草綱目』の「金剛石」の「主治」の項）ニ磨レ水塗二湯火傷一作二釵鐶等一服佩スレバ辟二邪悪毒気一トアリ。

小野蘭山『本草綱目啓蒙』（享和三年—文化三年〔1803-06〕刊）

金剛石　デヤマン蛮名　ギヤマンテ同上　〔一名〕金剛砂〈典籍便覧〉　跋折羅〈翻訳名義集〉　伐羅闍　斫迦羅縛左羅〈共ニ同上〉

蛮人持来ル指環（ユビガネ）ノ飾トス。俗ニ誤テ、ギヤマンセキト云。状水晶ノ如クニシテ明徹ナリ。硝子（ビイドロ）ニテ偽ル者多シ。故ニ透シ見ルニ、内ニ気眼（アハ）アル者ハ真ニアラズ。真ナル者ハ玉ヲ切ニ泥ノ如シト云。（金剛石）

金剛鑽ハ金剛石ノ一名也。ギヤマン石。（鉛・集解）

『厚生新編』巻二十　雑集（文化八年〔1811〕訳）

ギアマント　羅語アダマス、金剛石　俗云ぎやまん此石ハ貴重の石品にして質甚重(ダ)し。価も亦高価たり。堅剛透明にして鮮なる光沢あり。少しも色彩交ることなくして、宛も清水のごとく見ゆ。是を上品とす。黒色を帯び又黄を帯るものハ貴むことなし。（中略）硝子匠硝子を截り巧(さいく)するに用ゆ。これは「ヂアマント」の小なるものを木柄(ゑ)の先キに□こみて其尖(さき)にて截るなり。

按にヂアマントハ玉石鐫するに用ゆとはこれなり。即チ金剛鑽なり。我方俗ギアマンと転訛し呼ぶ。近来上好舶来の硝子彫巧の有無をいはず、誤てギアマンと唱ふるもの多し。

（巻一・硫黄精）

宇田榛斎『遠西医方名物考』（文政五年—八年〔1822–25〕刊）

潤大ナル硝子壜ヲ取リ、其底面ニ墨ヲ以テ、仮ニ径七八寸許リ輪状ヲ記シ、金剛鑽(ギアマン)ヲ以テ深ク其輪囲ヲ鑽刻シ、

（巻九・玻瓈(ビイドロ)）

宇田川榕菴『舎密開宗』（天保七年〔1836〕序）

鑽石(ヂヤモンド)

注目したいのは、硝子類を調鐫する石と紹介している中に、『物類品隲』『舶来諸産解説七拾條』『本草綱目啓蒙』が、西洋人が指輪の飾りにこの石を用いることを記していることである。当時の日本では「金剛石」を装飾品として用いることはなかったようである。崎川範行著『宝石学への招待』（共立科学ブックス、昭和五十四年〔1979〕刊）に、

八尺瓊勾玉のヒスイは別として、日本ではサンゴ、ベッコウ、真珠など、動物系の宝石はあったが、いずれも装飾品の領域を出なかったものであり、それも精緻な加工を施した工芸品になった場合に始めて宝物、財産としての値打ちが生まれてくるといったものであっただろう。それに余り光ったり色彩が派手であったりした髪飾りは好まれなかったようで、水晶、トパーズなどといった美しい結晶鉱物は産出したのだが、水晶や玉が仏像に磨き上げられて飾物に用いられ、あるいは印鑑の材料になることはあっても装飾品や髪飾りにはならなかったのである。

（p.18）

とあり、日本では鉱物宝石は装飾品や髪飾りとして用いなかったとされているが、佐藤信淵の『経済要略』（文政五年〔1822〕刊）に「宝玉・宝石・珊瑚・琉璃・琥珀・瑪瑙等皆擬造スルノ法アリ。此モ亦貧賤ナル士女ノ服玩ニ飾リ、其心意ヲ娯楽セシメ人世ヲ鼓舞シ蒼生ヲ撫御スル所以ノ具ナリ」とあり、少なくとも江戸時代にも一部の者は用いていたようである。ただし、ダイヤモンドはその中には見られない。柳河春三編『西洋雑誌』（慶応三年〔1867〕創刊号）に「ヂヤマントは天下第一高価の物なる話」という記事があり、

　ヂヤマント漢名鑽石。又金剛石といふ。（中略）其堅き事万物に冠たり。之を琢（みが）きて稜を尖くなし、柄に嵌（は）めたる者、以て水晶をも玻瓈をも切るべし。（中略）価格甚貴からず。稍（やや）大粒なるものは琢きて飾となす。其価の高き事本文に云へるが如し。

とあって、重さの単位カラートと価格との関係や、金剛石をめぐる逸話が書かれているが、これは外国の話のようである。『米欧回覧実記』の明治六年〔1873〕三月二日条に、

　金剛石（ヂヤモント）ノ磨礱場ハ、府中ノ第一ナル高名場ニテ、欧州各国ニ於テ、金剛石ノ流行ハ甚ダ盛ンナレドモ、（中略）支那ノ古時ニ、夜光璧ヲ記ス、恐クハ此金剛石ナラン。　（第五十六巻、奄特坦府ノ記）

とあり、欧州各国での「金剛石（ヂヤモント）」の流行を伝えてはいるが、この文章からも我が国においてその流行があったということは窺えない。[9]

4　明治期における「金剛石」

明治維新以降、衣服が西洋式になると、宝石を装飾品として用いることが広く流行した。鈴木敏編『宝石誌』（秀英舎、大正五年〔1916〕刊。思文閣出版、昭和四十九年〔1974〕復刻）に、

> 我国維新以来欧米との交通開け、倍々頻繁となるに迨び、彼の国に於て珍重又は流行する宝石も亦従て本邦人の愛用する所となり、加ふるに男女衣服の制も亦之を欧米に模倣すること尠からざれば、指環、頸飾、胸針、扣鈕、襟留、束髪の装飾等に宝石を用ゆること多く、現今本邦人の上流にある紳士、淑女は勿論、花柳社会に身を委する男女にして指環又は簪、櫛、笄、帯留、其他装身具の装飾として多少宝石を保蔵せざるものなく（下略）、

とあり、明治二十一年〔1888〕刊の和田維四郎著『宝石誌』には、

> 余鉱物学を修めて既に十有余年、其間嘱託を受けて鉱物を監査すること少なからず、其之を閲するに十中の八・九は金炭にあらざれば即宝玉なり、近年に至り益々多きを加ふ、以て世人宝玉を鍾愛するの情知るべきなり。

と書かれている（久米武夫著『新宝石学』風間書房、昭和四十一年〔1966〕刊の引用による）。

宝石のランク付けは時代とともに変化して一定しないものであるが、明治期のランク付けは鈴木敏編『宝石誌』に次のように説明されているようなものであったようである。

> 宝石は通常之を区分して二とす。其一は金剛石、紅宝石などの如く質堅剛にして色彩、光沢共に完備し、其透明の度も亦鮮にして産出稀少、指環、頸飾等凡て貴重の宝飾に供せらるゝもの、之を正宝石 The Precious Stones or Jewels と称し、支那の所謂璧璽なるもの是なり。其二は水晶玉の如く器物等の装飾に用ひらるゝもの、之を半宝石 Semi-precious Stones と称す。

これによると、金剛石は既に剛玉石（紅宝石、藍宝石等を含む）、緑柱石（瑠璃。緑宝石・水緑宝石等を含む）、尖晶石、金緑石（アレキサンドル石等を含む）などが含まれる「正宝石」の筆頭に挙げられている。宝石たる必須条件の第一は美しい色彩と輝きがあることであるが、原石は硝子と同じようにしか見えない金剛石もカットの仕方に

よって、他の宝石より優れた輝きが生まれる。『牙氏初学須知』（文部省、明治八年〔1875〕刊）の「金剛石」の説明に、[10]

> 金剛石ヲ菱形ニ截断シ、指環ニ附ケテ光輝ヲ透過セシムル者ヲ光輝金剛石ト云ヒ菱形ヲ成サズ直ニ錠板ニ附クル者ヲ薔薇金剛石ト云フ。光輝金剛石ハ薔薇金剛石ニ比スレバ光線ニ触ル、時其光輝更ニ鮮明ナリ。金剛石ハ通常無色ナレドモ、亦黒色ノ者アリ「イアサント」草ノ名色ト称スル黄色アリ緑色アリ薔薇色アリ。世人最モ薔薇色ノ者ヲ愛ス。金剛石ハ大ニシテ内部ノ塁路少ク、光輝美麗ナシテ製作ノ巧ニ因リ、光輝更ニ鮮ナレバ其価モ亦従ヒテ貴シ。

とある「光輝金剛石」「薔薇金剛石」は brilliant 型、rose 型というカットの仕方で琢磨された金剛石のことであるが、高い屈折率を持つ金剛石はこうしたカットの仕方でいわゆる金剛光沢を現わし、最高の宝石となり、日本に紹介されたのであった。[11]

ただし、崎川範行著『宝石学への招待』（共立化学ブックス、昭和五十四年〔1979〕刊 p.18）に次のように言われている。

> 明治以後、日本に欧米から宝石類が入り込んできたが、それが日本人の好みになじむまでにはかなりの年月が必要だったようである。宝石業界の古老に聞いた話では、明治三十年頃では輸入されたわずかなダイヤモンドの売り捌きにも苦労したということであり、尾崎紅葉の「金色夜叉」でダイヤモンドが有名になったとしても、それはまだ物珍しさからだったに過ぎないであろう。[12] そして時代の経過とともに日本にも西洋風の宝石が指輪の石などとして普及してきたが、第二次世界大戦までは、それは金持の贅沢品であり、虚栄のシンボルのように受け取られていたようである。

おそらく日本における宝石ダイヤモンドは一部の金持ちの贅沢品か虚栄の象徴でしかなかったものと思われる。明治期の辞書に工業用研磨材として「金剛石」が説明されているのもそうした理由からであろう。すなわち、物集高見の『ことばのはやし』（明治二十一年〔1888〕刊）には「こんがうせき　ナ（引用者注―名詞）。金剛石。たまのな。するしやうにて、まろくながく、いろは、あをぐろく、また、あかばめるもの、あり。かたくて、びいどろをも、きるといふ」とあり、大槻文彦の『言海』（明治三十七年〔1904〕刊）には「ダイヤモンド〔名〕〔英語 Diamond〕金剛石」とあり、また、「こんがうせき〔名〕〔金剛石〕鉱物の名、印度、又ハ南亜米利加洲ノ伯西爾等ノ熱地ニ産ス、水晶ノ如ク透明リテ色無キヲ常トス、又、黄、青、緑ヲ帯ビタルモノモアリ、鉱物ノ、最モ堅ク、最モ貴キモノトス、装飾トシ、又、水晶、硝子、及ビ、諸ノ玉石ヲ切ル用トス。金剛鑽」とある。

しかし、宝石「金剛石」もまた次第に普及していった。明治時代の文学の中にも登場する宝石「金剛石」の取り上げ方には二つある。一つはその輝きが注目されているものであり、一つはその高価さが注目され、崎川氏の言われるように「金持ちの贅沢品か虚栄の象徴」として用いられているものである。いずれもそれまでの日本の文学には無かった西洋における捉え方である。

その輝きを描いている用例に次のものがある。

○金剛石もみがかずばたまの光はそはざらん。ひとも学びて後にこそ、まことの徳はあらはるれ。

（唱歌・金剛石、明治二十年〔1887〕昭憲皇太后作詞）

○きらめく刃は金剛石の燈火に転ぶ光きらきら、截切る者は空駈る矢羽の風を剪る如く、

（幸田露伴『風流仏』明治二十二年〔1889〕）

○さてイ、ダ姫の舞ふさまいかにと、芝居にて贔屓の俳優みるこゝちしてうち護りたるに、（中略）たわまぬ輪を画きて、金剛石の露飜るゝ、あだし貴人の服のおもげなるを欺きぬ。（森鷗外『文づかい』明治二十四年〔1891〕）

○あはれむべし、粕壁譲、弄笛、汝が魂を慰するに足らず、声は、宙空にさまよふを嫌ひて、肉に耽らざれば休まず。金剛石の指環、死後にのこれども、指端また風塵を躍らするの妙なし。

（『女学雑誌』明治二十七年〔1894〕三十一号）

○水色鼈甲の松竹梅の花弄、平打の銀簪のうしろざしに、金剛石入の根掛あらはに見え透きて、そろへたる白襟に領元うるはしくて、

（『太陽』明治二十八年〔1895〕二月号）

○眼を開けて高く天を望めば、緑りなる水晶の如き天の一面に、金剛石の如き群星は輝けり。

（『女学雑誌』明治二十八年〔1895〕六号）

○金剛石は泥中に在るも而も能く其質を失はず、

（落合直文「弟切草」明治二十九年〔1896〕）

○夜など、まっ黒き空に金剛石をまき散らしたるやう

（徳冨蘆花『不如帰』明治三十一年〔1898〕）

これに対して、「金持ちの贅沢品か虚栄の象徴」として描かれているのは次のような例である。

○眼孔大なりと雖も、胆の大なるに非らず、面色白しと雖も、心の白きにあらず、況んや区々の綺羅宝玉の類に於てをや、金剛石の大小、豈に能く人生の真価を軽重するものならんや。

（「日本婦人論（二）」『国民之友』四号、明治二十年〔1887〕）

○茅屋中の百姓に至る迄も亦た此の貴族的の性質を帯びたる者なり、上等社会の貴婦人が、一夜宴会の修飾に当る金剛石指環の代償は、夫婿一ケ年の年俸を以て之れに当るも猶ほ足らざるなり

（「日本国民の気風に関して」『国民之友』三十一号、明治二十一年〔1888〕）

○瑠璃の手箱の中に入って居るものは大抵真珠か金剛石（コンガウセキ）だが、

（幸田露伴『露団々』明治二十二年〔1889〕）

○夫（それ）がソノ急にナ、他に金剛石（ダイヤモンド）の払ひ物があつて、夫（それ）を買ひに往きましたが、大きサが一寸からあつて六円ださうで、

（落語口演速記『百花園』三巻四十号、明治二十三年〔1890〕）

○ブラジル国の沙中に埋もる大金剛石は誰の為めに造られしや、無辜を虐げ真理を蔑視する女帝女王の頭を飾る為めか、或は安逸以て貴重なる生命を消費し、春は花に秋は月に此の神聖なる神の職工場（God's Task\garden）を以て一つの遊技場と見做す懶惰男女の指頭と襟とに光沢加へむためか、

（内村鑑三『基督信徒のなぐさめ』明治二十六年〔1893〕）

○猶述懐の詞にいはく、あはれ、何方の野にまれ山にまれ、わたり尺なる金剛石一つほり出して哉、我世を終るまでの財とぼしからず持たらんには、うきよを毀誉の外にのがれて、こゝろのどかに送りぬべきものを、（中略）あはれ、慾ならねども、尺の金剛石は得まほしきぞかしとの給へり。

（樋口一葉『塵中日記』明治二十六年〔1893〕）

○彼は忙々しく顔を擡げて紳士の方を見たりしが、其人よりは其指に耀く物の異常なる駭かされたる体にて、「まあ、那の指環は！　一寸、金剛石？」「然うよ。」「大きいのねえ」「三百円だつて。」

（尾崎紅葉『金色夜叉』明治三十一年〔1898〕）

○纔かに残した耳の端に燦然光を放つのは金剛石で、一粒廉くも二三千円は確実。

（長田秋濤訳『椿姫』明治三十六年〔1903〕）

○「其指輪は見馴れませんね」「是？」と重ねた手は解けて、右の指に耀くものをなぶる。「此間父様に買つて頂いたの」「金剛石ですか」「さうでしやう。天賞堂から取つたんですから」

（夏目漱石『野分』明治四十年〔1907〕）

○そして友達と雑談するとき、「小説家なんぞは物を知らない、金剛石入の指輪を嵌めた金持の主人公に manila を呑ませる」なぞと云つて笑ふのである。

（森鷗外『鶏』明治四十二年〔1909〕）

注

（1）『金剛般若経疏論纂要』に「金剛者、梵云、伐折羅」とあり、『梵網経』古迹上に「金中精牢名曰二金剛一。此宝出二金中一、色如二紫英一、百錬不レ銷、至堅至利、可三以切二玉、世所二希有一、故名為レ宝」とある。

(2)『本草綱目』の「主治」の項には「磨レ水塗二湯火傷一。作二釵・鐶等一服佩辟二邪悪毒気一」（水に磨つて湯火傷に塗る。釵、鐶等の装身具として佩ぶれば、邪悪、毒気を辟ける）とあり、中国では薬物や呪具としても用いられていたようである。

(3) 砂川一郎著『宝石は語る―地下からの手紙―』（岩波新書、昭和五十八年〔1983〕刊 p.147）。

(4) 佐伯有義編纂『増補六国史　続日本紀』（朝日新聞社、昭和十五年〔1940〕刊、名著刊行会、昭和五十七年〔1982〕復刊）

(5) 佐藤信景『土性弁』（享保九年〔1724〕序）にも、

合玉砂一名那玉砂、俗に金剛砂と云ふ。玉石類を磨礪する沙なり。稜角ありて極て堅硬なる沙なり。黄赤色と赭黒色なるも有て、大なる者にて、玉器及び硝子等を彫画するに宜きを以て、或は「ギヤマン」石と呼ぶ。今河内の金剛山、及和州伊駒山、丹波、丹後、伊予、土佐、其他諸国より出づ。讃岐の香川郡には、頗る大塊にして五六分以上なるを生ず。

とあるが、本書は孫信淵（1769-1850）による増補が行われており、その増補によるものであろう。

(6)『本草綱目』では「合玉石」は「青玉」項の「附録」に「此即碾玉砂也。玉須二此石一碾レ之乃光」（これは玉を碾る砂のことである。玉はこの石で碾り磨いて光が出る）と説明されている。また、小野職孝（1774-1852）の『綱目多識編』（東洋文庫蔵）の「金剛シヤウ」の説明には次のようにある。

合玉石〈本草綱目青玉附録〉解玉砂〈天工開物〉

玉石ヲ伐リ磨スルノ砂ナリ粒ニ大小アリ大ナル者ハ黄豆ノ如ク小ナルハ粟粒ノ如シ。質堅硬シテ紫赤色稜角アリテ物ヲキルニ利アリ土州産ハ赤ヲ帯フ讃州産ハ紫色ヲ帯フ本草書青玉附録云玉須此石碾之乃光云々一名碾玉砂ト云

(7) ただし、艾儒略『職方外記』（明末・天啓三年〔1623〕成）に、

印度河西有二大国一曰二百児西亜一。（中略）又東近撒馬児罕界、一塔以二黄金一鋳成。上頂二一金剛石一、如二胡桃光一、夜照二十五里一。（百児西亜）

とある（南懐仁『坤輿図説』〔清・康熙十一年〔1672〕成〕も同文）。この「金剛石」がダイヤモンドであれば、宝石としてのダイヤモンドを「金剛石」と訳したのは在華宣教師が先だったことになる。英華字典では一八四四年刊のウィリアムス（W. Willamus. 衛三畏）の"An English and Chainese Dictinary in Cout Dilect"に「diammd　金剛石」とあるのが早いようである。

劉正埮・高名凱他編『漢語外来詞詞典』はダイヤモンドの訳語としての「金剛石」を日本からの輸入語としているが、日本において英語diamondの訳としての「金剛石」が現われるのは、幕末から明治初めの頃である。

ヘボン『和英語林集成』（初版　慶応三年〔1867〕刊）

KON-GŌ-SEKI,　金剛石、n. The diamond.

『改正増補　英和対訳袖珍辞書』（慶応三年刊）

Diamond. s　金剛石。活版ノ最小キ字。

『和訳英辞書』（明治三年〔1870〕上海 americn presbyterin missn press 刊）

Diamond. s（ダイエモンド）　金剛石（コンガウセキ）。活版ノ最（モットモ）小キ字（クワツジ）。

ちなみに右の説明に「活版ノ最小キ字」とあるのが注目されるが、これは漢字の脇にその読みを示すために付けられる小さな仮名、現在ルビと呼ばれるものを指す。これは十九世紀後半イギリスで、文字サイズの名称を、エメラルド（6.5ポイント）、ルビー（5.5ポイント）、パール（5ポイント）、ダイアモンド（4.5ポイント）と言っていたことによると言う（屋内恭輔著『ＸＭＬがわかる本』毎日コミュニケーション、平成十四年〔2002〕刊 p.120）。

（8）宗田一著『渡来薬の文化誌―オランダ船が運んだ洋薬―』（八坂書房、平成五年〔1993〕刊）の「資料紹介と解説」から引用。

（9）『米欧回覧実記』が書かれた明治六年〔1873〕はキリスト教禁制の高札が撤廃された年であるが、当時日本で読まれていた聖書は漢訳であり、その訓点本であった。その中に「金剛石」が現われる。『旧約聖書』「出エジプト記」第二十八章に、裁きの場に臨む司祭の胸当に嵌め込まれる一二の宝石の一つとして現われるのがそれである（漢訳『旧約全書』Bridgman と Culberston による訳、1863年刊）。

一行必為瑪瑙、黄琮、瓊玉、此為第一行、第二行緑玉、青玉、金剛石、第三行赤璋、白瑪瑙、紫玉、第四行黄玉、碧玉、粋玉。

西洋における装飾品としての金剛石のイメージは、こうした書物からも得られていたものと思われる。

(10) 明治期に始まった鉱物学は鉱物そのものを物理学的にまた化学的に分析することにおいて、中国の本草学と異なる。『氏牙初学須知』の「金剛石」の説明が「金剛石ト石炭ト全ク同質ナルコトハ、化学ノ発明中最モ奇異ト称スル一事ナリ。金剛石ハ他物ニアラズ即チ純粋石炭ノ結晶セル者ナリ」という説明から始まるのは象徴的である。ただし、既に江戸時代においても『遠西医方名物考補遺』(宇田川榛斎著・宇田川榕菴校補、天保五年〔1834〕刊)に、

天然純粋ノ炭素ハ金剛鑚ナリ。故ニ明亮ノ宝石ナレドモ焼テ黒色トナル。是ヲ以テ炭素一ニ金剛鑚素ト名ヅク。或云金剛鑚ハ炭素ト光素抱合シテ成ル。○或云炭素ハ純粋特立ノ者ナク皆他物ヲ帯ブ。金剛鑚ト雖モ酸素アリ。金剛鑚千分ハ炭素六百四十三分、酸素三百五十七分ニシテ成ル。(下略)　(巻八「炭素」)

という説明がある。

(11) 砂川一郎著『宝石は語る―地下からの手紙―』(岩波新書、昭和五十八年〔1983〕刊 p.126)。同書によると、紀元前七、八世紀頃にはインドのドラビタ族が宝石研磨用の工具としてダイヤモンドを用いていたようであるが、紀元前四世紀に書かれた『アルタ・サストラ』(利潤論)というサンスクリット語の本では最も貴重な宝石として取り扱われ、プリニウス(23-79)の『自然史』でもダイヤモンドは最高位を与えられている。しかし、ヨーロッパではダイヤモンドが宝石の王座にいたのはこの頃までであり、以降はエメラルドに座を奪われ、再びその座を回復するのは十七世紀にダイヤモンドの研磨法が発明されるまで待たねばならなかったと言う(pp.126-7,pp.213-4)。

(12) 朝日新聞(大坂)明治十六年〔1883〕六月十四日の記事に、

熊本県士族下永市太郎といへるは祖先以来金剛石(こんごうせき)なりとて其家に秘めありたる宝石を其筋に献上したしとの志願より此程当地へ携へ来り取あへず造幣局御傭外国人ガウランド氏(験金師)に就て石質鑑定を乞はれしよし石の目量は凡そ三百目余なりとぞ。

と見えるのも当時の「金剛石」がどのような存在だったかを示す。

4　水晶――晶光から結晶へ――

はじめに

珪酸を主成分とする鉱物に「石英」がある。その結晶が六角柱状に成長したものを「水晶」と呼ぶ。ところが、中国本草書では、この「石英」と「水晶」という名の用いられ方は逆であり、現在の用いられ方は誤りであるとされる。しかし、本草書における「水晶」の「晶」と現在のそれとは異なる意味で用いられており、必ずしも本来の名前を誤ったものということではないようである。本稿では「石英」との関係を明らかにしつつ、「水晶」という語の歴史を追ってみたい。

なお、江戸時代以前では「水晶」は「水精」とも書かれる。本稿では現在一般的に用いられている「水晶」を用いるが、引用文については原文のままに「水精」とも記すことにする。

1　『本草綱目』の「石英」と「水精」の説明

中国の本草書である陶弘景の『神農本草経集注』（梁〔502-49〕頃成）や蘇敬等の『新修本草』（唐・顕慶四年〔659〕成）は奈良時代の日本に将来されており、『新修本草』に見える漢名の品名に対する和名を宛てた深根輔仁の『本草和名』も延喜十八年〔918〕頃には成立している。これらの本草書の中には「水精」あるいは「水晶」は見えず、「白石英」「紫石英」が見えるが、「石英」は石薬の名前として知られていたようである。[1]『続日本紀』元明天皇和銅六年〔713〕五月十一日条に「令三大倭・参河、並献二雲母一。伊勢、水銀。相模、石硫黄・白礬石・黄礬石。近江、慈石。美濃、青礬石。飛驒、若狭、並礬石。信濃、石硫黄。上野、金青。陸奥、白石英・雲母・石硫黄。出雲、黄硫黄。讃岐、白硫黄」と「白石英」の名が見えるが、各国に献上を命じられた他の鉱物も、すべて『新修本草』（『本草和名』）に見られるもので、[2]石薬であったものと思われる。『続日本後記』嘉祥三年〔850〕三月二十五日条に嵯峨天皇が仁明天皇に良薬として勧めたのも「金液丹」[3]と「白石英」であった（「勅曰、予昔亦得二此病一、衆方不レ効、欲レ服二金液丹幷白石英一。衆方禁レ之不レ許。予猶強服。遂得二疾愈一」）。

これに対して、「水精」あるいは「水晶」の名は『出雲国風土記』（天平五年〔733〕成）に「意宇郡長江山郡家東南有二水精一」とあり、『正倉院文書』（天平六年〔734〕八月二十日・出雲国計会帳）に「同月十九日進二上水精珠壱伯伍拾顆一事」とあり、源順の『和名類聚抄』（承平年間〔931-38〕成）でも「玉類」の部に挙げられており、それ以降も『枕草子』（能因本）に「月のいとあかき夜、川をわたれば、牛の歩むままに、すいさうなどのわれたるやうに、水の散りたるこそをかしけれ」（二〇八「月のいとあかき夜」）などと見られる。これらは宝石名として用いられているようである。

少なくとも我が国における「石英」と「水精」は右のように使い分けられていたようであるが、江戸時代になると両者の関係についての議論が行われるようになった。そのきっかけになったのは、慶長九年〔1604〕頃に日本に伝えられた李時珍の『本草綱目』（明・万暦二十四年〔1596〕刊）の「水精」の項と「白石英」および「紫石英」の項とをどのように理解するかということであったようである。今日に至る「石英」と「水晶」の名称をめぐる議論もその議論が元となっているのである。

そこで、『本草綱目』の説明を見ることにしたい。先ず「水精」の項には次のようにある。

水精拾遺　釈名　水晶綱目　水玉綱目　石英〈時珍曰　瑩澈晶光如㆓水之精英㆒。会意也。山海経謂㆓之水玉㆒、広雅謂㆓之石英㆒〉

集解〈時珍曰　水精亦頗黎之属。有㆓黒白二色㆒。倭国多㆓水精㆒第一。南水精白、北水精黒。信州武昌水精、濁性堅而脆。刀刮不㆑動。色澈如㆑泉、清明而瑩、置㆓水中㆒無㆑敗、不㆑見㆑珠者佳。古語云、氷化、謬言也。薬焼成者、有㆓気眼㆒、謂㆓之硝子㆒、一名海水精。〉

『新註校訂国訳本草綱目』（春陽堂書店、昭和四十九年〔1974〕刊）の現代語訳を掲げておく（以下同じ）。

水精（拾遺）　釈名　水晶（綱目）　水玉（綱目）　石英　時珍曰く、明に透き通る晶光が水の精英のやうだといふ。会意の名称である。山海経には水玉といひ、広雅には石英と謂つてある。

集解　時珍曰く、水精もやはり頗黎（はり）の属で、黒白の二色がある。水精の多いことでは倭国が第一である。南水精は白く、北水精は黒く、信州（引用者注—中国江西省）武昌の水精は濁つてゐる。性は堅く脆（もろ）く、刀で刮（けづ）つても切れぬ。色は泉のやうに透き徹り清明で瑩（あざやか）だ。水中に置いて取らうとすれば、何れが珠か見判得ぬものが佳いものである。古人の語に氷が化したものだなどといふのは謬妄だ。薬で焼いて作つたものには空気の泡があり、硝子とも海水精ともいふ。

標出語の後に書かれている書名は、中国歴代の本草書においてその品目を初めて取り上げたものである。すなわち、中国の本草書で「水精」を初めて取り上げたのは陳蔵器撰『本草拾遺』（唐・開元二十七年〔739〕成）である。釈名とは「別名を掲げてその出典を注記し、あるいは名称の由来や字義を注記したもの」[4]である。すなわち、時珍は「水精」の別名として「水晶」「水玉」「石英」を挙げたのであるが、「水玉」を別名とした根拠は『山海経』に「同庭山多㆓水玉㆒〈今水精也〉」とあることであり、「石英」を別名としたのは『広雅』（巻九「玉」の項）に「水精謂二之石英一」とあることによる。また、「水晶」を別名としたのは「水精」が「瑩澈晶光如二水之精英一」（明るく透き徹る晶光は水の精英のようである）という理由による。「瑩澈晶光」「水之精英」は、ともに玉のような澄んだ水の輝きを意味する。『玉篇』に「瑩、玉色也」「澈、水澄也」とある。ちなみに「石英」の「英」もまた、『説文通訓定声』に「英、叚借為レ瑛」とあり、『説文解字』に「瑛、玉光也。从レ王英声」とある。したがって、「水精」は水の瑩澈なさまを表現するときにも用いられる。したがって、「会意也」とあるのは、「晶」の字が『説文解字』に「精光也。从三日」とあり、「日」を三つ並べた形で輝きを意味する会意の字であるということのようである。

一方、「白石英」「紫石英」の項には次のようにある。

白石英（本経上品）　釈名　〈時珍曰　徐鍇云、英亦作瑛。玉光也。今五種石英。皆石之似レ玉有二光瑩一者〉

集解　別録曰、白石英生二紫華陰山谷及太山一。大如レ指、長二三寸、六面如レ削、白徹有レ光。長五六寸者弥佳。其黄端白稜名二黄石英一、赤端白稜名二赤石英一、青端赤稜名二青石英一、黒沢有レ光名二黒石英一（中略）

宗奭曰　白石英状如二紫石英一。但差（やや）大而六稜、白色若二水精一（下略）

白石英（本経上品）　釈名　時珍曰く、徐鍇は「英は瑛とも書く。玉の光である」といってある。今の五種の石英は皆石の玉に似たもので、光の透き徹るものである。

集解　別録に曰く、白石英は華陰の山谷、及び太山に生ずる。太さ指ほど、長さ二三寸あり、削つたやうな六面で、白く徹つて光がある。長さ五六寸のものが一層佳い。その黄端白稜なるものを黄石英と名け、赤端白稜なるを赤石英と名け、青端赤稜なるを青石英と名け、黒沢で光りあるを黒石英と名ける。（中略）宗奭曰く、白石英は紫石英と同様でやや大きく、六稜で水晶のやうに色が白い（下略）。

紫石英（本経上品）

集解　別録曰　紫石英生二太山山谷一。采（とるに）無レ時。普曰（中略）欲下令三如レ削紫色達レ頭如二樗蒲一者上。弘景曰

（中略）会稽諸蟶石形色如二石榴子一（中略）、禹錫曰（中略）随二其大小一皆五稜両頭如二箭鏃一。（下略）

紫石英（本経上品）

集解　別録に曰く、紫石英は太山の山谷に生ずる。採収に一定の時期はない。普曰く、（中略）成る可く削つたやうな形の頭まで紫で樗蒲（引用者注―双六の骰）の如きを択ぶ。弘景曰く（中略）会稽の諸蟶石は形と色が石榴子のやうである。（中略）禹錫曰く（中略）、大小皆五稜で両端が箭鏃のやうだ。（下略）

集解とは「産地、形状、鑑別などに関する諸家の論争、時珍の見解など」を記したものである。(5)「宗奭曰」とあるのは寇宗奭撰『本草衍義』（宋・政和六年〔1116〕成）からの引用であり、「別録曰」は『名医別録』（著者成立年不詳。陶弘景『神農本草経集注』以前の書、漢魏以下の名医の所用薬について記したもの）、「普曰」は呉普著『呉氏本草』（梁の時代〔502–57？〕成）、「弘景曰」は陶弘景著『神農本草経集注』、「禹錫曰」は掌禹錫等撰『嘉祐補注本草』（宋・嘉祐五年〔1060〕刊）からの引用である。

2　江戸期本草学における「石英」と「水精」をめぐる議論

さて、『本草綱目』の説明を踏まえて、結晶が六角柱状に成長したものを「水晶」と呼ぶべきか「石英」と呼ぶべきかという議論に戻れば、「白石英」「紫石英」の集解の説明には「大而六稜」「形色如二石榴子一」「五稜両頭如二箭鏃一」などとあるのに対して、「水精」の説明にはそのような説明は見られない。したがって、現在の「水晶」と呼ばれているものは、中国の本草書では「石英」と呼ばれていたことになる。しかし、意外にも江戸時代の学者には『本草綱目』をそのように理解するものは平賀源内以外にはなく、さまざまな説明がなされている。

2—1　貝原益軒の水晶総称説

貝原益軒は『本草綱目』を校正注釈した和刻本を出版しているが、その著『大和本草』(宝永五年〔1708〕成)には「白石英」「紫石英」の項はなく、「水晶」の項だけがあり、「水晶」は「皆六角」と説明する。

日本ニ多シ。梵ニ頗黎(ハリ)ト云。大小皆六角也。昔マレ也。水晶ノ念珠貴人高僧ナラデ不レ能レ用。今ハ火打石ニモ用レ之。(中略)天晴タル時水精(ママ)ヲヨクスリ、アタ、メテ日ニ向ツテ火ヲトル。下ニ熟艾ヲ以火ヲウクベシ。灸艾ヲ点ズル火トス。(下略)

詳しい説明はなされていないが、おそらく民間で広く用いられているのは「水晶」であり、「石英」という名は石薬としての名にすぎないと考えたのではないかと思われる。

2—2　平賀源内の一物二種説

平賀源内の『物類品隲』(宝暦十三年〔1763〕刊)には「六面削ルガ如」きものが「石英」であり、「顆塊定マル形」なきものが「水精」であるとする。

水精　東壁(引用者注—李時珍)曰ク倭国水精多シト。此ノ物本邦所(いたるところ)在ニ産ス。石英ト一物二種ナリ。石英ハ大小皆六面削ルガ如シ。水精ハ顆塊定マル形ナシ。貝原先生水精大小皆六角ナリト云ハ石英ヲ指スニ似タリ。

「顆塊定マル形」というのは粒が塊状に集合していることを言い、「水精」は結晶が柱状に成長せず塊状になっているものである。『本草綱目』の説明からはそのような結論になることは前述のとおりである。説明を補足すれば、『本草綱目』の「白石英」の項の「集解」に引かれていた宗奭の文に、「白石英」は形においては「紫石英」に似、色においては「水精」に似るとある。これによっても、「石英」は稜角を持つものであり、「水精」は稜角を持たず白い塊であるということになろう。したがって、源内は貝原益軒の説に疑問を呈しているのである。ちなみに『広雅』に「水精、謂之石英」とあるのも、源内は、単に「石英」を「水精」の別名と理解するのではなく、稜角を持つものと持たないものという「一物二種」の関係とした上で了解しているものと思われる。

2—3　寺島良安の生成場所相違説

寺島良安の『和漢三才図会』（正徳二年〔1712〕自序）は『本草綱目』に拠って「白石英」「紫石英」をそれぞれ「大如指、長二三寸、六面如削白徹有光」、「随其大小皆五稜、両頭如箭鏃」と説明しつつ、「水精」についても「石に付いて生じ、指を並べてつき出したようで、五角あるいは六角の稜がある」と説明している。

按水精加賀之産最吉。日向次之。豊州・備州・長州・江州・城州、処処皆有。大抵潔白、又紫青黒者稀有。附于石生、如双指而有稜。或五角六角其頭如頭巾。碾磨之為玉、大径尺者為珍。其黒者未見。凡水精白色、以為念珠或碾匾作眼鏡。（下略）

すなわち、稜角については「石英」と「水精」との区別はないが、両者はその生成の仕方に違いがあるとする。

2—4　木内石亭の透明・不透明説

木内石亭は「水晶石英一通り同性といひて可なれども」と言いつつ、水晶は透明で、稜角を持つものであり、石英は不透明であって、「水晶は水晶にして石英とは別種也」とする。すなわち『雲根志』（前編安永二年〔1773〕刊、後編安永八年〔1779〕刊、三編享和元年〔1801〕刊）に次のように言う。

本草綱目、時珍が所謂紫石英は紫水晶なり。水晶石英一通り同性といひて可なれども、是を別に口伝有り。問人を持てこれを弁ぜん。
（後編巻一光彩類「紫石」）

予宝暦十四年六月二日近江国田上山へ水晶を采に入て此物（引用者注―放光石）を数種拾ひ得たり。此所にて里民水晶の花といふ。或人是を玻瓈（はり）とす。しかれども水晶は水晶にして石英とは別種也。甚だ堅硬にして清潔明徹氷のごとし。此所にて拾ひ得たるには両頭ともになし。破欠たる物なり。四角三角或は五六角も有。宗奭のいふ放光石も亦石英也と本草にみえたり。

（同右「放光石」）

玲瓏と氷の如きもの、水粧（ママ）としるべし。亦透かざる物を石英としるべし。

（同右「水晶」）

長一寸許六角にして兎巾頭両頭の水晶なり。至て明白日に照して彩曜す。俗に菩薩石と名く。又対馬に同物あり。此所にては六方石と云。大底此等の物多くは石英の上品水晶の小きものなり。

（後編巻一光彩類「菩薩石」）

軸水晶といふもの江州長濱御坊の珍蔵にあり。大さ掌を合すが如き破石なり。元来下品の石英にて其形状甚異体なる無双の奇石なり。筆の軸ばかりなる細長き直なる石数数個石英と混雑したり。其軸の周りに小細なる石英にて菊花の姿をなす。

（三編巻四光彩類「軸石英」）

2―5　小野蘭山の異称同質説

小野蘭山の『本草綱目啓蒙』（享和二年〔1802〕序）は石英と水晶とは「異称同質」と言う。源内の「一物二種」という説明との違いが明確ではないが、蘭山は加工される上質のものを「水精」と呼ぶと言っているようである。『本草綱目啓蒙』の「水精」の項の説明は次のとおりである。文中の傍線を引いた箇所が蘭山の主張である。破線を引いた「土中ニアルヲ水精トシ、石ニツクヲ石英ト云説」は寺島良安の『和漢三才図会』に見えた説であり、「稜角如レ削者是石英、無二稜角一者是水精二」というのは平賀源内の説である。蘭山はこれらを明確に否定しているのである。

（前略）水精、石英モト同物ナリ。故ニ水精釈名ニ石英ノ名ヲ載。石薬爾雅ニ白石英、一名水精ト云。従来土

中ニアルヲ水精トシ、石ニツクヲ石英ト云説アリ。綱目ニモ各条ニ出ス。幷ニ穏ナラズ。往年、木世肅ニ答ル水精説アリ、曰、水精之於二石英一也異称同質矣。而石英之名状不二一而足一。或生二于石上一、或産二于砂中一（中略）、実石之英華也。砂中者近江州多有、石上者諸州又産。此二者大小不レ等、倶天然六稜如二削成一、其最者琢作二靉靆火珠念珠諸器一、称為二水精一。而異邦之書、往往称二日本之水精念珠一、又言倭国多二水精一第一。是皆指二已成レ器者一為レ言、而未レ論二其言質是石英一也。李氏綱目頗略、雖レ不レ言二水晶六稜一、而釈名既存二石英之名一、而石薬爾雅、石英一名水精、可二以徴一焉。且皖桐方氏以二直起者一為二水晶筍一、櫟下老人亦称二含水水精一、而我邦石英含水者極多、則其水精石英之一物也益明矣。或曰、生二于土中一者為二水精一、生二于石上一者為二石英一、或曰、稜角如レ削者是石英、無二稜角一者是水精、皆為レ不二允当一矣。予亦曾掘下得無二稜角一透徹如レ泉者一塊於庭際上、是乃係下既経二破砕一者上。固非二其原質一也。而我邦古来多産及造レ器者皆是此石英也。則其与二水精一為二異称同質一者、為レ不二亦穏一乎。（「水精」）

蘭山は、李時珍の『本草綱目』には「水精」は六稜であるとは記してはいないが、「釈名」に「石英」を別名としていることから、両者は同じものだとする（「李氏綱目頗略、雖レ不レ言二水晶六稜一、而釈名既存二石英之名一、而石薬爾雅、石英一名水精、可二以徴一焉」）。また、「異邦之書」に「日本之水精念珠」を称え、「倭国多二水精一第一」とあることから、「水精」を日本で工芸品に用いられる上質のものを「水精」と言うものと理解したのではないかと思われる。したがって、蘭山は「石英」にスイセウとフリガナを付け（「朴消」の項など）、「白石英」「紫石英」の和名をシロズイショウ・ムラサキズイショウとしている。

白石英　シロズイセウ　剣舎利　ケンノサキノシヤリ（摂州西宮）　カザブクロ（佐州）　山ノカミノタガネ（奥州）　カブトズイシヤウ　（一名）（中略）白素飛龍（石薬爾雅）　素玉女　銀華　水精（共ニ同上）

本邦ニテ皆水精ト呼。諸国ニ生ズ。舶来上品、和産モ上品アリ。皆六稜線アリテ削ナスガ如シ。明徹ナル

ヲ良トス。ウルミタル者或ハ内ニ隔アルハ下品ナリ。五色アリ。紅ト青トハ稀ナリ。黄ト紫ハ少シ。黒ト白トハ多シ。（下略）

紫石英　ムラサキズイセウ　ドウメウヂ（下野）

内外倶ニ紫ニシテ透明ナルヲ貴ブ。外ノミ紫ハ下品トス。其形皆六稜ナリ。集解及本経逢原ニ、五稜ト云ハ皆誤リナリ。（下略）

2―6　その他

曾占春（曾般）の『農経講義』（寛政六年〔1794〕成？　東洋文庫蔵）に、

白石英、邦俗曰二剣舎利一、曰二六方石一（陸奥米沢）。広雅云、水精謂二之石英一。則水精石英、原是一物。此方、所在有之。

紫石英、邦俗曰、紫水精。所在有之。有二一種無稜紫白斑者一、応二是紫斑石一。（下略）

とあり、岡村尚謙の『本草古義』（成立年未詳）に、

白石英　和名抄美豆止留太万（みづとるたま）。俗名剣舎利。陸奥方言山之神乃多賀祢（やまのかみのたがね）、即水晶也。広雅水精一名石英。石薬爾雅白石英一名水精。可二以見一也。（下略）

紫石英　俗名紫水精。（下略）

とあるのは、「異称同質」説か「一物別称」説か判然としないが、紫石英の俗名を紫水精としているところを見ると、小野蘭山の説にしたがっているように思われる。

『厚生新編』（三十編「石英」の項〔大槻玄沢・宇田川玄真訳校、文政四年〔1821〕から十年〔1827〕の間成？〕）にもKristalを「石英」と訳し、通名を「水精」としているのも、小野蘭山説を参考に訳されたものであろう。

石英〈即通名水精。羅甸「ケレイスタルリュス」又「ケレイスタルリュス・モンタナ」和蘭「ケレイスタル」

又「ベルグケレイスタル」又「ロッツ・ケレイスタル」と名づく〉

此物白色にして透明瑩澈の石なり。（中略）

第一　透明にして氷のごとし。これ本然の「ベルグケレイスタル」と呼ぶものなり。羅甸「キリイスタルリュス・モンタナ」と名づく。

第二　六稜を為す者是を「イリス」と名づく。

第三　帯黄色者

第四　半円の者。此物上部は球形下部は扁平なり。故に多く火燧鏡（ひとりかゝみ）に采用す。此種ハ他品に比すれば堅剛なり。因果てこれを上品に充つ。已にこれを「ハルセヂアモント」（引用者注―「仮・金剛鑽」の振り漢字がある）羅甸「プセウド」「アダマス」と名づく。（下略）

右の文章に続く説明文中には「ロッツキリシタル」(rots-kristal, Rock-crystal) の振り仮名が付された「岩水精」の例が見える。

以上、江戸時代における諸説を見てきた。それぞれの説を十分に理解できているかどうか覚束ないが、「石英」と「水精（水晶）」との関係についての理解が一様ではないことは確かである。稜角に関して言えば、稜角のあるものを、源内は「石英」とし、益軒・石亭・蘭山は「水晶・水精」も稜角を持つとする。現在は稜角のあるもの、すなわち結晶が六角柱状に成長したものを「水晶」と呼び、そうでないものを「石英」と呼んでいることは、前述のとおりである。

しかし、『本草綱目』に、「大而六稜」「形色如二石榴子一」「五稜両頭如二箭鏃（やじり）一」と説明されているのは「石英」である。したがって、『和訓栞』（安永六年―明治二十年〔1777–1887〕刊）に、水精石ともいふ。諸国に出づ。実に氷の如し。西土に千年老氷所レ化といふ類也。或ハ紫色の品あり。〇按ずるに是れ水精にして、今水精と称するものハ石英なるべし。（「こほりいし」の項）

といった疑問がつぶやかれるのは当然である。益富壽之助著『石　昭和雲根志』（白川書院、平成十四年〔2002〕刊）もまた、六稜のものは本来「石英」であって、現在のように「水晶」（水精）と呼ぶのは誤りであると言い、その誤りを犯したのは貝原益軒であるとする。(6) 確かに、「水晶」を六稜であると最初に言ったのは益軒であるが、石亭や蘭山なども同様である。

しかし、このような江戸時代の学者たちの考えに基づいて現在の鉱物学で用いられている「水晶」の語の用いられ方の正否を言うのには疑問がある。現在用いられている「水晶」の名称は本草学の「水晶」と同じ意味で用いられているようには思われないからである。以下、節を改めてそのことについて述べたい。

3　「水精」と「水晶」

「水精」は「水晶」とも書かれるが、「水精」と「水晶」とはその用途が異なるようである。そこで、現在の鉱物学の術語としての「水晶」について述べる前に、「水精」と「水晶」が日本の文献で、どのように現われてくるかを見ておきたい。

3―1　「水精」

日本の古い文献にはもっぱら「水精」が用いられており、「水晶」は現われない。畔田翠山の『古名録』（天保十四年〔1843〕成）は、「古名録引」によると「国史、国朝の本草・字鏡・倭名抄・万葉集に始めて天正慶長

（1573-1615）間に終わる」書物から「古名」を博捜し、「その旧書に欠けたるものは、また慶長已降の名」を加えたものであるが、この書を通覧すると、漢字表記されているものはすべて「水精」であり「水晶」はない。その例をいくつか掲げれば次のとおりである。

『出雲国風土記』（天平五年〔733〕成）

意宇郡長江山郡家東南有二水精一。

『正倉院文書』（天平六年〔734〕八月二十日・出雲国計会帳）

同月十九日進二上水精珠壱伯伍拾顆一事

『続日本紀』（宝亀八年〔777〕五月二十三日）

天皇敬問二渤海国王一（中略）幷附二（中略）水精念珠・檳榔扇十枝一。　（巻三十四）

『延喜式』（延長五年〔927〕撰進）

赤水精八枚。白水精十六枚。青石玉四十四枚。　（巻三・国造奏寿詞）

水精塔形一基。　（巻十三・図書寮）

元正朝賀。其礼冠者、親王四品已上（中略）以二水精三顆一。　（巻十九・式部下）

主水司取二明水於陰鑒一。〈水精玉以供二実樽罍一。〉　（巻二十・大学寮）

『和名類聚抄』（承平年間〔931-38〕成）

水精　兼名苑云水玉。一名月珠〈和名美豆止流太万〉。水精也。　（玉類）

『往生要集』（寛和元年〔985〕成）

水精池底瑠璃沙、瑠璃池底（水?）精沙　（大文二）

『栄花物語』（十一世紀中頃成）

えも言はず大きに水精の玉ばかりの御涙続きこぼるるは　（浦々の別）

『百錬抄』

但記云、（中略）主上臨二幸宇治一。前相国被レ献二如意宝珠一。其形如二鶏卵一。頗大。黒水精有二通天一、主上殊御感。

（巻五・後三条天皇延久四年〔1072〕十月二十六日）

『大鏡』（十二世紀頃成？）

法華経御口につぶやきて、紫檀のずずの、水精の装束したる引き隠して持ちたまひける御よういなどの、胡籙の水精のはずも、この殿のおもひよりし出でたまへるなり。

＊「胡籙」は「矢を扇子状にさしたもの」。平胡籙は「近衛武官や随人等が儀仗として帯びた胡籙」である。

『色葉字類抄』（天養―治承年間〔1144-81〕成）

水精　スイシヤウ　俗

『仁和寺御伝』（保元元年〔1156〕十一月二十七日）

太子御筆一巻〈水精軸、羅表紙、納銀箱、以二青地錦一裹レ之。付銀打枝〉

『兵範記』（仁安元年〔1166〕九月六日）

御仏事。覚智僧都云々銀扇置独鈷水精念珠。

『今鏡』（嘉応二年〔1170〕成？）

楊桜の下襲、平胡籙の水精のはず日の光に輝き合へり。　（二・鳥羽の御賀）

『吾妻鏡』（建久四年〔1193〕十一月二十五日）

水精念珠　（巻十三、他）

『明月記』（正治二年〔1200〕八月十八日）

捧物。水精念珠銅枝。人々漸進之。

『続古事談』（建保七年〔1219〕跋）（五・清盛息女事）

水精ノ御念珠

『源平盛衰記』（十四世紀前期成）（十八・文覚高尾勧進附仙洞管弦事）

水精ノ玉ヲ薄衣ニ裹ミタル様ニ

水精ノ管ニ六黄金ノ覆輪ヲ置タル笛ニテ

『太平記』（十四世紀後期成）（九・主上上皇御枕落事）

水精の念珠手に持て、歩兼たる有様

『親長卿記』（文明十三年〔1481〕十一月十四日）

浄住寺御舎利、自₂水精壺₁取出、奉ㇾ居₂金盤₁。

『ささめごと』（寛正四、五年〔1463-64〕頃成）（上）

古人、歌の姿どもおほくの物にたとへはべり、水精の物にるりをもりたるやうにといへり。これは寒く清かれとなり。

『物具装束抄』（室町中期成）

平胡籙事　羽　篦〈注略〉水精筈〈筈、又波須トモ〉

『装束抄』（雅亮装束抄　平安末期成？）

篦。（中略）平胡籙ニハ落矢マデ廿一筋。水精ナリ。

『桃花蘂葉』（文明十四年〔1482〕成）

箭、水精の筈（ハズ）、鷲羽をはぐ。

以上のように「水精」は念珠・筈（はず）・軸・壺など工芸品に加工されたものに多く用いられている。このことは既に蘭山の『本草綱目啓蒙』に「其最者琢作二靉靆火珠念珠諸器一、称為二水精一」と指摘されていた。

3―2　「水晶」

「水晶」が現われるのは遅く、建武（1334-38）末の『禅林小歌』の注に、

先点心次第、水晶包子（すいさうほうす）、驢腸羹（ロチウ）如レ字　水晶紅羹（中略）○水晶紅羹・これは今云葛切の色付にしてこの凝りたるさま水精に似たればなり。

とあるのが早いが、食べ物の名に用いられていることが注目される。少し時代は降るが、次に現われる『七十一番職人歌合』（十六世紀末成？）の例も同様である。

○露なき玉と侍、疑無にあらざれ共、水晶の葱（引用者注―ラッキョウの異名）なども申侍れば不レ可レ有レ難歟。（四十番）

さらに時代が降り、江戸中期に成った『類聚名物考』には次のように見える。

○水晶包子すいそうほうす・今も葛にて上を包みし餅有り。そのさま水晶に似たり。（第二百十三・飲食部「餅・造菓子」）

鉱物に用いたものは右の『類聚名物考』の「そのさま水晶に似たり」と見えるものが早いようであるが（『禅林小歌』の注には「凝りたるさま水精に似たればなり」とあった）、以下のような例がこれに次ぐ。

○また形の水晶の如くして三角あるものを見る。目を掩（おほ）ひて物を見れば五彩をなす。けだし、稜あるを以ての故に彩をなすなり。（『排耶蘇』慶長十一年〔1606〕成）

○不便におぼしめされば、なき跡にて、一へんの御廻向と、水晶の念珠を捨る。

○水晶の艾はたちどころに火となる。
（『好色一代男』五・四、天和二年〔1682〕刊）
○靉靆ハ眼鏡ナリ。紅夷ヨリ来ルハ硝子ヲ用ユ。日本ニテ製スルハ水晶ヲ用ユ。硝子ハクダケヤスク水晶ハワレカタシ。水晶尤ヨシ。
（許六「雨乞の表」、『風俗文選』宝永元年〔1704〕序所収）
（『大和本草』宝永五年〔1708〕成）
○山上有二三社権現一。山奥有二水晶大石一。高五丈許、六稜而三抱許。白色如二水晶一。
（『和漢三才図会』巻六十五「金花山」、正徳二年〔1712〕自序）
○水晶・本邦に産する所尤も多し。上品のもの諸国に乏しからず。
（『雲根志』後編・安永八年〔1779〕序）

以上のように、少なくとも日本における「水精」と「水晶」は出現時期や用いられ方に違いが見られるが、[7] それらについての詳しい考察は本節では措く。本節で押さえておきたいのは、「水晶」は「水精」に比して新しい用字であったということであり、右に挙げたような例の後には、「水晶」は次節で示すように、Kristal（蘭語）などの外国語の訳語として現われることである。

4　外国語の訳語としての「水晶」

『日葡辞書』（慶長八年〔1603〕刊）に「Suixô. Cristal. ou vidro.」とある。このSuixôには漢字が当てられていないが（土井忠生・森田武・長南実編訳『邦訳日葡辞書』岩波書店、昭和五十五年〔1980〕刊では「Suixô スイシャウ（水精・水晶）水晶、または、ガラス」と訳されている）、蘭学の世界ではKristal（蘭語）は「水晶」と訳されるのが原則である。唯一の例外は前掲の『厚生新編』に見える「水精」だけであり、その他は以下のとおりである。

宇田川玄随著『西洋医言』（寛政四年〔1792〕自序）
　水晶　謂二之吉栗私怛児（キリスタル）一
　仮水晶　謂二之嘘将蘇（ガラス）一
森島中良著『蛮語箋』（寛政十年〔1798〕成）
　水晶　キリシタール
奥平昌高著『蘭語訳撰』（文化七年〔1810〕刊）
　Kristal　水晶
藤林淳道著『訳鍵』（文化七年〔1810〕刊）
　Kristal　水晶。水晶様ノ硝子
箕作阮甫著『改正増補蛮語箋』（嘉永元年〔1848〕刊）
　水晶　ベルグキリスタル
桂川甫周著『和蘭字彙』（安政二年〔1855〕刊）
　kristal. z. g. zekere doorschynende　水晶
　kristal. glas kristal.　水晶ノ如キ硝子
　＊ただし、Bergkristal は石英と訳されている。
英語の Crystal の訳語でも同様である。
メドハースト著（W.H. Medehust）『和英語彙』（1830年刊）
　スイシヤウ　水晶　Soo-isya-oo　A crystal
ヘボン著『和英語林集成』初版（慶応三年〔1867〕刊）

に見るように偶然ではないであろう。

SUISHÔ　スイシヤウ　水晶　n.　Crrystal, quarts.

このようにKristal（蘭語）、Crrystal（英語）が「水精」ではなく、「水晶」の文字が用いられているのは、以下

5　「結晶」

中国では水精を水の固まったものと考えていた（『本草綱目』の「水精」の項の「集解」に「古語云、氷化」とあった）。西洋においても同様であったことは、前引の『和訓栞』の「こほりいし」の説明に「西土に千年老氷所レ化といふ」とあり、古代ローマのプリニウスの『博物誌』に、蛍石について「この物質は一種の液体でそれが地下の熱によって固体になったものだと考えられている」と述べた後に、

上に述べたのとは反対の原因によって水晶がつくりだされる。というのは、水晶は度を越して強く凍結したため固化したものだから。とにかくそれは、冬の雪がもっとも徹底的に凍結するところでだけしか発見されない。それが一種の氷であることは間違いない。ギリシャ人はそれにもとづいて名をつけた。

とあることから分かる（中野定雄他訳『プリニウスの博物誌』雄山閣、昭和六十一年〔1986〕刊 p. 1502）。現在のギリシャ語でもクリスタロス（krstallos）には水晶と氷の意味があるようである。

ところで、Crystalという語には水晶の意味だけではなく、結晶の意味もある。Crystalがその意味を獲得した経緯については、歌代勤・清水大吉郎・高橋正夫著『地学の語源をさぐる』（東京書籍、昭和五十三年〔1978〕刊）の「結晶　Crystal」の説明に、

この言葉は中世以降、一般の鉱物結晶に用いられるようになり、水晶に対してはたとえば英語では、17世紀以

降rock crystalというようになった。Crystalを現在の結晶の意味で用いたのはJ・ベイコンで1626年のことという。

とあり、同書の「水晶と石英　Rock crystal・Quart」の説明にも、

西洋では、古代から中世を通じて、水晶を氷の固まったものと考えてきたcrystalが、結晶一般をさすようになり、水晶にあたるものはrock crystalとよぶようになった（→結晶）。

とあるのが参考になる。

江戸時代の蘭学者たちが学んだ蘭語Kristalもまた、水晶の意味と共に、〈結晶・結晶する〉という意味を持つ（朝倉純孝著『オランダ語辞典』大学書林2014刊）。そして、蘭学者はそれを「結晶」と訳している。このことはすでに木村秀次『近代文明と漢語』（おうふう2013刊）に指摘されたことである（pp.118–23）。次に木村氏が示された例を掲げる。

『厚生新編』巻六十一（文化八年―天保十年〔1811–39〕訳成）

水銀を適宜の消石精に溶し冷処に放置して結晶せしめ、夫の水銀の結晶せざる余波を加へ火に上せて水気を蒸発し前法のごとく昇華す。

『遠西医方名物考』（文政五年―八年〔1822–25〕刊）

明礬ハ亜児加利塩ヲ含ム故ニ能ク結芒シテ八稜或ハ十稜ヲ為ス即チ一種ノ結晶塩ナリ。（巻二十三・明礬）

『植学啓原』（天保五年〔1834〕刊）

製消酸須液法。溶須消酸。煮而令結晶。取一分。溶化于餾水四分。（巻三・粘液）

『窮理通』巻三（天保七年〔1836〕成）

氷は水の結晶する者、宜しく此れを以て本質とすべし。（巻三・地球第四下）

『舎密開宗』（天保八年―弘化四年〔1837–47〕刊）

之ヲ温レバ尽ク溶解ス、冷レバ復凝テ端正ノ晶ヲ結ブ、之ヲ物ノ結晶スル喩例トス。（内・巻三・五十二章）

結晶炭酸加里ノ水分ハ天然ノ結晶水ニシテ其固形ナリ（内・巻一・三章）

『理学提要』巻二・水（嘉永五年〔1852〕刊）

水の極微相集まり凝固する者、之を氷と謂ぶ。（中略）亦水の結晶に外ならざるなり。（巻三・水）

『叢万書宝硝石篇』（安政元年〔1854〕刊）

若シ甚ダ多量ノ滷汁ヲ除々ニ冷定スレバ結晶巨大ニシテ整斉ノ六面柱ヲ生ズ。（巻上・硝子晶形）

木村氏は「結晶（スル）」の原語は、『舎密開宗』の場合 kristal, krystlliseren であることを明らかにされており、『訳鍵』にも「kristal　水晶。水晶様ノ硝子」とあることをも指摘し、さらに英語の訳語における早い例として、堀達之助『英和対訳袖珍辞書』（文久二年〔1862〕刊）の、

Crysallize　結晶スル　結晶サスル

Crystllization　結晶物

『附音挿図英和辞典』（明治六年〔1873〕刊）の、

Crysallize　結晶スル　結晶サスル

Crystllization　結晶　結晶体

といった例をも示されている。

木村氏は、以上のことを踏まえ、

水晶に代表される規則正しく排列された形（晶形）に凝結することから「結晶」の訳語を創案したのであろう。

と言われ[8]、また、

「結晶」の語は（中略）、「晶」の字が本来、光・輝きとともに、水晶を意味するものであり、kristal の訳語として、晶形に規則正しく結ばれた固体そのものを表した。

と言われている。すなわち、『本草綱目』における「水晶」の「晶」は「日」を三つ並べた形で輝きを意味する会意字であったが、Kristal（蘭語）、Crrystal（英語）の訳語としての「水晶」の「晶」は「規則正しく排列された形」であるとする。この指摘は正しいものと思われる(9)。先に掲げた『舎密開宗』の文に「晶ヲ結ブ」という表現があったが、『植学啓原』にも次のような例がある。

糖結ニ八稜或六稜之晶一。晶之大者即氷糖。（中略）満那糖之類也。（中略）結晶如ニ束針一。不レ能レ溶ニ解於亜爾箇児一、合而煮レ之。雖ニ乃溶一。冷却復結レ晶。（『植学啓原』巻三・粘・粘糖・満那・蜜）

このような「晶」の意味は本草学の用語としての「水晶」の「晶」から出てこないものである（本草学では結晶が六角柱状に成長したものは「石英」と呼ばれていた）。

以上のことによれば、蘭学において Kristal の訳語に「水精」ではなく、「水晶」が用いられたのは必然的なことであった。

6　「結晶石」から「水晶」へ

明治の極初期の鉱物学では水晶は「結晶石」と訳されている。明治八年〔1875〕十二月に文部省から刊行された『牙氏初学須知』（Garrigues; Simples ectures sur les Sciences, les Arts et l'industrie 田中耕三訳・佐沢太郎訂）の「石英（クアルツ）」の項に次のようにある。

石英（クアルツ）ハ其形種々異ナレドモ其質ハ皆同ジ。其結晶スル者ハ之ヲ結晶（クリスタル）石（ローシュ）ト云ヒ、結晶セズシテ透明ナル者ハ之ヲ「オパール」（乳色ノ宝石）・瑪瑙ト云ヒ、結晶セズ亦透明ナラザル者ニハ白燧石（シレー）・碧玉（ジャスパ）（瑪瑙質ノ宝石）・白　石（ムユーリチル）・「グレー」（蠟石一種）等ノ名ヲ命ズ。
結晶物（クリスタル）トハ其形体正シクシテ許多ノ小面ヲ有シ、内部ニ至リテモ其結構異ナルコトナク、仮令（たとい）之ヲ砕クトモ其細片許多ノ小面アリテ、其小面傾斜ノ度皆一定セル鉱物ヲ謂フ。（中略）
結晶石一名「アルツイヤラン」（硝子形石英）ハ最美透明ノ結晶物ナリ。第二十二図（引用者注―図は六角柱の水晶）ヲ見ルベシ。時ニハ黒色ノ者アリ。桔梗色ノ者アリ。其桔梗色ノ者ハ「アメチスト」（消酒石ノ義古人酩酊ヲ防グ能アリト云フ故ニ此名アリ）ト云フ。又金片ノ看ヲナセル小結晶ヲ夥シク含有スル者アリ、之ヲ黄金石ト云フ。

「クリスタル　ローシュ」（cristal roche 仏語）が「結晶石」と訳されているのは、蘭学の訳語が用いられたのであろう。

和田維四郎は「結晶石」の訳語を用いず、「水晶」を用いている。この「水晶」の用語は蘭学で用いられていたものを踏襲したものと思われる。そして、和田は「水晶」と「石英」とを次のように用いている。すなわち、広義の「石英」Quarzを、大きく結晶し稜角を持つ「水晶　Rock-crystal」と「多クハ群晶ヲナス」もの、あるいは「無定形」の「結晶スルコト」のない狭義の「石英」などとに分ける。すなわち、これまでの「石英」と「水晶」（水精）との用い方を逆転させているのである。より詳しく説明すれば次のとおりである。

『金石学』（明治九年〔1876〕成、同十一年刊）では「石鉱類」を「角閃石属」「堅石属」「長石属」「泡沸石属」「粘土属」「雲母属」「軽塩金属」「重塩金属」「塩石砿属」に分けているが、「堅石属」に属するものの一つとして、

石英（メクラズイシヨヤウ）　又　珪石（訳名）　Quarz. Quartz

があり、この「石英」を「水晶　Rock-crystal」（すなわち『牙氏初学須知』の「結晶石 cristal roche」）とその他のものとに二分する。前者の「水晶」には、

黒水晶　Smoky-crystal
紫水晶　Ameyhyst[10]
などがあり、後者のその他には「尋常結晶スト雖ドモ多クハ群晶ヲナスコト」のあるものと「無定形石英ハ結晶スルコトナク破口ハ介殻状ニ似てテ光沢甚ダ少ナク其稜僅カニ透明」なものの二種があるとする。前者の「多クハ群晶ヲナスコト」のあるものには、

紅石英・紅晶　Rose quartz
猫睛石（トンボウダマ）　Cat's eye
砂金石　Aventurine
鉄石英　Ferruginous quartz

が属し、後者の「多クハ群晶ヲナスコト」のないものには、

燧石　Flint
木化硅石・木化玉髄　Wood opal
硅板石・試金石　Touchstone
介殻硅石　Tripelfchiefer
仏頭石・玉髄（珂）・白瑪瑙　Chalcedony
瑪瑙　agate
截子瑪瑙　Onyx
硅散拓発（チユハ）　Siliceus tuffa

が属する。

この和田の分類法は以降の日本の鉱物学書に継承された。明治期のもので確認できたのは次のものである。

松本栄三郎纂訳『礦物小学』（錦森閣、明治十四年〔1881〕刊）
伊良子光信編輯『金石図解』（村上堪兵衛、明治十五年〔1882〕刊）
辻敬之著『通常金石』（明治十五年〔1882〕刊）
島田庸一編述『小学博物金石学』（三文堂、明治十五年〔1882〕刊）
岡田重直編述『金石初歩』（山梨教育学会、明治十七年〔1884〕刊）

それ以降、現在に至るまで同様だが、昭和に入ってからのものを一例だけ挙げる。すなわち、吉村豊文・望月勝海共著『鑛物学入門』（昭和七年〔1932〕刊）では酸化鉱物の一つに「石英」を挙げ、これに属するものを次のように分類している。

a　結晶又は結晶質のもの

水晶　rock crystal　煙水晶（黒水晶）smoky quartz・紫水晶 amethyst・黄水晶・紅水晶・乳石英・水入水晶・泡入水晶・草入水晶など

猫眼石　cat' eye

砂金石　avanturine

b　潜晶質のもの

玉髄　chalcedony

瑪瑙　agate

碧玉　jasper

燧石　flint

c　砕屑性 clastic のもの
　砂　sand
　砂岩　sand stone
　珪岩　quartzite

ところで、小藤文次郎他編『鉱物字彙』（明治二十三年〔1890〕刊）に「Crystal　晶」とある。蘭学における kristal の「規則正しく排列された形」の意味の「水晶」の約語として成立したものであろう。この「晶」は術語の造語成分として多用されるようになる。『鑛物学入門』には「潜晶質」の語が見える。和田の『金石学』にも「群晶」の語も見えた。『金石学』にはさらに「晶形」「晶軸」などの語も見える。「結晶学　各晶形ニ面、稜角、軸ヲ分別スベシ。二面聯合スル所ヲ稜ト云ヒ、三面或ハ数面ノ一点ヲ聚合スルトコロヲ角ト云フ。而シテ軸ハ晶形ニ非ザレドモ晶形ノ類属ヲ別ツニ便ナルガ為ニ想像セシ者ナリ。此軸ニ両軸、稜軸、角軸ノ三種アリ、（中略）各晶形ニ於テ面ノ位置皆ナ其軸ニ因テ定マルガ故ニ一金石ニシテ数晶形ヲ現出ス可シト雖ドモ此晶形軸ノ位置皆等シカラザルル可ラズ。而シテ一二ノ金石其凝結ノ漸急ニ依テ其晶軸二種ノ位置ヲ現ハス者アリ」。「晶形」は同氏の『晶形学』（明治十二年〔1879〕文部省刊）ではクリスタールのルビが振られており、大槻修二著『金石学教授法』（明治十七年刊）には、

金石ノ形状ハ天然一定ノ式アリ。是ヲ晶形ト云フ。其結晶セシ形ニ就キテ六晶系ニ分ツ。

と説明されている。「晶軸」は「結晶体の分子排列の方向仮定の直線」（『大漢和辞典』）、すなわち結晶軸のことである。さらに「晶軸」が交叉する点を「晶心」と言う。現在では「晶系」（Crystal-Systems 結晶の形象を其の通有の基本形式に随って区分した系統）という語も用いられている。

おわりに

『地学の語源をさぐる』は現在の「水晶」の始まりを次のように説明している。

現在用いられているように水晶（水精）を六角柱状の結晶として rock crystal の訳語とし、石英を総称として Quartz の訳語とすることを提案したのは、和田維四郎（明治11年・1878）で、それが現在の我々の用法のはじまりとなった。

「石英を総称として Quartz の訳語とすること」が和田に始まることは本稿でも確認できたことであるが、[11]「水晶」を「六角柱状の結晶として rock crystal の訳語」としたのは、木村秀次氏が指摘しているように、蘭学者たちが和田に先行する。そして、時珍は石英は「明に透き通る晶光が水の精英のやうだ」という理由で「水晶」を石英の別名としたが、おそらく水の結晶という意味で「水晶」を用いていることも、蘭学者たちが和田に先行するのである。

注

（1）中国の本草書に「石英」を服すれば身が軽くなり、命が延びるなどの効果があると記す。『神農本草経』に言う、「紫石英　味甘温。生山谷。治心腹欬逆邪気。補不足。女子風寒在子宮。絶孕十年無子。久服温中軽身延年」「白石英味甘微温。生山谷。治消渇。陰萎不足。欬逆。胸膈間久寒。益気。除風湿痺。久服軽身延年」。

（2）ただし、上野国に命じられた「金青」は本草書には見えない名である。あるいは『新修本草』また『本草和名』には「空青・緑青・曾青・白青・扁青」が見え、これらの一種か、あるいは『本草和名』に「空青」の一名に「金精」

があることが記されており、その誤写であろうか。

（3）硫黄一両と蒸餅一両を桐梧大の丸薬にしたものという（宗田一著『日本の名薬』八坂書房、平成十三年〔2001〕刊 p.130）。

（4）岡西為人著『本草概説』（創元社、昭和五十二年〔1977〕刊 p.219）の説明。集解についての説明も同書による。『本草綱目』凡例には「薬有二数名一。今古不レ同。但標二正名一為レ綱。余皆附二於釈名之下一。正レ始也。仍註二各本草名目一。紀レ原也」とある。

（5）『本草綱目』凡例には「以二集解一。解二其出産形状采取一也」とある。

（6）益富氏は続けて「このように益軒のミスはその累を後世に及ぼし、諺に一犬虚を吠えれば万犬その実を伝うで、われわれは教室でも、地学書でも、このマチガイを平気でしゃべり、平気で書いている。困ったことである。この場合、古典でと近代書とで一つの用語に正反対の解釈がある場合は、そのオリジナルに戻してこれを訂するのが世人の当然のつとめであろう」（p.150）と言われている。

（7）『庶物類纂』に集録されている漢籍によって調査すると、中国においても「水晶」は「水精」より遅く、元の時代の『説林』所載の「伊世琅玕記」に「南水晶極佳者不レ分二厚薄一映レ空若レ無」、『説郛』所収の「陳芬芸窓私記」に「北朐国献二吸レ火水晶瓶一」とある例あたりから用例が見え出し、『本草綱目』以降は李時珍の説にしたがって「水晶」を用いているようである。例えば倪朱謨撰『本草彙言』（明・天啓四年〔1624〕頃刊）に「紫石英（中略）其色淡紫、其質瑩澈如二水晶一」、張璐撰『本経逢原』（清・康熙四十四年〔1705〕頃成）に「白石英、以下六稜瑩白如二水晶一者上為レ真」などとある。

（8）現在では「結晶」は「原子が規則正しく周期的に配列してつくられている固体」（『広辞苑　第六版』岩波書店、2008刊）と説明される。高橋章臣著『新編鉱物学』（博文館、明治二十八年〔1895〕刊 p.20）では「結晶」を「結晶トハ平面ヲ以テ周囲セラレタル幾何学上ノ固体ニシテ、其平面ノ排置法ニハ自ラ一定ノ規律アルモノヲ云フ」と定義している。

（9）荒川清秀「【続やっぱり辞書が好き】辞書の記述をめぐって」第九十五回の「「化石」と「結晶」」（『東方』四一〇

号、2015四月発行）では、『英和対訳袖珍辞書』の例、またロプシャイト『英華辞典』（1866–69）に、

Crystllization　結晶者
Crysallize　使結晶結晶
to form Crystal　結晶

とあるのは、「結晶」が本来「動詞＋目的語」構造であることを意味するが、それが日本では名詞と捉えられたとしている。

（10）アメジストの訳に「紫水晶」が用いられたのはこれが初めてのようである。箕作阮甫編『改正増補蛮語箋』（嘉永元年〔1848〕刊）には「紫石英　アメテスティン amethest（e）n」とある。森島中良編『蛮語箋』（寛政十年〔1798〕刊）にはアメテスティンの語は見えない。

（11）ちなみに和田はQuarz（ドイツ語。英語Quartz）の訳語に「石英」の他に「珪石」も考えていた。硅（珪）酸系鉱物で表わす名である。この訳名を採用したものに、大槻修二（如電）著『金石学教授法』（明治十七年〔1884〕刊）がある。その「例言」に「金石ノ分類次第ハ原稿（引用者注―松川半山の遺著と言う）総テ文部省撰定ノ金石一覧ニ拠ル。今之ヲ改メズ。但珪石ヲ水晶類ノ総称トシ〈原書ハ石英ヲ総称トス〉（下略）」とあり、次のように説明している。

珪石ハ洋名ヲ「クワルツ」ト云フ。此種ニ属スル者ハ数鉱アリ。其結晶スル者ヲ水晶瑪瑙トシ、結晶セザル者ヲ角石珪板石燧石トス。共ニ堅度ハ七度ニシテ燧火ヲ発スベシ。（中略）〇水晶ハ其未ダ琢磨ヲ経ザル者ヲ石英ト云フ。無色透明ニシテ晶形ハ悉ク六角状ナリ。（中略）紫水晶（紫石英）黒水晶（黒石英）紅水晶（紅石英）等各色ノ品アリ。

また、伊良子光信編輯『金石図解』には「珪石ハ石英ノ類ニシテ常ニ巌石ヲナシ産ス」とあり、「石英」の一種の名称として用いている。

あとがき

『古事記』に木花之佐久夜毘売と天神の御子迩々藝との聖婚神話がある。迩々藝は麗しき美人木花之佐久夜毘売をその妻に望んだのであるが、娘の父である国つ神大山津見神は姉の石長比売も共に奉った。兇醜かった姉が返されてきたとき、大山津見神は二つを奉った所以を次のように語った。「石長比売をお召し使いになられたならば、天つ神の命は、雪が降り風が吹いても、恒に石のごとく不動であり、木の花の佐久夜比売をお召し使いになられたならば、桜の花が咲き誇るようにお栄えになるだろう、と祈誓いて私は二人の娘を奉った。しかし、石長比売をお返しになり、木の花の佐久夜比売だけをお召しになられたので、天つ神の命は、桜の花のようにはかないものとなるであろう」。桜の花は栄華の象徴であり、石は永遠の象徴である。

本書は前拙著『日本植物文化語彙攷』（和泉書院、平成二十六年〔2014〕刊）の姉妹版として、岩石との関わり方から日本文化の特徴を考えてみたものである。

岩石と日本文化の多面的な関わりを探ろうとするとき、まだ学問が十分に発達していなかった江戸時代の木内石亭（1724–1808）の著した『雲根志』は他に得がたい資料である。石の長者とも呼ばれた石亭が取り上げている石は、日用に利用される水銀・自然銅・磁石・砥石・火打石などから水晶・瑪瑙・舎利石・碧玉・緑青・漆石・錦石・放光石などの装飾品など、今日の岩石学鉱物学の対象となるものばかりでなく、腰掛石・盆石などの「愛玩類」から、子持石や天狗石などの「霊異類」、鶏化石・石蛇などの「変化類」、はては人肌石・連理石などの「奇怪類」の人文学的研究の対象となるものまでと多岐にわたっている。今日から見れば、『雲根志』の内容は雑然としているのは否めない。それは石の魅力にひかれ、石そのものを愛し、石のすべてを知ろうとした情熱の致すところであろう。佐藤玄東の『百石図』の序に言う、「薬石をあつめて秘蔵するは長生せんと思ふにや。舎利を厨子に入てあがめ奉るは極楽往生の望みあるにや、この二すじにはあらで、只見てたのしむ人は誰そ。湖東の木内氏なりけらし。その志の高きこと感ずべし」。その志の高さから、蒐集された珍種奇石は後の鉱物学や古生物学の貴重なものを含み、各地から集められた伝説や俗説は、当時の貴重な民俗資料を提供するものとなった。無住の『沙石集』の序に言う、「彼ノ金ヲホル物ハ、沙ヲ集テ是ヲ取リ、玉ヲ翫ブ類ハ、石ヲヒロヒテ是ヲ磨ク」と。石亭の仕事には砂中にきらめく金や玉が含まれていた。本書の内容が多岐にわたり雑然としているのも、石亭と同様に、石をめぐる日本の文化のすべてを知ろうとしたためであるが、ただ広く浅く土を掘り返しただけの本書は「披レ砂失レ金」（砂をふるいわけて金を探ろうとする者が金を砂と見誤って棄てる）の譏りを受けるだけかもしれない。しかし、石に関する日本の文化の豊かさを再認識するきっかけにはなるものと思われる。

肌のよき石にねむらん花の山　　路通

しづかなる　いこひなりけり。
山岸に、
石を撫でつゝ、
時経つ　と思ふ　　釈迢空

本書もまた無理をお願いして和泉書院から出していただくことにした。採算の採れないであろう出版を英断していただいた廣橋社長に重ねて感謝申し上げます。

【初出一覧】

既発表のものには一書として纏めるために訂正加筆している。

前篇

序　章　新規執筆

第一章

1　さざれ石のいはほとなりて―語彙から見る石の一生―　（国語語彙史研究会編『国語語彙史の研究35』2016.3）

2　ものを言う石　未発表原稿

3　「木石、心を持たず」「人、木石にあらず」　（『同志社女子大学大学院　文学研究科紀要』17・2017.3）

4　明恵上人の砂―光明真言加持土砂の日本的変容―　（『同志社女子大学　日本語日本文学』28・2016.6）

第二章

1　沼名河の底なる玉―中川幸廣氏説続貂―　（『同志社女子大学　日本語日本文学』27・2015.6）

2　『和名類聚抄』の「玉類」項について　（蜂矢真郷編『論集古代語の研究』2017.3）

3　玉冠の色玉―『延喜式』の規定―　未発表原稿

第三章　江戸時代の石の文化の諸相―『雲根志』の世界―　未発表原稿

第四章

1　前野蘭化訳述『金石品目』について　（『同志社女子大学　学術研究年報』65・2014.12）

蘭学における鉱物学　（近世京都学会『近世京都』第二号「研究発表抄録」2016.3）

2　金石学と鉱物学―水は鉱物か―　（『同志社国文学』26・2014.11）
3　「金類」から「金属」へ　（『同志社女子大学　総合文化研究所紀要』33・2016.7）

後　篇

序　章　新規執筆
第一章
1　「むかしのたゞしき名」―金石玉類の和語名―　未発表原稿
2　江戸時代後期の本草学における金石和名　未発表原稿
第二章
1　和田維四郎訳『金石学』の金石名について　（国語語彙史研究会編『国語語彙史の研究34』・2015.3）
2　明治以降の鉱石名について　（『同志社女子大学大学院　文学研究科紀要』15・2015.3）
第三章
1　風信石（ヒヤシンス）―花と宝石と―　未発表原稿
2　「翡翠」の語誌　（『新村記念財団創設三十五周年記念論文集』2016.5）
3　「金剛石・ダイヤモンド」の語誌　（『同志社女子大学大学院　文学研究科紀要』16・2016.3）
4　「水晶」の語誌　（『同志社女子大学　学術研究年報』65・2016.12）

■著者紹介
吉野　政治（よしの　まさはる）
一九四九年　福岡県に生まれる
一九七五年　同志社大学大学院文学研究科
　　　　　　修士課程修了
現在　同志社女子大学（表象文化学部）特任教授
一般財団法人新村出記念財団理事　博士（文学）
【主要著書】『古代の基礎的認識語と敬語の研究』（和泉書院、二〇〇五年）、『日本植物文化語彙攷』（和泉書院、二〇一四年）、『蘭書訳述語攷叢』（和泉書院、二〇一五年）、『漢字の復権』（日中出版、一九八八年）、『「天道溯原」を読む』（共編著、かもがわ出版、一九九六年）など。

研究叢書　502

日本鉱物文化語彙攷

二〇一八年七月一五日初版第一刷発行
（検印省略）

著者　吉野政治
発行者　廣橋研三
印刷所　亜細亜印刷
製本所　渋谷文泉閣
発行所　有限会社　和泉書院

大阪市天王寺区上之宮町七－六
〒五四三－〇〇三七
電話　〇六－六七七一－一四六七
振替　〇〇九七〇－八－一五〇四三

ISBN978-4-7576-0881-8　C3381